Die kranke Republik

Knut Langewand

Die kranke Republik

Körper- und Krankheitsmetaphern
in politischen Diskursen der Weimarer Republik

Bibliografische Information der Deutschen Nationalbibliothek
Die Deutsche Nationalbibliothek verzeichnet diese Publikation
in der Deutschen Nationalbibliografie; detaillierte bibliografische
Daten sind im Internet über http://dnb.d-nb.de abrufbar.

Umschlagabbildung:
Trauerfeier für Gustav Stresemann 1929: Der preußische
Ministerpräsident Otto Braun an der Spitze des Trauerzugs, dahinter Reichswehrminister Wilhelm Groener und Reichsinnenminister Carl Severing.

Foto: Bundesarchiv Bild 102-08506, Fotograf: Georg Pahl
(Abdruck mit freundlicher Genehmigung des Bundesarchivs)

ISBN 978-3-631-69836-5 (Print)
E-ISBN 978-3-631-69837-2 (E-PDF)
E-ISBN 978-3-631-69838-9 (EPUB)
E-ISBN 978-3-631-69839-6 (MOBI)
DOI 10.3726/978-3-631-69837-2

© Peter Lang GmbH
Internationaler Verlag der Wissenschaften
Frankfurt am Main 2016
Alle Rechte vorbehalten.
Peter Lang Edition ist ein Imprint der Peter Lang GmbH.

Peter Lang – Frankfurt am Main · Bern · Bruxelles ·
New York · Oxford · Warszawa · Wien

Das Werk einschließlich aller seiner Teile ist urheberrechtlich geschützt. Jede Verwertung außerhalb der engen Grenzen des Urheberrechtsgesetzes ist ohne Zustimmung des Verlages unzulässig und strafbar. Das gilt insbesondere für Vervielfältigungen, Übersetzungen, Mikroverfilmungen und die Einspeicherung und Verarbeitung in elektronischen Systemen.

Diese Publikation wurde begutachtet.

www.peterlang.com

Inhaltsverzeichnis

Vorwort IX

Abstract XI

1. Einleitung 1
   1.1 Aufbau der Arbeit 6

2. Hinführung 9
   2.1 Stand der Weimar-Forschung 10
   2.2 Krise 13
       2.2.1 Weimars „Krise" 14
       2.2.2 Elemente einer Krisendefinition 22
       2.2.3 Der Krankheitsaspekt der Krise 25
   2.3 Metapher 29
       2.3.1 Metapher: Begriffsklärung und
             linguistische Genealogie 29
       2.3.2 Politische Metaphern und Organizismus 35
   2.4 Zur Begriffs- und Ideengeschichte 40
   2.5 Diskurs- und Körpergeschichte 42
       2.5.1 Körper 44
       2.5.2 Von der Krankheitsmetapher zur
             Krankheitserzählung 48
       2.5.3 Biopolitik 48
   2.6 Fragestellungen 49

3. Metaphorik gegen die Republik ... 51
3.1 Zu Aufbau und Quellenauswahl ... 51
3.2 Ausgangspunkte ... 54
3.2.1 Selbstbeschreibung als Grundkonstante ... 55
3.2.2 Das Phänomen des „Volkskörpers" ... 57
3.2.3 Von der Körper- zur Krankheitsmetapher ... 62
3.3 Naturwissenschaften und Medizin ... 63
3.3.1 Medizin und „Leibesübungen" ... 67
3.3.2 Eugenik, „Rassenhygiene" und Sozialhygiene ... 78
3.3.3 Psychologie ... 89
3.3.4 Biologie ... 95
3.3.5 Zusammenfassung ... 111
3.4 Krankheitsmetaphern im politischen Denken ... 112
3.4.1 Autoren aus dem Umfeld der Konservativen Revolution ... 113
3.4.2 Rechts- und jungkonservativer Journalismus ... 128
3.4.3 Kleinere Beiträge ... 136
3.4.4 „Starrkrampf des Wirtschaftslebens" – die Ökonomen ... 143
3.4.5 Die Ausnahme: Krankheitsmetaphern in der republikanischen Presse ... 145
3.5 Die Sprache der politischen Akteure ... 150
3.5.1 Republikanische Krankheitsmetaphern? ... 150
3.5.2 Linke Krankheitsmetaphern ... 155
3.5.3 Die metaphorische Sprache der Nationalsozialisten ... 164
3.6 Zusammenfassung ... 173

4. Die kranken Männer Weimars ... 175
4.1 Einleitung: Krankheit als Metapher ... 175
4.2 Quellenbasis ... 178

Inhaltsverzeichnis

- 4.3 Diagnose Demokratie – von Kollateralschäden, Märtyrern und Überlebenden der Republik 179
- 4.4 „In den Sielen sterben" – der Fall Gustav Stresemann 181
  - 4.4.1 Annäherung an den Menschen Stresemann 183
  - 4.4.2 Stresemanns Krankengeschichte 1918–1928 185
  - 4.4.3 Die letzten anderthalb Jahre 192
  - 4.4.4 Fazit: Patriae inserviendo consumor 206
- 4.5 „Miasmen der Schmähung" – der Fall Friedrich Ebert 211
- 4.6 Flucht in die Krankheit – der Fall Otto Braun 217
  - 4.6.1 (Kein) Epilog 229
  - 4.6.2 Flucht-Punkte 232
  - 4.6.3 Fazit 236
- 4.7 „Im Reiche schlafften die Zügel" – der Fall Hermann Müller 238
- 4.8 „Politik erfordert ein sensitives Nervensystem" – der Fall Heinrich Brüning 249
  - 4.8.1 „Zerstörerin des Lebensglücks derjenigen, die sie üben" – Brünings Veranlagung und Politikauffassung 250
  - 4.8.2 „Ausgerechnet an diesem Tage" – von Furunkeln und Zahnschmerzen 258
  - 4.8.3 Fazit 264
- 4.9 Andere Fälle 267
  - 4.9.1 Kein Fall: Hindenburg 269
  - 4.9.2 Exkurs: Die kranken Männer Großbritanniens 270
- 4.10 Zwischenfazit 273

5. Schlussbetrachtung 277
- 5.1 Nachsatz: Wohin mit den Krankheitsmetaphern? 283

6. Quellen- und Literaturverzeichnis 287
   6.1 Ungedruckte Quellen 287
   6.2 Zeitschriften und Periodika 287
   6.3 Gedruckte Quellen 287
   6.4 Literatur 295

7. Personenverzeichnis 319

Vorwort

Dieses Buch hat mit seinem Teilgegenstand gemein, dass es in Zeiten tiefempfundener politisch-sozialer Krisen entstanden ist – von ersten Überlegungen im Jahre 2008, während der beginnenden globalen Finanzkrise, bis hin zur Fertigstellung während der Griechenland-, Flüchtlings- und anderer Krisen. Die diversen Krankheitsmetaphern, die während dieser Zeit in Politik und Presse immer wieder zur Ausschmückung der Krisenszenarien auftauchten, konnten mir gewissermaßen als Vergleichsfolie für das Vorhaben dienen, dem Zusammenhang zwischen Krankheit und Krise in Debatten der Weimarer Zeit nachzuspüren.

Vorliegende Studie ist als Dissertation am Department of German Studies der University of Warwick (Großbritannien) angenommen worden. Der größte Dank gilt daher meinem Doktorvater Jim Jordan, der mir in vorbildlicher Form Freiräume zum Forschen und gelegentlich auch abseitigen Lesen und Denken ließ. In zahlreichen Gesprächen hat er mich durch unermüdliche Motivation und mit viel Verständnis unterstützt. So konnten auch die sporadischen Momente der "crises of graduate school in which the student regresses to infantile fantasies"[1] immer erfolgreich überwunden werden. Auch den anderen Kollegen am Warwick Department of German Studies, Christine Achinger, Seán Allan und Birgit Röder, zudem Christoph Mick vom Department of History, danke ich für fachlichen und persönlichen Zuspruch, Helmut Schmitz insbesondere für die Begutachtung der Arbeit und den Hinweis auf Adorno, Lukács und die „erpreßte Versöhnung".

Volker Depkat (Regensburg) hat mit methodischen, inhaltlichen und strategischen Ratschlägen weit über seine Rolle als Zweitgutachter hinaus zum Erfolg der Arbeit beigetragen. Ihm, bei dem ich noch im alten Jahrtausend als Greifswalder Erstsemesterstudent die Grundlagen wissenschaftlichen Schreibens erlernte, möchte ich ganz herzlich danken.

---

1 Peter Loewenberg: Decoding the Past. The Psychohistorical Approach, London 1996, S. 51.

Thomas Stamm-Kuhlmann (Greifswald), Moritz Föllmer (Amsterdam) und William Niven (Nottingham) verdanke ich wertvolle Anmerkungen, Ermutigungen und Einsprüche.

Die großzügige Promotionsförderung durch ein Warwick Postgraduate Research Scholarship hat die materielle Grundlage für das Zustandekommen dieser Arbeit gelegt. Dafür danke ich insbesondere Erica Carter (jetzt Kings College London). Die German History Society, die Association for German Studies in Great Britain und der Humanities Research Fund der University of Warwick haben mit Forschungsstipendien die notwendigen und ausgiebigen Archivaufenthalte ermöglicht. Den freundlichen Mitarbeitern am Internationaal Instituut voor Sociale Geschiedenis (Amsterdam) danke ich ebenso wie der Warwick University Library, die mit einer geradezu ruinösen Menge an Fernleihen die Versorgung mit Quellen und Literatur sicherstellte – nach Auskunft einer Bibliotheksmitarbeiterin betrug mein Anteil zeitweise fast die Hälfte des Fernleihaufkommens der gesamten Faculty of Arts.

Ein besonderer Dank geht an meine Freunde in nah und fern: Niels Hegewisch (Greifswald, jetzt Hamburg), Dominic Holdaway (Warwick, jetzt Bologna), Filippo Trentin (Warwick, jetzt Columbus/Ohio), Brian Haman (Warwick, jetzt Suzhou) für den menschlichen, fachlichen und technologischen Austausch während unserer parallel entstandenen Dissertationen, Dirk Mellies (Hamburg) und Achim Reimers (Nordhorn) für vielfachen Zuspruch und freundschaftliche Verbundenheit.

Für ihre Unterstützung danke ich besonders meiner Mutter Elisabeth Langewand und meinem Bruder Ulrich Langewand; sie haben während meiner Zeit in Großbritannien am Telefon viele Male zu meiner Aufheiterung beigetragen. Dankbar erinnere ich mich meines Großvaters Franz Krohner (1910–1998), der mit lebhaften Erzählungen aus seiner Jugend in der Weimarer Zeit in mir ein frühes Interesse an Geschichte im Allgemeinen und an jener Epoche im Besonderen geweckt hat.

Meine Frau Jeanine hat mit viel Herzenswärme, Klugheit und Geduld die Entstehung der Arbeit von Anfang an begleitet. Für ihren unerschütterlichen Rückhalt kann ich nicht genug Dankesworte finden.

Nordhorn/Marburg, im Juni 2016
Knut Langewand

Abstract

The Sick Republic. Body and illness metaphors in political discourses of the Weimar Republic

The history of the Weimar Republic has most commonly been written from the vantage point of its ultimate failure. Recent trends in historiography have shown that the first German democracy was by no means doomed from the start. Instead, contemporary sources convey a very varied picture of optimistic and pessimistic diagnoses of the times. At the centre of these diagnoses often stood the idea of "crisis" which contained the notion of an open yet problematic future.

This book aims to investigate the use of sickness metaphors in political and related public discourses. More specifically, it analyses in which contexts these have been used, which semantic forms can be found, to which political points of view they can be attributed, and finally which purpose they served within political and journalistic controversies of the times.

Following the introduction, Part II is a methodological outline concentrating on the main theoretical approaches: discourse analysis, metaphorology, and conceptual history.

Part III contains the main investigation of sickness metaphors under three guiding principles/questions: political self-description, the "identitarian" idea of a body politic and the reciprocity of body and sickness metaphors. The analysis proceeds in a threefold way. Firstly I examine the discourses of eugenics, medicine, biology and psychology to demonstrate how experts from scientific disciplines tried to enter into political debates by using medical metaphors. On the one hand, it reveals the mostly pessimistic diagnosis of their times resulting in the suggestion of organicist and anti-democratic therapies, on the other hand, the optimism of scientists and doctors and their ambitious and at times elitist self-perception as political advisers taking up the task of "curing the social body". Secondly, Part III looks at the sickness metaphors used in political and journalistic texts, mainly by conservative or nationalist authors (not by choice but because, as I show, sickness metaphors have only been employed by such writers). For that purpose I have surveyed several periodicals from the entire political spectrum of the Weimar Republic. Especially young, radically anti-democratic authors employed metaphors of poison, fever, paralysis or sepsis to describe state and society of contemporary Germany, or elements thereof. These authors shared an ideal of the state as an organic entity. Moreover, the dichotomy of the (republican) quack and the (nationalist) "social doctor" was used to discredit Weimar's parliamentary democracy. Thirdly, the language of political actors has been examined. Similarly, very few democratic politicians used sickness metaphors within their political vocabulary. More prominently, Nazi politicians employed a variety of sickness metaphors within their language. In contrast to older, pre-modern body-metaphorical expressions, they rather used a new imagery even more radical than their conservative-nationalist counterparts.

Part IV discusses the phenomenon of the "sick men of Weimar". Starting from the observation that quite a few leading democratic politicians either died at a young age or had to leave office on health grounds, it looks into the self-perceptions and characterisations of the various physical illnesses and the mental ill-health of five of these politicians. Firstly, I show, using Susan Sontag's notion of "illness as a metaphor", how these ailments influenced republican politics in increasingly critical times, thus adding a new aspect to a conventional biographical view of the mentioned politicians. More importantly, though, it deals with the linguistic or rather metaphorical coming to terms with the material aspect of illness, or, as it were, as discursive manifestations of bodily and medical phenomena as interpretations of and within politics. The five case studies relate to the biographies of long-time foreign minister Gustav Stresemann; the republic's first president Friedrich Ebert who almost tragically passed away after an appendix operation; Otto Braun, the Prussian minister-president who became increasingly depressed and ill in the face of the Nazis' rise; Hermann Müller, the last Social Democratic chancellor who assumed office in 1928 despite his weak health and whose repeated absence from the political stage of Berlin has further weakened the stability of the already wavering republic; and finally Heinrich Brüning, the hesitant and depressed chancellor during Weimar's final crisis.

The link between parts III and IV consists in a shared element of a republic "being made sick", i.e. on the one hand the defamatory description of the republic by right-wing intellectuals, on the other hand the interpretation of real illnesses (and the fact that democrats, as it were, had been "sickened" by their opponents) as a symptom, i.e. metaphor for the decline and crisis of the overall political conditions.

In the conclusion I relate the different forms of sickness metaphors to the topics of crisis and identity. The thesis demonstrates that employing an organicist and holistic worldview (especially the idea of a body politic) did not only mean reducing complexity but denying the constructive character of its metaphors and of a differentiated modern society altogether. Since the semantic notion of a sick republic had always tended to be anti-democratic, the role of the specifically modern illness metaphors in political discourses of the Weimar Republic played, in my view, a decisive role in narrowing down political options and exacerbating the already difficult situation of the first German democracy.

1. Einleitung

„Wie nun ein kränklicher Körper nur einen kleinen Anstoß von außen bekommen darf um ganz darnieder geworfen zu werden, ja bisweilen auch ohne irgend etwas äußeres sich in sich selbst entzweit: so wird auch ein Staat, der sich in gleicher Verfassung befindet, schon aus einer geringen Veranlassung ... erkranken und der innere Streit ausbrechen, bisweilen wird er auch ohne etwas äußeres in Aufruhr gerathen."[2] (Platon, Der Staat)

Seit Ausbruch der globalen Finanz- und Wirtschaftskrise besinnt sich die Berliner Republik wieder auf ihre krisengeschüttelte Vorläuferin. So sehr Kommentatoren bemüht sind, die Unterschiede zwischen beiden geschichtlichen Konstellationen zu betonen, ist Weimar doch plötzlich wieder aktuell. In einem Interview rief 2012 der griechische Ministerpräsident Samaras das abschreckende Beispiel Weimars in Erinnerung, als er über die aktuellen Probleme seines Landes sprach:

„Wirtschaftlicher Kollaps, soziale Unruhen und eine nie dagewesene Krise der Demokratie. Welche Gesellschaft, welche Demokratie könnte das überleben? Am Ende wäre es wie in der Weimarer Republik."[3]

Parallel zu solchen historischen Analogien ist in der deutschen Presse die Rückkehr eines Topos auszumachen, der in den Boomjahren der Dotcom-Ära in Vergessenheit geraten war: das Bild des Staates als „krankem Mann". Wechselnd werden in der Presse die strukturellen oder durch eigene Versäumnisse herbeigeführten ökonomischen, sozialen und politischen Probleme wahlweise von Griechenland[4], Frankreich[5] oder

---

2   Platon: Der Staat, Achtes Buch, Übersetzung von Friedrich Schleiermacher; Platons Werke, Dritten Theiles erster Band, Berlin 1828, S. 424.
3   Antonis Samaras im Interview; Paul Ronzheimer: „Die Drachme wäre eine Katastrophe für uns", Bild-Zeitung v. 22.8.2012, Online-Ausgabe (http://www.bild.de/politik/ausland/antonis-samaras/griechenlands-premier-ueber-schulden-sparen-und-euroausstieg-25779000.bild.html). [15.8.2013]
4   Christoph Leisinger: Entwicklung auf Messers Schneide, in: Neue Zürcher Zeitung v. 16.3.2013, Online-Ausgabe (http://www.nzz.ch/aktuell/wirtschaft/wirtschaftsnachrichten/entwicklung-auf-messers-schneide-1.18047735). [15.8.2013]
5   Teito Klein: Frankreich: Der kranke Mann Europas, in: Focus v. 26.6.2013, Online-Ausgabe (http://www.focus.de/finanzen/news/staatsverschuldung/

Großbritannien[6] mithilfe dieser Metapher auf den (allgemeinverständlichen) kleinsten gemeinsamen Nenner gebracht. Selbst vor Staatsgrenzen macht die sie nicht halt: „Der neue kranke Mann in Europa ist die EU selbst."[7] Auch die Ursprungsmetapher vom „kranken Mann am Bosporus", aus dem 19. Jahrhundert stammend und Zar Nikolaus II. zugeschrieben, hat im Zuge der Istanbuler Demonstrationen 2013 in der Verkörperung des türkischen Ministerpräsidenten Erdogan eine Wiederkehr erfahren.[8] Neben dem „kranken Mann" sind es Metaphern konkreter Erkrankungen, die etwa in der Griechenland-Krise eine neue Konjunktur erfuhren: Die ewig irrlichternde Erika Steinbach bezeichnete auf Twitter im Juni 2015 Griechenland als das „Krebsgeschwür der EU, wenn es im Euro verbleibt", dem Autor Claudius Seidl erschien die Entscheidung der Regierung Tsipras zugunsten eines Referendums über die Austeritätsmaßnahmen „gerade so, als ob Griechenland ein Patient wäre, der, nach fünf Jahren einer Therapie, welche ihn immer kränker gemacht hat, beschlossen hätte, lieber an der eigenen Krankheit als an einer tödlichen Medizin sterben zu wollen."[9] Die vermeintlichen Ursachen dieser unterstellten Krankheiten sind so vielfältig wie wir: Als der polnische Außenminister Waszczykowski Anfang 2016 davon sprach, dass seine Regierung „lediglich unseren Staat von einigen Krankheiten heilen [wolle], damit er wieder genesen kann", bezog

---

frankreich-der-kranke-mann-europas-wirtschaft-in-der-rezession-kommentar_5183353.html). [15.8.2013]

6 Simon Nixon: Großbritannien ist der neue kranke Mann Europas, in: Die Welt v. 11.12.2012, Online-Ausgabe (http://www.welt.de/wall-street-journal/article111939589/Grossbritannien-ist-der-neue-kranke-Mann-Europas.html). [15.8.2013]

7 Silke Mülherr: Krisenkontinent – Der neue kranke Mann in Europa ist die EU selbst, in: Die Welt v. 14.5.2013, Online-Ausgabe (http://www.welt.de/wirtschaft/article116167232/Der-neue-kranke-Mann-in-Europa-ist-die-EU-selbst.html). [15.8.2013]

8 Daniel Bax: Der kranke Mann am Bosporus, in: Die Tageszeitung v. 12.6.2013, Online-Ausgabe (http://www.taz.de/!118030/). [15.8.2013]

9 Claudius Seidl: Die griechische Fiktion, Frankfurter Allgemeine Zeitung v. 5.7.2015 (http://www.faz.net/aktuell/feuilleton/debatten/europa-die-griechische-fiktion-13684581.html); Twitter-Post Erika Steinbachs v. 15.6.2015 (https://twitter.com/steinbacherika/status/610517120900841472). [beide 27.9.2015]

er sich dabei auf eine „Welt von Vegetariern und Radfahrern"[10], der nun der Kampf angesagt werde. Auch in den „Krisen-Staaten" selbst ist ein öffentlicher Gebrauch diverser Krankheitsmetaphern keine Seltenheit: nachdem Silvio Berlusconi 2011 seine Gegner und die ihm zusetzende Justiz als „Krebsgeschwür der Demokratie" bezeichnet hatte, warnte die führende Tageszeitung *La Repubblica,* mit einer derart monströsen, die physische Vernichtung von Menschen implizierenden Sprache sei man bei der „psychologischen Vorbereitung des Bürgerkriegs" angekommen.[11] Es scheint, als ob Deutschland aufgrund seiner unerwarteten sozio-ökonomischen Stabilität von dem Verdikt einer Krankheitsdiagnose momentan verschont bliebe – und nach einer Zeit längerer Erholung nun gesund dastehe; der frühere Bundeskanzler Gerhard Schröder stellte 2012 fest, dass Deutschland „nicht mehr der kranke Mann Europas, sondern heute ‚so etwas wie die starke Frau'"[12] sei. Diese Entwicklung schrieb Schröder freilich nicht zuletzt den unter seiner Regierung vor zehn Jahren erfolgten Reformen zu. Ein kurzer Rückblick auf diese Zeit sei hier erlaubt: Im April 2002 sah der FAZ-Journalist Majid Sattar in Deutschlands Reformunfähigkeit den „bakteriell-virale[n] Hintergrund der German disease".[13] In der ebenfalls 2002 erschienenen Essaysammlung *Patient Deutschland* war von der sozioökonomisch „überfälligen Aufgabe, den deutschen Patienten von seiner

---

10 Polens Außenminister will sein Land „von Krankheiten heilen", in: Süddeutsche Zeitung v. 3.1.2016, Online-Ausgabe (http://www.sueddeutsche.de/politik/kritik-an-der-eu-polens-aussen minister -will-sein-land-von-krankheiten-heilen-1.2804613). [10.1.2016]
11 Francesco Merlo: La peggiore delle metafore, in: La Repubblica v. 10.5.2011, Online-Ausgabe (http://www.repubblica.it/politica/2011/05/10/news/la_peggiore_delle_metafore-16027843/). [15.8.2013] Populär geworden ist in Italien auch die Darstellung der Mafia als „Tumor, der sich im ganzen Körper des Landes breitmacht"; vgl. La Piovra 3 (1987).
12 N.N.: „Deutschland ist starke Frau Europas", in: Frankfurter Rundschau v.10.9.2012,Online-Ausgabe (http://www.fr-online.de/arbeit---soziales/altkanzler-schroeder-zur-agenda-2010--deutschland-ist-starke-frau-europas-,1473632,17215806.html). [15.8.2013].
13 Majjid Sattar: Unreformierbarkeit, in: FAZ v. 1.4.2002 (http://www.faz.net/aktuell/politik/faz-net-debatte-unreformierbarkeit-151836.html). [27.9.2015]

Therapieresistenz zu kurieren", die Rede.[14] Auch die namhafte Zeitschrift „Internationale Politik" betitelte 2004 ihr Maiheft mit *Patient Deutschland*. Der Göttinger Politikwissenschaftler Franz Walter äußerte vorsichtige Vorbehalte gegen das Heftthema und den Auftrag

> „in die seit Monaten herumgereichte Krisentrompete zu blasen, abermals über den ‚Patienten Deutschland' bittere Tränen zu vergießen, ‚the German Disease' zu beklagen, ... den Qualitätsverfall der ‚Politischen Klasse' zu diagnostizieren."[15]

Für Walter lag die Misere in der „Ziellosigkeit deutscher Politik" – da das Land nicht wisse „wohin es geht und ... über Alternativen nicht einmal nachdenkt."[16] Dem Gebrauch von Krankheitsmetaphern zugewandter zeigte sich in derselben Ausgabe der medial so präsente Wirtschaftswissenschaftler Hans-Werner Sinn. Unter dem Titel *Der kranke Mann Europas*[17] schwadronierte Sinn, auch sonst abstrusen Vergleichen nicht abgeneigt[18], über „Diagnose und Therapie der deutschen Krankheit." Bemerkenswert an solcher Polemik ist, dass Sinn nicht nur das neoliberale Hohelied von zu hohen Löhnen und ausufernden Sozialleistungen sang, sondern zu den Ursachen der „deutschen Krankheit" auch den demographischen Wandel zählt: „Unser Land vergreist."[19] Eine sehr ähnlich gelagerte Einkleidung wirtschaftlicher und sozial-demographischer Aspekte in Krankheitsmetaphern

---

14 Stefan Bollmann: Vorwort, in: Ders. (Hg.): Patient Deutschland. Eine Therapie, Stuttgart/München 2002, S. 25.
15 Franz Walter: Zielloses Missvergnügen. Über das Elend deutscher Politik, in: Internationale Politik, 59 (2004) 5, S. 11.
16 Ebd., S. 23.
17 Hans-Werner Sinn: Der kranke Mann Europas. Diagnose und Therapie der deutschen Krankheit, in: Internationale Politik, 59 (2004) 5, S. 25.
18 Zur ökonomischen Vergleichsgröße der Weltwirtschaftskrise von 1929 hat Sinn Folgendes zu sagen: „In der Weltwirtschaftskrise von 1929 ... hat es die Juden getroffen, heute sind es die Manager." Vgl. Hans-Werner Sinn: Interview in: Der Tagesspiegel v. 27.10.2008, Online-Ausgabe (http://www.tagesspiegel.de/wirtschaft/finanz/hans-werner-sinn-1929-traf-es-die-juden-heute-die-manager/1357144.html). Sinn ist trotz mancher „U-Turns" – vor der Wirtschaftskrise 2008 forderte er „mehr Markt", tritt seitdem jedoch überraschend vehement für „mehr Staat" ein – nach wie vor einer der gefragtesten Ökonomen Deutschlands. Kritisch zu Sinn vgl. Mark Schieritz: Der Boulevardprofessor, in: Financial Times Deutschland v. 31.3.2007, Online-Ausgabe (http://www.ftd.de/politik/europa/:der-boulevardprofessor/180714.html). [15.8.2013]
19 Sinn, Kranker Mann, S. 29.

findet sich bereits in verwandten Diskursen der Weimarer Zeit, bei Ökonomen, Demographen, politischen Schriftstellern oder Journalisten, so etwa bei Friedrich Burgdörfer, dessen 1932 erschienenes Buch zum demographischen Wandel den Untertitel *Geburtenschwund und Überalterung des deutschen Volkskörpers* trug.[20]

Die vorstehenden Beispiele sollen die fortwährende Wirkung bzw. Nachwirkung von Krankheitsmetaphern aus öffentlichen Diskursen der Weimarer Zeit illustrieren, die zu dem „Weimar-Komplex"[21] der alten Bundesrepublik und, in geringerem Maße, dem Fortwirken nach 1990 beigetragen haben. Mit den Analogien hat es dort aber ein Bewenden, wo die Zäsuren deutscher Geschichte im 20. Jahrhundert – 1933, 1945, 1968 und schließlich 1989/90 – zu völlig veränderten politischen und gesellschaftlichen Konstellationen und schrittweise zu einem grundlegenden Wandel von Mentalitäten und Wertevorstellungen geführt haben. Trotz aller verdienstvollen geschichtspädagogischen Erinnerungen an das warnende Exempel des Scheiterns der ersten deutschen Republik, einzelnen tatsächlich bis heute nachwirkenden historischen Kontinuitätslinien und „ritueller Vergangenheitsbeschwörung"[22] anlässlich runder Jahrestage ist „Weimar" langsam aus der „Zeit der Zeitgeschichte"[23] herausgetreten. Gilt daher auch für Weimar mittlerweile, was für frühere Epochen längst gilt: "The past is a foreign country: they do things differently there"?[24] Oder besteht eine bleibende Verbindung zur Gegenwart, zwar weniger auf politischem oder rechtsgeschichtlichem, sondern vielmehr kulturellem und mentalitätsgeschichtlichem Gebiet, wie Detlev Peukert vor nunmehr 25 Jahren elegant formulierte:

---

20 Friedrich Burgdörfer: Volk ohne Jugend. Geburtenschwund und Überalterung des deutschen Volkskörpers, Berlin 1932.
21 Sebastian Ullrich: Der Weimar-Komplex. Das Scheitern der ersten deutschen Demokratie und die politische Kultur der frühen Bundesrepublik, Göttingen 2009. Vgl. auch Jochen Vogt: The Weimar Republic as the ‚Heritage of our Time', in: Thomas W. Kniesche/Stephen Brockmann (Hg.): Dancing on the Volcano. Essays on the Culture of the Weimar Republic, Columbia 1994, S. 21–28.
22 Detlev J.K. Peukert: Die Weimarer Republik, Frankfurt a.M. 1987, S. 272.
23 Martin Sabrow: Die Zeit der Zeitgeschichte, Göttingen 2012, S. 6f.
24 L.P. Hartley: The Go-Between, London 1953, S. 7.

„Wir entdecken in den zwanziger Jahren mit den Zügen der klassischen Moderne das Heraufkommen unserer eigenen Lebenswelt. Wir betrachten eine Gesellschaft an der Scheidelinie zwischen gegenwärtig Vertrautem und befremdend Vergangenem – eine Gesellschaft, die unsere Ängste und Hoffnungen teilte und deren eigene Phantasien und Phobien uns doch ein irritierendes Zerrbild unserer Alltagsnormalität entgegenhalten"?[25]

Es ist die Untersuchungsabsicht dieser Arbeit, zu einer Rekonstruktion dieser „Phantasien und Phobien", ihrer Genese und ihren Ausdrucksformen am Beispiel der Krankheits-, Heilungs- und Körpermetaphern in politischen Diskursen der „Krisenjahre der klassischen Moderne" beizutragen.

1.1 Aufbau der Arbeit

Die vorliegende Arbeit gliedert sich in drei Hauptteile. In einer ausführlichen methodologischen Hinführung wird im zweiten Kapitel eine begriffliche Klärung des Begriffs der *Krise* vorgenommen, der in verschiedener Hinsicht eine innere Verbindung zu Krankheitsmetaphern hat. Ferner wird der gegenwärtige Forschungsstand rekapituliert und die theoretischen Kontexte von Metaphorologie, Begriffsgeschichte, Diskursanalyse, Körpergeschichte und Biopolitik überblickt.

Die eigentliche Darstellung beginnt – methodisch-theoretisch weniger Interessierte können mit ihrer Lektüre direkt hier einsetzen – im dritten Kapitel mit der quellengestützten Untersuchung von Krankheitsmetaphern in verschiedenen politikbezogenen Diskursen der Weimarer Republik, so u. a. in journalistischen Texten, der politischen Theorie und nicht zuletzt dem biologischen und medizinischen Schrifttum. Der vierte Großabschnitt ist den „kranken Männern" Weimars gewidmet: in mehreren Fallstudien werden die zeitgenössischen Selbstzeugnisse und Außenwahrnehmungen führender demokratischer Politiker, die auf unterschiedliche Weise erkrankt waren oder unter psychischen Belastungen litten, unter dem Blickwinkel des auf Susan Sontag zurückgehenden Diktums von der „Krankheit als Metapher" betrachtet. Eine Schlussbetrachtung überblickt schließlich die Ergebnisse der Untersuchung.

---

25 Peukert, Weimarer Republik, S. 272.

Die Formulierung der leitenden Interessen und Forschungsfragen dieser Arbeit soll erst auf der Grundlage einer ausführlichen Darstellung von Begrifflichkeiten, Forschungskontexten und methodischer Basis im Anschluss erfolgen. Zur Quellenauswahl werden jeweils zu Beginn der beiden quellengestützten Kapitel einige Erläuterungen vorgenommen.

2. Hinführung

Diese Arbeit knüpft, sowohl meinem anfänglichen Erkenntnisinteresse als auch ihrer Entstehung an einem Institut in der Tradition der „cultural studies" geschuldet, an viele gedankliche Fäden an, die aus dem Kernbereich der Geschichtswissenschaft hinausweisen. Dennoch ist sie keine interdisziplinäre, sondern genuin historisch angelegte, wenngleich jedoch ausdrücklich kulturgeschichtlich ausgerichtete Studie. Als solche erlaubt sie sich, „auf durchaus pragmatische und eklektizistische Weise von theoretischen Konzepten Gebrauch [zu] machen und von ihren Anregungen zu profitieren."[26] Das bedeutet freilich, geeignete theoretische Anknüpfungspunkte aufzufinden und sie anschlussfähig zu machen. Dies soll im Folgenden geschehen.

Eine notwendige, im Vorfeld der quellenbasierten Analysen zweckmäßige Vergewisserung über theoretische und methodologische Grundannahmen, Begriffe und bewusste Weglassungen muss wie bei der Vermessung eines kugelförmigen Körpers einen fast arbiträren Anfangspunkt bei der Umgrenzung dieser methodischen Grundlagen wählen. Eine unvermeidlich reihende Aufeinanderfolge einzelner Aspekte erfordert, dass die Kugel zerlegt und der innere Zusammenhalt ihrer Elemente auseinandergeschnitten wird. Doch anders ist ihrem komplexen Gehalt wohl nicht beizukommen. Im vorliegenden Fall heißt dies, dass in ihrem Mittelpunkt zwar zweifellos die Metaphern stehen, diese jedoch wiederum in den Kontext politischer Sprache eingebunden sind. Der hier behandelte Unterfall der Krankheitsmetaphern verweist zudem über den rein linguistischen Bereich hinaus auf andere Diskurse und den verwandten, teilweise komplementären Begriff der Krise. Die folgenden Ausführungen wechseln daher nicht nur wiederholt vom Allgemeinen ins Besondere und zurück, sondern auch zwischen verschiedenen Disziplinen und Denk- sowie Kategoriensystemen. Zu Anfang soll dabei der historiographische Standort dieser Arbeit ausgelotet werden.

---

26 Paul Nolte: Die Ordnung der deutschen Gesellschaft. Selbstentwurf und Selbstbeschreibung im 20. Jahrhundert, München 2000, S. 18.

2.1 Stand der Weimar-Forschung

Wollte man den Verlauf der Weimar-Forschung[27] grosso modo in Konjunkturen nachzeichnen, zeigen sich mehrere, in Wellen auftretende Entwicklungen. Eine erste versuchte in den 1950er-Jahren auf traditionell politikgeschichtlichem Wege, vor allem das Scheitern der ersten deutschen Republik zu erklären – und die These des „Bonn ist nicht Weimar" (Fritz René Allemann, 1956) auch historisch zu unterfüttern.[28] Eine zweite Welle nahm in den siebziger Jahren mit der Erforschung der ökonomischen Entwicklung der Weimarer Republik ihren Beginn; die Diskussion über das wirtschafts- und finanzpolitische Krisenmanagement der Regierung Brüning und ihr Beitrag zum graduellen Demokratieabbau führten 1979 zur sog. Borchardt-Kontroverse. Zeitlich war dies der Startschuss für eine Reihe von Gesamtdarstellungen, die in den achtziger Jahren erschienen: Mit Hagen Schulze, Eberhard Kolb, Horst Möller und Hans Mommsen legten namhafte Historiker der Bundesrepublik von unterschiedlicher politischer Couleur (man kann das an ihren Standpunkten im „Historikerstreit" von 1986/87 ablesen) erfolgreiche Zusammenfassungen der Epoche vor.[29] Detlev Peukerts vergleichsweise kompakte Studie[30] ist wohl die produktivste aller Synthesen geworden, da seine Zuspitzung auf die Thesen von der „Krisenjahre der klassischen Moderne" und ihrer „Janusköpfigkeit"

---

27 Ein Überblick bei Andreas Wirsching: Die Weimarer Republik. Politik und Gesellschaft, München 2000, S. 47–51.
28 Am wichtigsten zu nennen sind dabei: Karl Dietrich Bracher: Die Auflösung der Weimarer Republik. Eine Studie zum Problem des Machtverfalls, Stuttgart 1955 sowie Erich Eyck: Geschichte der Weimarer Republik, 2 Bde., Stuttgart 1956.
29 Hagen Schulze: Weimar. Deutschland 1917–1933, Berlin 1982; Eberhard Kolb: Die Weimarer Republik, München 1984; Horst Möller: Die Weimarer Republik. Eine unvollendete Demokratie, München 1985; Hans Mommsen: Die verspielte Freiheit. Der Weg der Republik von Weimar in den Untergang 1918 bis 1933, Berlin 1990. Vor allem Hagen Schulze hat sich auch weiterhin vor allem mit dem Scheitern der Weimarer Republik befasst; vgl. Hagen Schulze: Das Scheitern der Weimarer Republik als Problem der Forschung, in: Karl Dietrich Erdmann/ Hagen Schulze (Hg.): Weimar. Selbstpreisgabe einer Demokratie. Eine Bilanz heute, Düsseldorf 1984, S. 23–41; Ders.: Weimars Scheitern erklären, in: Dieter Hein u. a. (Hg.): Historie und Leben. Der Historiker als Wissenschaftler und Zeitgenosse, München 2006, S. 561–572.
30 Peukert, Weimarer Republik [erschienen 1987].

sowie der problemgeschichtlich-modernitätskritische Ansatz bis heute überzeugt und gleichzeitig Widerspruch provoziert.[31] Mit dem faktengesättigten Werk Heinrich August Winklers[32], Andreas Wirschings Beitrag zur *Enzyklopädie deutscher Geschichte*[33] und dem vierten Band von Hans-Ulrich Wehlers *Deutscher Gesellschaftsgeschichte*[34] traten um die Jahrtausendwende weitere Gesamtdarstellungen hinzu. Noch jüngeren Datums sind die Überblickswerke Ulrich Kluges[35], Ursula Büttners[36] sowie aus dem englischsprachigen Bereich Matthew Stibbes Monographie[37] und ein von Anthony McElligott herausgegebener Sammelband.[38] Letztere enthalten in der britischen Tradition der „cultural studies" umfangreiche Kapitel zu einer weit gefassten Kultur der Weimarer Republik und reihen sich in eine dritte Welle der Weimar-Forschung ein, die in dem Aufkommen von neuen kulturgeschichtlich orientierten Studien zu sehen ist und etwa seit Ende der 1990er-Jahre Einzug gehalten hat. Bemerkenswert – und symptomatisch

---

31 Vgl. Ben Lieberman: Testing Peukert's Paradigm. The "Crisis of Classical Modernity" in the "New Frankfurt," 1925–1930, in: German Studies Review, 17 (1994), S. 287–303. Dort eine Problematisierung des Terminus' „klassische Moderne"; ebd., S. 287f; eine ausführliche Diskussion von Peukerts Verbindung von Krise und Moderne bei Peter Fritzsche: Landscape of Danger, Landscape of Design. Crisis and Modernism in Weimar Germany, in: Kniesche/Brockmann, Dancing on the Volcano, S. 29–46, hier S. 29; vgl. außerdem Michael Makropoulos: Krise und Kontingenz. Zwei Kategorien im Modernitätsdiskurs der Klassischen Moderne, in: Moritz Föllmer/Rüdiger Graf (Hg.): Die „Krise" der Weimarer Republik. Zur Kritik eines Deutungsmusters, Frankfurt a.M./New York 2005, S. 45–76; Gérard Raulet: „Ausnahme Weimar". Das Janusgesicht der Moderne, in: Friedrich Balke/Benno Wagner (Hg.): Vom Nutzen und Nachteil historischer Vergleiche. Der Fall Bonn – Weimar, Frankfurt a.M./New York 1997, S. 81–109.
32 Heinrich August Winkler: Weimar 1918–1933. Die Geschichte der ersten deutschen Demokratie, München 1998.
33 Wirsching, Weimarer Republik [erschienen 2000].
34 Hans-Ulrich Wehler: Deutsche Gesellschaftsgeschichte, Vierter Band. Vom Beginn des Ersten Weltkriegs bis zur Gründung der beiden deutschen Staaten 1914–1949, München 2003.
35 Ulrich Kluge: Die Weimarer Republik, Paderborn 2006.
36 Ursula Büttner: Weimar. Die überforderte Republik 1918–1933, Stuttgart 2008.
37 Matthew Stibbe: Germany, 1914 – 1933. Politics, society and culture, Harlow 2010.
38 Anthony McElligott (Hg.): Weimar Germany, Oxford 2010.

für eine gewisse thematische Beschränktheit der deutschen Geschichtswissenschaft – ist, dass viele Anstöße zu diesen Studien von außerhalb der Disziplin gekommen sind, so etwa durch Klaus Theweleits *Männerphantasien*, Helmut Lethens Buch zu den *Lebensversuchen zwischen den Kriegen* oder Hans-Ulrich Gumbrechts Studie zu *1926* (die Autoren sind allesamt Literaturwissenschaftler).[39] So sind in einer alltags- und mentalitätsgeschichtlichen Erweiterung des traditionellen kulturgeschichtlichen Ansatzes, der sich auf Literatur, Kunst, Theater und andere Elemente der Hochkultur bezog, in den vergangenen Jahren Untersuchungen zur politischen Presse[40], zum zeitgenössischen Zukunftsdiskurs[41], zur politisch-parlamentarischen Kultur[42], zur Rolle von Neurosen, Psychotherapie und Psychoanalyse[43], zu politischen Symbolen[44] oder zum Problem der Gewalt im politischen Raum[45]

---

39 Klaus Theweleit: Männerphantasien 1+2 [1977/78], München/Zürich 2000; Helmut Lethen: Verhaltenslehre der Kälte. Lebensversuche zwischen den Kriegen, Frankfurt 1994; Hans-Ulrich Gumbrecht: 1926. Ein Jahr am Rand der Zeit, Frankfurt a.M. 2003. Zur Wirkungsgeschichte von Theweleit in der Geschichtswissenschaft vgl. Sven Reichardt: Klaus Theweleits ‚Männerphantasien' – ein Erfolgsbuch der 1970er-Jahre, in: Zeithistorische Forschungen 3 (2006), S. 1–15.
40 Bernhard Fulda: Press and Politics in the Weimar Republic, Oxford 2009.
41 Rüdiger Graf: Die Zukunft der Weimarer Republik, München 2008.
42 Thomas Mergel: Parlamentarische Kultur in der Weimarer Republik. Politische Kommunikation, symbolische Politik und Öffentlichkeit im Reichstag, Düsseldorf 2002.
43 Paul Lerner: Hysterical Men. War, Psychiatry, and the Politics of Trauma in Germany, 1890–1930, Ithaca 2003; Andreas Killen: Berlin Electropolis. Shock, Nerves, and German Modernity, Berkeley 2006; Veronika Fuechtner: Berlin Psychoanalytic. Psychoanalysis and Culture in Weimar Republic Germany and Beyond, Berkeley 2011.
44 Nadine Rossol: Performing the Nation in interwar Germany: Sport, Spectacle and Political Symbolism, 1926–36, Basingstoke 2010; Kathleen Canning: The Politics of Symbols, Semantics, and Sentiments in the Weimar Republic, in: Central European History, 43 (2010), S. 567–580.
45 Dirk Schumann: Political Violence in the Weimar Republic, 1918–1933. Fight for the Streets and Fear of Civil War, New York 2009; Dirk Blasius: Weimars Ende. Bürgerkrieg und Politik 1930–1933, Göttingen ²2006; Sven Reichardt: Gewalt, Körper, Politik. Paradoxien in der deutschen Kulturgeschichte der Zwischenkriegszeit, in: Wolfgang Hardtwig (Hg.): Politische Kulturgeschichte der Zwischenkriegszeit 1918–1939, Göttingen 2005, S. 205–240.

erschienen. Darüber hinaus haben Sammelbände – wiederum nicht selten im anglo-amerikanischen Bereich entstanden –willkommene Foren für neue kulturgeschichtliche Themen und innovative methodische Ansätze geboten, so zu Raumauffassungen, Zeitkonzeptionen[46], Utopien[47], dem Begriff der Krise[48] oder anderen Themen der politischen Kulturgeschichte.[49] Auf die für die vorliegende Arbeit relevanten Forschungen zur Körpergeschichte werde ich später noch zurückkommen. Festzuhalten bleibt die thematische und methodologische Öffnung der Weimar-Forschung und ihr Gewinn:

> "It is time to rethink and rewrite the actual development of this crucial period in twentieth-century history. ... The sophisticated application of ideas and concepts from gender history, historical semantics and media studies can challenge conventional narratives of crisis and reinject a sense of contingency into our picture of the Weimar Republic."[50]

Ausgehend von dieser Einschätzung Benjamin Ziemanns soll nun zu Beginn meiner methodologischen Überlegungen von Krise die Rede sein.

2.2 Krise[51]

„Nun drängt es uns aber, der Frage, warum es zu geschichtlichen Krisen kommt, auf den Grund zu gehen. Der Mensch hört auf, an das System der Welt zu glauben,

---

46 Wolfgang Hardtwig (Hg.): Ordnungen in der Krise. Zur politischen Kulturgeschichte Deutschlands 1900–1933, München 2007.
47 Wolfgang Hardtwig/Philip Cassier (Hg.): Utopie und politische Herrschaft im Europa der Zwischenkriegszeit, München 2003.
48 Moritz Föllmer/Rüdiger Graf (Hg.): Die „Krise" der Weimarer Republik. Zur Kritik eines Deutungsmusters, Frankfurt a.M./New York 2005.
49 Jochen Hung (Hg.): Beyond Glitter and Doom. The Contingency of the Weimar Republic, München 2012; Kathleen Canning u. a. (Hg.): Weimar Publics/Weimar Subjects. Rethinking the political culture of Germany in the 1920s, New York 2010; Wolfgang Hardtwig (Hg.): Politische Kulturgeschichte der Zwischenkriegszeit 1918–1939, Göttingen 2005.
50 Benjamin Ziemann: Weimar was Weimar. Politics, Culture and the Emplotment of the German Republic, in: German History, 28 (2010), S. 542–571, hier S. 560 u. 571.
51 Im Folgenden erscheint der Ausdruck, sofern es sich nicht um Zitate handelt, immer ohne Anführungszeichen. So wie die Verwendung innerhalb der Forschung schwankt, habe ich mich zögernd dazu entschieden, darauf zu verzichten, da der eventuelle Vorteil einer minutiösen Trennung zwischen „Krise 1" als historisch-quellenmäßigem, „Krise 2" als analytischem Begriff und „Krise 3"

an das er bisher geglaubt hat – diese Tatsache ... fordert eine Erklärung. Im Verhältnis zu dieser brennenden Frage ist alles andere nebensächlich."[52] (José Ortega y Gasset)

Schon länger gilt: "Weimar has become synonymous with crisis."[53] Nimmt man den zuvor aufgeworfenen Aspekt der Kontingenz als Paradigma der neueren Weimar-Geschichtsschreibung[54], lässt sich in dessen komplexen begrifflichen Zusammenwirken mit „Krise" und „klassischer Moderne" ein gedanklicher Rahmen abstecken:

> „Kontingent ist nämlich einerseits alles Zufällige und in seiner Unkalkulierbarkeit schlechterdings Unverfügbare. Kontingent ist aber andererseits auch alles Manipulierbare, also das, was Gegenstand menschlichen Handelns im Sinne einer willkürlichen Konstruktion ist, die auch anders sein könnte. ... Die Krisensituation realisiert sich unter diesen Bedingungen als normativ hochgradig defizitäre Situation. ... Die 20er Jahre waren dann in dieser Perspektive nicht die Krise der Moderne, sondern Modernität war die Vollendung der Krise der Geschichte, die mit der Neuzeit ausgebrochen war."[55]

2.2.1 Weimars „Krise"

Den Begriff der Krise im Weimarer Kontext haben anschließend an Peter Fritzsches frühere Überlegungen[56] Moritz Föllmer, Rüdiger Graf und Per Leo in der Einleitung zu ihrem vieldiskutierten Band *Die ‚Krise' der Weimarer Republik* auszuleuchten versucht; Graf hat dies im Hinblick auf den zeitgenössischen Diskurs in eigenen Beiträgen noch vertieft.[57] Im Hinblick

---

als Metapher durch den großen Nachteil einer mitunter eben nicht immer trennscharfen Verwendung und der daraus resultierenden Konfusion für den Leser überwogen wird.
52 José Ortega y Gasset: Das Wesen geschichtlicher Krisen, Stuttgart 1951, S. 42.
53 Fritzsche, Landscape of Danger, S. 29.
54 Vgl. Jochen Hung (Hg.): Beyond Glitter and Doom. The Contingency of the Weimar Republic, München 2012.
55 Makropoulos, Krise und Kontingenz, S. 54ff. Vgl. auch Hung, Jochen: Beyond Glitter and Doom. The New Paradigm of Contingency in Weimar Research, in: Ders., Beyond Glitter and Doom, S. 9–18.
56 Vgl. Fritzsche, Landscape of Danger; Ders.: Did Weimar Fail?, in: Journal of Modern History, 68 (1996), S. 629–656
57 Moritz Föllmer/Rüdiger Graf/Per Leo: Die Kultur der Krise in der Weimarer Republik, in: Föllmer/Graf, „Krise", S. 9–44; Rüdiger Graf: Die „Krise" im intellektuellen Zukunftsdiskurs der Weimarer Republik, in: Föllmer/Graf, Krise,

auf die Fragestellung meiner Arbeit erscheint es mir fruchtbringend, sich ihrer komplexen Analyse hier ausführlicher zuzuwenden. Diese gliedert sich in drei Dimensionen: I. den zeitgenössischen Diskurs über Krise, II. ihre Verwendung in der Weimar-Forschung und III. den Begriff der Krise im Allgemeinen.

I. Den zeitgenössischen Krisendiskurs[58], d. h. die in öffentlichen Diskussionen manifestierten Äußerungen über eine wie auch immer geartete Krise zeichnete aus, dass er 1. keineswegs von rein negativen, pessimistischen oder sogar fatalistischen Denkmustern determiniert war. Der Weimarer Schriftsteller und Literaturhistoriker Adolf Bartels meinte 1919, zugleich im Blick zurück auf den unmittelbar zurückliegenden Umbruch und auf die nähere Zukunft: „Nachdem die Krisis überstanden ist, erscheint mir doch die volle Gesundung möglich, aber dazu eine wirkliche Wiedergeburt nötig."[59] Dies verdeutlicht, dass „selbst wenn die Krise in den düstersten Farben gezeichnet wurde, irgendwo noch immer ein Ausweg möglich zu sein ... schien."[60] Im Gegenteil wurde Krise oft geradezu optimistisch als Chance für positive Veränderung, als Übergangszeit oder sogar als „Zeitenwende"[61] wahrgenommen. Thomas Saunders hat in diesem Zusammenhang von "pervasiveness of crisis" gesprochen.[62] Krise beinhaltete 2. ergebnisoffen die Erwartung einer baldigen und gravierenden Entscheidung.

> „Zweifellos gab es konservative Szenarien eines sozialen und moralischen Verfalls, doch verbreiteter und einflussreicher war die Verbindung von ‚Krise' mit Kontingenz,

---

S. 77–106; Ders.: Die Zukunft der Weimarer Republik, München 2008; Ders.: Either-Or: The Narrative of „Crisis" in Weimar Germany and in Historiography, in: Central European History, 43 (2010), S. 592–615.
58 Zum Krisendiskurs im Kaiserreich vgl. Michel Grunewald/Uwe Puschner (Hg.): Krisenwahr-nehmungen in Deutschland um 1900. Zeitschriften als Foren der Umbruchszeit im wilhelminischen Reich, Bern 2010.
59 Adolf Bartels: Was nun? Gedanken über Deutschlands nächste Zukunft, Zeitz 1919, S. 59.
60 Graf, Zukunft, S. 368; vgl. auch Graf, Krise, S. 105. Dass es gleichzeitig freilich eine richtiggehende Lust an der Apokalypse gegeben hat, die allerdings bereits weit ins Kaiserreich zurückreichte, soll hier nicht verschwiegen werden. Vgl. Klaus Vondung: Die Apokalypse in Deutschland, München 1988.
61 Graf, Either-Or, S. 604.
62 Thomas J. Saunders: Weimar Germany. Crisis as Normalcy – Trauma as Condition, in: Neue Politische Literatur, 45 (2000), S. 225.

Gestaltbarkeit und Entscheidung. Wer den Begriff verwendete, reagierte häufig grundsätzlich positiv auf die Infragestellung vertrauter Orientierungsparameter."[63] Die Vorstellung einer notwendigen und bevorstehenden Entscheidung resultierte 3. darin, dass Krise weniger als passiv erlittener Zustand denn als Aufruf zum Handeln erschien. „Durch die Konstruktion einer Alternative, die der Entscheidung bedurfte, wurde ein Handlungsnotstand erzeugt."[64] So verkoppelten sich in der Krise auf eigenartige Weise die Momente von Entscheidungsnotwendigkeit und ihrer zugleich innewohnenden Überwindungschance:

> „Die Rede von der ‚Krise' erfreute sich also gerade deshalb so großer Beliebtheit, weil sie auf die Möglichkeit ihrer Überwindung und der Realisierung einer ‚neuen Zeit' verwies."[65]

Der Entscheidungscharakter der Krisensituation trug 4. zu einer „dezisionistischen" Verengung bei, die in einem Narrativ des Entweder-Oder – bei den Protagonisten aller politischen Lager – zu einer Zuspitzung radikaler, sich ausschließender Dichotomien führte (z. B. Demokratie vs. Autokratie, Kapitalismus vs. Kommunismus, egalitäre vs. hierarchische Gesellschaft etc.).[66] Es ist dabei kein sprachlicher Zufall, dass der Ausdruck „Dezision" eine zentrale Rolle etwa im Werk Carl Schmitts spielte. Die Intellektuellen aller Couleur traten "almost in a competition to determine who could depict the crisis in the most general and fundamental terms."[67] Der gleichzeitig hoch im Kurs stehende Revolutionsbegriff legt davon Zeugnis ab. Neben dem Moment der Radikalisierung ist eine Ausweitungstendenz des Krisenbegriffs feststellbar: als einer der Protagonisten einer Totalisierung der Krise sprach etwa der Jurist und Kriminalpsychologe Hans von Hentig 1920 von einem „Zusammenhang von kosmischen, biologischen und sozialen Krisen" – insbesondere aufgrund des biologischen Aspekts wird später noch auf Hentig zurückzukommen sein. Überhaupt waren besonders Vertreter der radikalen Rechten geradezu von einer „Krisensehnsucht

---

63 Föllmer/Graf/Leo, Kultur der Krise, S. 24.
64 Graf, Zukunft, S. 374; Ders., Either-Or, S. 603.
65 Graf, Krise, S. 106.
66 Vgl. Graf, Either-Or, S. 605ff.
67 Ebd., S. 608.

erfüllt, um das parlamentarische System zu überwinden."⁶⁸ Diese Existenzialisierungs-, Verschärfungs- und Überwindungsszenarien fanden ihren Zielpunkt 5. in einem utopischen Zukunftshorizont jenseits der Gegenwart des Weimarer Staates und seiner Gesellschaft. Aus jeweils nationalistischer, sozialistisch/kommunistischer, internationalistisch/europäischer oder konservativ-kulturkritischer Sicht fand eine „Definition der Krise aus dem Geist der Utopie"⁶⁹ statt. Diesem grundsätzlich utopischen Grundcharakter sind auch die „wechselseitigen Überbietungen"⁷⁰ jener Zeitdiagnosen geschuldet, die nicht nur bei relativ abstrakten Begriffen wie Staat oder Gesellschaft haltmachten, sondern 6. „zur Krisenüberwindung konsequenterweise auch beim Menschen und seinem Verhalten ansetzen [mussten], was häufig dadurch geschah, dass zur Schöpfung eines ‚neuen Menschen' aufgerufen wurde."⁷¹ So zeigt sich mit dem Krisenbegriff 7. ein ubiquitärer und geradezu inflationär gebrauchter Terminus, von dem die vorher (und nachher) gültigen Kategorien wie „Problem" oder „Frage" aufgesogen wurden und der schon so weit zu Normalität geworden war⁷², dass selbst einige Zeitgenossen seiner überdrüssig wurden.⁷³ Obgleich die jungkonservative Zeitschrift *Die Tat* unter ihrem Chefredakteur Hans Zehrer seit 1929 ein Gutteil zur Inflation des Begriffs beigetragen hatte, wurden auch dort Zweifel an seinem Nutzwert laut: „Man wird skeptisch gegenüber einer Krisis als Dauerzustand; denn es gibt nur eine Krisis zum Tode, oder zum Leben."⁷⁴ Carl Schmitt, dessen Überlegungen zum Ausnahmezustand⁷⁵ ebenfalls in das Muster von Verschärfung und Überwindung passen, erteilte in „Legalität und Legitimität" – wohl auch polemisch – einer nichtanalytischen Verwendung des Krisenbegriffs eine Absage:

---

68 Föllmer/Graf/Leo, Kultur der Krise, S. 30.
69 Graf, Krise, S. 92.
70 Graf, Zukunft, S. 376.
71 Graf, Krise, S. 100.
72 Vgl. Yvonne Hirdman: Crisis: The Road to Happiness?, in: Nina Witoszek/Lars Trägårdh (Hg.): Culture and Crisis. The Case of Germany and Sweden, New York 2004; Saunders, Crisis as Normalcy, S. 209.
73 Vgl. Föllmer/Graf/Leo, Kultur der Krise, S. 10, Graf, Zukunft, S. 77.
74 Horst Grüneberg: Das Ende der Wissenschaft? Krisis! ... Krisis!, Die Tat 21, Nov. 1929, H. 8, S. 597.
75 Vgl. Giorgio Agamben: Ausnahmezustand, Frankfurt a.M. 2004.

„Optimistische oder pessimistische Vermutungen und Prognosen interessieren hier nicht; von ‚Krisen' – seien es nun biologische, medizinische oder ökonomische Krisen, Nachkriegskrisen, Vertrauenskrisen, Gesundungskrisen, Pubertätskrisen, Schrumpfungskrisen oder was immer – soll ebenfalls nicht gesprochen werden."[76]

Die Mehrheit der Intellektuellen konnte sich der Anziehungskraft des Krisenbegriffs jedoch nicht entziehen, so auch nicht Bertolt Brecht und Walter Benjamin, die sich 1930/31 mit dem Gedanken trugen, eine Zeitschrift unter dem Titel „Krise und Kritik" aus der Taufe zu heben.[77] Benjamin war als Marxist der Überzeugung, dass „die schwere Wirtschaftskrise krisenhafte Erscheinungen im Überbau bewirk[t]"[78] haben müsse. Diese Krise der Ideologie sei zu befürworten, ja „herbeizuführen", wie Benjamin entsprechend der Dialektik von Kulmination und Überwindung anregte. Brecht schlug vor, die erste Ausgabe der Zeitschrift, zu deren Erscheinen es schließlich nicht gekommen ist, mit einem „mehr ‚reißerischen' Artikel" beginnen zu lassen, der den Titel *Die Begrüßung der Krise tragen sollte.*[79] Dass der Begriff der Krise tatsächlich nicht nur von Radikalen besetzt wurde, zeigt auch das 1932 erschienene und von Regierungsseite geförderte Buch *Krisis – ein politisches Manifest*[80]; dort äußerten sich zum Thema neben Politikern wie Heinrich Brüning oder Arnold Brecht auch republikanische Intellektuelle wie Rudolf Smend, Ricarda Huch oder Emil Dovifat. Dies illustriert, wie omnipräsent und „anschlussfähig" der Begriff der Krise in Diskursen der Weimarer Republik gewesen ist, da er „unterschiedliche Zeiterfahrungen und diskursive Kontexte bündeln ... konnte."[81]

Wie sehr nun (II.) die Historiographie diesem vielgestaltigen Diskurs mit der Begehung eines massiven Kategorienfehlers auf den Leim gegangen ist und z.T. noch geht, haben Graf und Föllmer ebenfalls ausführlich gezeigt. Indem die Geschichtswissenschaft die Krise „als zentrales Interpretament für die Jahre von 1918 bis 1933"[82] gewählt habe, hätte sie 1. ihren

---

76 Carl Schmitt: Legalität und Legitimität [1932], Berlin 1968, S. 7.
77 Vgl. Erdmut Wizisla: Benjamin und Brecht. Die Geschichte einer Freundschaft, Frankfurt a.M. 2004, S. 115–164.
78 Zit. ebd., S. 131.
79 Abdruck der Gesprächsnotiz v. 21.11.1930 bei Wizisla, ebd., S. 306.
80 „Krisis – ein politisches Manifest", hg. v. Oscar Müller, Weimar 1932.
81 Föllmer/Graf/Leo, Kultur der Krise, S. 10.
82 Ebd., S. 11.

konstruktiven Charakter grundsätzlich unterschlagen oder wenigstens vernachlässigt. Die Eigenschaft ihrer „wesentlich narrativen Konstruktion"[83] sollte einen unhinterfragten und essentialistischen Gebrauch in der Sprache des Historikers eigentlich verbieten. Die „Kongruenz von Selbstdeutungen und historischen Beschreibungen"[84] habe zu der unzulässigen Vertauschung von Explanans und Explanandum geführt. Der Kategorienfehler liege in der Übertragung abstrakt gewonnener semantischer Merkmale auf den zeitgenössischen Diskurs:

> „Getreu dem bedeutungstheoretischen Grundsatz ‚meaning is use' muss vielmehr zur Untersuchung des intellektuellen Krisenbewusstseins nach dem Ersten Weltkrieg zunächst die zeitgenössische Verwendung des Begriffs analysiert werden."[85]

Erst dann könne, und dies soll maßgebend auch für diese Arbeit sein, in einem zweiten Schritt „im Rahmen der eigenen historischen Analyse ... das Krisennarrativ zu heuristischen Zwecken sowie zur dramatischen Ordnung des historischen Materials"[86] verwendet werden.

> „Weil Krisen nicht einfach so in der Welt kausal wirksam sind, erklärt der bloße Verweis auf eine Krise noch nichts, sondern die eigentliche Erklärung muss mit ihm erst beginnen"[87]

Die historische Forschung habe jedoch, vor allem in Gesamtdarstellungen, den Krisenbegriff substanzialisiert und unter Einbeziehung verschiedenster (sozio-ökonomischer, politischer, kultureller) Faktoren zu einem „universalen Analysebegriff ... synthetisiert"[88], der wiederum 2. wie ein „Passepartout"[89] zur Erklärung anderer Phänomene (wie etwa des Untergangs der Weimarer

---

83 Ebd., S. 23.
84 Graf, Zukunft, S. 364.
85 Graf, Krise, S. 80.
86 Föllmer/Graf/Leo, Kultur der Krise, S. 22.
87 Ebd., S. 23.
88 Ebd., S. 16f. Selbst Ansätze, die den semantischen Bestandteilen von „Krise" auf den Grund gehen wollen, sind diesem Irrtum erlegen, so etwa Saunders, Crisis as Normalcy, passim, oder der frühe Versuch einer psychologischen Deutung bei Rudolf Vierhaus: Auswirkungen der Krise um 1930 in Deutschland. Beiträge zu einer historisch-psychologischen Analyse, in: Werner Conze/Hans Raupach (Hg.): Die Staats- und Wirtschaftskrise des Deutschen Reichs 1929/33, Stuttgart 1967, S. 155–175.
89 Graf, Either-Or, S. 593.

Republik und den Aufstieg Hitlers) herangezogen worden sei.[90] In extremis habe dieses „catch-all concept"[91] des Krisenbegriffs dazu geführt, dass

> „Die Krise ... in der Weimarforschung häufig als quasi-magischer Begriff ... dient, der überall dort zum Einsatz kommt, wo man mit dem Erklären nicht mehr weiterkommt."[92]

Gerade Detlev Peukerts für die Weimar-Forschung ansonsten so anregendes Buch sei mit dem Diktum von der „totalen Krise" im gedanklichen Rahmen der „Krisenjahre der klassischen Moderne" diesem Irrtum erlegen.

> „Er [Peukert] nutzt diese Krise oder einzelne Teilaspekte der Krise – die Wirtschaftskrise, die Krise des Sozialstaates, etc. – auch, um wiederum andere Phänomene zu erklären. In seiner Arbeit bildet die Krise also nicht nur das Explanandum, sondern auch das Explanans."[93]

Wie Peukert habe auch Hans-Ulrich Wehler mit dem Bild vom „Krisenknäuel"[94] verschiedene Teilaspekte zu einer Totalkrise verknotet und damit den zeitgenössischen, ideologisch motivierten und daher problematischen Topos einer „Krisis des Gesamtsystems von Weimar" (so der Titel eines Aufsatzes des NSDAP-Parteiideologen Alfred Rosenberg)[95] unfreiwillig wieder aufleben lassen.[96] Der aus einer solchen Totalisierung von diffus bleibenden, „seit langem gespeicherten und akut vermehrten Krisenphänomenen"[97] gewonnene, unscharfe Begriff der Krise habe in Gesamtdeutungen schließlich „für alles verantwortlich gemacht werden" können.[98] Eine weitere Schwäche der Weimar-Forschung liege 3. im ungeklärten, auf die Vernachlässigung der narrativ konstruierten Gestalt von Krise zurückgehenden Wechselverhältnis von Krisendiskurs und

---

90 Vgl. Graf, Either-Or, S. 596; Föllmer/Graf/Leo, Kultur der Krise, S. 19.
91 Graf, Either-Or, S. 597.
92 Föllmer/Graf/Leo, Kultur der Krise, S. 21.
93 Ebd., S. 19.
94 Wehler, Gesellschaftsgeschichte IV, S. 592.
95 In den Nationalsozialistischen Monatsheften 3 (1932), zit. n. Graf, Zukunft, S. 365.
96 In ähnlicher Weise auch Richard Bessel: Why did the Weimar Republic collapse?, in: Ian Kershaw (Hg.): Weimar: Why Did German Democracy Fail?, London 1990, S. 120–152.
97 Wehler, Gesellschaftsgeschichte IV, S. 229.
98 Graf, Zukunft, S. 365.

(vermeintlich) realen Krisenelementen. Ausgehend von der Feststellung, dass es eine faktische Krise eo ipso nicht gebe, da „Krisen nicht einfach so in der Welt kausal wirksam sind", kann es auch keine kausale Determinierung (in welche „Richtung" auch immer) zwischen beiden geben. Man griffe zu kurz, den zeitgenössischen Krisendiskurs als Folge „realer" Krisenprozesse in Wirtschaft, Staat und Gesellschaft zu sehen, zum einen, da abgesehen von einem wirtschaftswissenschaftlichen Krisenbegriff im engeren Sinne und mit klar umrissenen Parametern überhaupt erst ausgehandelt werden müsse, worin eine politische, soziale, gesellschaftliche, kulturelle, intellektuelle oder demographische Krise bestehen kann.[99] Zum anderen ließen sich, selbst wenn man sich auf solche „realgeschichtlichen" Phänomene verständigt hätte, aus diesen keineswegs eindeutige, kausal abzuleitende Rückschlüsse auf die heterogenen und widersprüchlichen diskursiven Verarbeitungen des Krisenbegriffs ziehen.[100]

Schließlich habe die Geschichtswissenschaft 4. häufig eine „einseitig pessimistische" Krisendeutung vorgenommen. Daraus seien vielfach auch die fatalistischen Erklärungen zu erklären, der zufolge die Weimarer Republik als „Vorspiel zum Nationalsozialismus" schon lange vor 1933 zum Untergang bestimmt gewesen sei.[101]

Zusammenfassend lässt sich festhalten, dass Graf et al. explizit den „Erklärungswert [von Krise] für die historische Forschung in Frage stellen."[102] Sofern Historiker dennoch von ihr Gebrauch machen wollten, führe kein Weg an einem konstruktivistischen Ansatz vorbei, der diskurshistorisch die zeitgenössischen Konzepte nachzeichnet, ihren interpretativen Gehalt („Dramatisierungen der Gegenwart")[103] in den Blick nimmt und damit untersucht, wer und auf welche Weise intellektuelle Hegemonie zu erlangen versucht habe.[104] Mit einem derartigen Fokus auf verschiedene historische

---

99 Vgl. Graf, Either-Or, S. 595. Zum Versuch einer politikwissenschaftlicher Krisendefinition vgl. Michael Brecher/Jonathan Winterfeld: A Study of Crisis, Ann Arbor 1997.
100 Vgl. Graf, Krise, S. 79. Graf, Either-Or, S. 612f.
101 Vgl. Föllmer/Graf/Leo, Kultur der Krise, S. 39; Graf, Either-Or, S. 593ff.
102 Föllmer/Graf/Leo, Kultur der Krise, S. 38.
103 Graf, Either-Or, S. 614.
104 Ebd.

Krisennarrative könne eine substanzialistische Krisenauffassung überwunden werden:

> „Wenn es überhaupt ein einheitliches Krisenbewusstsein gab, das von den realen Krisenprozessen produziert wurde, dann muss dieses auf einer formalen und nicht auf einer inhaltlichen Ebene gelegen haben."[105]

Eine diskurshistorische Krisenforschung könne dennoch einen echten Beitrag zur Diskussion über das Scheitern der Weimarer Republik leisten, etwa ausgehend von dem aus den Quellen gewonnenen Bild, dass die zeitgenössischen, „medial forcierten Homogenitätswünsche und die hohen Erwartungen an staatliche Institutionen die Legitimität der parlamentarischen Demokratie unterminiert"[106] hätten. Die Zuspitzungstendenz des Weimarer Krisendiskurses und die Grundstimmung eines radikalen Dezisionismus trugen dazu bei, dass die meisten Autoren selbst an die Verengung von Optionen auf eine Alternative hin geglaubt hätten[107], die für eine ergebnisoffene Diskussion von Handlungsoptionen der Demokratie keinen Raum mehr ließ. Ich werde zu zeigen versuchen, wie sich dies analog auch aus der Verwendung von Krankheitsmetaphern ergab.

2.2.2 Elemente einer Krisendefinition

> "The notion of crisis, for instance: we are all too familiar with it, and too familiar with the difficulties attending any discussion of it; yet there is a myth of crisis, a very deep and complex one, which we should make more sense of if we could reduce it from the status of myth to the status of fiction." (Frank Kermode)[108]

Das komplexe und nicht auf die Geschichtswissenschaft beschränkte Unternehmen einer grundsätzlichen Definition des Begriffs der Krise kann an dieser Stelle nur verkürzt erörtert werden.[109] Es ist lediglich insoweit zu rekapitulieren, als es auf den spezifisch krankheitsmetaphorischen Aspekt hin untersucht werden kann. Graf et. al haben sich (III.), was auch

---

105 Graf, Zukunft, S. 371.
106 Föllmer/Graf/Leo, Kultur der Krise, S. 39.
107 Vgl. Graf, Either-Or, S. 614.
108 Frank Kermode: The Sense of an Ending [1967], Oxford 2000, S. 28.
109 Vgl. dazu aber die Beiträge in Thomas Mergel (Hg.): Krisen verstehen. Historische und kulturwissenschaftliche Annäherungen, Frankfurt a.M./New York 2012.

meinen Ausgangspunkt bilden soll, vor allem auf die Arbeiten Reinhart Kosellecks gestützt.[110] Für diesen ist Krise neben so komplexen Termini wie etwa Staat, Bürgertum oder Gesellschaft einer der „Leitbegriffe der geschichtlichen Bewegung."[111] Überhaupt hat sich Koselleck im Verlauf seiner akademischen Karriere häufig zum Begriff der Krise geäußert, erstmals in seiner – maßgeblich von Carl Schmitt beeinflussten – Dissertation von 1959[112] und später im Rahmen begriffsgeschichtlicher Studien.[113] In

---

110 Vgl. Graf, Zukunft, S. 360ff; Föllmer/Graf/Leo, Kultur der Krise, S. 13ff.
111 Reinhart Koselleck: Einleitung, in: Otto Brunner/Werner Conze/Reinhart Koselleck (Hg.): Geschichtliche Grundbegriffe. Historisches Lexikon zur politisch-sozialen Sprache in Deutschland, Bd.1, Stuttgart 1972, S. XIII.
112 Reinhart Koselleck: Kritik und Krise. Eine Studie zur Pathogenese der bürgerlichen Welt, Frankfurt a.M. 1973.
113 Reinhart Koselleck: Art. Krise I [Politik], in: Joachim Ritter/Karlfried Gründer (Hg.): Historisches Wörterbuch der Philosophie, Bd. 4, Basel u.a. 1976, Sp. 1235–1240; Reinhart Koselleck: „Krise", in: Geschichtliche Grundbegriffe (GG). Historisches Lexikon zur politisch-sozialen Sprache in Deutschland, Bd. 3, Stuttgart 1982, S. 617–650; Reinhart Koselleck: Some Questions Concerning the Conceptual History of „Crisis", in: Witoszek/Trägårdh, Culture and Crisis, S. 12–23. Zu Kosellecks Krisen-Artikel in den *Geschichtlichen Grundbegriffen* und dem Projekt als solchen vgl. Melvin Richter/Michaela W. Richter: Introduction: Translation of Reinhart Koselleck's "Krise" in GG, in: Journal of the History of Ideas 67 (April 2006) 2, S. 343–356; Gennaro Imbriano: „Krise" und „Pathogenese" in Reinhart Kosellecks Diagnose über die moderne Welt, in: Forum Interdisziplinäre Begriffsgeschichte, 2 (2013), S. 38–48. Zum theoretischen Horizont der Geschichtlichen Grundbegriffe s. Reinhart Koselleck: Einleitung, in: Geschichtliche Grundbegriffe, Bd. 1, S. XIII–XXVII sowie ders.: Vorwort, in: Geschichtliche Grundbegriffe. Historisches Lexikon zur politisch-sozialen Sprache in Deutschland, Bd. 8, Stuttgart 1997, S. V–VII. Zu dem von Koselleck maßgeblich mitgeprägten Konzept der Begriffsgeschichte im Allgemeinen vgl. Melvin Richter: Begriffsgeschichte and the History of Ideas, in: Journal of the History of Ideas 48 (1987) 2, S. 247–263; Christian Geulen, Plädoyer für eine Geschichte der Grundbegriffe des 20. Jahrhunderts, in: Zeithistorische Forschungen/Studies in Contemporary History, Online-Ausgabe, 7 (2010), 1 (http://www.zeithistorische-forschungen.de/16126041-Geulen-1-2010) [11.8.2013], sowie die Beiträge im dritten Teil des folgenden Bandes: Hans Joas/Peter Vogt (Hg.): Begriffene Geschichte. Beiträge zum Werk Reinhart Kosellecks, Berlin 2011. Ein gelungenes Beispiel einer Anwendung des Koselleck'schen Krisenbegriff außerhalb der historischen Wissenschaften bei Dom Holdaway: 'L'esperienza del passato'. Situating Crisis in Italian Film History, in: Italian Studies 67 (2012) 2, S. 267–282.

Kritik und Krise sah er einen wesentlichen Wandel des schon aus der Antike stammenden Begriffs an der Schwelle vom 18. Jahrhundert, das „‚Krise' als zentralen Begriff noch nicht gekannt"[114] habe, zum 19. Jahrhundert. Aus dieser geschichtsphilosophischen und ideengeschichtlichen Konstellation heraus kommt Koselleck zu folgender Definition:

> „Es liegt im Wesen einer Krise, daß eine Entscheidung *fällig* ist, aber noch nicht *gefallen* [meine Hervorhebung]. Und es gehört ebenso zur Krise, daß offenbleibt, welche Entscheidung fällt. Die allgemeine Unsicherheit in einer kritischen Situation ist also durchzogen von der einen Gewißheit, daß – unbestimmt wann, aber doch bestimmt, unsicher wie, aber doch sicher – ein Ende des kritischen Zustandes bevorsteht. Die mögliche Lösung bleibt ungewiß, das Ende selbst aber, ein Umschlag der bestehenden Verhältnisse – drohend und befürchtet oder hoffnungsfroh herbeigewünscht – ist den Menschen gewiß. Die Krise beschwört die Frage an die geschichtliche Zukunft."[115]

Das bereits konstatierte Element der Offenheit wird hier um die Gewissheit einer Kulmination des schon begonnenen, aber noch nicht abgeschlossenen Wandels ergänzt. Dabei kann nicht nur der zeitliche Eintrittspunkt der Krise, sondern auch ihre Dauer durchaus variieren, Transitionsphase oder „turning point" sein.[116] Überdies wohnte schon der Vorstellung des späten 18. Jahrhunderts eine prognostische Seite inne: „Die Revolution wird prophezeit."[117] Jacob Burckhardt meinte mit Blick auf die Stimmung am Vorabend der Französischen Revolution:

> „Allein, wenn die Stunde da ist und der wahre Stoff, so geht die Ansteckung [!] mit elektrischer Schnelle über Hunderte von Meilen. ... Die Botschaft geht durch die Luft, und in dem Einen, worauf es ankommt, verstehen sie sich plötzlich alle, und wäre es auch nur ein dumpfes: ‚Es muß anders werden.'"[118]

Mit dem Aufkommen des modernen Krisen-Verständnisses trat eine fundamentale Veränderung der Zeitvorstellung ein; parallel zur Erfahrung der Moderne war „‚Krise' seit 1780 Ausdruck einer neuen Zeiterfahrung"[119]

---

114 Koselleck, Kritik und Krise, S. 132.
115 Ebd., S. 105.
116 Vgl. Richter/Richter, Introduction, S. 355f.
117 Koselleck, Kritik und Krise, S. 105.
118 Jacob Burckhardt: Die geschichtlichen Krisen, in: Weltgeschichtliche Betrachtungen, Stuttgart 1935, S. 169f.
119 Koselleck, Krise, GG 3, S. 617.

geworden, womit das Fundament für ihre Konjunktur in potentiell allen politischen, sozialen, ökonomischen und nicht zuletzt geschichtsphilosophischen Diskursen gelegt war.[120]

2.2.3 Der Krankheitsaspekt der Krise

> „Die Krise besteht gerade in der Tatsache, dass das Alte stirbt und das Neue nicht zur Welt kommen kann: in diesem Interregnum kommt es zu den unterschiedlichsten Krankheitserscheinungen." (Antonio Gramsci, ca. 1930)[121]

In der für die *Geschichtlichen Grundbegriffe* typischen Weise hat Koselleck sowohl die wort- als auch bedeutungsgeschichtliche Herkunft des Terminus Krise nachgezeichnet. Das griechische Wort κρίσις bedeutete bereits in seinem Ursprung Scheidung bzw. Entscheidung.[122] Neben diesen sich erhaltenen semantischen Aspekt trat seit dem 4. vorchristlichen Jahrhundert eine weitere Komponente: die medizinische Krisenlehre. Hier bezeichnete Krise den buchstäblich fieberhaften, „entscheidenden Wendepunkt einer Krankheit", und die korrekte Beobachtung der „kritischen Tage" war notwendig für eine korrekte ärztliche Prognostik und Diagnostik.[123] Bedeutsam ist auch hier die innere Variabilität, konnte Krise doch sowohl den eigentlichen Zustand als auch die ärztliche Diagnose über den Krankheitsverlauf bezeichnen. Überdies „handelt es sich um einen Krankheitsbegriff, der eine wie auch immer geartete Gesundheit voraussetzt, die wieder zu erlangen ist oder die in einer bestimmten Frist durch den Tod überholt wird."[124] Der ärztliche Fachausdruck der Antike hat sich mit geringfügigen Änderungen bis ins 17. Jahrhundert in medizinischen Diskursen erhalten.[125] Doch trat schon lange zuvor – im Altertum war Krise noch nicht im übertragenen Sinn verwendet worden[126] – eine Metaphorisierung ein, mithilfe derer, ähnlich

---

120 Vgl. Koselleck, Some Questions, S. 15.
121 Antonio Gramsci: Gefängnishefte, Bd. 2, Hamburg 1991, S. 354. Im italienischen Orginal: „fenomeni morbosi".
122 Koselleck, Krise GG 3, S. 617.
123 Nelly Tsouyopoulos: Art. Krise II [Medizin], in: Ritter/Gründer, Historisches Wörterbuch der Philosophie, Bd. 4, Sp. 1241.
124 Vgl. Koselleck, Krise GG 3, S. 619.
125 Vgl. Tsouyopoulos, Krise, Sp. 1241.
126 Vgl. Alexander Demandt: Metaphern für Geschichte. Sprachbilder und Gleichnisse im historisch-politischen Denken, München 1978, S. 441.

wie die anderen Bedeutungskomponenten von Krise, „auf verschiedene Weise in den modernen politischen und sozialen Sprachgebrauch überwechseln konnten."[127] Diese Metaphorisierung hatte bis zum 18. Jahrhundert den ursprünglich medizinischen Sinn vollständig überlagert, eine "reference to the medical sense of 'crisis' was now deliberately metaphorical."[128] Allerdings hat er sich in Lexika und Wörterbüchern auch darüber hinaus erhalten.[129] Die Ausweitung des Krisenbegriffs auf den „Staatskörper" (dazu s.u.) geht auf Rousseau zurück und ist schnell auch im deutschen Sprachraum auf Resonanz gestoßen.[130] Ohne sichtbare historische Kontinuität, aber in Rückbezug auf den semantischen Kern der medizinischen Krisenidee, hat im 19. Jahrhundert die entstehende Disziplin der Psychologie dem Begriff zu einer Renaissance verholfen.[131] Carl Gustav Carus zufolge markierte Krise die Phase, in der „die Entwicklung der seelischen Krankheit zu einem bestimmten Zeitpunkt eine Wende zum Besseren oder Schlechteren erfährt."[132] Im 20. Jahrhundert fand eine solche Definition auch Eingang in den Diskurs der Psychoanalyse. Für den Individualpsychologen Fritz Künkel, auf dessen Veröffentlichungen aus der Weimarer Zeit ich (in Kap. 3.3.3) noch eingehen werde, machten die „seelischen Krisen" mit ihrer Dialektik von Verschärfung und Überwindung ein Kernelement des psychischen Heilungsprozesses aus.[133] Eine Verbindung zwischen (allerdings essentialistisch aufgefasster, „allgemeiner") Krise und psychologischen Faktoren hat auch Rudolf Vierhaus in einem experimentell angelegten Aufsatz von 1967 gezogen. Jedoch sind die von ihm gewählten Kategorien wie „Sorge", „Furcht" oder „Miesigkeit" als Anknüpfungspunkte zu intuitiv und schwer fassbar geblieben.[134] Das Beispiel einer gelungeneren Nutzbarmachung des Krisenbegriffs unter Betonung des Krankheitsaspekts liefert Martin Lindners

---

127 Koselleck, Krise GG3, S. 619.
128 Koselleck, Some Questions, S. 14; vgl. auch Imbriano, Krise und Pathogenese, S. 46f.
129 Vgl. Koselleck, Krise GG3, S. 621–624.
130 Vgl. Demandt, Metaphern für Geschichte, S. 80.
131 Vgl. Ute Schönpflug: Art. Krise III [Psychologie], in: Ritter/Gründer, Historisches Wörterbuch der Philosophie, Bd. 4, Sp. 1242–1245.
132 Ebd., Sp. 1242.
133 Ebd., Sp. 1242f.
134 Vgl. Vierhaus, Auswirkungen, S. 155ff u. 165.

literaturwissenschaftliche Studie zum „Leben in der Krise."[135] Er hat eine Verwandtschaft des Krisenbegriffs mit den Diskursen von Dekadenz und Vitalismus aufgezeigt.[136] In Bezug auf den Krankheitsaspekt der Krise hat Lindner festgestellt, dass um die Jahrhundertwende

> „die medizinische, vitalistische Komponente des Begriffs ... noch bei jeder Verwendung mit[schwingt] und die organologischen Konnotationen auch später noch bei allen ‚spezielleren' Verwendungen – wie ‚Sexuelle Krise', ‚Kulturkrise', ‚Wirtschaftskrise' – hinzuzudenken ... sind."[137]

So haben die Befunde einer begriffsgeschichtlichen Krisenforschung gezeigt, dass an der Schwelle zum 20. Jahrhundert ein im Kern krankheitsbezogener Krisenbegriff einerseits buchstäblich in medizinischen und andererseits metaphorisch in politischen und intellektuellen Diskursen präsent war. Inwiefern eine solche "lexical definition of a medical 'Krisis'" [sic][138] in Deutschland nach 1918 eine beschleunigte Konjunktur und besondere intellektuelle Strahlkraft erlangte, wird im folgenden Teil dieser Arbeit illustriert und erläutert werden.

Wie tiefgreifend eine buchstäbliche Verwendung auch heute noch sein kann, zeigt der Fall, dass Krankheitsmetaphern zur Beschreibung historischer Phänomene verwendet werden – analog zum bei Graf/Föllmer erwähnten „Einschleppen" des Krisenbegriffs in die analytische Sprache des Forschers. Dies lässt sich selbst in einer historischen Studie zu „Kultur und Krise" beobachten, in der davon die Rede ist, dass

> "a certain way of life – say, that of the Weimar Republic – is fatally diseased. ... Crisis may be perceived as a temporary fever, possibly induced by a foreign virus."[139]

Eine solche ‚Kontamination' der analytischen Sprache ist ebenso wie im Falle der Total- oder „Gesamtkrise" so problematisch wie verschleiernd.

---

135 Martin Lindner: Leben in der Krise. Zeitromane der Neuen Sachlichkeit und die intellektuelle Mentalität der klassischen Moderne: mit einer exemplarischen Analyse des Romanwerks von Arnolt Bronnen, Ernst Glaeser, Ernst von Salomon und Ernst Erich Noth, Stuttgart 1994.
136 Ebd., S. 11, 123–131 u. 162–165.
137 Ebd., S. 10.
138 Graf, Either-Or, S. 603.
139 Witoszek/Trägårdh, Introduction, in: Dies., Culture and Crisis, S. 4.

Auch über den zeitlichen Rahmen der Weimarer Republik hinaus ist eine medizinische Konnotation von Krise aufzufinden. Noch in den 1970er-Jahren stellte Jürgen Habermas fest:

„Vorwissenschaftlich ist uns der Krisenbegriff aus dem medizinischen Sprachgebrauch vertraut. Wir haben dabei die Phase eines Krankheitsprozesses im Auge, in der es sich entscheidet, ob die Selbstheilungskräfte des Organismus zur Gesundung ausreichen [sic!]. Der kritische Vorgang, die Krankheit, scheint etwas Objektives zu sein. Eine Infektionskrankheit beispielsweise wird durch äußere Einwirkungen auf den Organismus ausgelöst; und die Abweichungen des betroffenen Organismus von seinem Sollzustand, dem Normalzustand des Gesunden, kann beobachtet und mit Hilfe empirischer Parameter gemessen werden. Das Bewußtsein des Patienten spielt dabei keine Rolle... Dennoch würden wir, sobald es medizinisch um Leben und Tod geht, nicht von einer Krise sprechen, wenn es sich allein um einen von außen betrachteten objektiven Vorgang handelte, wenn der Patient nicht in diesen Vorgang mit seiner ganzen Subjektivität verstrickt wäre. Die Krise ist nicht von der Innenansicht dessen zu lösen, der ihr ausgeliefert ist."[140]

Habermas' Definition ist insofern hier wertvoll, weil ich erstens an späterer Stelle auf einen möglichen, den Krankheitsmetaphern entgegengehaltenen „Normalzustand des Gesunden" in zeitgenössischen Diskursen eingehen und zweitens die Rolle der „Innenansicht", d.h. der Selbstdiagnose in der Verwendung von Krankheitsmetaphern noch thematisieren werde.

Am Beispiel der USA hat der Politologe Mark Neocleous gezeigt, wie die exponentielle Ausbreitung amtlich registrierter psychischer Krankheiten und klinischer Angstsyndrome dazu genutzt worden ist, in politischen Diskursen einen permanenten Angst- und Krisenzustand herbeizuführen. Auf diese Weise sei „Krise" ebenso sehr zur Ideologie wie zum Dauerzustand geworden.[141] Dies korrespondiert mit Giorgio Agambens Verdikt, dass – wie bereits bei Carl Schmitt – der Ausnahmezustand zu einem nicht zuletzt biopolitischen „Paradigma des Regierens" geworden sei.[142]

---

140 Jürgen Habermas: Legitimationsprobleme im Spätkapitalismus, Frankfurt a.M. 1973, S. 9f.
141 Vortrag Neocleous' auf der 2010 an der University of Salford abgehaltenen Konferenz zu „Crisis, Rupture and Anxiety". Vgl. meinen Beitrag im aus der Tagung hervorgegangenen Sammelband: Will Jackson/Bob Jeffery u.a. (Hg.): Crisis, Rupture and Anxiety. An Interdisciplinary Examination of Contemporary and Historical Human Challenges, Newcastle 2012, S. 73–87.
142 Giorgio Agamben: Ausnahmezustand, Frankfurt a.M. 2004, S. 7ff.

Die oben beschriebene metaphorische Ausweitung des medizinischen Bedeutungsgehalts von Krise auf politische und verwandte Diskurse lässt es lohnenswert erscheinen, sich über sprachliche Funktionsweisen von Metaphern im Allgemeinen und dem Kontext von Körper- und Krankheitsmetaphern im Besonderen zu vergewissern. Dies soll im folgenden Abschnitt erfolgen.

2.3 Metapher

„Die Metapher ist das Kennzeichen einer Zeit, die schneller geht, als die Menschen Erfahrungen verarbeiten können." (Alexander Kluge)[143]

Leider haben die historischen (und in geringerem Maße die politischen) Wissenschaften zwar seit einiger Zeit sprachliche Phänomene als zum Kernbereich der eigenen Disziplin zugehörig akzeptiert, die Untersuchungsinstrumente, die Sprachwissenschaft und -philosophie anzubieten haben, jedoch meist ignoriert oder nur unzulänglich eingesetzt.[144] Ich halte es für begründet, die grundsätzlichen Aspekte und Diskussionen einer linguistischen und literaturtheoretischen Metaphernforschung zur Kenntnis zu nehmen, da diese einige wichtige Aspekte thematisiert hat, die in der ideengeschichtlichen und philosophischen Debatte ausgeklammert worden sind. So können sie einen Beitrag zu einem tieferen Verständnis von Körper-, Organismus- sowie Krankheitsmetaphern im politischen Raum leisten.

2.3.1 Metapher: Begriffsklärung und linguistische Genealogie

Eingangs sei bemerkt, dass im Folgenden von einem weiten Begriff der Metapher Gebrauch gemacht wird, unter dem auch Allegorie, Metonymie und andere Formen sprachlicher Bilder gefasst sind. Diese Prämisse[145] ermöglicht

---

143 Alexander Kluge, Interview mit Heiner Müller, 22.10.1990, http://muller-kluge.library.cornell.edu/de/video_record.php?f=111#description.
144 Vgl. Barbara Stollberg-Rilinger: Der Staat als Maschine. Zur politischen Metaphorik des absoluten Fürstenstaats, Berlin 1986, S. 10, die „das gesamte Feld der linguistischen und poetologischen Metapherndiskussion ... für weitgehend unfruchtbar" hielt. Freilich haben sich die Dinge auch in der Geschichtswissenschaft seitdem durchaus geändert. Die umfänglichste Darstellung zu politischer bzw. Herrschaftsmetaphorik stammt von dem Germanisten Dietmar Peil: Untersuchungen zur Staats- und Herrschaftsmetaphorik in literarischen Zeugnissen von der Antike bis zur Gegenwart, Münster 1983.
145 So auch z. B. gewählt von Demandt, Metaphern für Geschichte.

vereinfachend zum einen im Hinblick auf die Metaphorologie den theoretischen Zugriff, zum anderen die Einbeziehung von mehr Metaphernmaterial in Teil 3 dieser Arbeit. Welche theoretischen Grundannahmen der Sprach- und Literaturwissenschaft können nun zu einem besseren Verständnis von Metaphern in der Geschichtswissenschaft beitragen? Der kognitiven Linguistik ist die empirisch unterfütterte Feststellung zu verdanken, dass der Gebrauch von Metaphern keineswegs auf die Gebiete von Literatur und Philosophie beschränkt ist, sondern

> „die Metapher unser Alltagsleben durchdringt, und zwar nicht nur unsere Sprache, sondern auch unser Denken und Handeln. Unser alltägliches Konzeptsystem, nach dem wir sowohl denken als auch handeln, ist im Kern und grundsätzlich metaphorisch."[146]

Ohne vertiefend auf die Ergebnisse und Debatten der jüngeren Metaphernforschung[147] eingehen zu können, sollen hier einige wenige Klärungen vorgenommen werden. Ausgehend von der Basisdefinition, dass Metapher den „Vorgang einer sprachlichen Übertragung" bezeichnet, „trägt sich der Metaphernbegriff … philosophiegeschichtlich in die Diskussion über das Verhältnis der Realität zu deren Repräsentation ein."[148] Eine wesentliche Zäsur in der Metaphorologie und ein Hinausgehen über die antike

---

146 George Lakoff/Mark Johnson: Leben in Metaphern. Konstruktion und Gebrauch von Sprachbildern [engl. 1980], Heidelberg ⁴2004, S. 16.
147 Vgl. Anselm Haverkamp (Hg.): Theorie der Metapher, Darmstadt 1996; Hans Erich Bödeker/Mark Bevir (Hg.): Begriffsgeschichte, Diskursgeschichte, Metapherngeschichte, Göttingen 2002; Eduardo Fermandois: Kontexte erzeugen. Zur Frage nach der Wahrheit von Metaphern, in: Deutsche Zeitschrift für Philosophie, 51 (2003), S. 427–442; Murray Knowles/Rosamund Moon: Introducing Metaphor, London 2006; Paul Ricœur: The Rule of Metaphor. The Creation of Meaning in Language, London 2003; Anselm Haverkamp: Metapher. Die Ästhetik in der Rhetorik. Bilanz eines exemplarischen Begriffs, München 2007; Katrin Kohl: Metapher, Stuttgart 2007; Cornelia Müller: Metaphors Dead and Alive, Sleeping and Waking. A Dynamic View, Chicago 2008. Zur Diskussion über Metaphern für bzw. in der Geschichte vgl. Demandt, Metaphern für Geschichte; Frank R. Ankersmit: History and Tropology. The Rise and Fall of Metaphor, Berkeley 1994; C. Behan McCullagh: Metaphor and Truth in History, in: Clio, 23 (1993), S. 23–49.
148 Peter Wagner: Art. Politische Metaphern, in: Stefan Gosepath u. a. (Hg.): Handbuch der politischen Philosophie und Sozialphilosophie, Bd. 1, Berlin 2008, S. 815.

Rhetoriktradition fanden mit dem Aufkommen der sog. Interaktionstheorie statt.[149] Als einer ihrer Protagonisten hat insbesondere Max Black seit den 1950er-Jahren erstens mit der überkommenen Vorstellung aufgeräumt, dass Metaphern gleichsam als „Dekoration"[150] nurmehr dazu dienten, ohnehin schon „wörtlich" getroffene Feststellungen auszuschmücken und sie dem Leser schmackhaft zu machen. Zweitens hat er mit der Infragestellung eines Substitutionsmodells, demzufolge die Metapher „anstelle eines äquivalenten wörtlichen Ausdrucks"[151] verwendet werde, eine strukturalistische Auffassung von Entsprechung, Code- oder Gleichnishaftigkeit („Vergleichstheorie")[152] zugunsten einer Theorie erweitert, die vielmehr auf die Bedeutungserweiterung beim Gebrauch von Metaphern abstellt. Durch ein „System miteinander assoziierter Gemeinplätze"[153], das in Beziehung zu einem semantisch andersartigen Aussagezusammenhang gebracht wird, wird dessen Bedeutung gewissermaßen verschoben. So wird – entgegen einer älteren, statischen Vorstellung – eine besondere Dynamik erzeugt, die Unklarheiten und den Ausschluss einiger Details des „Hauptgegenstands" herbeiführt, der nach Max Black der „eigentliche" Bezugspunkt der Metapher ist, z.B. der Mensch in der Metapher vom *homo homini lupus*.[154] Die Metapher erzeugt so einen nicht austauschbaren, durchaus unscharfen „common-sense-Assoziationshof."[155] An die Stelle der älteren Vorstellung eines *tertium comparationis* tritt so ein „Sinntransfer", der sich in einem „mittleren, beiden [Gegenständen] gemeinsamen Brückenmoment" konsolidiert.[156] Vor dem Horizont eines Saussure'schen Strukturalismus käme dies gewissermaßen einer „Einschleppung" fremder Signifikanten in eine

---

149 Vgl. Kohl, Metapher, S. 114–119.
150 Max Black: Die Metapher [1954], in: Anselm Haverkamp (Hg.): Theorie der Metapher, Darmstadt 1996, S. 65.
151 Ebd., S. 61.
152 Ebd., S. 66.
153 Ebd., S. 70f.
154 Im Gegensatz zum „untergeordneten Gegenstand", also dem „übertragenen" Bestandteil; vgl. ebd., S. 70. Alternativ werden auch die Begriffe von "source domain" und "target domain" verwendet.
155 Philipp Sarasin: Geschichtswissenschaft und Diskursanalyse, Frankfurt a.M. 2003, S. 209.
156 Rainer Guldin: Körpermetaphern. Zum Verhältnis von Politik und Medizin, Würzburg 2000, S. 17.

homogene, bestehende Signifikantenkette gleich. Solche „Interaktionsmetaphern" sind aufgrund jener Dynamik nicht schlichtweg ersetzbar oder zu paraphrasieren, sondern verlangen nach einer komplexeren „simultanen Wahrnehmung". Die Idee einer Verdichtung und Verknüpfung ansonsten nicht in Beziehung stehender semantischer Bereiche ist auch für die in dieser Arbeit untersuchten Fälle von gewinnbringender Bedeutung. Den Moment, die Elemente und die Konstitutionsbedingungen jenes In-Beziehung-Setzens wird es am Beispiel der Felder von „Staat/Gesellschaft" und „Krankheit/Heilung" zu ergründen gelten. Black hat betont, dass es „Substitutions- und Vergleichsmetaphern" zwar weiterhin gebe, diese aber ihren (zu einem früheren Zeitpunkt wohl existierenden) metaphorischen Gehalt eingebüßt hätten, konventionalisiert worden seien und daher im Gebrauch ggf. durch wörtliche Entsprechungen ersetzt werden könnten. Interaktionsmetaphern hingegen ließen sich aufgrund ihres „semantischen Überschusses"[157] darauf nicht herunterbrechen, sondern erforderten immer die „intellektuelle Leistung ... des Gebrauchs eines Implikationssystems."[158] Diese Unterscheidung liegt dem Gegensatzpaar von toten vs. lebendigen bzw. „schlafenden" vs. „wachenden" Metaphern[159] zugrunde. Im Unterschied zu erstarrten, vormals genuin metaphorischen Ausdrücken müssen „vitale" Metaphern kognitiv erst als solche erkennbar werden und erzeugen mithilfe einer variablen und kontextabhängigen „Aktivierung von Metaphorizität"[160] neue und dynamische metaphorische Welten. In ihrer Genese und ihrem Facettenreichtum müssen Metaphern, wie Cornelia Müller zu den Metapherntheorien von Black und Lakoff/Johnson anmerkt, keineswegs entweder tot oder lebendig sein, sondern unterschieden sich nur graduell und können im geschichtlichen Verlauf Ruhe- bzw. Aktivitätsphasen durchleben. Diese zweite Dimension von anhaltender Dynamik erfüllt in analoger Weise auch die zum Grundbegriff geronnene[161] multiple Metapher der Krise, und

---

157 Ebd., S. 18.
158 Black, Metapher, S. 78.
159 Vgl. Müller, Metaphors, S. 2–11 u. 179–221.
160 Ebd., S. 5.
161 Dass „heiße" Metaphern nicht selten gewissermaßen zu Begriffen erkalten, hat bereits Hans Blumenberg 1960 in „Paradigmen zu einer Metaphorologie" konstatiert. In die umgekehrte Richtung können Begriffe jedoch wieder metaphorisch aufgeladen werden; vgl. Susanne Lüdemann: Körper, Organismus,

insbesondere ihr nach der Antike verschütteter, im 19. Jahrhundert wiederentstandener medizinischer Aspekt.

Eduardo Fermandois hat aus philosophischer Sicht die Wirkungskraft von Metaphern auf andere Art behandelt. Neben ihrer tendenziell unlimitierten Offenheit für Lesarten (die mit der bereits erwähnten Dynamik korrespondiert) und der produktiven Fähigkeit, „metaphorische Netze bzw. Ketten zu erzeugen"[162] – was uns im Falle des gewissermaßen uferlosen Ausgreifens von Krankheits- auf Heilungs- bzw. Arztmetaphern und umgekehrt noch begegnen wird – hat Fermandois im Anschluss an Donald Davidson die nichtpropositionale Transzendenz von Metaphern hervorgehoben:

> „Wie [Donald] Davidson richtig bemerkt, gibt es im Leben wichtige Erfahrungen, die nicht auf ein Erfassen propositionaler [=informativer, KL] Gehalte reduziert werden können, und eine zentrale Funktion lebendiger und erfrischender Metaphern besteht genau darin, Anlass für solche Erfahrungen zu sein… Der Witz starker Metaphern, ohne das propositional Artikulierte auszuschließen, erschöpft sich nicht in diesem. … Der Versuch, ihre Wahrheit auf eine Menge buchstäblicher Wahrheiten zu reduzieren, bedeutet deshalb den Ausschluss von Erfahrungen, bei denen wir uns nicht auf propositionale Gebilde beziehen, die jedoch zu den kostbarsten Schätzen der Metapher zählen."[163]

Diese weniger auf vernunft- und verstandesmäßige als vielmehr gefühlsbestimmte Bezirke zielende Wirkungsmacht gründet sich für Fermandois vor allem auf die Kontextabhängigkeit und -angemessenheit von Metaphern. „Kontextuelle Angemessenheit ist für die metaphorische Aussage, im Unterschied zur wörtlichen, eine Sache auf Leben und Tod."[164] In einer Wechselbeziehung bedingen sich im Prozess der Entstehung einer (funktionierenden) Metapher Angemessenheit und Neukontextualisierung, bzw. Erzeugung von Kontexten:

> „Auf der einen Seite muss eine metaphorische Aussage in einen spezifischen Äußerungskontext passen, ihm angemessen sein, … um überhaupt als Metapher akzeptiert zu werden. Um auf der anderen Seite als wahre (interessante, erhellende, treffende) Metapher akzeptiert zu werden, muss die metaphorische Aussage selbst

---

in: Ralf Konersmann (Hg.): Wörterbuch der philosophischen Metaphern, Darmstadt 2007, S. 169; Stollberg-Rilinger, Staat als Maschine, S. 11.
162 Fermandois, Kontexte, S. 430.
163 Ebd., S. 431.
164 Ebd., S. 435.

einen Kontext erzeugen, der im Hinblick auf die Behandlung eines bestimmten Themas angemessen ist."[165]

Ob und inwiefern dieses kontextbezogene Wechselspiel auch im Falle der Krankheitsmetaphern vorliegt, wird noch zu diskutieren sein. Festzuhalten bleibt die Kategorie der Angemessenheit als Größe, um ihre Entstehung und ihren Erfolg zu erklären.

Mit dem durch George Lakoffs und Mark Johnsons *Metaphors we live by* (1980) und ihrer Theorie der konzeptionellen Metaphern begründeten, erneuten Umschwung in der Metaphorologie hielt die Erkenntnis Einzug, dass Metaphern zum einen keine rein ästhetische oder stilistische Wahl darstellen, sondern Bestandteil alltäglichen Sprechens und Denkens sind.[166] Lakoff und Johnsons Verdienst liegt darin, im interdisziplinären Austausch mit Philosophie, Literatur- und Neurowissenschaften die allgemeine kognitive Rolle von Metaphern herausgestellt zu haben.

> „Deutlich wird vor allem ihre Kraft [= der Metaphern; KL], unser Denken, unsere Emotionen, unsere imaginativen Fähigkeiten und unsere Sprache produktiv interagieren zu lassen, sowie auch ihr Potenzial, unseren innersten Gefühlen und abenteuerlichsten Vorstellungen eine Struktur und einen kommunizierbaren Sinn zu verleihen."[167]

Die tiefe Verwurzelung von Metaphern im individuellen Denken und ihre Verbindung zum kollektiven Bewusstsein werden uns im Falle der Krankheitsmetaphern häufig begegnen. Hierin liegt überhaupt erst die Möglichkeit ihrer Wirkmächtigkeit in politischen Diskursen, auf dem Wege der Komplexitätsreduktion abstrakter Vorgänge und vermittels eines Appells an das „Bauchgefühl"[168] von Sender und Empfänger. Wenngleich Lakoff und Johnson mit ihrer „Ausblendung und Abtrennung des sprachlichen Aspekts"[169] einen problematischen Weg beschritten haben, bleibt die Feststellung, dass Metaphern über den rein sprachlichen Bereich hinausweisen und neben dem Denken auch menschliches Handeln anbelangen (s. obiges

---

165 Ebd., S. 442.
166 Vgl. Knowles/Moon, Introducing Metaphor, S. 31.
167 Kohl, Metapher, S. 119f.
168 Vgl. Laura Otis: Going with your Gut. Some Thoughts on Language and the Body, in: The Lancet, 372 (2008), S. 798f.
169 Kohl, Metapher, S. 124.

Zitat). Obwohl und so sehr es in dieser Arbeit, wie ich noch zeigen will, lediglich um die politische Sprache gehen soll, bleibt im Hintergrund durchschimmernd dennoch der Umstand, dass „Metaphern die kognitive Verarbeitung körperlicher Erfahrungen ... ermöglichen."[170] Dies hatte schon Friedrich Nietzsche erkannt, als er sich dafür aussprach, dass der Philosoph „sich der Analogie des Menschen zu Ende bedienen" solle.[171] Er war an einer forschungssprachlich-begrifflichen Trennung der beiden semantischen Bereiche nicht interessiert. Für Nietzsche

> „verdankt sich ... die Sprache einer unbewussten, metaphorischen Übertragung, deren Subjekt der natürliche Leib ist. Das Konzept der Sprache verschmilzt so mit dem Konzept des Leibes bis zur Ununterscheidbarkeit."[172]

Diese Verschmelzung hat auch, wenngleich nicht philosophisch fundiert, sondern eher unbewusst, der Vielzahl von *politischen* Körper- und analog Krankheitsmetaphern zugrunde gelegen. Andererseits darf nicht vernachlässigt werden, wie sehr solche im politischen Alltagsgeschäft verwendeten Bilder „nicht einer ahistorischen, anthropomorphischen Vision des menschlichen Leibes entspringen, sondern selbst präzise Modelle darstellen."[173] Auf den Sonderfall der *politischen* Metaphern werde ich nun eingehen.

2.3.2 Politische Metaphern und Organizismus

„Die politische Theorie ist zu keiner Zeit ohne Metaphern ausgekommen."[174] Diese Feststellung trifft – wie die Einleitung zu dieser Arbeit knapp illustriert hat– nicht nur auf den engeren Bereich der Staatsphilosophie oder der Politikwissenschaft, sondern *gleichermaßen und gleichzeitig* auch auf den gesamten politischen Diskurs, d.h. die Sprache von politischen Akteuren

---

170 Ebd., S. 126. In der Psychologie ist diskutiert worden, ob und warum Schmerz und Krankheiten von Patienten selbst mithilfe von Metaphern zum Ausdruck gebracht werden; vgl. Laurence T. Kirmayer: The Body's Insistence on Meaning. Metaphor as Presentation and Representation in Illness Experience, in: Medical Anthropology Quarterly N.S. 6 (1992) 4, S. 323–346.
171 Friedrich Nietzsche: Nachgelassene Fragmente, zit. n. Olaf Nohr: Vernunft als Therapie und Krankheit, in: Forum Interdisziplinäre Begriffsgeschichte, 2 (2013), S. 16.
172 Nohr, Vernunft als Therapie, S. 16f.
173 Guldin, Körpermetaphern, S. 26.
174 Stollberg-Rilinger, Staat als Maschine, S. 9.

und Beobachtern zu. Politische Metaphern zeichnen sich durch ihr doppeltes Aktivierungspotential aus (dies wiederum im Unterschied zu Begriffen): erstens in der Veranschaulichung abstrakter Sachverhalte – „ein Gegenstand wie der Staat entzieht sich unmittelbarer Anschauung"[175] – und zweitens in ihrer semantischen Fluidität im historischen Verlauf. Während sie sowohl von der linguistischen als auch (politik-) philosophischen Metaphorologie durchaus behandelt worden sind, hat ein bedeutender Teil der modernen politischen Theorie und Ideengeschichtsschreibung (sei es in der Ausprägung von Begriffsgeschichte, der noch zu erwähnenden Cambridge School u. a.) sie entweder ignoriert oder als Forschungsgegenstand bewusst ausgeschlossen und damit das rationalistische Misstrauen einer metaphernskeptischen politischen Philosophie gewissermaßen wiederholt.[176] Sowohl die besondere Kraft der Metaphern, „als nicht konsolidierter und letztlich nicht konsolidierbarer Raum der Begriffsbildung" Elemente darstellen zu können, „die durch die vorhandenen Begriffe nicht erschöpfend erklärt werden können"[177], als auch die von dieser Unschärfe ausgelöste Skepsis auf Seiten eines strengen Rationalismus gilt in besonderem Maße für organizistische bzw. Körpermetaphern. Mit dem in Zuge des „linguistic turn" der historischen und Sozialwissenschaften erfolgten Hinwendung zu sprachlichen Phänomenen wird auch dem metaphorischen Sprechen in politischen Diskursen wieder mehr Aufmerksamkeit zuteil und

> „nunmehr häufig die wissenskonstitutive Leistung von Metaphern betont. ... Damit verschiebt sich das Interesse von der Frage nach der generellen Zulässigkeit von Metaphern auf die Bestimmung der spezifischen Wirkung und Leistung von Metaphern."[178]

Francesca Rigotti zufolge zählen Körpermetaphern (neben denen des Kriegs und der Familie) zu den wenigen nachhaltigen und langlebigen politischen Metaphern.[179] Sie hat drei Funktionen politischer Metaphern benannt: eine

---

175 Ebd.
176 Vgl. Wagner, Politische Metaphern, S. 816; Rieke Schäfer: Political Metaphors and Conceptual Change, Vortrag auf der Tagung "Conceptual Change in History", Helsinki 5.-21.8.2010 (im Besitz des Verf.), S. 2f.
177 Guldin, Körpermetaphern, S. 19.
178 Wagner, Politische Metaphern, S. 816f.
179 Vgl. Francesca Rigotti: Die Macht und ihre Metaphern. Über die sprachlichen Bilder der Politik, Frankfurt a.M. 1994, S. 199.

ornamentale, die einen eigenen Beitrag zur Ästhetik politischer Sprache und damit ihrer Wirkmächtigkeit leiste; eine evokative, die mit einem Appell an Gefühlslagen des Rezipienten das tiefere Verstehen von abstrakten Sachverhalten auslösen könne, und schließlich eine konstitutive, die insofern den Kernbestandteil des „politischen Signifikanten [bildeten, als sie] untrennbar mit der politischen These verbunden"[180] seien. Die Metapher vom Staat als Körper bzw. Organismus sei dafür ein hervorragendes Beispiel.

> „Die erfolgreiche Metapher ‚Staatskörper' …, deren evokatives Pathos Momente von Einheit und Zusammenarbeit, von Natürlichkeit, von Wachstum und Autonomie suggeriert, … erzeugt die Vorstellung, der Staat sei ein Wesen von anderer Qualität als die Summe der einzelnen Individuen, aus denen er sich zusammensetzt, und diese existenzielle Qualität bedeute eine Autorität besonderer Natur."[181]

Hier sehen wir, dass der semantische Horizont des „Staatskörpers" neben dem emotiv-evokativen Aspekt zwei ungleichgewichtige, aber miteinander verwandte Dichotomien umfasst: 1. die vom Ganzen vs. Einzelnen und 2. die von Gleichheit vs. Ungleichheit:

> „Der substantielle Kern der Körper-Metaphorik ist darin zu sehen, daß sie Bilder für das sinnlich nicht wahrnehmbare Ganze eines sozialen Gebildes liefert, dessen konkrete Verfaßtheit natürlicher Körper gerechtfertigt werden soll. Dabei wird je nach Interessenlage mehr die Ungleichheit der Glieder des Körpers hinsichtlich ihrer verschiedenen Aufgaben oder mehr die Gleichheit der Glieder in ihrer gemeinschaftlichen Zugehörigkeit zum Ganzen betont."[182]

Diese spezifische Dialektik von Teil und Ganzem funktioniert hier, folgt man Blacks Modell der assoziierten Gegenstände, als gedankliche Verbindung zwischen Staat und Körper, deren „strukturelle Analogie … immer wieder zur wechselseitigen Erhellung beider herangezogen"[183] wird. Das gemeinsame holistische Moment verweist bei beiden auch auf einen verwandten Diskurs: den der Grenze. Aufgrund ihrer Analogie seien „Körpergrenzen mit Gesellschaftsgrenzen ineinszusehen."[184] Trotz ihrer evokativen Hauptfunktion diktierten politische Körpermetaphern keine unmittelbare politische Stoßrichtung,

---

180 Ebd., S. 21.
181 Ebd., S. 20.
182 Lüdemann, Körper, S. 169.
183 Stollberg-Rilinger, Staat als Maschine, S. 37.
184 Guldin, Körpermetaphern, S. 24.

„...was aber nicht bedeutet, daß ihr Gebrauch völlig beliebig wäre. Im Gegenteil: die Wahl bestimmter Bilder bedingt oft auf entscheidende Art und Weise die politische Argumentationsrichtung. ... Die Anwendung von Körpermetaphorik ... verhält sich funktional zum diskursiven Ziel."[185]

Das Bild des Staatskörpers hat im englischen Sprachgebrauch als *body politic* Karriere gemacht und ist in seiner langlebigen Entwicklung und seinem Formenreichtum wohlerforscht.[186] Als exemplarischer Fall eines Phänomens langer Dauer geht es auf eine über zweitausend Jahre alte Tradition zurück, die von der antiken Philosophie (Platon, Aristoteles)[187] über die frühchristliche Leib-Christi-Theologie des Paulus[188], ihrer Nachwirkung in der mittelalterlichen politischen Theologie der „zwei Körper des Königs" (Ernst Kantorowicz) bis ins 17. und 18. Jahrhundert und der Umprägung durch die "statist political imaginary"[189] bei Thomas Hobbes (mit dem berühmten Frontispiz des aus lauter kleinen Staatsbürgern zusammengesetzten Körpers des *Leviathan)*[190] und Rousseaus „corps du peuple" bzw. „corps politique"[191] reichte und so bis heute in der politischen Ideengeschichte nachwirkt. Obwohl die Organismusmetaphorik immer mehr begrifflich

---

185 Ebd., S. 19; ähnlich Rigotti, Macht, S. 209.
186 Vgl. David George Hale: Analogy of the Body Politic, in: Dictionary of the History of Ideas. Studies of Selected Pivotal Ideas, Bd. I (1973), S. 67–70; Ernst-Wolfgang Böckenförde/Gerhard van Dohrn-Rossum: Organ, Organisation, politischer Körper, in: Geschichtliche Grundbegriffe, Bd. 4 (1978), S. 519–622. Mark Neocleous: The Fate of the Body Politic, in: Radical Philosophy, 108 (2001), S. 29–38; Mark Neocleous: Imagining the State, Maidenhead 2003; Philip Manow: Im Schatten des Königs. Die politische Anatomie demokratischer Repräsentation, Frankfurt a.M. 2008; Claire Rasmussen/Michael Brown: The Body Politic as Spatial Metaphor, in: Citizenship Studies, 9 (2005), S. 469–484; Albrecht Koschorke u.a.: Der fiktive Staat. Konstruktionen des politischen Körpers in der Geschichte Europas, Frankfurt a.M. 2007; A.D Harvey: Body Politic. Political Metaphor and Political Violence, Newcastle 2007.
187 Lüdemann, Körper, S. 169–174.
188 Vgl. Susanne Lüdemann: Metaphern der Gesellschaft. Studien zum soziologischen und politischen Imaginären, München 2004, S. 88–100.
189 Neocleous, Imagining, S. 1.
190 Vgl. ebd.; Lüdemann, Körper, S. 175f; Matala de Mazza, Der verfaßte Körper, S. 63ff.
191 Vgl. Neocleous, Fate, S. 31, Lüdemann, Körper, S. 176f; Matala de Mazza, Der verfaßte Körper, S. 118–120.

erstarrte[192] und von der Theorie des Gesellschaftsvertrags sukzessive abgelöst wurde, der im Gegensatz zum Organismus weniger auf die natürliche Gewachsenheit verwies, sondern selbst eine „Metapher der Künstlichkeit der Gesellschaft"[193] darstellt, scheint „der medizinische Krisenbegriff erst im 17. Jahrhundert auf den politischen Körper bzw. seine Organe bezogen worden zu sein."[194] Dies geschah zuerst außerhalb des deutschen Sprachraums, d. h. vornehmlich in England und Frankreich, wo wiederum auch die produktivsten politischen Körperkonzepte entstanden waren. Auch die „Tradition deutschen konservativen Denkens ist ohne die Organismustheorie nicht zu denken."[195] Wie bei Justus Möser und Adam Müller spielen in der Staatstheorie des mittleren 19. Jahrhunderts (etwa bei Otto von Gierke) die Bilder des Organismus bzw. Organs eine tragende Rolle, büßen aber wiederum – dieser Prozess ist abstrakt schon bezeichnet worden – ihren metaphorischen Gehalt zugunsten des *Begriffs* der Organisation ein.[196] Andreas Musolff hat angemerkt, dass zwar eine sehr lange Kontinuität in der Tradition des body politic besteht, diese aber jenseits erstarrter Bedeutungen ("head of government") nur aufgrund ihrer hohen inneren Heterogenität und Variabilität zustande kommen konnte.[197] So kann man erklären, wie die genannten Metaphoriken mit dem Aufkommen der modernen Biologie im 19. Jahrhundert sowohl eine neue Qualität als auch einen erneuten Aufschwung erfuhren. Stärker als zuvor dienten sie seitdem der Sinngebung von „problematischen Situationen eines Gemeinwesens", dessen inneren, „nicht-selbstbestimmbaren" Zusammenhang die Körpermetapher immer schon charakterisierte.[198] Mark Neocleous hat überzeugend argumentiert, dass die Verwendung von Krankheitsmetaphern in politischen Diskursen des frühen 20. Jahrhunderts weniger einen Rückfall in vormoderne Argumentationsstrukturen und bilder als vielmehr ein neues, genuin modernes

---

192 Vgl. Hale, Analogy, S. 70.
193 Lüdemann, Metaphern, S. 26.
194 Koselleck, Krise GG 3, S. 620.
195 Martin Greiffenhagen: Das Dilemma des Konservatismus in Deutschland, München 1977, S. 200.
196 Vgl. Böckenförde, Organ, S. 619.
197 Andreas Musolff: Metaphor and Conceptual Evolution, in: metaphorik.de 7 (2004), S. 70f.
198 Wagner, Politische Metaphern, S. 817f.

Muster diskursiver Sinnbildung im Gefolge des naturwissenschaftlichen Paradigmenwechsels nach 1870 darstellt.[199] Die Rückkehr des Ganzheitsverlangens im modernen Organizismus ist einer erneuten Verheißung geschuldet, nach „Ordnung im Chaos, Homogenität statt maßloser Pluralität, Zentrierung nach Auflösung in der Peripherie. Das Organische ... bestätigt das Harmonie- und Konsensbedürfnis."[200]

2.4 Zur Begriffs- und Ideengeschichte

Im Zuge der Diskussion des Krisenbegriffs habe ich auf die Befunde einer neueren begriffsgeschichtlichen Schule bereits zurückgegriffen.[201] Als Variante einer modernen politischen Ideengeschichte ist ihr ausdrückliches Ziel, „Leitbegriffe der geschichtlichen Bewegung"[202] in ihrem Werden und – dies der Unterschied zu einer älteren, rein geistesgeschichtlichen Richtung – ihre Einbettung in historische Prozesse und gesellschaftliche Strukturen zu untersuchen.[203] Wurde in den *Geschichtlichen Grundbegriffen* noch die „Sattelzeit" von 1750 bis 1850 ins Blickfeld genommen, ist in den letzten Jahren der Ruf nach einer Geschichte der Begriffe des 20. Jahrhunderts laut geworden.[204] In vergleichbarer Weise haben die schon en passant erwähnte sog. Cambridge School der politischen Ideengeschichte und ihre Hauptvertreter Quentin Skinner und John Pocock „politische Ideen nicht als überzeitliche Entitäten, sondern als Teil kommunikativer

---

199 Vgl. Neocleous, Imagining, S. 31, Neocleous, Fate, S. 34.
200 Klaus R. Scherpe: Zur Faszination des Organischen. Eine Vorbemerkung, in: Hartmut Eggert/Erhard Schütz/Peter Sprengel (Hg.): Faszination des Organischen. Konjunkturen einer Kategorie der Moderne, München 1995, S. 10f.
201 Vgl. dazu auch Reinhard Mehring: Begriffssoziologie, Begriffsgeschichte, Begriffspolitik. Zur Form der Ideengeschichtsschreibung nach Carl Schmitt und Reinhart Koselleck, in: Harald Bluhm/Jürgen Gebhardt (Hg.): Politische Ideengeschichte im 20. Jahrhundert. Konzepte und Kritik, Baden-Baden 2006, S. 31–50.
202 Koselleck, Einleitung GG 1, S. XIII.
203 Vgl. Klaus-Gert Lutterbeck: Methodologische Reflexionen über eine politische Ideengeschichte administrativer Praxis, in: Jahrbuch für Europäische Verwaltungsgeschichte 15 (2003), S. 349f.
204 Vgl. Geulen, Plädoyer; Nolte, Ordnung, S. 20.

Prozesse in konkreten historischen Situationen"[205] aufgefasst. Ausgehend vom berühmten Diktum Ludwig Wittgensteins des "meaning is use" und auf sprechakttheoretischer Grundlage ist die Cambridge School über die Anerkenntnis, dass politische Ideen in einem historischen Kontext verankert sind, hinausgegangen und hat den praktischen und „formativen" Aspekt politischer Sprache einbezogen:

> „Diese wird durch den Zusammenhang, in dem ein einzelner Text durch seinen kommunikativen Bezug auf andere Texte steht, konstituiert. ... Entscheidend ist dabei, daß der Diskurszusammenhang gerade nicht durch die argumentativen Verknüpfungen (im Sinne einer Selbstbewegung der Begriffe) gebildet wird, sondern durch die Gemeinsamkeit des politischen Vokabulars, umfassend verstanden als sozio-linguistischer Kontext."[206]

In diesem Zuge ist eine Abkehr von einem sich auf einen kanonischen Höhenkamm theoretischer Texte stützenden Ansatzes eingefordert und z.T. auch praktiziert worden; im Gegensatz einer spekulativ-philosophisch betriebenen politischen Ideengeschichte wandten sich Pocock und Skinner konkreten „Praktiken, Krisen und Traditionen [zu], die das politische Feld kennzeichnen."[207] In der Praxis der Forschung steht die Cambridge School nicht länger im Gegensatz zur Begriffsgeschichte: beide sind im Zuge internationalisierter und interdisziplinärer Diskussionen (u.a. zwischen Koselleck und Pocock selbst) vielfach aufeinander bezogen und wechselseitig erweitert worden und haben an einer in den vergangenen Jahren zu erkennenden Wiederbelebung der Ideengeschichte als historischer Subdisziplin ihren Anteil gehabt.[208] Auch hat die Cambridge School sich – das ist für die vorliegende Arbeit von einigem Interesse – metaphorologischen Ansätzen geöffnet[209], nicht zuletzt dank der zum Durchbruch gelangten Auffassung, dass „Begriffe oft nichts anderes als institutionalisierte Metaphern sind, deren Metaphorizität nicht mehr wahrgenommen wird."[210] Die Feststellung,

---

205 Martin Mulsow/Andreas Mahler (Hg.): Die Cambridge School der politischen Ideengeschichte, Berlin 2010, S. 2.
206 Lutterbeck, Ideengeschichte, S. 354.
207 Achim Landwehr: Historische Diskursanalyse, Frankfurt a.M./New York ²2009, S. 40.
208 Vgl. Nolte, Ordnung, S. 20f.
209 Vgl. Mulsow/Mahler, Cambridge School, S. 17; Schäfer, Political Metaphors.
210 Lüdemann, Körper, S. 169.

dass sowohl die Koselleck'sche Begriffsgeschichte als auch die Cambridge School Spielarten „diskursorientierter Geschichtsschreibung"[211] sind, verweist schließlich auf den theoretischen „missing link" der sich kreuzenden methodischen Leitlinien und führt mich zum letzten wichtigen methodischen Bereich, dem Diskurs.

2.5 Diskurs- und Körpergeschichte

So unüberschaubar das Feld der Diskursanalyse und Diskursgeschichte mittlerweile geworden ist, so schwieriger ist es auch, aus der wachsenden Zahl von Publikationen zu einer spezifisch historischen Diskursanalyse[212] einen konzisen Zuschnitt von Begriffen und Grundlagen – um mehr kann es an dieser Stelle nicht gehen – herauszudestillieren.

Grundsätzlich gilt, dass der Gewinn einer am Werk Michel Foucaults orientierten Diskursauffassung darin liegt, als „Strukturierungszusammenhang" die Grenzen und Möglichkeiten des öffentlichen Sprechens in ihrem geschichtlichen Werden ins Bewusstsein gerufen hat. Dabei ist in den Vordergrund gerückt, dass dieses Sprechen immer auch eine möglichst weitreichende Gültigkeit und Deutungshoheit – „Macht" ist ein zentraler Begriff aller Diskurstheorien – erlangen will, „um Ordnungen Gültigkeit zu verschaffen und ihnen den Status der Wirklichkeit zuzuerkennen."[213] Gerade letztere Feststellung ist, wie sich an den Quellen zeigen wird, ungemein wichtig für den Kontext der Krankheitsmetaphern: es geht viel weniger um die individuelle ästhetische Entscheidung eines Autors als vielmehr um die aus einem schon vorgängigen Diskurs heraus stattfindende Sinngebung unter bestimmten Regeln und Mustern. „Diskurse regeln also das Sagbare, Denkbare und Machbare."[214] Dies gilt „progressiv" hinsichtlich einer

---

211 So Georg G. Iggers, zit. n. Lutterbeck, Ideengeschichte, S. 350.
212 Ich stütze mich hauptsächlich auf Landwehr: Historische Diskursanalyse. Vgl. ferner Michael Maset: Diskurs, Macht und Geschichte. Foucaults Analysetechniken und die historische Forschung, Frankfurt a.M./New York 2002; Philipp Sarasin: Subjekte, Diskurse, Körper. Überlegungen zu einer diskursanalytischen Körpergeschichte, in: Wolfgang Hardtwig/Hans-Ulrich Wehler (Hg.), Kulturgeschichte heute, Göttingen 1996, S. 131–164; Sarasin, Geschichtswissenschaft und Diskursanalyse.
213 Landwehr, Diskursanalyse, S. 22.
214 Ebd., S. 21.

Gestaltung des jeweiligen Zusammenhanges, aber auch „repressiv" für den Ausschluss des gewissermaßen Unsagbaren, oder, mit Foucault: „Im Wahren ist man nur, wenn man den Regeln einer diskursiven ‚Polizei' gehorcht, die man in jedem Diskurs reaktivieren muß."[215] Hieran knüpft auch ein wesentlicher Bestandteil einer an Foucault anschließenden Diskurstheorie zur Ideengeschichte an: sie ist weniger an einer Intention des schreibenden Subjekts interessiert[216], wobei Letzteres allerdings auch nicht (restlos) im Diskurs aufgeht.[217]

„Konstitutive Bestandteile des Diskurses sind die von Foucault so benannten ... Aussagen (*énoncés*)."[218] Verstanden als Gesamtheit von Äußerungen im Rahmen der disziplinarischen Grenzen des Diskurses gehen énoncés über einzelne sprachliche Phänomene hinaus. Zusammen mit anderen Aussagen wiederum bilden sie „diskursive Formationen" (Foucault). Dabei ist ihr semantischer Zuschnitt fast unendlich vielfältig. Im Hinblick auf die Rolle von Metaphern hat Philipp Sarasin den auf ihrem kognitiven Gehalt beruhenden Mehrwert einer Einbeziehung von metaphorischen énoncés in die historische Diskursanalyse eingefordert.[219] Dies bedeutet für den Zusammenhang dieser Arbeit auch, dass es sich beim Komplex der Krankheitsmetaphern nicht um einen Diskurs sui generis handelt, sondern um eine Ansammlung besagter Metaphern-énoncés oder eine Zwischenkategorie.

Ein weiterer Kernbegriff der foucauldischen Diskurstheorie ist derjenige der Praktiken. Damit sind nicht etwa konkrete, d. h. außersprachliche Handlungen oder Tatvorgänge gemeint, Praktiken finden Foucault zufolge ebenfalls im Diskurs statt. Allerdings hat er die Sache dadurch verkompliziert, dass er zwischen diskursiven und nicht-diskursiven Praktiken unterschieden hat.[220] Die Problematik des unklaren Verhältnisses zwischen sprachlicher und außersprachlicher Realität – der Euthanasiediskurs wäre ein passendes Beispiel – stellt sich für die vorliegende Arbeit insofern nicht,

---

215 Michel Foucault: Die Ordnung des Diskurses [1972], Frankfurt a.M. ⁹2009, S. 25.
216 Sarasin, Geschichtswissenschaft und Diskursanalyse, S. 59.
217 Vgl. Landwehr, Diskursanalyse, S. 71f u. 93f.
218 Ebd., S. 71.
219 Vgl. Sarasin, Geschichtswissenschaft und Diskursanalyse, S. 45f.
220 Vgl. Landwehr, Diskursanalyse, S. 95.

als sie 1. die diskursanalytische Prämisse akzeptiert, dass sich Diskursgeschichten (und überhaupt alle historischen Untersuchungen, die mit textuellen Quellen arbeiten) ohnehin nur mit in Texten überlieferten und somit immer nur sprachlich vermittelten Realitäten beschäftigt und 2. als Studie zur Metaphorik im politischen Diskurs diejenigen Felder, die auf außersprachliche Gegebenheiten verweisen, lediglich als Referenzpunkte für den eigenen Gegenstand verwendet. Daher hat meine Arbeit, wenngleich sie mitunter von Körper- und Krankheitsrepräsentationen handelt, auch nicht den Anspruch eines körpergeschichtlichen Ansatzes. Auf die Ergebnisse einer diskursanalytischen Körpergeschichte wird und muss sie sich jedoch berufen.

2.5.1 Körper

„Soviel Körper war nie." (Silvia Bovenschen)[221]

In *Überwachen und Strafen* hatte Foucault geäußert: „Der Körper steht ... unmittelbar im Feld des Politischen; die Machtverhältnisse legen ihre Hand auf ihn."[222] Dies verdeutlicht, dass für ihn auch der bzw. die menschliche(n) Körper nicht außerhalb von Diskursen stehen, sondern „als Ergebnisse diskursiver Vorgänge ... lediglich eine räumlich, zeitlich, sozial und kulturell begrenzte Gültigkeit beanspruchen"[223] können. In dem der Diskursgeschichte eigenen „Bemühen, die Wissens-, Wirklichkeits- und Rationalitätsstrukturen vergangener Gesellschaften aufzudecken"[224], ist in den vergangenen Jahrzehnten, nicht zuletzt von Seiten der aufkommenden Gender Studies[225], auch die Geschichte des menschlichen Körpers in den Blickpunkt gekommen. Foucaults Feststellung, dass „die Historiker sich seit längerer Zeit mit

---

221 Silvia Bovenschen: Soviel Körper war nie, in: Die Zeit v. 14.11.1997, S. 63.
222 Michel Foucault: Überwachen und Strafen [1976], Frankfurt a.M. 1994, S. 37.
223 Achim Landwehr/Stefanie Stockhorst: Einführung in die Europäische Kulturgeschichte, Paderborn u. a. 2004, S. 227.
224 Landwehr, Diskursanalyse, S. 165.
225 Vgl. Judith Butler: Das Unbehagen der Geschlechter, Frankfurt a.M. 1991; Dies.: Körper von Gewicht. Die diskursiven Grenzen des Geschlechts, Frankfurt a.M. 1997.

der Geschichte des Körpers beschäftigen"[226], gilt für den deutschsprachigen Raum erst mit Verzögerung. Mittlerweile ist aber auch hier eine Vielzahl grundsätzlicher Analysen[227] und körpergeschichtlicher Einzelstudien zur Zwischenkriegszeit bzw. zum frühen 20. Jahrhundert[228] zu verzeichnen. Diese Beschäftigung schließt die auf den Körper gerichteten sozialen Praktiken und die damit beschäftigten wissenschaftlichen Disziplinen wie Medizin, Hygiene oder Demographie mit ein.

Die oben beschriebene, problematische Trennung zwischen diskursiven und nicht-diskursiven Phänomenen spiegelt sich in körpergeschichtlichen Diskussionen wider: „Die theoretischen Schwierigkeiten beginnen mit dem

---

226 Foucault, Überwachen und Strafen, S. 36.
227 Vgl. Maren Lorenz: Leibhaftige Vergangenheit. Einführung in die Körpergeschichte, Tübingen 2000; Ute Planert: Der dreifache Körper des Volkes: Sexualität, Biopolitik und die Wissenschaften vom Leben, in: Geschichte und Gesellschaft, 26 (2000), S. 539–576; Philipp Sarasin: Subjekte, Diskurse, Körper. Überlegungen zu einer diskursanalytischen Körpergeschichte, in: Wolfgang Hardtwig/Hans-Ulrich Wehler (Hg.): Kulturgeschichte heute, Bd. 16, Göttingen 1996, S. 131–164.
228 Cornelie Usborne: Frauenkörper – Volkskörper. Geburtenkontrolle und Bevölkerungspolitik in der Weimarer Republik, Münster 1994; Jordan Goodman/Anthony McElligott/Lara Marks: Making Human Bodies Useful. Historicizing Medical Experiments in the Twentieth Century, in: Dies. (Hg.): Useful Bodies. Humans in the Service of Medical Science in the Twentieth Century, Baltimore 2003, S. 1–23; Kenan Holger Irmak: Der hinfällige Körper. Der Alters- und Siechendiskurs in Deutschland (1880–1960), in: Susanne Conze u. a. (Hg.): Körper macht Geschichte – Geschichte macht Körper. Körpergeschichte als Sozialgeschichte, Bielefeld 1999, S. 321–346; Brigitte Kerchner: Körperpolitik. Die Konstruktion des „Kinderschänders" in der Zwischenkriegszeit, in: Wolfgang Hardtwig (Hg.): Politische Kulturgeschichte der Zwischenkriegszeit 1918 – 1939, Göttingen 2005, S. 241–278; Richard W. McCormick: Gender and Sexuality in Weimar Modernity. Film, Literature, and "New Objectivity", New York 2001; Sabine Kienitz: Beschädigte Helden. Kriegsinvalidität und Körperbilder 1914–1923, Paderborn 2008; Adelheid von Saldern: Der Zwickel-Erlass von 1932 oder: Die „Nacktheit der deutschen Seele", in: Belinda Davis u. a. (Hg.): Alltag, Erfahrung, Eigensinn. Historisch-anthropologische Erkundungen, Frankfurt a.M. 2008, S. 169–187; Michael Mackenzie: Maschinenmenschen, Athleten und die Krise des Körpers in der Weimarer Republik, in: Föllmer/Graf, Krise, S. 319–346; Heiko Stoff: Ewige Jugend. Konzepte der Verjüngung vom späten 19. Jahrhundert bis ins Dritte Reich, Köln 2004.

Verhältnis zwischen dem gegenständlichen Vorhandensein des Leibs und seiner diskursiven Konstruiertheit."[229] Entlang dieser Bruchlinie verlaufen innerhalb der Körpergeschichte als Forschungsrichtung die disziplinären Unterschiede zwischen essentialistischen (d. h. konkret: medizingeschichtlichen, psychoanalytischen bzw. psychologiehistorischen sowie anthropologischen) und gemäßigt konstruktivistischen (feministischen, wissenssoziologischen, neo-kulturhistorischen) Ansätzen.[230] Letztere, von einem Konstruktivismus ausgehende Positionen werden also den individuellen (historischen) Körper ebenso als Konstrukt ansehen wie einen kollektiven „gesellschaftlichen Körper", der, wie Foucault es ausgedrückt hat, in der Perspektive der Forschung als abgeleiteter „Diskurs über Diskurse" erscheint. Interessant ist, dass sich auch Foucault – wie aus seinen Vorlesungen am Collège de France hervorgeht – mit den frühmodernen Vorstellungen des Staatskörpers, insbesondere bei Thomas Hobbes, beschäftigt und von dort aus seine Ausführungen zu Machtmechanismen in Bezug auf den bzw. die Körper unternommen hat.[231] Für Foucault geht mit dem Aufkommen der Moderne und ihren Institutionen „der menschliche Körper ... in eine Machtmaschinerie ein, die ihn durchdringt, zergliedert und wieder zusammensetzt."[232] Hannelore Bublitz hat demonstriert, wie sich eine solche foucauldische Bio-Macht in Debatten des frühen 20. Jahrhunderts manifestierte:

> „Mit dem Entwurf eines Bevölkerungskörpers gelingt es ... das Leben in Beschlag zu nehmen. Das Ergebnis ist eine Macht, die die gesamte Oberfläche des Körpers abdeckt und sich vom individuellen, organischen Körper zum – biologischen – Körper

---

229 Landwehr/Stockhorst, Einführung, S. 227. Zur Leib-Körper-Problematik s. Sarasin, „Mapping the body", in: Geschichtswissenschaft und Diskursanalyse, S. 100–121.
230 Vgl. Lorenz, Leibhaftige Vergangenheit, S. 42–104; Landwehr/Stockhorst, Einführung, S. 228f. Zur Frage, ob nun Sprache den Körper erst schafft oder aufgrund der individuellen vorgängigen Körpererfahrung gar nicht anders kann, als in Versuchen der Sinngebung auf den Körper und seine Teile zurückzufallen und daher so gut wie alle sprachlichen Elemente auf Körperwahrnehmung basieren, vgl. die launige Darstellung bei Otis, Going with your gut (die übrigens im medizinischen Fachblatt *The Lancet* Aufnahme fand).
231 Vgl. die Vorlesung vom 14.1.1976, in: Michel Foucault: In Verteidigung der Gesellschaft, hg. v. Michaela Ott, Frankfurt a.M. 2001, S. 37–58, zu Hobbes' Leviathan S. 44.
232 Foucault, Überwachen und Strafen, S. 176.

der Bevölkerung erstreckt. Durch diesen Vorgang ‚gibt sich' die Gesellschaft – und damit auch dem Individuum – einen sozialen ‚Körper', der, ähnlich wie der physiologische Körper, durchdrungen zu sein scheint von Krankheiten und vom Verfall bis hin zum Untergang, und dessen reinigende Prozesse sich um 1900 von der Individual- zur Rassenhygiene hin bewegen."[233]

Hier sieht man erstens, wie diffizil eine Trennung zwischen einzelnen und konstruierten, aber wirkmächtigen kollektiven Körpern aus der diskursanalytischen Perspektive erscheint. Zweitens verweist die beschriebene „Entstehung" des sozialen Körpers auf die moderne, d. h. im 19. Jahrhundert erfolgende neue Ausformung des „Volkskörpers" – ein Begriff, der im Zusammenhang dieser Arbeit eine große Rolle spielt und auf den ich daher noch eingehen werde. Drittens ruft Bublitz in Erinnerung, wie eng der moderne Körperdiskurs mit denjenigen Disziplinen verwoben ist, die heute unter dem Begriff der Bio- oder Lebenswissenschaften zusammengefasst werden. Dort (also etwa in Medizin, ‚Hygiene' oder Sexualforschung) wurde im Wechselspiel mit den jeweiligen gesellschaftlichen und kulturellen Kontexten das Wissen und Sprechen über den Körper ausgehandelt und normiert.[234]

Ebenso wie auf die Vorstellung vom Volkskörper werde ich an gegebener Stelle auch auf die Fachdiskurse in der Zeit der Weimarer Republik zu sprechen kommen – getragen von der Anerkenntnis, dass der zeitgenössische Gebrauch von Krankheitsmetaphern in politischen Diskursen die relevanten medizinischen und naturwissenschaftlichen Debatten immer schon mitgedacht, eingeschlossen und transformiert hat, d. h. im Falle der Laien diese gewissermaßen „im Hinterkopf" waren, im Falle der medizinischen Fachleute in politicis diese ohnehin schon im Zuge der fachlichen Ausbildung verinnerlicht worden sind. Doch möchte ich wiederum den methodischen Vorbehalt betonen, dass die biowissenschaftlichen Diskurse nur als „Folie", als Bezugspunkt der historischen Metaphoriken in meine Analyse einbezogen werden, diese aber selbst keine genuin medizin-, wissenschafts- oder körpergeschichtliche Arbeit leisten kann.

---

233 Hannelore Bublitz: Vorwort, in: Dies. u. a.: Der Gesellschaftskörper. Zur Neuordnung von Kultur und Geschlecht um 1900, Frankfurt a.M. 2000, S. 8.
234 Vgl. Landwehr, Diskursanalyse, S. 134–138.

2.5.2 Von der Krankheitsmetapher zur Krankheitserzählung

Ausgehend von dieser Prämisse bleibt im Hinblick auf den Zuschnitt dieser Arbeit Folgendes festzuhalten:

> „Auf Diskursebene begegnen und kommentieren sich medizinische und politische Theorien gegenseitig. ... Der Gegenstand einer Geschichte des Körpers und seiner Metaphern liegt in diesem Zwischenbereich."[235]

In diesem Sinne besteht zwischen den folgenden Kapiteln eine innere Verbindung: während es im Kapitel 3 um die (politik)metaphorische Aufnahme körperlicher Erscheinungen, geht es in Kapitel 4 um die narrative und damit metaphorische Verarbeitung realer, „materieller" Krankheitsphänomene als Interpretamente von Politik. In beiden Fällen ist es die Verzahnung von Körperbildern in politischer Metaphorik, die eine methodische Einbeziehung sowohl von Metaphorologie als auch Diskurs- und Körpergeschichte erforderlich macht.

2.5.3 Biopolitik

Mit dem Aufschwung der diskursanalytischen Körpergeschichte haben auch die politische Theorie und die Philosophie den Körper (wieder) für sich entdeckt, wo er z. B. in der Theorie der Biopolitik einen zentralen Platz einnimmt – so etwa im Werk Giorgio Agambens, der sich auf Foucault, daneben aber auf gleich drei bereits erwähnte Denker der Weimarer Republik, namentlich Carl Schmitt, Walter Benjamin und Ernst Kantorowicz bezieht.[236] Hier wird das Verhältnis zwischen Herrschaft und dem physischen „nackten Leben" des Individuums thematisiert. Neben und (implizit) aufbauend auf Agamben hat ein anderer italienischer Philosoph, Roberto Esposito, in mehreren Bänden eine philosophische Entwicklungsgeschichte der modernen Biopolitik vorgelegt.[237] Dort hat er insbesondere die spezifisch

---

235 Guldin, Körpermetaphern, S. 22.
236 Giorgio Agamben: Homo Sacer. Die Souveränität der Macht und das nackte Leben, Frankfurt a.M. 2002, passim (Schmitt/Benjamin) bzw. S. 101–104. Vgl. auch Lüdemann, Metaphern, S. 179–205.
237 Roberto Esposito: Immunitas. The Protection and Negation of Life [ital. 2002], Cambridge 2011; Ders.: Bíos. Biopolitics and Philosophy [ital. 2004], Minneapolis/London 2008. In deutscher Übersetzung, die mir nicht vorlag,

deutsche Tradition philosophischer, medizinischer und politischer Provenienz ins Blickfeld genommen, auf die ich bei Gelegenheit ebenfalls noch zu sprechen kommen werde. Wiederum an Foucault anknüpfend hat sich Esposito zur Aufgabe gemacht, den heutigen biopolitischen Diskurs, der dichotomisch nur eine radikal negative oder völlig euphorische Spielart kennt, in seiner Genese nachzuzeichnen, mit dem Modernediskurs zu kontrastieren und zu demonstrieren, "not just what biopolitics signifies but how it was born. How is it configured over time and which aporias does it continue to carry?"[238] Analog zu Mark Neocleous' Analyse des body politic (s. 2.3.2) liegt für Esposito der Zielpunkt absoluter biopolitischer Radikalisierung im Nationalsozialismus und dessen „Politik des Todes."[239] Diese Perspektive will die vorliegende Arbeit nutzen, um das biopolitische Paradigma, das nicht zuletzt vom rechtskonservativen und ultranationalistischen Denken der Weimarer Republik geprägt wurde, in seiner metaphorischen Ausformung zu untersuchen.

2.6 Fragestellungen

Aus der Gesamtschau der theoretischen und methodischen Vorüberlegungen ergeben sich für mein Vorhaben folgende untersuchungsleitende Fragestellungen:

In welchen diskursiven Zusammenhängen wurden in politischen und benachbarten Diskursen Krankheitsmetaphoriken geäußert und zu welchen Zielen bzw. in Gegnerschaft zu welchen Positionen in Stellung gebracht? Welche Formen, d.h. semantischen Gruppen sind dabei zu identifizieren, und aus welchem Gedankengut speisen sich diese jeweils? Auf welche naturwissenschaftlichen „Faktenlagen" verweisen etwa die von Biologen und Medizinern konstruierten politischen Metaphern? Lässt sich, ausgehend von der Teilkongruenz von Krise und Krankheit, Rüdiger Grafs Diagnose von der tendenziellen Offenheit der Krise für positive und negative Narrative gleichermaßen an der Krankheitsmetaphorik in der politischen Arena ablesen? Inwieweit trugen die Metaphern zu einem Krisenbewusstsein auf

---

    erschienen als Immunitas (Zürich 2004) bzw. „Person und menschliches Leben" (Zürich 2010).
238 Esposito, Bíos, S. 8.
239 Ebd., S. 11.

rein „formaler Ebene"[240] bei und bereiteten so, analog zum Krisendiskurs, gedanklich die Verengung von realpolitischen Handlungsoptionen vor? Anders ausgedrückt: welche Wege wurden der Politik durch den Gebrauch gewisser Körper- und Krankheitsmetaphern eröffnet oder verschlossen? Welches Aktivierungspotential konnten die Metaphern entfalten, d. h. welche intellektuelle Dynamik konnten sie im Wechselspiel zwischen kontextbezogener Angemessenheit und Neukontextualisierung[241] überhaupt erst erzeugen? Freilich auch: wo lagen die Grenzen ihrer persuasiven Strahlkraft, welche Kontexte erwiesen sich als widerständig? Vor allem im vierten Kapitel wird das in puncto Diskurs, Körper und Biopolitik Festgestellte auf die Überzeugungen und Äußerungen der „kranken Männer" bezogen: inwieweit waren die von ihnen und in ihrem Umfeld verwendeten Krankheitsmetaphern Teil einer narrativen Selbstdeutung und Sinnstiftung? Wie wurden in der Selbstdarstellung der Akteure der eigene Körper und die eigene Krankheit zur Folie der politischen Umstände?

---

240 Vgl. Anm. 105.
241 Vgl. Anm. 165.

3. Metaphorik gegen die Republik

„In gewisser Weise ist die gesamte Quellensprache der jeweils behandelten Zeiträume eine einzige Metapher für die Geschichte, um deren Erkenntnis es geht."
(Reinhart Koselleck)[242]

Selbst wenn man Kosellecks Einschätzung nur aus ästhetischen Gründen folgen und das „in gewisser Weise" cum grano salis verstehen wollte – hieße dies, dass die Weimarer Republik, legte man die im folgenden Kapitel dargelegten Beispiele zugrunde, eine „kranke Republik" gewesen ist? Dies festzustellen würden sich heutzutage vermutlich die meisten Historiker scheuen, selbst wenn sie einer metaphorischen Forschungssprache nicht abgeneigt sind. So sehr die Quellen und ihre Sprache gerade in einer an sprachlichen Phänomenen interessierten historischen Darstellung zu ihrem Recht kommen sollen, so sehr muss Quellenkritik auch im 21. Jahrhundert denselben Ansprüchen genügen, die bereits im Zeitalter ihrer Kanonisierung an sie gestellt wurden.[243] Dies soll unter besonderer Berücksichtigung der zuvor ausformulierten Grundlagen nun geschehen. Einer kurzen Darlegung zu Heuristik, Quellenauswahl und Aufbau dieses Kapitels schließen sich, in nochmaliger Zuspitzung der Aspekte von Krise, Metapher und Körper-Diskurs auf den Sonderfall der politischen Krankheitsmetaphern, gewissermaßen als Ouvertüre noch drei kurze Bemerkungen an.

3.1 Zu Aufbau und Quellenauswahl

Die folgenden Beispiele sind das Ergebnis eines jahrelangen Auffindungs- und Verwertungsprozesses. Zu Beginn dieses Prozesses stand die Vermutung, dass die Fülle von Krankheitsmetaphern einen Ausschluss ganzer Handlungsbereiche oder politischer Lager notwendig machen würde. Diese

---

242 Koselleck, Einleitung zu Geschichtliche Grundbegriffe Bd. 1, S. XIII.
243 Vgl. Ernst Bernheim: Lehrbuch der historischen Methode und der Geschichtsphilosophie, Leipzig ⁵1908; Volker Depkat: Nicht die Materialien sind das Problem, sondern die Fragen, die man ihnen stellt. Zum Quellenwert der Autobiographie für die historische Forschung, in: Thomas Rathmann/Nikolaus Wegmann (Hg.): Quelle. Zwischen Ursprung und Konstrukt. Ein Leitbegriff in der Diskussion, Berlin 2004, S. 102–117.

angenommene Überfülle hat sich, das darf als Ergebnis vorweggenommen werden, empirisch nicht bewahrheitet – vor allem nicht unter der sehr früh erfolgten Maßgabe, möglichst elaboriertere Metaphoriken einzubeziehen, d. h. solche Fundstellen außen vor zu lassen, bei denen der „kranke Staat" oder „Volkskörper" nur eine vereinzelte und nicht weiter ausgeschmückte Erwähnung fand. Die Bereiche von politischer Karikaturistik[244], Literatur und Film sind bereits früh ausgeschlossen worden, allerdings nur aus pragmatischen und keineswegs grundsätzlichen Gründen. Der Erkenntnisgewinn einer Einbeziehung bildlicher Quellen wäre hinsichtlich des krankheitsmetaphorischen Potentials sicherlich vielversprechend gewesen, man denke nur an die Bildwelten des *Simplicissimus*, die scharf antirepublikanischen Karikaturen des *Kladderadatsch* und des Goebbels'schen *Angriff*, hätte allerdings, was ich hier nicht leisten konnte, einen um die jüngeren Erkenntnisse der „visual studies" erweiterten Zugang erfordert und eine Verknüpfung mit dem Komplex der „kranken Männer" erschwert. Gleiches gilt für literarische Texte wie etwa Thomas Manns 1924 veröffentlichten *Zauberberg*, der seinen Protagonisten Hans Castorp (allerdings noch im Szenario der Vorkriegszeit) sagen lässt:

> „Wer aber den Körper, das Leben erkennt, erkennt den Tod. ... Denn alles Interesse für Tod und Krankheit ist nichts als eine Art von Ausdruck für das Leben, ... das Sorgenkind des Lebens, es ist der Mensch, und ist sein Stand und Staat."[245]

Doch soll Thomas Mann, der „Philosoph der Krankheit"[246], hier nur als politischer Essayist (s. Kap. 3.4.5) vernommen werden. Durch einen Einbezug bildlicher oder literarischer Quellen wäre schlichtweg ein anderer Text entstanden, der wiederum andere Zugänge erfordert hätte. Stattdessen

---

244 Vgl. Gaby Sonnabend: Darüber lacht die Republik. Friedrich Ebert und „seine" Reichskanzler in der Karikatur, Heidelberg 2010.
245 Thomas Mann: Der Zauberberg, Frankfurt a.M. ^{7}2008, S. 677f.
246 Ferdinand Hoffmann: Thomas Mann als Philosoph der Krankheit, Luxemburg 1975. Vgl. auch Eberhard Falcke: Die Krankheit zum Leben. Krankheit als Deutungsmuster individueller und sozialer Krisenerfahrung bei Nietzsche und Thomas Mann, Frankfurt a.M./New York 1992 sowie Elisabeth Strowick: Poetologie der Ansteckung und bakteriologische Reinkultur. Infektiöses Material bei Thomas Bernhard, Thomas Mann und Robert Koch, in: Dies./ Tanja Nusser (Hg.): Krankheit und Geschlecht. Diskursive Affären zwischen Literatur und Medizin, Würzburg 2002, S. 57–75.

ist im weitesten Sinne die politische Arena Beschäftigungsfeld dieser Arbeit. Eine dem Begriff des Politischen angemessene Definition muss hier aus Gründen inhaltlicher und zeitlicher Knappheit unterbleiben; ausgehend vom Frageinteresse der Krankheitsmetaphorik sind im Folgenden solche Beschreibungen erfasst worden, die diese konkret auf die *eigene* politische Situation, den Staat von Weimar, seine institutionellen Bestandteile wie Parlament, Verfassung und Amtsträger, und schließlich die Gesellschaft bzw. das „deutsche Volk" bezogen haben. Wenn in der Folge also von der politischen Arena gesprochen wird, ist darunter die Sicht auf die eigene Polis, das real existierende, deutsche Gemeinwesen der Zeit zwischen 1918 und 1933 zu verstehen.

Dafür habe ich ein Sample von Periodika intensiv untersucht, darunter die liberale *Vossische Zeitung*, das *Tage-Buch*, die *Weltbühne*, das KPD-Organ *Rote Fahne* sowie auf Seiten der politischen Rechten das *Deutsche Volkstum*, die *Deutsche Rundschau*, das DNVP-Hausblatt *Eiserne Blätter* sowie die nach 1929 enorm erfolgreiche, jungkonservative *Tat*. Kursorisch wurden zudem die linksstehenden *Sozialistischen Monatshefte*, der sozialdemokratische *Vorwärts* und die zentrumseigene *Germania* herangezogen. Als weitaus ergiebiger hat sich das in Monographien organisierte politische Schrifttum hauptsächlich rechtskonservativer Provenienz erwiesen, darunter auch kleine und verstreute (d. h. zumeist in kleinen Verlagen publizierte) Schriften von mitunter kaum bekannten Autoren. Mit der Einbeziehung solcher z.T. nur noch in wenigen deutschen Universitätsbibliotheken erhaltenen, obskuren Pamphlete[247], die der Aufmerksamkeit der Forschung bisher entgangen sind, wird ein kleiner, aber genuin neuer Beitrag zur Geschichte der Körpermetaphern in der Politik (und speziell im Ständestaatsgedanken) geleistet. Auf diesem Feld tummelten sich „professionelle" Kommentatoren aus Politik, Staatslehre, Theologie oder Nationalökonomie ebenso wie interessierte (und publizierte) Laien. Ausgehend von der Feststellung, dass „das Verhältnis zwischen medizinischen und politischen Diskursen durch ein erstaunliches Hin und Her zwischen den beiden Erkenntnisbereichen charakterisiert"[248] ist, tritt dazu der Personenkreis, der sich für die Fragestellung als unerwartet fruchtbar gezeigt hat: Autoren aus dem Gebiet der

---

247 So etwa die Schriften Hans Dunckers und Hermann Notungs (s.u.).
248 Guldin, Körpermetaphern, S. 21.

„life sciences", also aus Medizin, Biologie, Psychologie, Demographie und nicht zuletzt der in der Weimarer Zeit hoch im Kurs stehenden Eugenik bzw. „Rassenhygiene". Speziell bei Letzterer wurde daher ein vertiefender Blick auf die Fachzeitschriften der Disziplin geworfen. Die jeweiligen wissenschaftsgeschichtlichen Kontexte konnten freilich nur insoweit berücksichtigt werden, als sie lediglich aus einer Hinsicht, der für die Fragestellung dieser Arbeit relevanten Krankheitsmetaphern, befragt worden sind.

Ich habe mich für eine Grobunterteilung nach Handlungsbereichen bzw. nach intellektueller und disziplinärer Herkunft entschieden, da eine Einteilung nach Topoi die thematischen Überschneidungen ignorieren und daher den inneren Sinnzusammenhang der Schriften zerreißen, eine chronologische Einteilung wiederum die relative semantische Einheitlichkeit der Äußerungen zugunsten einer (diskontinuierlichen) zeitlichen Entwicklung aufgeben würde. Ich werde jedoch am Ende des Kapitels in einem topologischen Überblick die thematische Spannweite der einbezogenen Krankheitsmetaphern rekapitulieren. Die sprechenden Subjekte werden also in dem Bereich behandelt, in dem sie ihre wichtigste Wirkung entfaltet haben; beispielsweise war der *Tat*-Journalist Ferdinand Fried zwar gelernter Nationalökonom und Wirtschaftsexperte des jungkonservativen Blattes, doch hat er Prominenz nur durch diesen publizistischen Kanal gewinnen können – weshalb ich auf ihn im Abschnitt zum Journalismus zu sprechen kommen werde.

Die Angaben zu den Personen wurden dem Deutschen Biographischen Archiv, der Neuen Deutschen Biographie[249], und, sofern dort nicht vorhanden, der Enzyklopädie Wikipedia entnommen und nicht einzeln nachgewiesen.

3.2 Ausgangspunkte

Wenngleich nur en passant und schlaglichtartig einzelne Ereignisse und Zusammenhänge beleuchtet werden, muss im gesamten Kontext der Arbeit die allgemeine politische und gesellschaftliche Ausgangslage der Weimarer Republik mitgedacht werden, und zwar einerseits die „harten Fakten" des verlorenen Krieges: wirtschaftlicher Ruin, die Masse der körperlich und

---

249 Online-Fassung unter http://www.deutsche-biographie.de/index.html [1.9.2013].

seelisch Verwundeten und die machtpolitische Implosion des Kaiserreichs, die in die Bürgerkriegssituation der Jahre 1918–1920 mündete oder, in der Gesamtsicht, ein einziger, „sich über fünfzehn Jahre erstreckende[r] Megazusammenbruch"[250], andererseits die damit korrespondierenden „mindsets": eine um sich greifende *Kultur der Niederlage*[251], die „Kulisse und äußere Form dieser Stimmung in all ihren Schattierungen der Verbitterung, der Unlust, der ,Miesigkeit', des Pessimismus"[252], die Ubiquität der Krise, und nicht zuletzt das „große Trauma der Deutschen"[253]: Versailles. Der Begriff des Traumas, der in jüngerer Zeit im Kontext der Traumaforschung auch in die Geschichtswissenschaft Einzug gehalten hat[254], wäre ein ebenfalls aufschlussreicher Zugang zur Vorstellung von einer „kranken Republik". Doch wiederum würde dies den Zuschnitt der Arbeit zugunsten eines stärker psychologie- und medizingeschichtlichen Fokus wesentlich verändern und muss daher unterbleiben.

Abgesehen von dieser mitzudenkenden Grundkonstellation liegen die folgenden drei Aspekte dem Kapitel zu Krankheitsmetaphern in politischen Diskursen zugrunde und schließen somit unmittelbar an das in der Hinführung Gesagte an. Als Hinsichten stehen sie zwar in gedanklicher Verbindung, sind aber zur Aufschlüsselung der Krankheitsmetaphern auch einzeln gangbar.

3.2.1 Selbstbeschreibung als Grundkonstante

Paul Nolte hat die sozialen Selbstentwürfe der deutschen Gesellschaft im 20. Jahrhundert untersucht und dabei u. a. mit Blick auf die Weimarer Republik betont, wie sehr „die ,Verwerfungen' der deutschen Gesellschaft

---

250 Wolfgang Schivelbusch: Die Kultur der Niederlage. Der amerikanische Süden 1865 – Frankreich 1871 – Deutschland 1918, Berlin 2001, S. 283.
251 Ebd., passim.
252 Vierhaus, Auswirkungen, S. 165.
253 Eberhard Kolb: Der Frieden von Versailles, München 2005, S. 91–110.
254 Vgl. Cathy Caruth (Hg.): Trauma. Explorations in Memory, Baltimore 1995; Dies.: Unclaimed Experience: Trauma, Narrative, and History, Baltimore 1996; Jörn Rüsen: Zerbrechende Zeit. Über den Sinn der Geschichte, Köln u. a. 2001, S. 145–180; Wulf Kansteiner: Genealogy of a Category Mistake. A Critical Intellectual History of the Cultural Trauma Metaphor, in: Rethinking History, 8 (2004), S. 193–221. Von "trauma as condition" im Falle Weimars spricht Saunders, Crisis as Normalcy, passim.

... sich in den zeitgenössischen Erfahrungen, Wahrnehmungen und Deutungen nicht nur ... spiegelten, sondern ... auch in den Köpfen der Menschen entstanden."[255] Vor diesem Hintergrund spielt daher die Quellensprache eine entscheidende Rolle, weil sie uns Aufschluss über die zeitgenössischen Deutungslinien gibt, entlang derer jene Verwerfungen interpretiert und wie ihnen „Sinn vermittelt" wurden. Nolte hat gezeigt, wie eine solche Herangehensweise, die sich der „sozialen ‚Sprache', mit der in Deutschland im 19. und 20. Jahrhundert über Gleichheit und Ungleichheit, Ordnung und Unordnung ... gestritten wurde" widmet, einen anderen Blick auf eine Ideengeschichte des 20. Jahrhunderts vermitteln kann.[256] In diesem Sinne möchte auch die vorliegende Arbeit den Anteil der Körper- und spezieller der Krankheitsmetaphern an dieser Genealogie des politisch-sozialen Selbstentwurfs ausloten, nicht zuletzt, da die Zäsur von 1918 eine andere, neuartige Art der Selbstbeschreibung begünstigte: die Anwendung von Körper- und Krankheitsmetaphern auf „die eigene Nation und damit auf sich selbst."[257]

Nolte hat zudem ein Paradoxon in Erinnerung gerufen, von dem die Weimarer Republik in besonderem Maße – weit mehr als etwa die Bundesrepublik – geradezu heimgesucht wurde: der Gleichzeitigkeit des (vielfach romantischen) Wunsch nach Homogenität, Ganzheitlichkeit, Einheit und dem überall, d.h. in allen politischen Lagern, ausgeprägten Sinn für radikale Differenz, innere Verwerfung und Opposition. Aus ganz verschiedenen Gründen, die z.T. über die Epoche hinausweisen, hat die Weimarer Republik es grosso modo weder politisch (nicht machtpolitisch, nicht einmal sozialpolitisch) noch gesellschaftstheoretisch-philosophisch geschafft, diesen Wunsch in gewaltfreie und konstruktive Agenden umzuwandeln und die Differenz „aushaltbar" zu machen: stattdessen wurde ihre Überwindung durch mannigfaltige Radikalismen angestrebt, die ihre Endpunkte schließlich (und dies ist nicht als Gleichsetzung zu verstehen) sowohl in den nationalsozialistischen Konzentrationslagern als auch den Gulags des Stalinismus fanden. „Soziale Heterogenität wurde als Fragmentierung gesehen

---

255 Nolte, Ordnung, S. 12.
256 Ebd., S. 21.
257 Moritz Föllmer: Der ‚kranke Volkskörper'. Industrie, hohe Beamte und der Diskurs der nationalen Regeneration in der Weimarer Republik, in: Geschichte und Gesellschaft, 27 (2001), S. 51.

und beklagt, gesellschaftliche Einheit als Konformität vorgestellt."[258] Die Krankheitsmetaphorik in den Prozessen politischer Sinngebung ist m.E. ein guter Indikator dafür, dass „diese Dilemmata und scheinbaren Aporien ... immer wieder eine Flucht des gesellschaftlichen Entwurfs aus der überwiegend negativ empfundenen Gegenwart nahe[legten]."[259]

3.2.2 Das Phänomen des „Volkskörpers"

Jenes weitverbreitete Bedürfnis einer „Einebnung dieser Dichotomie"[260] kristallisierte sich, nicht zuletzt bei Kommentatoren aus dem konservativen und rechten Lager, im holistisch gedachten Begriff des Volks.[261] Dessen komplexe Begriffsgeschichte ist ein für mein Vorhaben zu weites Feld, doch wird einem Unterfall Aufmerksamkeit gewidmet, der sich in der Verbindung mit einer bereits angedeuteten Begrifflichkeit manifestierte: dem „Volkskörper". Um eine reale Körperlichkeit des Volks auszudrücken, das von vielen zeitgenössischen Autoren als eigentliche, biologische Substanz des Staates bzw. der Nation angesehen wurde, erfuhr diese organizistische Metapher eine weite Verbreitung. Während der „Staatskörper" in der Form des body politic, wie gezeigt worden ist, auf deutlich ältere Vorstellungen zurückgeht, ist der „Volkskörper" ein Produkt des (späten) 19. Jahrhunderts.[262] Gleichwohl es gewisse Vorläufer in der romantischen Philosophie und Staatstheorie gegeben hat, die zwar noch vom Nationalkörper sprachen, aber bereits avant la lettre den Volkskörper meinten[263], kam der eigentliche

---

258 Nolte, Ordnung, S. 26.
259 Ebd., S. 27.
260 Ebd.
261 Vgl. ebd., S. 27, 67.
262 Vgl. Cornelia Schmitz-Berning: Art. Volkskörper, in: Dies.: Vokabular des Nationalsozialismus, Berlin/New York 1988, S. 667–670; Karl Braun: Vom „Volkskörper". Deutschnationaler Denkstil und die Positionierung der Volkskunde, in: Zeitschrift für Volkskunde, 105 (2009), S. 1–27; Wolfgang U. Eckart: Die Vision vom „gesunden Volkskörper". Seuchenprophylaxe, Sozial- und Rassenhygiene in Deutschland zwischen Kaiserreich und Nationalsozialismus, in: Susanne Roeßiger/Heidrun Merk (Hg.): Hauptsache gesund! Gesundheitsaufklärung zwischen Disziplinierung und Emanzipation, Marburg 1998, S. 34–47.
263 Vgl. Braun, Volkskörper, S. 6ff.

Durchbruch gleichzeitig mit dem Aufkommen der modernen Biologie bzw. Bakteriologie (dazu s.u.) und ihren ins Soziale übertragenen Formen. Die politische Körpermetapher wurde

> „unter dem Einfluß des Evolutionismus und Sozialdarwinismus zunehmend naturalistisch interpretiert und diente vor allem Rassisten als scheinbar reales Argument für die Notwendigkeit der Ausscheidung angeblich schädlicher, krankmachender Elemente aus dem Volksganzen."[264]

In der Tat war es vor allem der moderne Antisemitismus, der sich der Volkskörpermetapher nun häufig bediente: dem Berliner Hofprediger Adolf Stoecker etwa waren die Juden „ein fremder Blutstropfen in unserem Volkskörper."[265] Hieraus lässt sich bereits erkennen, dass, sobald die Rede vom Volkskörper war, immer schon „Schädlinge" oder ihn betreffende Krankheiten impliziert waren.

> „Im Metaphernsystem des zunehmend rassistisch argumentierenden Biologismus mutierte der ‚andere' Körper zum Fremdkörper im gesellschaftlichen Regelwerk, den es im Interesse der ‚Volksgesundheit'... auszumerzen galt."[266]

Der bereits oben angesprochene, grundlegende Perspektivwechsel solcher Metaphern nach 1918 trifft auch hier zu: die Niederlage erschien vielen Autoren als „Aderlaß, den der Krieg unserem Volkskörper zugefügt hat"[267] – die Perspektive verschob sich von der äußeren Bedrohung (z.B. den Juden) hin zu einer Innensicht des „kranken Volkskörpers". Es wird zu zeigen sein, inwiefern diese Metapher gemeinsamer Nenner vieler Autoren sowie Ansatzpunkt noch ausgefeilterer Krankheitsmetaphoriken war.

In der *Lingua Tertii Imperii* durchlebte die Metapher eine ubiquitäre Verbreitung und ein Wiederaufleben des (nie ganz verschwundenen) antisemitischen Aspekts.[268] Rainer Guldin hat mit Blick auf Körpermetaphern davon gesprochen, dass die wirkungsmächtigsten Bilder „den philosophischen Diskurs einer ganzen Epoche prägen und erst bei einem Paradigmawechsel

---

264 Schmitz-Berning, Volkskörper, S. 667.
265 So in einer Rede von 1880; zit. n. Schmitz-Berning, Volkskörper, ebd.
266 Planert, Der dreifache Körper, S. 563.
267 Friedrich Zahn: Deutsche Volkswirtschaft und Bevölkerungspolitik, in: Die Erhaltung und Mehrung der deutschen Volkskraft, München 1918, S. 19.
268 Vgl. Schmitz-Berning, Volkskörper, S. 668ff.

von neuen Metaphern ihrer Art abgelöst werden."[269] So trat erst mit der Zäsur von 1945 ein politikmetaphorisch manifestierter Umbruch zutage, wie die Nachwirkungen des Bilds vom „kranken Volkskörper" in der frühen Bundesrepublik eindrücklich veranschaulichen.[270] So konnte der Volkskörper nach 1945 noch eine gewisse Karriere als Terminus einer nur teilweise entnazifizierten Bevölkerungswissenschaft machen – etwa meinte noch 1961 der Soziologe Gunter Ipsen in vermeintlich wertfreier Forschungssprache eine „Analyse des Volkskörpers" vornehmen zu können.[271] Doch wurde bereits 1964 festgestellt: „Im heutigen Sprachgebrauch spielt der Ausdruck Volkskörper keine Rolle mehr."[272] Wenn der Ausdruck heutzutage eine Verwendung findet, dann entweder in historisch-kritischer bzw. ironisierender Perspektive[273] oder als strategisch wohlkalkulierter Tabubruch, wie etwa im Januar 2016 durch den stellvertretenden Sprecher der Alternative für Deutschland, Gauland, im Kontext der europäischen Flüchtlingskrise.[274]

Eine gänzlich andere Sicht auf den Volkskörper hat der israelische Historiker Boaz Neumann vorgeschlagen. Am Beispiel der Verwendung im Nationalsozialismus hat er anstelle des *metaphorischen* einen *phänomenologischen* Zugang postuliert.[275] Die nazistische Version des Volkskörpers werde fälschlicherweise als „etwas anderes", d.h. als medizinische bzw. Körpermetapher, Symbol oder Bild einer organischen Gesellschaft

---

269 Guldin, Körpermetaphern, S. 22.
270 Vgl. Jennifer M. Kapczynski: The German Patient. Crisis and Recovery in Postwar Culture, Ann Arbor 2008.
271 Gunther Ipsen: Die Analyse des Volkskörpers, in: Jahrbuch für Sozialwissenschaft 11 (1960) 1, S. 1–16.
272 Schmitz-Berning, Volkskörper, S. 670. Die erste Auflage ihres Buches datiert auf das Jahr 1964.
273 Vgl. Katharina Rutschky: Im kranken Volkskörper steckt eine verletzte Seele, Die Welt [Online-Ausgabe] v. 26.3.2006 (http://www.welt.de/print-wams/article140218/Im-kranken-Volkskoerper-steckt-eine-verletzte-Seele.html) [12.9.2013].
274 Vgl. NS-Begriff: AfD-Politiker Gauland fabuliert vom „Volkskörper", in: Spiegel Online v. 8.1.2016 (http://www.spiegel.de/politik/deutschland/afd-alexander-gauland-fabuliert-vom-volkskoer per -a-1071101.html). [13.1.2016]
275 Boaz Neumann: The Phenomenology of the German People's Body (Volkskörper) and the Extermination of the Jewish Body, in: New German Critique, 36 (2009), S. 149–181.

angesehen. Neumann schlägt stattdessen vor, den Volkskörper auch in der Perspektive der Forschung als das zu sehen, was er für die Nationalsozialisten bedeutet habe: "as the manifestation of an actual, concrete body."[276] Der phänomenologische Ansatz versuche sich gar nicht erst an einer Interpretation des Ausdrucks, auf die Differenz, die die bisherigen, metapherngestützten Erklärungen annähmen, komme es (ihm) nicht an:

> "In a phenomenological approach that examines the Volkskörper as it manifested itself in that world, that is, as it presented itself in the Nazi Weltanschauung, it makes little difference if we are talking about a word or about the thing itself. It certainly made no difference in relation to the other bodies manifested in relation to the Volkskörper."[277]

Das in Rückgriff auf Martin Heidegger und Ernst Nolte entwickelte Konzept

> "makes it possible to transcend the dominant historiography ... [and] exposes the history of this Volkskörper without any extraneous interpretive and analytic baggage and without having to impose meanings foreign to it. Phenomenology assumes that the Volkskörper in the Nazi Weltanschauung is exactly what it was, no more, no less: the body of a Volk with a life of its own that had suffered mortal injuries as a result of World War I, the rise of the Weimar Republic, and modern degeneracy in general. ... The Weimar Republic – its founding, its history, its essence – was the focus of the Nazi experience of catastrophe and corporeal trauma. Weimar had allowed foreign bodies to penetrate the bloodstream of the Volkskörper. ... The diseased condition of the Volkskörper was no less the result of the impotence that characterized republican government."[278]

Mit dem Rückbezug der nationalsozialistischen Volkskörperidee auf deren Negativfolie der „kranken Republik" dringt Neumann auch zu solchen Aspekten vor, die für die vorliegende Arbeit von unmittelbarem Belang sind. Mit der Absage an alle metaphernbezogenen Erklärungsversuche wird hier mit einer Leichtigkeit eine ganze Forschungstradition zurückgewiesen, die Neumanns Vorgehen als problematisch erscheinen lässt. Sicherlich hat sein Ansatz insofern eine Berechtigung, als im Hinblick auf den „jüdischen Fremdkörper" (um den es Neumann ebenfalls geht) in der nationalsozialistischen Ideologie die Trennlinie zwischen sprachlichen und

---

276 Ebd., S. 154.
277 Ebd., S. 155.
278 Ebd., S. 155f.

realgeschichtlichen Phänomenen immer weiter verwischt wurde, je näher mit dem Holocaust die in Worten lange angekündigte „Ausrottung" rückte. Hingegen hat der Volkskörper-Diskurs der Weimarer Republik eine andere Geschichte, weil es hier, d. h. vor 1933, bei sprachlichen Ausformungen geblieben ist (sieht man von den vergleichsweise harmlosen Folgen ab, die dieser auf Körperpraktiken in Sozial- und Medizinalwesen oder im Sport gehabt haben mag). Auch würden wohl die meisten Vertreter einer „Volkskörper-Metaphorologie" Neumann insoweit noch folgen, als dass die zeitgenössische Verwendung des Ausdrucks sehr häufig tatsächlich (allerdings nicht ausschließlich, wie noch zu zeigen sein wird) an eine wirkliche Körperlichkeit des Volkskörpers glaubte, diesen also keineswegs metaphorisch verstanden hat bzw. wissen wollte. Das heißt jedoch nicht, dass die historische Forschung diesen Zusammenfall, die Identität der beiden Assoziationsfelder (um Blacks Interaktionstheorie zu bemühen) replizieren sollte. Sie würde sich m.E. um das interpretative und kritische Potential bringen, für das eine ideengeschichtlich-diskursanalytische Metaphorologie die notwendigen Instrumente bereitstellt. Neumann hat das Fehlen einer kritischen Perspektive sogar freimütig eingeräumt:

> "I have sought to keep interpretive, analytic, and diagnostic interventions to a minimum. ... I am also uninterested in offering diagnoses: neither political diagnoses, ... social diagnoses, ... or psychological diagnoses. These kinds of judgments would reveal me as a historian unable or unwilling to truly comprehend his subject, to see it, to listen to it."[279]

Man sollte meinen, dass auch eine über das rein Phänomenologische hinausgehende, (quellen)kritische Analyse den Blick auf diese Phänomene nicht notwendigerweise verstellen oder verzerren muss. Den „Volkskörper" und andere Erscheinungen als Metaphern zu identifizieren, heißt nicht, ihre semantische Vielfalt und zeitgenössische Deutungsmacht zu ignorieren und vor lauter Interpretation nicht mehr „richtig hinzuhören".

Ist diese Problematik im Falle der vorliegenden Arbeit ohnehin dadurch entschärft, dass die Geschichte der Weimarer Republik keine dem Dritten Reich vergleichbaren realgeschichtlichen, „außerdiskursiven" Auswirkungen der Volkskörper-Metapher zeitigte, hat Neumanns Arbeit m.E. jedoch auch das Verdienst einer Rekonstruktion der Aufhebung der „Differenz von

---

279 Ebd., S. 178 u. 181.

metaphorisch und wörtlich"[280] und damit des zeitgenössischen Glaubens an ein echtes Vorhandensein des Volkskörpers als soziale, demographische, sittliche und politische Größe. Nicht nur die Nationalsozialisten haben Metaphern des Volkskörpers oder diverser Krankheiten allzu oft ganz wörtlich verstanden. Neumanns Ansatz soll insofern nutzbar gemacht werden, als er einen Beitrag zu einer spezifisch historischen Metaphorologie leisten kann, die die o.e. Aufhebung der metaphorischen Differenz im Denken historischer Akteure bzw. Autoren einer quellenkritischen Analyse unterzieht und durch diese Berücksichtigung über eine linguistische Metaphernforschung hinausgeht.

In jedem Falle bildete in Weimarer Diskursen die Vorstellung vom Volkskörper den Dreh- und Angelpunkt von Krankheitsmetaphern, wo nicht explizit, dort doch wenigstens als implizit mitgedachtem Hintergrund.

3.2.3 Von der Körper- zur Krankheitsmetapher

„Im engen Zusammenhang mit der Körper-Metaphorik für Gemeinschaften steht die übertragene Rede von Krankheit und Heilung."[281] So wie in der Hinführung von speziell politischen Körpermetaphern bereits die Rede gewesen ist, habe ich auch auf das Mitschwingen des Krankheitsaspekts in der Rede vom Volkskörper hingewiesen. Parallel zu letzterer haben die Auseinandersetzung mit den grassierenden Seuchen[282] im frühen und das Aufkommen der modernen Biologie, Medizin und Bakteriologie im späten 19. Jahrhundert dazu beigetragen, dass sich „die politische Metaphorik der Mediziner mit der medizinischen Metaphorik der Politiker ... ergänzte und befeuerte."[283] So wie die Naturwissenschaftler Robert Koch und Rudolf Virchow ihre Befunde z.B. in Kriegs- und Kampfmetaphern ausdrückten, so sehr war Bismarck um das von „Krebsschaden, Blutleere und

---

280 Marianne Hänseler: Metaphern unter dem Mikroskop. Die epistemische Rolle von Metaphorik in den Wissenschaften und in Robert Kochs Bakteriologie, Zürich 2009, S. 146.
281 Demandt, Metaphern für Geschichte, S. 25; vgl. Greiffenhagen, Dilemma, S. 212.
282 Vgl. Olaf Briese: „Das Jüste-milieu hat die Cholera". Metaphern und Mentalitäten im 19. Jahrhundert, in: Zeitschrift für Geschichtswissenschaft, 46 (1998), S. 120–138.
283 Nohr, Vernunft als Therapie, S. 8.

Schwindsucht" bedrohte Reich besorgt.²⁸⁴ Mit der Zäsur des Jahres 1918 veränderte sich der Kontext dieser Bildwelten grundsätzlich, insofern diese nun verstärkt zur Selbstdiagnose herangezogen wurden, wenngleich sie nach wie vor in das Kontinuum der Biologisierung eingebettet waren.²⁸⁵

> „Metaphern wie die der nationalen ‚Krankheit' wurden nach 1918 mainstream-fähig, weil sie die Verdichtung komplexer Umbruchserfahrungen zu einer einzigen Krise ermöglichten und dabei zugleich die Möglichkeit einer ‚Gesundung' antizipierten."²⁸⁶

Moritz Föllmer hat anhand des Gebrauchs von Krankheitsmetaphern durch leitende Beamte und Industrielle der Weimarer Zeit²⁸⁷ jene Dialektik von Erkrankung und Regeneration/Heilung herausgearbeitet, die allgemeingültige Wirkung beanspruchen kann. In ihrer politisch-metaphorischen Verwendung wurde die Dichotomie von Pathologie vs. Heilung zudem zur Illustration (radikal) gegensätzlicher Entwürfe bemüht.²⁸⁸ Gerät bei der Verwendung nur-organizistischer Metaphern meistens der geordnete Gang eines Gesellschafts- oder Subsystems in den Fokus, bezeichnen Krankheitsmetaphern den gestörten Fall, und mit dem Bild der Heilung und spätestens dem des Arztes ist der Rahmen der „reine[n] Organik überschritten."²⁸⁹ Umgekehrt wurden teilweise Krankheitsmetaphern in politischen Diskursen eingeführt, ohne dass auf eine organizistische Staats- oder Gesellschaftsvorstellung Bezug genommen oder diese sogar abgelehnt wurde.²⁹⁰

3.3 Naturwissenschaften und Medizin

Einem Blick auf politische Krankheitsmetaphern in der modernen Medizin oder Biologie in den 1920er-Jahren muss immer eine Kontextualisierung vorausgehen, die die Entstehungsphase dieser Disziplinen im letzten Drittel des 19. Jahrhundert berücksichtigt. Die Wissenschaftsgeschichte dieser

---

284 Vgl. Demandt, Metaphern für Geschichte, S. 85.
285 Vgl. Föllmer, Der ‚kranke Volkskörper', S. 50.
286 Föllmer/Graf/Leo, Kultur der Krise, S. 26.
287 Föllmer, Der ‚kranke Volkskörper', passim.
288 Vgl. Rigotti, Macht, S. 194.
289 Demandt, Metaphern für Geschichte, S. 20.
290 Vgl. Greiffenhagen, Dilemma, S. 212f.

Epoche kann als gut erforscht gelten[291], und in den letzten Jahren – das ist für diese Arbeit von besonderem Interesse – ist auch ihre Wissenschaftssprache Gegenstand eingehender Analysen geworden.[292]

Vier für die folgenden Abschnitte relevante Feststellungen können auf der Basis dieser Forschungen in aller gebotenen Kürze getroffen werden:

1. Auch die Naturwissenschaften und die Medizin waren Teil einer größeren Bewegung, die als "social engineering" im großen Stile und im Glauben an sozialtechnische Möglichkeiten auf eine Verbesserung der gesellschaftlichen und damit auch gesundheitlichen Lage der Bevölkerung abzielte.

---

291 Vgl. die Beiträge in Philip Sarasin u.a. (Hg.): Bakteriologie und Moderne. Studien zur Biopolitik des Unsichtbaren 1870–1920, Frankfurt a.M. 2007, darin u.a. Paul Weindling: Ansteckungsherde. Die deutsche Bakteriologie als wissenschaftlicher Rassismus, S. 354–374.; Alfons Labisch: Homo hygienicus. Gesundheit und Medizin in der Neuzeit, Frankfurt a.M. 1992; Ders.: The Social Construction of Health: From Early Modern Times to the Beginnings of the Industrialization, in: Jens Lachmund/Gunnar Stollberg (Hg.): The Social Construction of Illness. Illness and Medical Knowledge in Past and Present, Stuttgart 1992, S. 85–101; Peter Friedrich/Wolfgang Tietze: Einbruch der Epidemie, Vernetzung des Untergrunds. Cholera und Typhus als Psychosemodell des modernen Massenstaates, in: kultuRRevolution, 29 (1994), S. 20–30; Vgl. auch die mediale Verarbeitung in: Sprachbilder schüren Massenmordfantasien. Das Vernichtungslager wird zur „Sanierungsanstalt" für den „Volkskörper", Programm 3sat, 2010 (http://www.3sat.de/page/?source=/scobel/144481/ index.html) [28.01.2012].

292 Vgl. Christoph Gradmann: Unsichtbare Feinde. Bakteriologie und politische Sprache im deutschen Kaiserreich, in: Sarasin u.a., Bakteriologie und Moderne, S. 327–353; Marianne Hänseler: Metaphern unter dem Mikroskop. Die epistemische Rolle von Metaphorik in den Wissenschaften und in Robert Kochs Bakteriologie, Zürich 2009; Eva Johach: Krebszelle und Zellenstaat. Zur medizinischen und politischen Metaphorik in Rudolf Virchows Zellularpathologie, Freiburg/Berlin 2008; Philipp Sarasin: Rezension zu *Eva Johach, Krebszelle und Zellenstaat,* in: Berichte zur Wissenschaftsgeschichte, 33 (2010), S. 332f; Silvia Berger: Bakterien in Krieg und Frieden. Eine Geschichte der medizinischen Bakteriologie in Deutschland 1890–1933, Göttingen 2009; Andrew Reynolds: Ernst Haeckel and the Theory of the Cell State. Remarks on the History of a Bio-Political Metaphor, in: History of Science, 46 (2008), S. 123–152; Philipp Sarasin: Infizierte Körper, kontaminierte Sprachen, in: Ders., Geschichtswissenschaft und Diskursanalyse, S. 191–230, bes. S. 223–229.

„Die Professionalisierung der sozialen Arbeit und die Ausdehnung der öffentlichen Dienste führten dazu, daß Juristen und Mediziner, Pädagogen und Ingenieure ihre berufsspezifischen, auf Machbarkeit ausgerichteten Denk- und Arbeitsweisen in die neuen sozialen Dienste einführten. Problemwahrnehmung wie Problemlösung erfolgten in utilitaristisch-technizistischen Schemata. ... In den Leitbildern der sozialen Ingenieure schwang der Traum von einer endgültigen Lösung der sozialen Frage mit."[293]

Diese weitverbreitete Machbarkeitsideologie muss mitbedacht werden, wenn man die Gesellschafts- und Politikdiagnosen der naturwissenschaftlichen Experten unter die Lupe nimmt.

2. Die beiden prominentesten Vertreter einer modernen, bakteriologischen Medizin, Rudolf Virchow (1821–1902) und Robert Koch (1843–1910), bedienten sich in und außerhalb ihrer Tätigkeit als Biologen-Mediziner einer facettenreichen Körper- und Krankheitsmetaphernsprache. Aus Virchows Konzept der Zellularpathologie – der Terminus der Zelle ist in seinem Ursprung selbst auch eine Metapher[294] – erwuchsen konzeptuelle Metaphern des „Wucherns" und des Krebses. Mit der organizistischen Erweiterung der „Zellen-Republik"[295] wurden diese auf eine politische Ebene gehoben: „Als sozialpathologische Metapher bezeichnet Krebs einen Feind, der im Innern des sozialen Körpers anwesend und mit kausalen Potenzen der Vernichtung ausgestattet ist."[296]

Robert Koch hat diese Feind-Semantik in der Bakteriologie mit Metaphern des Kampfes bzw. Krieges angereichert. Selber der Militärmedizin verbunden, wurden medizinischen Fachausdrücken wie „Virulenz" oder „Infektion" von ihm ein martialischer „Mehrwert" verliehen, wenn von einer „Mobilmachung" oder „Krieg den Bakterien" die Rede war. Im Gegensatz zu Darwin, dessen berühmt-berüchtigter Ausspruch vom „Kampf ums Dasein" ausdrücklich im übertragenen Sinne gemeint war, fand bei Koch keine Selbstreflexion über die Verwendung politischer Metaphern in der medizinischen Forschungssprache bzw. umgekehrt statt.[297]

---

293 Peukert, Weimarer Republik, S. 138.
294 Vgl. Esposito, Immunitas, S. 129–137; Sarasin, Infizierte Körper, S. 219.
295 Vgl. Reynolds, Haeckel, S. 133.
296 Johach, Krebszelle, S. 285.
297 Vgl. die Einschätzung Hänselers, in: Sprachbilder schüren Massenmordphantasien.

„Die semantische Verschränkung von realpolitischen, militärischem Krieg der Armee und dem bakteriologischen, metaphorischen Krieg ergibt sich folglich aus dem raum-zeitlichen und zudem aus dem textuellen Kontext der Kriegsmetaphorik. Es sind diese Kontexte, die dazu führen, dass die Kriegsmetaphorik bei Koch ihren metaphorischen Charakter oft verliert und in Wörtlichkeit überführt wird."[298]

3. Es bestand eine rege Wechselbeziehung zwischen politischen und medizinisch-biologischen Diskursen, was die Befruchtung der jeweiligen Begriffe und Metaphern betraf. Einerseits nutzte Koch die metaphorischen Bestandteile des semantischen Feldes „Krieg" einer schon vor 1914 militarisierten Gesellschaft, andererseits machten politische Kommentatoren von den aus der Bakteriologie entliehenen Kategorien reichlich Gebrauch: Der einflussreiche Orientalist und Antisemit Paul de Lagarde übertrug sie auf seine Diffamierung des Judentums. 1887 schrieb er: „Mit Trichinen und Bazillen wird nicht verhandelt. Trichinen und Bazillen werden nicht erzogen, sie werden so schnell als möglich vernichtet."[299] Wie Christoph Gradmann festgestellt hat,

„markiert seine Formulierung in der Geschichte der politischen Sprache der Bakteriologie: Bei Lagarde lösen sich die Metaphern der Bakteriologie und Parasitologie vollständig von ihrem Gegenstandsbereich ab."[300]

Doch wurden naturwissenschaftliche Begrifflichkeiten nicht nur zur Diffamierung oder im politischen Alltagskampf verwendet. Die zeitgenössische Soziologie etwa bezog aus der Entlehnung von Begriffen aus den Naturwissenschaften ein Gutteil ihrer wissenschaftlichen Legitimation.[301]

4. Die Geschichte der Medizin und Biologie in der Weimarer Republik ist als disziplinäre Verfallsgeschichte zu lesen. Nach ihrer Hochphase in den beiden letzten Dekaden des alten Jahrhunderts lebte insbesondere die Bakteriologie im Ersten Weltkrieg und seinen Seuchen-, Ansteckungs- und „Entlausungs"-Diskursen noch einmal auf. Jedoch sollte dieser „zweite Höhepunkt an Einfluss und Ansehen… der letzte sein."[302] Mit dem Tod des Virchow-Schülers Ernst Haeckel 1919 bzw. dem seines Schülers Oscar

---

298 Hänseler, Metaphern, S. 146.
299 Zit. n. Gradmann, Unsichtbare Feinde, S. 351.
300 Ebd.
301 Vgl. Johach, Krebszelle, S. 287f.
302 Berger, Bakterien, S. 291.

Hertwig 1922 (zu diesem s. Kap. 3.3.4) kam auch die große Zeit der deutschen Biologie zu einem Ende. Andererseits verweist vor allem die nochmalige (sprachliche) Radikalisierung der Bakteriologie im Zuge des Ersten Weltkriegs[303] auf die Kontinuitätslinie ins Dritte Reich. Nur: welche Rolle spielte dann das Intermezzo der republikanischen Zeit? Wiederum kann hier die „Krise" von Aufschluss sein: Bereits von Zeitgenossen wurde etwa „der Autoritätsverlust der Bakteriologie ... in den Kontext der sich in Deutschland seit Mitte der 1920er Jahre entfaltenden Debatte über eine so genannte ‚Krise' der Medizin gestellt."[304] Das durch den seit 1918 eingetretenen „Verlust bakteriologischer Deutungshoheit" geschaffene Sinnvakuum, während dessen

> „die Angst vor einem weiteren Bevölkerungsrückgang und der ‚Degeneration' des ‚Volkskörpers' akut war, [wurde] zusehends von den wissenschaftlichen Ansätzen der Sozialhygiene, Eugenik und den Bevölkerungswissenschaften besetzt."[305]

Damit ist der wissenschaftsgeschichtliche Rahmen des folgenden, nach naturwissenschaftlichen Subdisziplinen unterteilten Abschnitts abgesteckt.

3.3.1 Medizin und „Leibesübungen"

Die Diskussion darüber, ob der medizinische Krankheitsbegriff nicht bereits selbst eine Metapher darstellt, kann und soll an dieser Stelle nicht verfolgt werden (vgl. dazu Kap. 4.1). Als zeittypisch soll hier nur eine zeitgenössische ärztliche Stimme gehört werden, derzufolge (im Gegensatz zu heutigen Definitionen) „Krankheit nicht Abweichung von der Norm, sondern ungeordnetes Verhalten" sei.[306] Politische Krankheitsmetaphern wurden von ärztlichen Fachleuten zumeist dort gebraucht, wo aus sozialmedizinischer

---

303 Vgl. Weindling, Ansteckungsherde, S. 374; Ulbricht, Justus H.: „Französische Krankheit" oder: Politische Gefahren am „deutschen Volkskörper". Diskurse über die Krankheit der Epoche im weltanschaulichen Schrifttum des Wilhelminismus, in: Wissenschaftliche Zeitschrift der TU Dresden, 47 (1998), S. 59–64; Dazu auch Susanne Michl: Im Dienste des „Volkskörpers". Deutsche und französische Ärzte im Ersten Weltkrieg, Göttingen 2007.
304 Berger, Bakterien, S. 310.
305 Ebd., S. 315.
306 Dr. von Socha-Borzestowski: Krankheit ist Unordnung, Vossische Zeitung Nr. 186, 21.4.1931, Beilage, S. 1. Vgl. auch den interessanten psychoanalytischen Ansatz bei Felix Deutsch: Der gesunde und der kranke Körper in

Perspektive die „Volksgesundheit" diskutiert wurde. Auch haben sich Mediziner an Diskussionen über eine „Sozialhygiene" beteiligt, die in einem eigenen Abschnitt noch näher beleuchtet werden soll. Die angesprochene „Krise der Medizin" in der Weimarer Republik wurde von ärztlichen Fachleuten immer wieder zum Anlass genommen, um auf ihre negativen Auswirkungen auf die „Volksgesundheit" hinzuweisen. Der Arzt Arthur Schlossmann, Mitglied des Reichsgesundheitsrats, gab seine Einschätzung dieser Krise folgendermaßen:

> „Stehen wir denn einem krankhaften Prozesse im Ärztestande gegenüber? Ist denn da überhaupt etwas faul im Staate Dänemark? ... Von einer Krise spricht man doch nur bei einer Krankheit. Freilich ist das Wort ‚Krise' hier nur im übertragenen Sinne zu verstehen, denn die Krisis ist die plötzliche Wendung eines Krankheitsbildes zum Guten oder Schlechten, zur Gesundung oder zum Tode. Die Krise, in der der deutsche Ärztestand steht, wird nicht rasch zur Gesundung führen und ebensowenig zum schnellen Untergange. Sie hat heute ... bereits chronischen Charakter angenommen und der einzuleitende Heilungsprozeß wird recht langer Zeit bedürfen."[307]

Paradigmatisch wird hier der Krisenbegriff auf seinen Krankheitsaspekt reduziert, obwohl ein Bewusstsein für seinen metaphorischen Charakter doch vorhanden war. Im Grunde findet hier ein mehrfacher Wechsel zwischen dem Metaphorischen und dem Buchstäblichen statt: Es wird an das (sogar als dominant verstandene) Krankheitselement der Krise erinnert, dann von einem „übertragenen Sinn" gesprochen, um schließlich doch wieder das Krankheitsbild hineinzunehmen, indem von chronischer Krankheit und Heilungsprozess die Rede ist. Innovativ an Schlossmanns Ausführung ist das Element des „Chronischen"; statt einer wie sonst schnellen Entscheidungssituation der Krankheits-Krise ist hier eher ein längerer, evtl. sogar Dauerzustand gedacht. Dies mag auch mit Schlossmanns Gegenstand zu tun haben – 1930 war die „Krise des Ärztestandes" schließlich bereits einige Jahre alt. Schlossmanns Resümee fiel kämpferisch und – was die Bedeutung der Ärzte betraf – optimistisch aus:

---

psychoanalytischer Betrachtung, in: Internationale Zeitschrift für Psychoanalyse, 12 (1926), S. 493–503.
307 Schlossmann, Arthur: Die Krise des Ärztestandes und die Sozialhygiene, Leipzig 1930, S. 2.

"Die Krisis im Ärztestand muß dazu führen, daß wir neue Wege suchen, wie dieser gesunden und zu einer neuen Form der Blüte kommen kann. Der Arzt muß im neuen Staate als Wächter und Hüter der Volksgesundheit eine beachtliche und geachtete Stellung einnehmen. ... Von seinem Einfluß hängt Gedeih und Verderb eines Volkes in erster Linie [!] mit ab."[308]

An Einschätzungen wie dieser lässt sich ablesen, dass, sofern der Metapher vom Volkskörper Glauben geschenkt wurde, auch eine metaphorische Ausweitung der Aufgabe des Arztes möglich und häufig Mittel der Wahl war. Vom „Hüter der Volksgesundheit" zum – der Topos wird noch aufgegriffen werden – „Arzt am deutschen Volke" war es schließlich intellektuell nicht mehr weit. Dieselbe „Krisis der Heilkunde" lag für den praktischen Arzt Walter Gmelin im Zustand der Sozial- bzw. Krankenversicherung begründet.

„Darin, daß die heutige soziale Versicherung krankheitszüchtende und demoralisierende Wirkungen auf unser Volk hat, muß man ... völlig beistimmen."[309]

An dieser Demoralisierung habe auch die Ärzteschaft und ihr bürokratischer Apparat ihren Anteil:

„Mit seinen zahlreichen Verbänden und Organisationen hat auch der Ärztestand teil an der allgemeinen Überorganisation unserer Zeit, die ein Zeichen des Niedergangs und ein Symptom einer Krankheit unseres Staates und Volkskörpers ist. ... Solche Zustände beweisen..., daß unser Volk krank und unser Staatswesen faul ist."[310]

Gmelin weitete hiermit die Kritik an der Sozialbürokratie und ihren horrenden Ausgaben zu einer politischen Systemkritik aus, die mithilfe der Metaphern vom „kranken Volkskörper" und der „Fäule" ausgedrückt wurde. Davon konnte freilich die Staatsform ebenfalls nicht verschont bleiben:

„Nun kann ein falsches System einen vernichtenden Einfluß auf die Menschen ausüben, die ihm unterliegen. Man denke nur an das System des Parlamentarismus, der nicht nur einen Krebsschaden für das deutsche Volk bedeutet, ... sondern auch auf die Leute, ... sonst ehrenhafte und charakterfeste Menschen, ... demoralisierend wirkt, die mit ihm zu tun haben."[311]

---

308 Ebd., S. 49.
309 Walter Gmelin: Die Verstaatlichung des Ärztestandes – eine sittliche Forderung, in: Archiv für Rassen- und Gesellschaftsbiologie, 20 (1928), S. 28.
310 Ebd., S. 42 u. 44.
311 Ebd., S. 29.

Hier findet sich also eine dezidierte Kritik an der Demokratie, die diese mit einem „Krebsschaden" vergleicht, der auf die an ihr Beteiligten eine verheerende, geradezu ansteckende Wirkung hat. Solche Fundamentalkritik macht es verständlich, warum einige prominente Ärzte, die schon früh die *Einbuße an Volkskraft* beklagten, sich um *Deutschlands Gesundung* sorgten und in rechten Blättern eine dezidiert „biologische Politik" einforderten, schon vor 1933 sich den Nationalsozialisten anschlossen, um im Dritten Reich Karriere als Gesundheitsfunktionäre oder „Rassenhygieniker" zu machen.[312]

Aus einer vergleichbaren, d. h. völkischen Position heraus formulierte in *Der Staat, ein Lebewesen* (1926) der ansonsten publizistisch nicht weiter hervorgetretene Arzt Eduard Hahn eine Kritik am Weimarer Staat auf organizistischer Grundlage.

> „Gewiß ist der Staat schon vielfach mit einem Organismus verglichen worden, aber immer hat man bloß an die Summe der Menschen gedacht, die in ihm leben. Die Menschen und ihre Berufe glaubte man nur im übertragenen Sinne gewissermaßen mit den Zellen resp. den Organen des Staates vergleichen zu dürfen."[313]

Tatsächlich verstand Hahn den deutschen Staat als lebendigen Körper, und zwar ganz im Sinne der Vorstellung Boaz Neumanns nicht metaphorisch, sondern buchstäblich: „Der Staat bedeutet nicht nur, nein, er *ist* ein Lebewesen."[314] Um dies zu illustrieren, breitete Hahn ausführlich eine ganze Körper- und Organtheorie des Staates aus, wonach das infrastrukturelle Netz des Staates dem „Kapillarsystem", Maschinen und Zugtiere den „motorischen Nerven in der staatlichen Muskelsubstanz" und der

---

312 Werner Fischer-Defoy: Unsere Einbuße an Volkskraft und die Mittel zu ihrer Behebung, Langensalza 1920; Felix Buttersack: Wider die Minderwertigkeit. Die Vorbedingung für Deutschlands Gesundung. Skizzen zur Völker-Pathologie, Leipzig 1926; Ders.: Biologische Politik, in: Eiserne Blätter, 13 (1931), S. 761–763. Der Frankfurter Stadtmedizinalrat Fischer-Defoy war seit 1929 NSDAP-Mitglied und stieg 1933 sofort zum Chef des städtischen Gesundheitsamts auf. Ebenso wie Fischer-Defoy ein Befürworter der „Rassenhygiene", hatte Felix Buttersack schon in seiner Schrift von 1926 für die „Abwehr schädlicher Elemente zur Reinhaltung des sozialen Organismus" und „menschenfreundlicherweise" für die Beseitigung aller „Minderwertigen" ausgesprochen und war somit ein Stichwortgeber der nazistischen „Euthanasie"; a.a.O., S. 53ff.
313 Eduard Hahn: Der Staat, ein Lebewesen, München 1926, S. 6.
314 Ebd., S. 7.

Verwaltungsapparat den „motorischen Nervenbahnen" gleichgestellt wird; schließlich sind „die Menschen das Hirn und die Nerven des Staates."[315] Den Entwurf eines Staatsnervensystems noch vertiefend, gleicht für Hahn das Volk der „Nervensubstanz" des Staates. Doch sei es ein „Irrtum, wenn man das Hirn als den Alleinherrscher betrachtet, da ... der Kreislauf das eigentlich Regierende ist."[316] In einem von ihm entworfenen „gesunden Staat" entspricht den körperlichen Sinnesorganen ein Ständeparlament, dessen Funktion „die des sensiblen, d. h. Wahrnehmungen vermittelnden Nervensystems"[317] sei, das die Bedürfnisse der einzelnen Berufsstände verarbeite und, als „Region der Hirnkerne der sensiblen Nerven"[318] diese Impulse an die „Hirnrinde", die Regierung weitergebe. Die Kontrollinstanz eines Staatsrats, konstituiert aus den „geistigen Spitzen von Wirtschafts-, Sozial- und Kulturwissenschaft", komme der „Marksubstanz des Großhirns"[319] gleich, ein Staatsoberhaupt fungiere schließlich als „Gewissen des Staates", das den Staatsrat auf seine Tüchtigkeit hin stetig überprüfe. Die mithilfe eines solchen organischen Staatssystems beschlossenen Gesetze würden nun an die Staatsbürger, gewissermaßen als Nervenreiz, weitergegeben.

> „Staatsbürger übertragen als Endzellen der motorischen Bahnen den Willen des Staates auf seinen Körper, d. h. auf Boden, Flora und Fauna und vor allen Dingen auf die tausendfältigen maschinellen Einrichtungen, die der Staat aus seinem Stütz- und Bindegewebe in und auf seinem Körper errichtet hat."[320]

Freilich belässt es Hahn nicht bei dieser ungewöhnlich ausgefeilten Organ- und Nervenmetaphorik. Er benutzt diese, um daran die Dysfunktionalität des Weimarer Staates zu demonstrieren. Für ihn schuf der metaphorische Parallelismus überhaupt erst

> „die Möglichkeit, ... vom Standpunkte des Arztes die Symptome und Heilnotwendigkeiten der Krankheit darzulegen, die das Leben unseres gequälten deutschen Staates so außerordentlich schwer gefährdet."[321]

---

315 Vgl. ebd., S. 9f.
316 Ebd., S. 34.
317 Ebd., S. 37.
318 Ebd., S. 38.
319 Ebd., S. 40.
320 Ebd., S. 45.
321 Ebd., S. 11.

Der Staat von Weimar war für Hahn deshalb so dysfunktional und instabil, weil er die grundlegenden Konstruktionsprinzipien eines ständisch gegliederten, dem hierarchischen Aufbau des menschlichen Körpers nachempfundenen Staats außer acht lasse.

> „Die Novemberrepublik von 1918, die bemüht war, aus Leuten ohne wirkliche Vorbildung und moralische Befähigung ihre Regierung zu bilden, hat unsern Staat zu einem zappelnden Reflextier gemacht."[322]

Noch genereller wird sogar die Demokratie als Staatsform als unorganisch verworfen:

> „Es ist ein Unding, daß die peripheren Nerven die Arbeit des Hirnes übernehmen könnten – ein Beweis für die Hohlheit der demokratisch-parlamentarischen Phrase. Die Nerven der großen Zehe können nicht den ganzen Körper dirigieren; das leuchtet wohl jedem ein."[323]

Zu diesen für Hahn fundamentalen Grundfehlern gesellen sich die konkreten Krankheiten, die das „seelenlose" Gebilde heimsuchen: „Kernlos, ein Protoplasmahaufen ohne Willen, wird er von Parasiten ausgesaugt, wird angenagt und wird zerfressen. Nun denn – es ist der Staat von 1918!"[324] Wenn in nationalistischen Texten nach 1900 die Rede auf Parasiten kam, waren – wie am Beispiel von Kommunisten und Nationalsozialisten noch ausführlich gezeigt werden soll – antisemitische Obertöne fast unausweichlich. Hahn bildete da keine Ausnahme: für ihn waren die Juden „die Erreger unseres staatlichen Kernzerfalles"[325], und es überrascht daher nicht, dass für ihn ausdrücklich nur der Nationalsozialismus (bereits 1926) einen Ausweg aus der Misere versprach, dessen Rhetorik er sich zu eigen machte, um sie krankheitsmetaphorisch zu variieren:

> „Die Begriffe Rechts und Links sind eben das Krankhafte! Sie sind das parlamentarische Gift, mit dem unsere Energiekonzentration gelähmt und dann gestört worden ist. Die völkische Bewegung steht deshalb weder rechts noch links!"[326]

---

322 Ebd., S. 39.
323 Ebd., S. 47.
324 Ebd., S. 19f.
325 Ebd., S. 13.
326 Ebd., S. 17f.

Zu Hahns „Diagnose der deutschen Krankheit"[327] zählt auch eine breit ausformulierte Kritik an den falschen Ärzten der Politik:

> „Der deutsche Staat liegt auf dem Sterbebett. Etliche Kurpfuscher doktern an ihm herum, wobei Aderlaß und Schröpfkopf die Hauptrolle spielen. Seit 1918 haben sie ein ganz neuartiges Heilverfahren. Sie holen Rat und Medizin beim Konzern der Krankheitserreger. Das ist originell und neuartig, die große Mode des neuzeitlichen Überstaatsmanns, politischer Dadaismus mit nihilistischem Einschlag."[328]

Worin die „Krankheitserreger" bestünden, wird von Hahn nicht explizit gesagt – auf der Grundlage des bisher bereits Analysierten dürfte damit die demokratische Staatsidee gemeint sein. Sein Panorama eines kranken Gemeinwesens entfaltet er folgendermaßen:

> „Die absolut vorurteilslose, von allem Ballast einer vaterländischen Staatsmoral befreite Logik rechnet folgendermaßen: Da zu hoffen ist, daß die Krankheitserreger auch in dem toten Körper vorzüglich weitergedeihen können, ist jede Krisis zu vermeiden, die dem sowieso aufgegebenen Patienten doch nicht nützt, und den Bazillen womöglich schaden könnte.
>
> Die Männer mit dem Weltgewissen nicken bedeutungsvoll und seufzen lächelnd: „Wie schwer doch so einem Volksstaat das Sterben fällt!" Und wenn der arme Michel mal einen lichten Moment hat und fragt, was ihm denn eigentlich fehle, oder wenn er gar aufgehrend das Gift der Medizin von sich geben möchte, dann halten ihn die Kurpfuscher fest und raunen ihm liebreich zu: Still, still! – Ruhe und Ordnung! –
>
> Mitten im Regierungshaus steht das parlamentarische Sterbebett. Immer wieder wird es frisch bezogen, damit das Volk auch merkt, daß etwas geschieht. Die Kurpfuscher tun dieserhalb sehr wichtig, und in den anstoßenden Räumen rekeln sich grinsend fremdartige Leute, die vom Pöbel aller Kreise anerkannt sind als Testamentvollstrecker [sic] und zugleich als Erben und Ärzte."[329]

Ausdrücklich will Hahn so die verderbliche Rolle der Quacksalber am deutschen Staat aufgedeckt wissen, die nicht nur unfähig sind, sondern in geradezu krimineller Weise dem Patienten die notwendige Medizin – von der sie zu wissen scheinen – verweigern. Ebenso spielen sie denen in die Hände, die „zugleich als Erben und Ärzte" warten; hier erscheint eine Metapher, die in derselben Form, aber in einem anderen Kontext erscheint (vgl. 3.5.2)

---

327 Ebd., S. 3.
328 Ebd., S. 3.
329 Ebd.

und auf die ich noch eingehen werde. Hier bleibt festzuhalten, dass Hahn die deutsche Demokratie mit einer Vielzahl von Krankheitsmetaphern belegt – ein ungeordneter „Plasmahaufen", vom Parlamentarismus vergiftet, von Parasiten zerfressen, von Erregern bzw. Bazillen befallen und von den Kunstfehlern zynischer Kurpfuscher bis zur Todesnähe geschwächt – und er sie somit vor dem positiven Gegenbild eines zukünftigen, hierarchischen Ständestaats delegitimiert. Passenderweise verstand sich daher auch der völkische Mediziner Eduard Hahn als Arzt am deutschen Volke:

> „Die deutschen Ärzte aber stehen draußen auf der Straße. Sie werden nicht hineingelassen, eine Pallisade [sic] von gedruckten Lügen hält sie vom Regierungshause fern."[330]

Dieser Fall mag ein für die Mitte der zwanziger Jahre extremes Beispiel darstellen. Jedoch findet sich eine Naturalisierung politischer Vorgänge auch bei jenen, die der Demokratie nicht ablehnend gegenüberstanden und Extremismen abhold waren. Der Serologie-Ordinarius und Reiseschriftsteller Hans Much meinte, für jede „politische Tatsache eine rein biologische Aufklärung, eine körperliche" sehen zu können. „Selbst oder gerade das scheinbar Ungezügelte, Unzulängliche und Zuganglose in der Politik muß man biologisch sehen."[331] So sei auch der „Radau-Nationalismus ... im Gegensatz zur vornehmen Vaterlandsliebe ein körperliches Kompensationsphänomen."[332] Der Greifswalder Chirurg Friedrich Pels Leusden klagte im Mai 1919:

> „Krank ist unser Volk aus diesem Feldzuge zurückgekommen. Eine unbegreifliche Müdigkeit und Unlust zur schaffenden Arbeit ist, wie es scheint, unausrottbar vorhanden. So wie es jetzt geht, kann es nicht weiter gehen, das weiß jeder Einsichtige; aber die Krankheitseinsicht, das erste Zeichen der Besserung, ist leider noch nicht eingetreten."[333]

Hier werden die zweifellos implizierten realen Verwundungen der Kriegsteilnehmer metaphorisch auf das ganze Volk ausgedehnt und mit dem

---

330 Ebd.
331 Hans Much: Körper – Seele – Geist. Ein Beitrag zum Hohenlied des Körpers, Leipzig 1931, S. 10.
332 Ebd., S. 11.
333 Friedrich Pels Leusden: Über den Wert der Arbeit für die Gesundheit und die Gesundung des menschlichen Körpers, Greifswald 1919.

psychologischen Terminus der „Unlust" auch semantisch erweitert. Sozialmedizinische und politische Diagnosen verschwimmen auf diese Art. Zwölf Jahre später beklagte ein Berliner Kinderarzt die Folgen der Arbeitslosigkeit für die gesundheitliche Lage der Kinder und verband dies mit einem Appell an die Politik:

> „Die Konsequenzen, die sich aus diesen Beobachtungen ergeben, hat nicht der Arzt, sondern der Politiker zu ziehen, um Gefahren der Volksgesundheit für die nahe Zukunft zu vermeiden. Die Gesundheit des Kindes hängt ab von der Gesundheit des Volkskörpers. Der Staat kann aber nicht mit ärztlichen Verordnungen und Belehrungen, sondern muß durch rationale Wirtschaft und Politik kuriert werden."[334]

Hier sieht man, wie konkrete Probleme der Sozialmedizin auf den als krank verstandenen Volkskörper bzw. Staat übertragen werden. So auch im Falle eines anderen Phänomens, der Prostitution:

> „Die heimliche Prostitution [ist] zugleich die mächtigste Verbreiterin der Geschlechtskrankheiten und die Ursache aller durch sie bewirkten, tiefen Schäden im Volkskörper. ... Sie gedeiht am üppigsten in der Großstadt."[335]

Der Autor dieser Einschätzung, der praktische Arzt und Psychologe Carl Haeberlin, plädierte außerdem für eine Erweiterung der Sozialmedizin zur „Rassenhygiene".

> „Wenn nicht der einzelne, sondern die Gesamtheit von Rasse und Volk Gegenstand der wertenden Betrachtung ist, so ergeben sich wieder ganz neue Fragestellungen. ... Dann werden die Fragen lauten: Was bedeuten die Veränderungen für die Gesamtheit? Was bedeutet die Tuberkulose? Ist sie nur Schädigung, oder ist sie auch Reinigung?"[336]

Nicht untypisch wurde so ein Zusammenhang zwischen Epidemien und dem Gesamtzustand der Gesellschaft hergestellt, die einer Reinigung bedürfe. Haeberlin hatte zudem eine recht ambitionierte Vorstellung von der Aufgabe des Arztes:

> „Als Erzieher zur Gesundheit, als Vorbeuger von Krankheiten, kann der Arzt an Gegenwart und Zukunft mitarbeiten ... und vermag ... auch in besonderem Maße

---

334 So der Kinderarzt Dr. Buttenwieser, in: Julius Moses: Arbeitslosigkeit: Ein Problem der Volksgesundheit. Eine Denkschrift für Regierung und Parlamente, Berlin 1931, S. 62.
335 Carl Haeberlin: Geschlechtsnot und Seelsorge, Gotha 1927, S. 54.
336 Carl Haeberlin: Lebensgeschehen und Krankheit, Leipzig 1926, S. 142.

auf die Weltanschauung derer, die, eine solche suchend, mit ihm in Berührung kommen, einzuwirken."[337]

Mehr noch: der Arzt habe eine gesellschaftliche, ja sogar politische Rolle:

> „Der am Krankenbett tätige Arzt steht bereits hier in Beziehung zum Staat, zum Ganzen. ... Dieses Wirken des Arztes ... ist für den Staat als eine sich selbst erhaltende Einheit von größter Wichtigkeit und bildet ein Tätigkeitsgebiet, dessen Vorhandensein zur Lebensnotwendigkeit auch für den Staat geworden ist. ... Der Arzt ist berufen, hier an wichtigsten Aufgaben des Staates mitzuarbeiten, und der Staat wiederum bedarf der Mitarbeit des Arztes auch besonderen Gebieten seiner inneren Verwaltung und Gerichtsbarkeit."[338]

Nicht nur werden hier die Handlungsbereiche der Mediziner (Verwaltung, Justiz) über das gewohnte Maß hinaus erweitert, die Rangerhöhung des Arztes zum genuin politischen Faktor lässt die bereits erwähnte Metapher des „Arztes am Volk" in anderem Licht erscheinen: so ist für Haeberlin der Arzt am Volke – der Arzt.

Auch auf dem der Sozialmedizin verwandten Gebiet der Leibesübungen (die ihrerseits einige Schnittmengen mit der noch zu erörterten Bevölkerungswissenschaft hatten) äußerten sich Autoren mithilfe von politischen Krankheitsmetaphern. Der Hannoveraner „Sportrat" und -wissenschaftler Fritz Strube, Autor von populärwissenschaftlichen Heftchen mit dem Titel *Die tägliche Massage als Kraftquell* oder *Arbeit am ich – jung, schlank und gesund: mehr Erfolg und Freude durch Gymnastik* (1930), stellte 1925 fest, dass „nur ein gesundes, starkes, gekräftigtes Volk lebensfähig bleiben und in der Geschichte der Nationen eine bedeutende Rolle spielen... kann."[339] Typisch für seine Profession konzentrierte sich Strube besonders auf zwei Gruppen: ihm war an einer „gesunde[n], blühende[n], willensstarke[n] Jugend, aus der später die Führer eines Volkes hervorgehen" ebenso gelegen wie an der „Gesundung der deutschen Frau", die „es ihrem Vaterlande schuldig [sei], sich gesund zu erhalten und Körperpflege zu treiben."[340] Interessanter ist, dass er die Notwendigkeit von Leibesübungen dadurch rechtfertigte, dass sie „ein wertvolles Mittel zur Hebung der Volkskraft"[341] (zum

---

337 Carl Haeberlin: Vom Beruf des Arztes, München ²1925, S. 114.
338 Ebd., S. 116f.
339 Fritz Strube: Leibesübung und Volksgesundheit, Hannover 1925, S. 3.
340 Ebd., S. 1 u. 5f.
341 Ebd., S. 17.

Ausdruck s.u. mehr) seien – sozusagen ein Dienst am Volkskörper: „Denn der Staat hat doch das größte Interesse an der Gesundung des Volkes."[342] Strube schloss seine Ausführungen mit dieser Ausweitung auf Volk und somit Staat:

> „Das höchste Ziel der Leibesübungen ist die Erstarkung und Gesundung eines Volkes. ... Zuerst kommen die Leibesübungen dem einzelnen zu Gute, dann der breiten Masse und dem Vaterlande."[343]

Ähnlich wie Strube sah auch der stellvertretende Vorsitzende des bayrischen Landesverbandes für Leibesübungen, Otto Beyer, in der Leibesertüchtigung das „einzige, aber auch das beste und billigste Heilmittel für alle Volksschäden."[344] In einer Rede vor dem bayrischen Landtag, dem er als volksparteilicher Abgeordneter angehörte, diagnostizierte er einen „Rückgang unserer Volkskraft, der körperlichen Eignung der Gesunden für den Kampf ums Dasein" sowie einen durch „Kriegs- und Hungerjahre [hervorgerufenen] ... rasenden Abstieg an unserer Gesundheit."[345] Für einen Konservativen nicht untypisch, bot auch Beyer eine biologistische Interpretation des Problems der Überlastung der Sozialsysteme an:

> „Es ist zweifellos, daß die sogen. Flucht in die Krankheit früher nur von Minderwertigen erfolgte. Früher kannte die Mehrheit unseres Volkes diese soziale Fahnenflucht nicht."[346]

An die Adresse der Politik gerichtet meinte Beyer schließlich: „Wer für die Gesundheit seines Volkes kein Geld hat, der verurteilt dasselbe zum Untergange."[347] Eine Mitschuld an der „sozialen Fahnenflucht" lag für ihn also beim Staat. Mithilfe dieser Verbindung von Sozialmedizin und Sozialpolitik wurde eine gesundheitspolitische Kritik in eine allgemeine Krisendiagnostik und -kritik integriert.

---

342 Ebd., S. 20.
343 Ebd., S. 25 u. 27.
344 Otto Beyer/Carl Diem: Leibesübungen und Volk. Eine Schicksalsfrage der deutschen Bevölkerungspolitik, in: Blätter für Volksgesundheit und Volkskraft, 17 (1929), S. 50.
345 Ebd., S. 48f.
346 Ebd., S. 50.
347 Ebd.

3.3.2 Eugenik, „Rassenhygiene" und Sozialhygiene

Wie bereits angedeutet lösten nach 1918 Sozialhygiene und die häufig synonym als „Rassenhygiene" bezeichnete Eugenik die Bakteriologie als politische Leitdisziplin ab und gewannen eine nicht geringe Breitenwirkung. Auch ergaben sich einige Schnittmengen mit der Medizin, nicht zuletzt schon aus der Voraussetzung, dass die meisten Sozial- bzw. Rassenhygieniker eine ärztliche Ausbildung hatten. Andere wiederum kamen von der universitären Biologie zur Eugenik – hieran sieht man die enge Verzahnung der drei Fachbereiche. Die Wissenschaftsgeschichte von Sozial- und Rassenhygiene in der Weimarer Republik ist von einer Vielzahl von diskurs- und medizingeschichtlichen Studien in den Blick genommen worden.[348] Analog zur Medizin soll jedoch auch auf diese Forschungen nur kurz Bezug genommen werden, da wiederum die jeweiligen eugenischen bzw. sozialhygienischen, d. h. gesellschaftsbiologischen und -medizinischen Fragestellungen Problemlagen hier nicht von primärem Interesse sind.

---

348 Hans-Peter Kröner: Art. „Eugenik", in: Wilhelm Korff u. a. (Hg.): Lexikon der Bioethik, Bd. 1, Gütersloh 2000, S. 694–701; Peter Weingart/Jürgen Kroll/Kurt Bayertz: Rasse, Blut und Gene. Geschichte der Eugenik und Rassenhygiene in Deutschland, Frankfurt a.M. 1988; Hans-Walter Schmuhl: Rassenhygiene, Nationalsozialismus, Euthanasie. Von der Verhütung zur Vernichtung ‚lebensunwerten Lebens', 1890–1945, Göttingen ²1992; Ders.: Grenzüberschreitungen. Das Kaiser-Wilhelm-Institut für Anthropologie, menschliche Erblehre und Eugenik 1927–1945, Göttingen 2005; Paul Weindling: Health, Race and German Politics between National Unification and Nazism, 1870–1945, Cambridge ²1993; Ders.: Epidemics and Genocide in Eastern Europe 1890–1945, Oxford 2003; Michael Schwartz: Konfessionelle Milieus und Weimarer Eugenik, in: Historische Zeitschrift, 261 (1995), S. 403–448; Heike Petermann: „Diese Bezeichnung kann nicht als glücklich bezeichnet werden." Ein Beitrag zum Verständnis von „Eugenik" und „Rassenhygiene" bei Biologen und Medizinern Anfang des 20. Jahrhunderts, in: Rainer Mackensen/Jürgen Reulecke (Hg.): Das Konstrukt „Bevölkerung" vor, im und nach dem „Dritten Reich", Wiesbaden 2005, S. 433–475; Heiner Fangerau: Rassenhygiene und Öffentlichkeiten. Die Popularisierung des rassenhygienischen Werkes von Erwin Baur, Eugen Fischer und Fritz Lenz, in: Patrick Krassnitzer/Petra Overath (Hg.): Bevölkerungsfragen. Prozesse des Wissenstransfers in Deutschland und Frankreich (1870–1939), Köln 2007, S. 131–153; Stefan Breuer: Die Völkischen in Deutschland. Kaiserreich und Weimarer Republik, Darmstadt ²2010, S. 113–126.

Waren die ersten, von Humangenetik und Darwinismus beeinflussten Eugeniker im 19. Jahrhundert zumeist sozialreformerisch orientiert gewesen und hatten daher häufig der Sozialdemokratie nahegestanden (wie etwa Alfred Ploetz), so entwickelte sich mit der stärker rassenhygienisch orientierten Richtung[349] eine schrittweise Bewegung in das rechte Lager, bis sich – wie z. B. bei Eugen Fischer und am deutlichsten bei Fritz Lenz – schließlich große Schnittmengen mit der völkischen Bewegung und der NSDAP ergaben.[350] Während die organisierte Ärzteschaft eher dem Begriff der Eugenik zuneigte, weil „dieser zu diesem Zeitpunkt eher ‚medizinisch' konnotiert"[351] war, wurde der eher anthropologische verstandene Begriff der „Rassenhygiene" teilweise als Unterfall betrachtet. Meistens jedoch wurden beide Termini synonym verwendet, und so taucht der Ausdruck „Rassenhygiene" mitunter auch in der Sprache von überzeugten Republikanern auf. So gründete etwa das Volkswohlfahrtsministerium der SPD-geführten preußischen Regierung 1920 einen „Ausschuss für Rassenhygiene."[352] Dass auf sozialistischer Seite große Sympathien für die Eugenik bestanden, beweisen in den *Sozialistischen Monatsheften* erschienene Artikel wie *Die Bedeutung der Eugenik für den Staat* oder *Degeneration und Eugenik*[353] ebenso wie der Umstand, dass eine sozialdemokratische Eugenikerin wie selbstverständlich von gesellschaftlicher und kultureller „Entartung" sprechen konnte.[354] Auch der Katalog zur *GeSoLei*, der „Großen Ausstellung für Gesundheitspflege, soziale Fürsorge und Leibesübungen", die 1926 in Düsseldorf stattfand und sogar über Deutschlands Grenzen hinaus für Aufsehen sorgte, enthielt einen eigenen Programmpunkt zur „Erblichkeitslehre und Rassenhygiene".[355]

Es lässt sich konstatieren, dass die Weimarer Republik im Schnittfeld der bereits aus dem Kaiserreich überkommenen, divergierenden Konzepte

---

349 Vgl. Petermann, Beitrag, S. 445f.
350 Vgl. Kröner, Eugenik, S. 695f.
351 Petermann, Beitrag, S. 458.
352 Vgl. Kröner, Eugenik, S. 697.
353 Vgl. Hans Haustein, in: Sozialistische Monatshefte 1919, Nr. 12 u. 16.
354 Oda Olberg: Die Entartung in ihrer Kulturbedingtheit. Bemerkungen und Anregungen, München 1926.
355 Große Ausstellung Düsseldorf 1926. Amtlicher Katalog, Düsseldorf ²1926, S. 87ff.; vgl. auch Fränzel: Gesolei-Eindrücke, in: Die Tat, 18 (1926), S. 463–466.

stand, die sich unter dem Gegensatzpaar von positiver vs. negativer Eugenik fassen lassen. Insofern kann man von einer einheitlichen „Weimarer Eugenik" nicht sprechen. Seit der Novemberrevolution bis etwa in die Mitte der 20er-Jahre dominierte eine moderate, positive Eugenik, die eine ältere, „bis 1918 vorherrschende Rassenhygiene"[356] verdrängt hatte. Diese Richtung vertrat einen reformerischen Kurs, der sich – häufig christlich motiviert – im Wesentlichen auf sozialpolitische Maßnahmen der „Volkswohlfahrt" beschränkte. Beispielsweise war, etwa in Preußen, die SPD der Idee einer Sterilisation von sog. „Erbkranken" überhaupt nicht abgeneigt, wurde aber kontinuierlich und vollständig von der Politik des Koalitionspartners Zentrumspartei, die sich auf die katholische Ethik berief, ausgebremst.[357] Auch spielte in der positiven Eugenik die Diskussion um eine arische oder germanische Rasse, wenn überhaupt, eine untergeordnete Rolle. Die negative Eugenik hingegen manifestierte sich als „Zwangseugenik" in Forderungen nach Verboten (Eheverbot von sog. „Schwachsinnigen"), Isolation und Zwangssterilisierungen von „Minderwertigen", sowie – nicht zuletzt – nach einer *Freigabe der Vernichtung des lebensunwerten Lebens*, wie der Titel des berüchtigten, 1920 erschienen Buches des Juristen Karl Binding und des Psychiaters Alfred Hoche lautete.[358] Getrennt wurden hier die rechtlichen und ärztlichen Standpunkte einer „humanen" Tötung von unheilbar Kranken und Behinderten diskutiert und diese letztlich befürwortet. Binding sprach dabei auch schon von „Euthanasie", für Hoche war „Mitleid den geistig Toten gegenüber im Leben und im Sterbensfall die an letzter Stelle angebrachte Gefühlsregung."[359] Obwohl hier schon alle Argumente angelegt sind, die nach 1933 in die nationalsozialistischen Morde der sog. Aktion T4 mündeten, ist zu bemerken, dass beide als Wissenschaftler einen guten

---

356 Schwartz, Weimarer Eugenik, S. 409.
357 Vgl. ebd., S. 439 bzw. passim.
358 Karl Binding/Alfred Hoche: Die Freigabe der Vernichtung lebensunwerten Lebens. Ihr Maß und ihre Form, Leipzig 1920, Ndr. Berlin 2006. Vgl. auch Schmuhl, Rassenhygiene, S. 115–123; Lerner, Hysterical Men, S. 221f; Richard J. Evans: The Coming of the Third Reich, London 2004, S. 145; Ortrun Riha (Hg.): Die Freigabe der Vernichtung lebensunwerten Lebens. Beiträge des Symposiums über Karl Binding und Alfred Hoche am 2. Dezember 2004 in Leipzig, Aachen 2005.
359 Binding/Hoche, Freigabe, S. 55.

Ruf genossen und keineswegs als völkische Krawallmacher in Erscheinung traten. In der Weimarer Republik ist es jedoch zu fast keinen eugenischen Zwangsmaßnahmen gekommen, da sich keine politischen Mehrheiten dafür fanden (bzw. das Veto des Zentrums jegliche Ansätze im Keim erstickte), und so waren auch die Vertreter einer (übrigens nicht selten prononciert protestantischen) negativen Eugenik gezwungenermaßen „zumindest faktisch auf Volksaufklärung und Appelle zur Selbstkontrolle beschränkt."[360] Mit der Verschärfung der wirtschaftlichen Probleme nach 1929 fanden solche Gedankenspiele auch aus Gründen der möglichen Einsparung von Kosten in Gesundheits- und Sozialsystemen wieder mehr Gehör.[361]

Neben ihren ideologischen Implikationen ist die Entstehung der Eugenik in einer verlängerten Zeitperspektive auch als Reaktion der Medizin auf die Ausbreitung eines optimistischen „social engineering" zu werten; so wie

> „die naturwissenschaftliche Medizin ... im Verein mit der Sozialhygiene die Krankheit, die Psychologen im Verein mit der Sozialarbeit die Asozialität beseitigen, [so] würden schließlich die Eugeniker die biologisch-genetischen Wurzeln von Abweichungen ‚ausmerzen.'"[362]

Im Gegensatz zum Nationalsozialismus galt für die Weimarer Republik der „Primat der Sozialhygiene und der positiven Eugenik."[363] Während die wissenschaftliche Eugenik zuvor

> „stets eine Kritik des expandieren Sozialstaats [beinhaltete], sah sie sich in den zwanziger Jahren dem wachsenden Zwang ausgesetzt, sich selbst mäßigen zu müssen, um innerhalb des Sozialstaats wirksam werden zu können."[364]

Auf diese Weise konnten „eugenische" Probleme im Rahmen einer Sozialpolitik behandelt werden, die sowohl ihren Umfang als auch ihr finanzielles Gesamtvolumen nach 1918 massiv ausgeweitet hatte – nicht zuletzt mit dem Ziel einer größeren Legitimation in der Bevölkerung und als Zugeständnis an die Klientel vor allem der Sozialdemokratie.[365] Im Sinne dieser mitunter

---

360 Schwartz, Weimarer Eugenik, S. 406.
361 Vgl. Evans, Third Reich, S. 378.
362 Peukert, Weimarer Republik, S. 138f.
363 Berger, Bakterien, S. 15.
364 Schwartz, Weimarer Eugenik, S. 406.
365 Vgl. Young-Sun Hong: The Weimar Welfare System, in: McElligott, Weimar Germany, S. 175–206; Wolfgang Woelk/Jörg Vögele: Einleitung, in:

an einen „sozialtechnischen Machbarkeitswahn"[366] grenzenden Ausweitung formulierte 1931 der Arzt, Gesundheitsreformer und sozialdemokratische Reichstagsabgeordnete Julius Moses:

> „Wir fassen die Sozialhygiene nicht als ein durch medizinische Terminologie umgrenztes Gebiet auf, sondern für uns ist Sozialhygiene alles, was sich in volksgesundheitlicher Beziehung auswirkt. Zur Sozialhygiene gehört nicht nur die Sozialpolitik als solche, sondern auch die Lohn-, Wohn- und Finanzpolitik und selbst die Kulturpolitik."[367]

Hieraus wird ersichtlich, wie – selbst auf der politischen Linken – den Überlegungen zur „Volksgesundheit" ein so umfassender Platz im Denken eingeräumt wurden, dass selbst politische Kernbereiche wie Finanz- oder Kulturpolitik dieser Prämisse untergeordnet wurden. Umgekehrt ist eine nach dem Weltkrieg forcierte „Politisierung der Gesundheit"[368] zu diagnostizieren. Inwiefern sich diese auch bei den Fachleuten der Eugenik in politischen Krankheitsmetaphern niederschlug, soll im Folgenden aufgezeigt werden.

In ihrem Selbstverständnis war nur die Eugenik, verstanden als eine auf den „Volkskörper" ausgeweitete Medizin, dazu berufen, dessen Konstitution überhaupt richtig zu diagnostizieren und dann mögliche Therapien vorzuschlagen. Günther Just, Greifswalder Professor für Vererbungslehre (dies übrigens eine Seltenheit in der akademischen Landschaft der Weimarer Republik) meinte selbstbewusst:

> „Die Frage nach der Möglichkeit objektiver Kriterien für den Gesundheitszustand eines Volkskörpers ist mit Ja zu beantworten. ... Ein gesunder Volkskörper ... ist dadurch charakterisiert, daß er sich selbst ungeschwächt zu erhalten vermag, daß er also seine innere Lebenspotenz unvermindert durch die Generationen hin bewahrt."[369]

Dies. (Hg.): Geschichte der Gesundheitspolitik in Deutschland. Von der Weimarer Republik bis in die Frühgeschichte der „doppelten Staatsgründung", Berlin 2002, S. 15–25.
366 Peukert, Weimarer Republik, S. 137.
367 Moses, Arbeitslosigkeit, S. 8.
368 Woelk/Vögele, Einleitung, S. 23.
369 Günther Just: Eugenik und Weltanschauung, in: Ders. (Hg.): Eugenik und Weltanschauung, Berlin 1932, S. 24.

Erneut tritt hier ein Gebrauch des Volkskörper-Begriffs in Erscheinung, der über den der Bevölkerung hinausgeht. Just versteht darunter mehr als die Summe der Individuen eines Volkes, sogar noch mehr als die „zum ‚Ganzen' gefügte Volksgemeinschaft, sondern in ihm ist auch die Folge der Generationen mit eingeschlossen gedacht."[370] Ausgehend von diesem Gegenstand der Eugenik wurde häufig die Feststellung getroffen, dass das deutsche „Volk in seinem erbbiologischen Gefüge krank"[371] sei. Just sah zwei Krankheiten am Werk: eine „generative Auszehrung", d. h. zahlenmäßige Verkleinerung der Bevölkerung, und eine „qualitative Auszehrung", worunter die Verringerung und „immer geringere Beteiligung der Erbtüchtigen am Aufbau des Volkskörpers" gemeint war, an deren Ende „es um die innere Tüchtigkeit dieses Gesamtkörpers geschehen"[372] sei. So sehr hier der Aspekt einer Erkrankung des Volkes in den Vordergrund gerückt ist, handelt es sich doch nicht um Krankheitsmetaphern, sondern (ungeachtet ihres Wahrheitsgehalts) eher um sozialmedizinische Befunde. In Metaphorik konnten sie dort überführt werden, wo eine organische bzw. biomorphe Staats- und Gesellschaftsauffassung vorlag und explizit gemacht wurde. Auch in diesem Punkte verlief die Trennlinie zwischen den Vertretern einer positiven bzw. negativen Eugenik. Während der Eugeniker, Biologe und Jesuit Hermann Muckermann sich zwar durchaus einer „biologische[n] Deutung des Begriffes Staat" verschrieben hatte und der Meinung war, dass „kein Gedanke so stark und fruchtreich ist wie jener, der mit biologischen Einsichten das Wesen des Staates zu umschreiben sucht"[373], ging seine Analogie nicht soweit, diese auf Krankheiten auszuweiten. Beispielsweise gebe es im Organismus keine Korruption. „Denn nicht unter allen Gesichtspunkten ist die Parallele zwischen Staat und Organismus eine vollkommene."[374] Die dezidiert protestantische Position des Naturphilosophen und Physikers Bernhard Bavink teilte die organizistischen Prämissen zwar weitgehend, zog daraus jedoch andere Schlussfolgerungen:

---

370 Ebd., S. 22.
371 Konrad Dürre: Praktische Nationaleugenik. Ein Gebot der Stunde, in: Deutsche Rundschau 59 (1932), S. 10.
372 Just, Eugenik und Weltanschauung, S. 28.
373 Hermann Muckermann: Volkstum, Staat und Nation eugenisch gesehen, Essen 1933, S. 31.
374 Vgl. ebd., S. 32.

> „Ein organischer Staat ... kann nur bestehen, wenn ihre Zellen, d.h. die menschlichen Individuen, auch als solche im Rahmen des Ganzen ein Eigenleben führen. ... Verlangt werden muß nur, daß die Interessen der Zellen nicht denen der übergreifenden Ganzheit vorangestellt werden. Das käme auf dasselbe hinaus, was die Zellen einer bösartigen Geschwulst (Krebs) im Körper tun: sie fangen auf eigene Hand [sic] an zu leben, sich zu teilen und zu vermehren, ohne sich mehr um das Ganzheitsgesetz zu kümmern."[375]

Bavink, der in diesem Beitrag von 1932 bereits ganz offen die pro-eugenische Politik des italienischen Faschismus und der deutschen Nationalsozialisten lobte, kritisierte als negativer Eugeniker den „vom ‚sozialen' Prinzip der Bruderliebe" geleiteten Fürsorgestaat, an dem

> „die Sozialisten oder die Liberalen [festhielten wie] an eine[r] allmähliche[n] Aufbesserung dieser Volksbestände durch die zu treffenden sozialen, hygienischen, pädagogischen usw. Maßnahmen. [Ihnen] kommt gar nicht einmal der Gedanke, daß es vielleicht gerade diese Maßnahmen sein könnten, die ein immer stärkeres Wuchern dieser unerwünschten Elemente des Volkskörpers im Gefolge haben könnten."[376]

Ganz in diesem Sinne wandte sich Bavink kurz nach der „Machtergreifung" ganz offen gegen die „liberalistische und sozialistische Irrlehre ... einer Gleichwertigkeit aller Menschen, die ein ... Volk ins Verderben führen muß."[377]

Ganz ähnlich übte Fritz Lenz, der wohl prominenteste Rassenhygieniker und Co-Autor des erbbiologischen Standardwerks *Baur/Fischer/Lenz* eine zwar recht konventionell rechtskonservative, dabei aber eugenisch motivierte Demokratie- und Parlamentarismuskritik:

> „Die biologische Tatsache der ungeheuren Verschiedenheit in der geistigen Ausstattung der Menschen muß aber gegen das allgemeine gleiche Wahlrecht als Grundlage der politischen Entscheidungen sehr bedenklich stimmen. Das darauf gegründete parlamentarische System führt nur zu leicht dazu, daß die Parteien ... möglichst große Sondervorteile versprechen. Das so entstehende Bild ist kläglich genug."[378]

---

375 Bernhard Bavink: Eugenik und Protestantismus, in: Günther Just (Hg.): Eugenik und Weltanschauung, Berlin 1932, S. 132f. Vgl. auch Schwartz, Weimarer Eugenik, S. 419.
376 Ebd., S. 135.
377 Bernhard Bavink: Organische Staatsauffassung und Eugenik, Berlin 1933, S. 5. Zu Bavink vgl. Schwartz, Weimarer Eugenik, S. 419.
378 Fritz Lenz: Menschliche Auslese und Rassenhygiene (Eugenik), München ⁴1932, S. 412.

Die wohl bizarrste eugenische Demokratiekritik findet sich allerdings in den Schriften des unter dem Pseudonym Ernst Mann veröffentlichenden Gerhard Hofmann. In radikalen Forderungen stand er Binding und Hoche in nichts nach: „Schmerzlose Tötung lebensunwerten Lebens auf wissenschaftlicher Grundlage ist die mildeste, barmherzigste Form der Vernichtung."[379] Seine Forderungen waren so radikal und seine „sprachlichen Entgleisungen fielen derart aus dem Rahmen, daß sich im Jahre 1933 sogar der spätere Reichsgesundheitsführer Conti ... im Namen der NSDAP von den Veröffentlichungen Manns distanzierte."[380] Während sich bei Binding und Hoche keinerlei Krankheitsmetaphern, ja nicht einmal die Diagnose einer weithin „kranken" Bevölkerung bietet, ist dies im Falle Ernst Manns anders. Nicht nur, dass seine Pamphlete von einem regelrechten Hass auf Kranke und „Kriegskrüppel" geprägt waren – er brachte ihre Existenz mit der Novemberrevolution in Verbindung:

> „So ging 1918 die Revolution in Deutschland hauptsächlich von den Genesungskompanien aus, von Leuten, deren Unzufriedenheit während der Zeit, in welcher sie krank oder verwundet im Lazarett gelegen hatten, aufs höchste gestiegen war. ... Durch seine Arztkunst ... schuf sich Deutschland damit die seinen Niedergang am stärksten fördernde Macht: eine Streitmacht von Pessimisten. Krüppel und Kranke haben immer einen bösen Blick für die Verhältnisse."[381]

Seiner eigentümlichen gedanklichen Zirkelbewegung zufolge hätten sich 1918 krankes Volk und krankes Staatssystem gegenseitig befruchtend hervorgebracht, denn die Entstehung des Weimarer Staates schrieb Mann einerseits den „minderwertigen Elementen im Volke"[382] zu. Andererseits hätten die neuen Machthaber die kranken Zustände noch verschlimmert: „Schon mit der Aufnahme dieser Regierung, schon in der Revolution, begingen ... die neuen Herrscher nicht wieder gut zu machende Sünden am Volkskörper."[383] Konkretisierend fügte Mann hinzu, dass Deutschland „in den Jahren nach dem Zusammenbruch 1918 der Tummelplatz ungesunder

---

379 Ernst Mann [= Gerhard Hofmann]: Die Wohltätigkeit als aristokratische und rassenhygienische Forderung, Weimar 1924, S. 164.
380 Schmuhl, Rassenhygiene, S. 124.
381 Ernst Mann [= Gerhard Hofmann]: Die Erlösung der Menschheit vom Elend, Weimar 1922, S. 59.
382 Mann, Wohltätigkeit, S. 69.
383 Ebd., S. 151f.

sozialistischer Ideen ward."[384] Hier wird eine doppelte Stoßrichtung klar, die zwar im Vergleich zum eugenischen Kanon vereinfachend wirkt, dennoch aber typische Versatzstücke aufnimmt: die Idee eines nach dem Weltkrieg ohnehin schon gefährlich „degenerierten" Volks, das nur unter den negativen Umständen des November 1918 und durch den Katalysator des „ungesunden" Sozialismus beschleunigt einer noch verschärften Degenerierung zustrebt. Viel stärker als im Falle der erwähnten Mediziner nahmen Weimarer Eugeniker reale bzw. angebliche Krankheitserscheinungen in der Bevölkerung zum Anlass, das politische System als ebenso „krank" zu verabschieden. Ihr Rekurs auf die politischen Verwerfungen hat umgekehrt vermutlich sogar zu ihrer Popularität beigetragen, denn

„für die breite gesellschaftliche und politische Akzeptanz der eugenischen Sozialtechnologie waren die allgemeinen, kurzfristigen Krisenerfahrungen des deutschen Zusammenbruchs nach 1918 sowie die Weltwirtschaftskrise der frühen dreißiger Jahre letztlich entscheidend."[385]

Ein weiterer Topos (allerdings nicht ausschließlich) eugenischen politischen Denkens soll hier nicht unerwähnt bleiben. Als ein „Massengrab des Volkes"[386] betrachteten viele Eugeniker mit besonderer Verachtung das großstädtische Leben:

„Die Großstädte fressen ein Volk buchstäblich auf. Sie locken Hunderttausende herein in ihre Mauern und löschen sie aus. Sie täuschen ein glänzendes, urkräftiges, unbezwingliches Leben vor; in Wirklichkeit sind sie ungeheuerliche Friedhöfe! In Berlin kämen bei einem natürlichen Altersaufbau seiner Bevölkerung heute schon auf zwei Wiegen fünf Särge."

An anderer Stelle wurde Berlin für das Jahr 2015 eine Einwohnerzahl von nur noch einer halben Million Einwohnern prophezeit und gefolgert, dass „die unfruchtbare Großstadt, die Würgerin jungen Lebens, die Schuld … trägt an der Schrumpfung und Vergreisung unseres Volkes."[387] Dem negativen Bild der Großstadt wurde dichotomisch das positive des Landes entgegengesetzt: „Das Land die Wiege, die Großstadt das Grab der

---

384 Ebd., S. 155.
385 Schwartz, Weimarer Eugenik, S. 408.
386 Otto Helmut: Volk in Gefahr. Der Geburtenrückgang und seine Folgen für Deutschlands Zukunft, München 1933, S. 22.
387 Ebd., S. 48.

Nation!"[388] Dass in derartigen Einschätzungen so gut wie immer das Beispiel Berlins herangezogen wurde, war kein Zufall. Nicht zuletzt da der „Moloch Berlin" quasi als pars pro toto vor allem von einer rechten Publizistik häufig mit „Weimar" gleichgesetzt wurde, liegt in der krankheitsmetaphorischen Ablehnung der Großstadt auch ein demokratiefeindlicher Topos (vgl. auch Kap. 3.4.2).

Auch in den Sozialwissenschaften, denen hier kein eigener Raum gewidmet werden kann, waren die Vorstellungen vom „Volkskörper" und seinen Krankheiten weit verbreitet – namentlich in Geopolitik und der jungen Disziplin der Bevölkerungswissenschaft.[389] Besonders letztere verdankte ihre Popularität der Tatsache, dass „deutsche Politiker und Wissenschaftler ... den ‚Volkskörper' vor den verheerenden Auswirkungen einer ‚sozialen Krankheit' [warnten], die angeblich ganz Westeuropa befallen hatte, nämlich dem Geburtenrückgang."[390] Eine bereits 1918 geäußerte Besorgnis legt davon Zeugnis ab:

> „Seuchen haben wohl an den Toren auch Deutschlands geklopft, aber die medizinische Wissenschaft ist soweit fortgeschritten, daß sie ihnen zu wehren weiß. Es ist eine schleichende Krankheit, die den Volkskörper betroffen hat, die aber doch plötzlich einen so gefährlichen Charakter eingenommen hat."[391]

Solche zeitgenössischen bevölkerungswissenschaftlichen Stimmen waren in ihrer Argumentation der Eugenik sehr nahe, etwa wenn gefordert wurde,

---

388 Hermann Dold: Wie steht es um den deutschen Volkskörper?, Kiel 1931, S. 12.
389 Zu letzterer vgl. Matthias Weipert: „Mehrung der Volkskraft": die Debatte über Bevölkerung, Modernisierung und Nation 1890 – 1933, Paderborn 2006; Thomas Bryant: Von der „Vergreisung des Volkskörpers" zum „demographischen Wandel der Gesellschaft". Geschichte und Gegenwart des deutschen Alterungsdiskurses im 20. Jahrhundert, in: Tel Aviver Jahrbuch für deutsche Geschichte, 35 (2007), S. 110–127; Thomas Etzemüller: Ein ewigwährender Untergang. Der apokalyptische Bevölkerungsdiskurs im 20. Jahrhundert, Bielefeld 2007; Mackensen/Reulecke, Das Konstrukt „Bevölkerung". Zur Geopolitik vgl. übergreifend Karl Schlögel: Im Raume lesen wir die Zeit. Über Zivilisationsgeschichte und Geopolitik, München 2004.
390 Usborne, Frauenkörper, S. 11.
391 Albert Döderlein: Eröffnungs-Ansprache, in: Die Erhaltung und Mehrung der deutschen Volkskraft. Vorträge und Aussprachen gehalten bei der Tagung in München am 27. und 28. Mai 1918, München 1918, S. 9f.

dass der „bis ins Mark erschütterte Volkskörper" durch „ein kräftiges und gesundes Volkswachstum wieder auf[ge]baut"³⁹² werden müsse oder wie es in typischer Weise und im Geiste einer „durch die Volkskörperforschung verwirklichte … Synthese von Familienkunde und Bevölkerungslehre"³⁹³ der damals bekannteste Bevölkerungswissenschaftler Friedrich Burgdörfer ausdrückte:

> „Die Familie ist die soziale und biologische Zelle des Volkskörpers. Sind die Zellen gesund, so ist auch der Volkskörper gesund, schrumpfen sie ein oder sterben sie massenhaft ab, so ist der Volkskörper krank und muß verkümmern."³⁹⁴

Die Bevölkerungsforschung hatte durch Appelle zur „Mehrung der Volkskraft" oder durch populäre Schriften wie Burgdörfers *Volk ohne Jugend*³⁹⁵, das sich um „Geburtenschwund und Überalterung des deutschen Volkskörpers" sorgte, eine ähnlich große Breitenwirkung wie die Eugenik, die sich im Falle Burgdörfers durch seine einflussreiche Position im Statistischen Reichsamt erklärt. Allerdings beruhten seine bevölkerungspolitischen Kassandrarufe nicht unwesentlich auf problematischen Hypothesen, die seiner pessimistischen Ausgangsposition entgegenstehende Aspekte ignorierte.³⁹⁶ Auch andere Mahner in Sachen eines drohenden Geburtenrückgangs bedienten sich des Überwindungsgestus der Krise; einer von ihnen äußerte 1932 die Hoffnung, dass

> „die Krise nicht zum Volkstod führe, sondern daß das wunderbare, geheimnisvolle, blutwarme Leben den Sieg behalte."³⁹⁷

---

392 Zahn, Deutsche Volkswirtschaft, S. 20.
393 Johann Bredt: Volkskörperforschung, Breslau 1930, S. 6.
394 Friedrich Burgdörfer: Der Geburtenrückgang und seine Bekämpfung. Die Lebensfrage des deutschen Volkes, Berlin 1929, S. 65. Zu Burgdörfer vgl. Thomas Bryant: Friedrich Burgdörfer (1890–1967). Eine diskursbiographische Studie zur deutschen Demographie im 20. Jahrhundert, Stuttgart 2010.
395 Friedrich Burgdörfer: Volk ohne Jugend. Geburtenschwund und Überalterung des deutschen Volkskörpers, Berlin 1932.
396 Vgl. Florence Vienne: Der prognostizierte Volkstod. Friedrich Burgdörfer, Robert René Kuczynski und die Entwicklung demographischer Methoden vor und nach 1933, in: Michael Fahlbusch/Ingo Haar (Hg.): Völkische Wissenschaften und Politikberatung im 20. Jahrhundert, Paderborn u.a. 2010, S. 259ff.
397 Lotze, Volkstod, S. 76.

In dieser Hinsicht glichen und überschnitten sich zeitgenössische Demographie und Eugenik/Rassenhygiene:

> „Die Eugenik war Teil [einer] Mischung aus Krise und Tat – Bestandteil des damals florierenden Verfallsdenkens, zugleich verhieß sie wissenschaftliche Lösungen. Sie war gefragt, denn sie bot eine überzeugende Deutung der bürgerlichen Welt."[398]

3.3.3 Psychologie

Das deutsche Volk des frühen 20. Jahrhunderts war – so sahen es die Psychoanalytiker und Psychiater der Zeit – mehr als reif für eine psychologische Therapie. Aus den Kindern des *Zeitalters der Nervosität*[399], den vielen (vermeintlichen) Neurasthenikern und Hysterikerinnen, wurde bzw. folgte die traumatisierte Generation der Schützengräben, deren "weakened egos and superegos" dazu führten, dass sie "turned readily to programs based on facile solutions and violence when they met new frustrations during the depression"[400], und deren Kinder wiederum unter dem Eindruck eines "massive psychic trauma and its sequelae in the post-traumatic stress disorders"[401] das Material der "Nazi Youth Cohort"[402] mit ihren eigenen Traumata und psychischen Verwerfungen bildete. Doch wie viel ist mit solchen Verallgemeinerungen gewonnen? Paul Lerner hat diese in der zeitgenössischen Psychologie selbst verortet:

> "Was Germany 'traumatized by the war? Can a nation – in this case fifty million people bitterly divided by social, political, religious, and regional distinctions – be seen as a sort of collective historical subject that undergoes the same psychological processes as an individual? This was certainly the assumption of contemporary psychiatrists ... when they diagnosed Germany's collective nervous exhaustion."[403]

Jenes psychologische Konzept einer kollektiven nationalen Erschöpfung soll Gegenstand dieses Abschnittes sein. Beispielhaft dafür ist Alfred Döblins Diagnose, der – als von der Psychoanalyse beeinflusster Kliniker – eine Studie

---

398 Etzemüller, Ewigwährender Untergang, S. 31.
399 Joachim Radkau: Das Zeitalter der Nervosität. Deutschland zwischen Bismarck und Hitler, München 1998.
400 Loewenberg, Decoding the Past, S. 279.
401 Ebd., S. XII.
402 Vgl. ausführlicher Loewenberg, The Psychohistorical Origins of the Nazi Youth Cohort, in: Ders., Decoding the Past, S. 240–283.
403 Lerner, Hysterical Men, S. 224.

zum Kriegstrauma mit *Das kranke Volk* betitelte.[404] Bei der Beschäftigung mit der psychologischen Disziplin muss sich zunächst in Erinnerung gerufen werden, dass seit dem späten 19. Jahrhundert

> „Psychoanalyse, klinische Psychiatrie und Kriminologie, drei neue Wissenschaftsdisziplinen, die Angst vor Kontrollverlust über Körper und Geist schürten und damit Legislative, Judikative…, Sozialsystem…, Kliniken und Anstalten gleichermaßen Zielvorgaben und Methoden an die Hand gaben."[405]

Selbstbewusst sahen sich ihre Vertreter daher imstande, Gesellschaft und Politik von einer wissenschaftlichen Position heraus zu beraten. Mitunter erschienen dabei beide Bereiche als „heilungsbedürftig", was wiederum mit Krankheits- bzw. Gesundungsmetaphern zum Ausdruck gebracht wurde.

Das Beispiel des Individualpsychologen und „Querkopfs"[406] Fritz Künkel (1889–1956) liefert einige paradigmatische Ansatzpunkte, die im Folgenden näher betrachtet werden sollen. Künkel war noch vor dem Krieg als Mediziner ausgebildet worden, musste nach Kriegsteilnahme und Verlust eines Arms jedoch auf die Psychotherapie umschulen.[407] Ohne auf die hochspannende innere wissenschaftsgeschichtliche Entwicklung der Psychologie in der Weimarer Republik eingehen zu können, sei hier nur Künkels Schülerverhältnis zum berühmten Analytiker und Begründer der Individualpsychologie, Alfred Adler, erwähnt, der sich jedoch wegen Künkels unorthodoxer Ansätze und divergierender politischer Auffassungen zu Anfang der 1930er-Jahre von ihm abwandte, da

> "Künkel, diverging from Adler's secular, socialist outlook and from the Marxist orientation of the Berlin Adlerians, added a Hegelian and a Christian perspective to individual psychology."[408]

---

404 Zu Döblin als Psychologen vgl. Fuechtner, Berlin Psychoanalytic; Dies.: A City of Souls and the Soul of a City. Alfred Döblin and the Berlin Psychoanalytic Institute, in: Caroline Bainbridge u. a. (Hg.): Culture and the Unconscious, Basingstoke; New York 2007, S. 11–23.
405 Lorenz, Leibhaftige Vergangenheit, S. 140.
406 Sabine Siebenhüner: Fritz Künkels Beitrag zur individualpsychologischen Neurosenlehre, in: Lévy/Mackenthun (Hg.), Würzburg 2002, S. 133.
407 Vgl. Geoffrey Cocks: Psychotherapy in the Third Reich. The Göring Institute, New Brunswick ²1997, S. 32.
408 Ebd., S. 33.

Durch Künkels schnelles und leichtfertiges Arrangement mit dem NS-Regime brachen schließlich alle Brücken zur Adlerschen Schule ab.[409]

In der Individualpsychologie Künkels gewann in den 20er-Jahren der Begriff der Krisis an Einfluss, der erkennbar eine dominante medizinische Bedeutung enthielt:

> „Diese Krisis nimmt ... von einer Krankheit, also in der biologischen Schicht, ... ihren Ausgangspunkt. ... Sicher ist, daß die Krisis den, den sie ergreift, völlig und radikal ergreift, so daß keine Schicht in ihm verschont bleibt. Die Schönheit aber, die im günstigsten Falle nach der Krisis zum Vorschein kommt, ist eine durchaus andere Schönheit als die naive Schönheit des naiven Menschen, dem die Krisis noch erspart blieb."[410]

Abgesehen von der Totalität des Krisenbegriffs ist hieran der Leidens- und Überwindungsgestus bemerkenswert, den Künkel für eine seelische Gesundung für notwendig hält. Künkel diente die „Krise" jedoch auch dazu, um damit über psychische Probleme des Individuums[411] hinaus auch Erscheinungen der Gesellschaft als Ganzer zu analysieren:

> „Die hier vertretene Anschauung, nämlich das Ineinandergreifen äußerer (politischer) und innerer (charakterlicher) Entwicklungskrisen wird vielen Lesern zunächst doch fremdartig oder gar ärgerlich erscheinen."[412]

Für Künkel lagen alle gesellschaftlichen Krisen letztendlich in einer gehäuften Zahl von Krisen des Individuums begründet:

> „Die Massenkrisen ... kommen dadurch zustande, daß ... zahllose aufbrechende Einzelkrisen immer wieder beschwichtigt und vertagt werden. ... [Durch] eine Art Stauungsmechanismus ... [wird] das gleichzeitige Losbrechen zahlloser Einzelkrisen und ihr Zusammenschluß zu einer Kollektivkrisis erst überhaupt möglich. ... Eine Kollektivkrisis, die eine Masse isolierter Individuen gleichzeitig zu wirhaften Menschen umschmilzt, wäre nicht denkbar ohne eine Art von ‚Sparmaßnahme', durch die zahlreiche private Teilkrisen bis zu einem ‚dies irae', einem Katastrophenjahr, vertagt werden könnten."[413]

---

409 Vgl. Siebenhüner, Künkels Beitrag, S. 135f; Cocks, Psychotherapy, S. 81f.
410 Fritz Künkel, Diskussionsbeitrag, in: Carl Schweitzer (Hg.): Krankheit und Sünde, Schwerin 1928, S. 76.
411 Rein individualpsychologisch noch: Fritz Künkel: Die Rolle der seelischen Krise, in: Internationale Zeitschrift für Individualpsychologie, 8 (1930), S. 36–43.
412 Fritz Künkel: Grundzüge der politischen Charakterkunde, Berlin 1931, S. VIII.
413 Ebd., S. 107f.

Diese Wechselwirkung verstand Künkel insofern als positiven Entwicklungsprozess, als durch die im Individuum ausgelöste Krise ein Weg in die politische Gemeinschaft, ein „Übergang vom Ich zum Wir"[414] geschaffen werde.

> „Die Ichhaftigkeit eines Volkes ist genau so lebenswidrig, und darum krankhaft, wie die Ichhaftigkeit des Einzelmenschen. Das ‚Wir', in das wir hineinwachsen müssen, ist das Menschheits-Wir, der religiöse (nicht der politische) Organismus der Nationen. Wir müssen die Ichhaftigkeit im Individuum überwinden, ehe wir hoffen können, das Wir der Menschheit zu schaffen."[415]

Künkel wendet hier zwar den Ausdruck „krankhaft" auch auf die Gesamtheit des Volkes an, verweigert sich aber einer nationalistisch-organizistischen Denkweise, um den Konflikt in einem universal-religiösen Humanismus aufzulösen. Dazu passt, dass Künkel revolutionäre Programme aller Art ablehnte, keine Möglichkeit einer Herbeiführung oder Beschleunigung der kollektiven Krisis sah – und zum Abwarten riet:

> „Wie sollen wir unsere politische Tagesarbeit fortsetzen, sollen um Löhne, Tarife, Zölle und Steuern kämpfen wie bisher. ... So schwer es ist, den Mut zur Sachlichkeit auch dann noch zu bewahren, wenn es darauf ankommt, beliebig lange zu warten und doch bereit zu sein, wie die klugen Jungfrauen im Evangelium, zu jeder Stunde der Nacht."[416]

Die erstmals im Jahre 1932 unter dem Titel *Krisenbriefe. Die Beziehungen zwischen Wirtschaftskrise und Charakterkrise* publizierten Fallstudien Künkels bieten ein eigentümliches Beispiel „brieflicher Psychotherapie". Ohne die in diesem Buch erwähnten Patienten jemals getroffen zu haben, versuchte Künkel, ihre ganz unterschiedlich gelagerten psychischen Probleme in brieflichem Austausch zu beheben. Die möglichen Nachteile eines solchen Vorgehens verschwieg Künkel nicht, doch war er optimistisch hinsichtlich des möglichen Erfolgs, den eine durch ihn, den Therapeuten, angestoßene

---

414 Ebd., S. 68.
415 Fritz Künkel: Einführung in die Charakterkunde, Leipzig 1928, Vorwort.
416 Künkel, Grundzüge der politischen Charakterkunde, S. 111f. Vgl. zu seiner Idee der Kollektivkrise auch Fritz Künkel: Vitale Dialektik. Theoretische Grundlagen der individualpsychologischen Charakterkunde, Leipzig 1929, S. 129ff.

"Wendung" und ein dadurch "in Fahrt gesetzter Heilungsprozeß"[417] hervorzurufen vermögen. Es sind weniger die 24 Fallstudien, die für meinen Ansatz von Interesse sind, sondern die schon im Titel anklingende Verbindung von äußerer, d. h. ökonomischer Krise und innerer, d. h. Charakterkrise. Der für Künkel bestehende Zusammenhang zwischen politischer und persönlicher Krisis manifestierte sich auch hier:

> "Menschen geraten durch Nöte und Sorgen der Gegenwart in charakterliche oder körperliche Leiden, die nur durch eine seelische Entwicklung überwunden werden können. Die äußere Krisis schlägt um in eine innere."[418]

Hier zeigt sich, dass für ihn zur o.e. Entwicklung auch eine gegenläufige Richtung möglich war: eine krisenhafte politische Gesamtentwicklung konnte demnach auch individuelle psychische Erkrankungen auslösen. Erstaunlich ist in den *Krisenbriefen* Künkels Machbarkeitsoptimismus, die Annahme, dass vermittels einer Heilung individualpsychologischer Störungen langfristig eine Verbesserung der politischen Situation herbeigeführt werden kann:

> "Es soll gezeigt werden, daß die äußere Krisis einen Sinn haben kann als Motor innerer Krisen, die dann wiederum, wenn sie zahlreich genug aufträten, die Überwindung der äußeren Krisis politisch, wirtschaftlich und kulturell herbeiführen würden."[419]

Nicht untypisch für einen sozialpolitisch interessierten Fachvertreter der Weimarer Jahre war auch Künkel besorgt über den Zustand und das Schicksal der deutschen Jugend – aber wiederum ausgenommen zukunftsfroh:

> "Wenn es gelänge, die Jugend durchgängig mit Krisengift zu impfen, so daß sie nicht daran zugrunde geht, sondern immun wird, dann würden wir die richtigen Maßnahmen gegen diese und gegen alle Krisen bald durchführen können. Die Gesellschaftsordnung würde sich ändern."[420]

Nicht nur, dass Künkel die politische Krise auf die "massenhafte" medizinisch-psychologische Krise zurückführte – mit dem Bild der Impfung kam hier zudem eine Heilungsmetapher aus dem Bereich der Immunologie ins

---

417 Fritz Künkel: Krisenbriefe. Die Beziehungen zwischen Wirtschaftskrise und Charakterkrise, Schwerin ⁴1933, S. 12.
418 Ebd., S. 5.
419 Ebd., S. 6.
420 Ebd., S. 7.

Spiel: die Krise wird so als Infektion mit einem Erreger verstanden, die es mithilfe eines Impfstoffes zu bekämpfen gilt. Auch den mitunter miserablen Zustand seiner erwachsenen Patienten führte Künkel auf gesellschaftliche und letztendlich politische Umstände zurück. Da erscheint etwa der Fall eines Lehrers mittleren Alters, der den schlechten Zustand seines „Nervensystems", Appetit- und Schlaflosigkeit beklagt und den Künkel mit dem ermutigenden Hinweis entlässt, „wie sehr und wie unmittelbar er tatsächlich in der Front des Kulturkampfes" stehe. Seine individualpsychologischen und realiter psychosomatischen Schwierigkeiten werden in völkische, „historische Beteiligung" aufgelöst:

> „Die Weiterentwicklung des einzelnen wird erzwungen durch die Weiterentwicklung der Gesamtheit. Wer zurückbleibt, geht zugrunde. Wer mitmacht, wird gesund."[421]

Diese im Vergleich zu den apokalyptischen Krisentheoretikern zupackende, naive Zuversichtlichkeit und sein "romantic concern with totality"[422] war wohl auch der Grund, weshalb ihn das neue Regime alsbald unter dem Dach einer nationalsozialistischen „neuen Seelenheilkunde"[423] willkommen hieß. Wenngleich er den Antisemitismus in dem von einem Cousin Hermann Görings geleiteten „Deutschen Instituts für psychologische Forschung" nicht mittrug, zeigte Künkel "a certain enthusiasm for the ideals of the new regime in articles he wrote between 1933 and 1939."[424] So verkörperte auch Künkels institutionelle Kontinuität, dass "the Weimar right's traumatophilia, its celebration of the redemptive power of violence, was certainly swept up into the Nazi cause."[425] Die Krisenpsychologie des Fritz Künkel ist, zusammenfassend, ein weiteres Beispiel für eine Verzahnung von naturwissenschaftlich-medizinischem Wissen und politischem Programm.

---

421 Künkel, Krisenbriefe, 63.
422 Cocks, Psychotherapy, S. 34.
423 Siebenhüner, Künkels Beitrag, 135. Vgl. zur NS-Psychologie auch Regine Lockot: Erinnern und Durcharbeiten. Zur Geschichte der Psychoanalyse und Psychotherapie im Nationalsozialismus, Frankfurt a.M./Berlin 1985.
424 Cocks, Psychotherapy, S. 81.
425 Lerner, Hysterical Men, S. 250.

3.3.4 Biologie

Eine weitere Disziplin, die von der Naturalisierung politischen Denkens erfasst wurde bzw. letzterem das begriffliche Arsenal an die Hand gab, war die Biologie.

So griff etwa der bekannte Zoologe Oscar Hertwig, ganz in der Tradition seines akademischen Lehrers Ernst Haeckel, in aktuelle politische und soziologische Debatten ein und widersprach als Gegner der Darwin'schen Lehre auch dem Sozialdarwinismus.[426] Kurz vor seinem Tode legte er 1922 in *Der Staat als Organismus* seine „Gedanken zur Entwicklung der Menschheit" dar.[427] Wenngleich nicht ganz so detailliert wie etwa Eduard Hahn, konstruierte auch Hertwig den Staat als Organismus und nahm sich dafür „als Vorbild die Art und Weise, wie die Natur bei der Arbeit... verfährt."[428] Ebenso wie „Stände, Berufsgenossenschaften und Gewerkschaften" eine Analogie zum Gewebe im hier tierischen Körper darstellten, zeige sich diese auch im Bereich der staatlichen Infrastruktur:

> „In diesem Sinne kann man mit Recht die Telegraphen- und Telephondrähte als die Nerven des Staates bezeichnen, da sie in gleicher Weise wie die Nervenfasern im Organismus seine einzelnen selbständigen Glieder in unmittelbaren Zusammenhang bringen. ... Den Ganglienzellen aber würden, wenn wir den Vergleich vervollständigen, die Telegraphen- und Telephonämter vergleichbar sein. ... In derselben Weise spielen die Straßen, Eisenbahnen und Kanäle mit den dazu gehörigen Betriebseinrichtungen eine ähnliche Rolle im Staat, wie die Blut- und Lymphgefäße im leiblichen Organismus. ... Ohne derartige Einrichtungen des Verkehrs würden sowohl im hochentwickelten Organismus die verscheiden differenzierten Zellen als auch im Staat die arbeitsteilig gewordenen, an bestimmten Orten zusammengedrängten Menschen überhaupt nicht zu einer derartigen Anhäufung gelangt sein oder bei einem Versagen der Einrichtung zugrunde gehen."[429]

In vergleichbarer Weise sei die Funktionsweise des Militärs körperlichen Reizphänomenen gleichzusetzen, wie der „Lichtreiz der Netzhaut" reagiere auch der einzelne Soldat automatisch auf Befehle und sei „durchaus nur

---

426 Vgl. Gradmann, Unsichtbare Feinde, S. 332f.
427 Oscar Hertwig: Der Staat als Organismus. Gedanken zur Entwicklung der Menschheit, Jena 1922. Vgl. dazu die Ausführungen bei Johach, Krebszelle, S. 300ff.
428 Ebd., S. 198.
429 Ebd., S. 54f.

ein abhängiges, von einem höheren Willen geleitetes Glied des militärischen Organismus."[430] Diesem organischen Staatsbild entsprach auch Hertwigs Menschen- und Gesellschaftsbild: „Im Kulturstaat ist daher der Einzelne trotz seiner scheinbaren Freiheit ... zu einem sehr abhängigen Glied eines übergeordneten, sozialen Organismus geworden."[431] In Hertwigs Entwurf findet sich überdies ein weiteres Beispiel, wie eine solchermaßen identifizierte Analogie mit Krankheiten und wiederum mit dem Begriff der Krise in Verbindung gebracht wurde:

> „Beim Gebrauch der Begriffe Krisen und Krankheiten möchte ich zwischen beiden, obwohl eine scharfe Trennung zwischen ihnen nicht durchführbar ist, doch einen gewissen Unterschied machen, insofern dem ersten Begriffe eine umfassendere Bedeutung innewohnt und sich auch auf Veränderungen bezieht, die sich noch innerhalb des normalen Geschehens liegen. Jeder organische Entwicklungsprozeß beruht ja darauf, daß Altes aufgehoben wird und einem Neuen Platz macht."[432]

Hertwig nahm hier einen biologisch-medizinischen Krisenbegriff auf, um ihn in der Übertragung auf Staat und Gesellschaft in einem Punkte zu modifizieren und anzupassen: dem der Metamorphose.

> „So geht in der tierischen Entwicklung in der Regel das vorausgegangene wie in einem gleichmäßigen Fluß in das ihm nachfolgende über, und in ähnlicher Weise kann auch der Staat durch allmähliche und auf lange Zeitabschnitte verteilte Reformen unmerklich eine neue Form gewinnen. Nicht selten verläuft aber hier wie dort die Entwicklung auch sprunghaft und stürmisch, so daß sich scharf gegeneinander abgesetzte Perioden unterscheiden lassen. Beim Tier spricht man dann von einer Entwicklung mit Metamorphosen, beim Staat von einer Entwicklung mit Revolutionen und Katastrophen."[433]

Überraschenderweise bezog Hertwig zu der Alternative Reform oder Revolution nicht eingehend Stellung, sondern ließ beide Auswege aus der Krise als gleichberechtigte Optionen nebeneinander stehen – nicht zuletzt, weil sich auch im Tierreich beide Möglichkeiten je nach Lage ergeben würden. Wie bei den Entwicklungsstadien der Insekten

> „finden sich auch im Staatsleben Perioden einer derartigen Metamorphosenentwicklung, wo neue Kräfte sich regen, ... aber daneben die alten Formen noch

---

430 Ebd., S. 59.
431 Ebd.
432 Ebd., S. 180.
433 Ebd.

lange Zeit fortbestehen bleiben, wenn auch ohne die ursprüngliche Lebenskraft ihrer Jugend, vielmehr schon untergraben und innerlich ausgehöhlt; so führen sie vorübergehend nur ein Schattendasein, bis sie plötzlich durch irgendein neu hinzutretendes Ereignis gewaltsam gesprengt ... werden. Dann spricht man von Krisen und Revolutionen im Staat, in deren Verlauf, wenn sie erfolgreich sind, wie bei der Insektenentwicklung, gleichsam über Nacht das alte, schon längst abgetragene Kleid abgestreift und durch ein neues, aber schon seit langer Zeit in Ausführung begriffenes ersetzt wird."[434]

Hertwig hat damit, jedenfalls nicht explizit, nicht die Revolution von 1918, sondern in Berufung auf Karl Marx den Übergang von der Feudalära zur Moderne gemeint. Den dergestalt skizzierten staatlichen Organismus betrachtete Hertwig nun als von Krisen und Krankheiten betroffen.

„Zu den Vergleichspunkten, die sich uns zwischen einem Staat und einem leiblichen Organismus in großer Zahl ergeben haben, ... läßt sich noch ein weiteres Gebiet hinzugesellen, welches sich als die *Pathologie von Staat und Gesellschaft* [Hervorhebg. im Orig.] bezeichnen läßt. Von einem richtigen instinktiven Gefühl geleitet spricht man ja häufig in der Literatur und im gewöhnlichen Leben von Krankheiten des Staats und der Gesellschaft, von ihren Symptomen, von ihrem Verlauf und ihrer Heilung. ... Solche Ausdrücke ... deuten immer wieder aufs Neue an, wie das organische Leben auf niederen und höheren Stufen seiner Gestaltung und Funktion überall Übereinstimmungen darbietet."[435]

Es sei in vergleichbarer Weise die Aufgabe eines (funktionierenden) Staates, die Probleme zu lokalisieren, an denen sich „soziale Übel" ereigneten, genauso wie „bei einer Erkrankung ... der Arzt und pathologische Anatom nach dem Sitz der Krankheit" suche (auch Hertwig war dem universitären Fach nach Anatom). Eine wesentliche Aufgabe seines Buches war für Hertwig „als Anhänger einer idealistischen Weltauffassung die Krisen und Krankheiten der Gegenwart in der Entwicklung des staatlichen Organismus [zu] besprechen"[436] – und zwar, ein Weimar-typischer Fall eines holistischen Lösungsversuches, sowohl auf sozioökonomischem Gebiet als auch im „religiösen und sittlichen Leben". Insbesondere die Großstädte als „Brutstätten von Elend und Krankheit, von Lastern und Verbrechen" seien „schon längst als Geschwüre am staatlichen Organismus ... gebrandmarkt worden."[437]

---

434 Ebd., S. 181.
435 Ebd., S. 179.
436 Ebd., S. 182.
437 Ebd., S. 192.

Durch diese Zuschreibung des Kranken (mit den metaphorischen Mitteln von „Geschwür"/Krebs und „Brutstätte"/Infektionsherd) auf die Großstadt – ein Topos, der immer wieder in den organizistischen Diskursen auftaucht – wies sich Hertwig als sozial Konservativer aus. Die Ursache dafür, dass „jetzt Staat und Gesellschaft hauptsächlich infolge der Entwicklung ihres Wirtschaftslebens schwer erkrankt sich in einer gefährlichen Krise befinden"[438], lagen für Hertwig neben dem Zuschnitt des modernen Finanzkapitalismus und der Inflation vor allem im moralischen Verfall eines übersteigerten allgemeinen Drangs nach Geld, Profit und Luxus.

> „Wenn wir als die Krankheit unserer Zeit den alles andere überwuchernden, übermäßig gesteigerten Erwerbssinn [und] Egoismus ... im Staate festgestellt haben, so hat auch hier die Heilung zu beginnen mit ... der Regelung der sittlichen Stellung, welche der einzelne als eingeordnetes Glied im staatlichen Organismus einzunehmen hat."[439]

Zum Ende seiner Ausführungen explizierte Hertwig nochmals seine Vorstellungen von einem kranken Staat:

> „Staaten können durch innere Krankheitskeime und durch Feinde von außen, häufig durch beide zusammen, unter ungünstigen politischen Konstellationen in ihrem Gefüge auf das schwerste erschüttert werden. ... Das sind Perioden der Rückentwicklung im Völkerleben, gleichsam eine Metamorphose mit Gewebshistolyse."[440]

Hertwig zog aus seiner biologistischen Kulturkritik ein zwar christlich eingefärbtes, aber doch eher fatalistisches Resümee, das das o.e. biologische Schema der Metamorphose in der Übertragung auf den Staat aufrechterhielt, denn „aus dem Chaos der Anarchie werden wieder neue Volksstaaten als Organismen verjüngt auferstehen."[441] Dieses Fehlen einer dezisionistischen Zuspitzung und einer Dialektik von Überwindung und Zukunftsaussicht ist m.E. auch darin zu suchen, dass Hertwig (geb. 1849) einer älteren Generation von Naturwissenschaftlern angehörte, die, noch vollständig im Kaiserreich sozialisiert, die Verwerfungen der Nachkriegsjahre nicht in derselben Schärfe sahen wie jüngere Autoren. Hertwigs gemäßigt konservative, christliche Haltung ist vermutlich eine weitere Ursache.

---

438 Ebd., S. 184.
439 Ebd., S. 198.
440 Ebd., S. 226.
441 Ebd.

Genau zehn Jahre später nahm der Bremer Oberstudienrat und Ornithologe Hans Duncker in einem Vortrag auf Hertwigs Schrift Bezug. Ihm war daran gelegen, „die brennenden Fragen um die Gesunderhaltung unseres Volkskörpers auch einmal mit dem Auge eines eugenisch denkenden Biologen zu betrachten."[442] Als überzeugter Eugeniker und Vorstand der Bremer Rassenhygienischen Gesellschaft[443] bemängelte Duncker das Fehlen eugenischen Gedankenguts bei Hertwig, denn

> „die Eugenik gehört aber in den Mittelpunkt eines jeden sozialbiologischen Systems. Von den eugenischen Forschungsergebnissen müssen wir ausgehen, wenn wir zu einem richtigen Urteil über das Wesen der Erkrankung und über die Wege zur Heilung unseres Volkskörpers kommen wollen."[444]

Dunckers Ausführungen zur Rassen-, oder wie er sie bevorzugt nennt, Volkshygiene brauchen hier nicht wiedergegeben zu werden, da sie im Wesentlichen auf dem Kanon der rassenhygienischen Literatur (vor allem dem *Baur/Fischer/Lenz*) aufbauen. Auch Dunckers elaboriertes Übertragungssystem, das mithilfe der Kategorien von Assoziation und Integration in Komplexität über die bisherigen Körperanalogien hinausgehen wollte, soll hier nur insofern Erwähnung finden, als es unter „Assoziationsverbänden" nur folgende Elemente fasst: „Einzeller, fortpflanzungsfähiger Vielzeller, Familie, echter Volkskörper, Nationalstaat."[445] Bemerkenswert ist hierbei der anders gelagerte Entwurf einer Analogie, die die ansonsten als Vergleichsgrößen genannten Zellen und Gewebe einer anderen Kategorie der „Integrationsstufen" zuweist. Dunckers gesamte Konzeption kennzeichnet ihn, auch nach eigener Aussage, vor allem als „Völkischen", dem nicht der Staat, sondern das Volk das höchste Gut eugenischer Bestrebungen ist:

> „Der völkisch Eingestellte erstrebt die Gesunderhaltung seines Volkskörpers auf dem Wege der Erhaltung erbgesunder Familien, er ist *Eugeniker*. Der national Gesinnte erstrebt die Erhaltung der Vormachtstellung seines Volksanteiles in dem Staat, dem er angehört. Er ist *Politiker*. [Hervorhebg. im Orig.]"[446]

---

442 Hans Duncker: Biologie des Volkskörpers, in: Bremer Beiträge zur Naturforschung, Sonderausgabe (1932), S. 111.
443 Vgl. Harten u. a., Rassenhygiene, S. 366.
444 Duncker, Biologie des Volkskörpers, S. 96.
445 Ebd., S. 108.
446 Ebd., S. 101.

Ein ganzes Arsenal an politisch-sozialen Krankheitsmetaphern findet sich im Beitrag des Botanikers, Schriftstellers und Theologen Eberhard Dennert.[447] Wenngleich er davor warnte, vorschnelle „Analogien und Vergleiche ... an den Haaren herbei[zu]ziehen", war für ihn die Analogie von Staat und Organismus nicht nur erkenntnis-, sondern auch handlungstheoretisch von Gewinn:

> „Was wir erstreben müssen, ist ein neuer lebensvoller Staat, ein Staat als lebenskräftiger Organismus. Sollte es da nicht möglich sein, für ihn gesunde Richtlinien in dem Forschungsgebiet zu finden, dessen Gegenstand eben die lebenden Organismen der Natur sind, in der Biologie? Ja, sollten wir dort nicht am Ende die sichersten Grundlagen für ein menschliches Staatswesen finden?"[448]

Die Berechtigung zu einem Vergleich ergebe sich aus der jeweiligen Analogie der verschiedenen Teilelemente. Dennert war von der Notwendigkeit einer Grundlegung dieser Analogie im politischen Denken derart überzeugt, dass er sich sogar zu der Forderung verstieg, „jedem Staatsbürger sollte die biologischen Gesetze der Differenzierung und Arbeitsteilung ... eingehämmert werden, so daß ihm jede Auflehnung dagegen als Verbrechen erscheint."[449] Nicht zuletzt werde nicht nur der Staat in biologischen Termini gefasst, sondern auch tierische oder Zellverbände als Staat bezeichnet.

> „Der Organismus ist eben eine Arbeitsgemeinschaft. So ist es auch beim Staat. Auch der Staat ist in eine Umgebung gesetzt, mit der er in Wechselbeziehung steht und stehen muß, auch er ist dem Tode und damit ständiger Gefahr ausgesetzt. ... Die Gleichartigkeit des Aufbaues und der Arbeitsvorrichtungen beim Lebewesen und beim Staat ... berechtigt uns zu dem Satz: *Der Staat ist ein Organismus* [Hervohebg. im Orig.]."[450]

Wiederum lässt sich hier der Gedanke einer *Identität* von Staat und Körper, von Buchstäblichem und Metapher erkennen. Ausgehend davon identifizierte Dennert nun eine Reihe von „Krankheitssymptomen", allen voran den Parlamentarismus. Wahlen und Parteien wollte Dennert

> „von unserer biologischen Betrachtungsweise aus auf das schärfste verurteilen. Das politische Parteiwesen findet im natürlichen Organismus auch nicht die Spur

---

447 Eberhard Dennert: Der Staat als lebendiger Organismus. Biologische Betrachtungen zum Aufbau der Neuzeit, Halle ²1922.
448 Ebd., S. 13.
449 Ebd., S. 105.
450 Vgl. ebd., S. 22.

irgendeiner Analogie. ... Es gibt im Organismus keinen Klassengegensatz, Arbeitsgegensatz usw., worauf das Parteiwesen ja doch immer hinausläuft. ... Hinweg mit den politischen Parteien! ...Fort mit dieser Art von Parlament! ... Wir fordern einen „organisierten Volksrat" als Vertretung des deutschen Volkes."[451]

Doch nicht nur die Legislative, auch die Exekutive sei, in der Form der Weimarer Verfassung, grundsätzlich pervertiert. Eine parlamentarisch verantwortliche Regierung lehnte Dennert mit Blick auf die „Zentrale des Nervenapparats" rigoros ab:

> „Auch der Staatsorganismus fordert ... eine Leitung. ... Ja, der Staat ist nur dann ,lebendig', wenn er eine kraftvolle Leitung hat. Wo sie nachläßt, gerät der Organismus ins Stocken und in Unordnung, und wo sie aufhört, zerfällt der Staat unweigerlich. Die Tage der Revolution und die nachfolgenden Wochen haben uns dies wieder einmal schlagend bewiesen."[452]

So musste alles als ungesund erscheinen, was nicht einer organischen, d. h. hierarchischen Staatsordnung entsprach:

> „Republik, Sozialismus, Demokratie, ... Volksvertretung oder die „Betriebsräte" oder sonst etwas..., stets wird man finden, daß sie alle die gesunden Merkmale, wie sie beim Organismus herrschen, vermissen lassen."[453]

Des Weiteren existierten für Dennert „Schädlinge", die dem organisch verstandenen Staat schwer zusetzen würden.

> „Schmarotzer und Schädlinge:
> Es kann der Fall eintreten, daß Schädigungen innerer und äußerer Art ... eintreten, ... das Leben selbst bedroht wird. Zunächst setzt sich der Organismus selbst zur Wehr... er besitzt in den sog. Leukozyten des Blutes geradezu eine Polizeitruppe, welche die schädlichen Stoffe auffrißt und wegschafft ... Es kann auch der Fall eintreten, daß die Schädigungen andauern und die Widerstandskraft des Organismus übersteigen. ...Geschwulste und krankhafte Wucherungen. ...Wird er nicht beizeiten gewaltsam (durch Operation) entfernt, so bewirkt er schließlich den Untergang des betreffenden Lebewesens. ...Schmarotzertum geht also unbedingt gegen die Gesetze der Organisation."[454]

Unter diesen „Schädlingen" verstand Dennert erstens alle Arten von „faulen Mitessern", Wucherern, Verbrechern und Kriegsgewinnlern, bei denen er

---

451 Ebd., S. 93ff.
452 Ebd., S. 81f.
453 Ebd., S. 134.
454 Ebd., S. 107f.

den Typus des Finanzspekulanten hervorhob, der sein Geld „auf biologisch völlig unrechtmäßige Weise dem Ganzen entzogen" habe. „Wer sich derartig gegen die Gesetze gesunden organischen Lebens versündigt, hat kein Recht auf Schonung."[455] Ist der Sprachduktus hier schon in erstaunlicher Nähe zu der nationalsozialistischen Hetze gegen „Parasiten" (vgl. Kap. 3.5.3), wandte sich Dennerts besonderer Hass gegen

> „eine zweite Gruppe von Schädlingen des Staatsorganismus. Ich denke dabei an die Verbrecher, welche sich das aneignen, was andere sich in treuer Arbeit erworben haben, ... jene fragwürdigen politischen Gestalten, welche bestrebt sind Ordnung und Gesetze des Staates zu untergraben. ... Dies sind Schädlinge übelster Art, und sie sind es besonders, welche in den Revolutionen die Volksleidenschaften aufpeitschen und das Staatsleben nicht zur Ruhe kommen lassen. In unserer Revolution sind es die Spartakiden [sic], welche diese elende, vaterlandsverräterische Rolle spielen. Und ein sehr großer Teil des Unglücks, das über Deutschland kam, ist auf sie zurückzuführen und darauf, daß die sozialistische Regierung ihnen gegenüber einen falschen Standpunkt einnahm. Solche Elemente sind Fremdkörper und Schädlinge für einen lebendigen Staatsorganismus. Sie gehören nicht hinein, und unsere biologischen Gesetze fordern, daß sie, wo sie eingedrungen sind, möglichst schnell unschädlich gemacht werden. Es war daher ein schwerer Fehler der Revolutionsregierung, daß sie derartigen Schädlingen wie Liebknecht und Rosa Luxemburg eiligst und schleunigst die Freiheit schenkten und daß sie dann 2 Monate lang ihre verhängnisvolle Wühlarbeit duldeten. ... Das Staatsinteresse forderte etwas anderes, nämlich ein rücksichtsloses Herausoperieren des Spartakusfremdkörpers aus dem Staatsorganismus."[456]

Zusammenfassend und gewissermaßen schon als politisches Zukunftsprogramm gedacht formuliert Dennert:

> „Also, diese unsere Betrachtung zeigt uns, daß aus den biologischen Gesetzen die Forderung folgt: keine gefühlsmäßige schonende Behandlung, sondern rücksichtslose Vernichtung der Schmarotzer und Schädlinge! Wer ... irgendwelche Handlungen begeht, welche der Interessengemeinschaft der übrigen Staatsbürger entgegengerichtet ist, muß auf irgendeine Weise unschädlich gemacht werden."[457]

Es zeigt sich hier, dass die Ablehnung sowohl der Republik als auch der radikalen Linken mit Krankheitsbildern belegt wird, und wie im Fall der letzteren mit dem Metaphernfeld von „herauszuoperierenden Schädlingen"

---

455 Ebd., S. 109.
456 Ebd., S. 111f.
457 Ebd., S. 112.

einem exterminatorischen Geist das Wort geredet wurde, der der brutalen Ermordung von Karl Liebknecht und Rosa Luxemburg eine nachträgliche Rechtfertigung verleiht. Dabei ist bemerkenswert, dass Dennert trotz einer solchen rhetorischen Aufrüstung gegen Demokratie und linke Opposition keineswegs in der Nähe völkischer oder nationalsozialistischer Kreise stand, sondern sich in evangelisch-konservativen Zirkeln bewegte und veröffentlichte.

Als Resümee steigert Dennert die von ihm diagnostizierte deutsche Misere in eine globale „Krankheit":

> „Die Menschheit ist ein Organismus. Deutschland ist eben ein Organ dieses Organismus und hat dies in jahrtausendelanger Entwicklung erwiesen. Als solches ist es wertvoll und unentbehrlich wie andere auch. Da ist es erklärlich, daß der Organismus es merkt, wenn dieses Organ krank und gelähmt ist. ... O ja, die Welt ist krank, totkrank! [sic] Deutsche Brüder und Schwestern, sorgt dafür, daß sie genesen möge!"[458]

Ebenfalls Botaniker, vertrat auch Hermann Gustav Holle einen biologischen Organizismus. Zwar diskutierte er auch die Ähnlichkeiten von organischem Staat und Pflanzenaufbau, doch „das wichtigste Analogon des Volksstaates bleibt aber der tierische Organismus."[459] In bekannter Weise wird über diese Analogie die vermeintliche Widernatürlichkeit von individualistischer Weltanschauung und ihren Ausprägungen, Demokratie und Kapitalismus, zu demonstrieren versucht. Die metaphorische Gestalt der Staat-Organismus-Analogie erkennt Holle zwar durchaus, negiert jedoch den Konstruktcharakter der Metapher:

> „‚Analogie'" ist ja nicht Gleichheit. Sie ist aber auch nicht bloße Ähnlichkeit, die etwa zur Ausschmückung der Rede durch willkürliche Vergleichsbilder Anlaß gibt, sondern grundsätzliche Übereinstimmung ... des natürlichen und des gesellschaftlichen Organismus in wesentlichen, entscheidenden Punkten."[460]

---

458 Ebd., S. 135 u. 137.
459 Hermann Gustav Holle: Organische Politik. Untersuchungen über den Wert der biologischen Analogie für das staatliche Leben des deutschen Volkes, in: Politisch-Anthropologische Monatsschrift für praktische Politik 20 (1921/22), S. 463. Insbesondere den Körperbau der Wirbeltiere hielt Holle für besonders geeignet für Analogieschlüsse; vgl. Hermann Gustav Holle: Allgemeine Biologie als Grundlage für Weltanschauung, Lebensführung und Politik, München 1925, S. 99.
460 Holle, Organische Politik, S. 467.

Auf die hier behauptete, aus sich selbst heraus erklärte Verbundenheit von Körper und Staat, von Natur und Politik im gedanklichen Raum zwischen Gleichheit und Ähnlichkeit wird später noch zurückzukommen sein. Dieses eher theoretische Programm einer „organischen Politik" ergänzt Holle um die Aufgabe einer von der Rassenhygiene inspirierten „eugenische Politik".[461]

Krankheitsmetaphern erscheinen bei Holle erstens in seiner Analyse der sozio-ökonomischen Verhältnisse. Der Kapitalismus habe sich vom biologischen Ideal der Zellenkörper so weit entfernt, dass er „einen Umfang angenommen hat, der nicht mehr als Überernährung („Hypertrophie") eines Volksteils zu bezeichnen ist, sondern eine wuchernde Geschwulst am Volkskörper darstellt."[462] Überhaupt könne der auf Zersetzung ausgerichtete Kapitalismus „nur in einem kranken Organismus gedeihen."[463] Zu diesem Antikapitalismus gesellt sich bei Holle ein ausgeprägter Antisemitismus: In Analogie zu „krankmachenden Bakterien, gegen die der Körper widerstandsfähig zu machen"[464] sei, verkörpern die Juden geradezu das parasitäre kapitalistische System: „Es wird vor allem darauf ankommen, ob es [das deutsche Volk] imstande ist, sich des jüdischen Schmarotzers zu erwehren."[465] Zweitens werden Zeitgeist bzw. weltanschauliche Modeerscheinungen krankheitsmetaphorisch beschrieben:

> „Geistige Strömungen ... sind Erscheinungen am Leben des Volkes, die wie epidemische Krankheiten als Gegenwirkung des Körpers gegen gewisse auf ihn einwirkende Schädlichkeiten, eingedrungene Baktierien sozusagen, entstehen, sich ausbreiten und auf andere Völker übertragen werden können, wie vor und während des europäischen Krieges die soziale, bis sie, über die Ufer tretend, wie das Fieber im Körper, selber eine Schädlichkeit für das Leben werden."[466]

Nicht zufällig wird hier die soziale Bewegung mit Krankheitsmetaphern belegt, denn ihre Trägerin, die Sozialdemokratie, ist für Holle der Gegenpol zu der von ihm ersehnten organischen Staats- und Gesellschaftsform:

---

461 Vgl. Holle, Allgemeine Biologie, S. 217.
462 Ebd., S. 241.
463 Ebd., S. 247.
464 Ebd., S. 261.
465 Ebd., S. 266.
466 Ebd., S. 268f.

„Es ist der Grundfehler der Sozialdemokratie, daß sie aus mechanistischer Weltanschauung heraus den Staat als Mechanismus herstellen ... will."[467]
Ein letztes, allerdings prominentes Beispiel eines zu Staat und Gesellschaft sich äußernden Biologen bietet der Fall Jakob von Uexkülls, dessen System einer *Staatsbiologie* die für Weimar wohl elaborierteste Analogie von Staat und Organismus darstellt und die der Politologe Martin Greiffenhagen als „das abstruseste mir bekannte Beispiel einer modernen biomorphen Staatslehre" genannt hat.[468] Ausgehend von der Diagnose, dass der gegenwärtigen Staatstheorie die Sicht auf das Ganze des staatlichen Organismus abhanden gekommen sei, entwickelte Uexküll in dem 1920 als Sonderheft der von Rudolf Pechel herausgegebenen *Deutschen Rundschau* (s. Kap. 3.4.2) erschienenen Werk ein komplexes Staatskörpergefüge. Dieses sei an die Geographie des Landes angebunden und somit beruhe daher nicht nur „auf einer bloßen Analogie mit den Organen anderer Lebewesen". Es setze sich aus ihrerseits untergliederten „Tauschmittel-", „Erzeugungs-" und „Ordnungsorganen" zusammen.[469] Diese z.T. pflanzlich konstruierten „Organbäume" bildeten zusammen ein „Staatsorgan", das „trotz der Beweglichkeit seiner Zellen, das heißt der Menschen vollkommen örtlich festgelegt [sei], als wenn es aus verwachsenen Zellen bestünde."[470] Der analysierende Blick auf den Staat komme demnach einer Anatomie gleich:

> „Eine staatsanatomische Tafel gleicht im allgemeinen einer anatomischen unseres Körpers, die seine Hauptorgane mit ihrem Blutkreislauf wiedergibt."[471]

Die organische Sichtweise zog Uexküll einer mechanischen vor, da nur die erste auch die diachrone Entwicklung einbeziehen könne: „Die Maschine besitzt nur eine räumliche Gestalt, während das Lebewesen auch eine zeitliche Gestaltung besitzt."[472] Nur auf diese Weise konnte die Geschichte eines Volkes – auch auf diese Größe konnte Uexküll natürlich nicht

---

467 Holle, Organische Politik, S. 461.
468 Greiffenhagen, Dilemma, S. 212. Vgl. auch Demandt, Metaphern für Geschichte, S. 86.
469 Vgl. Jakob von Uexküll: Staatsbiologie. Anatomie, Physiologie, Pathologie des Staates, Berlin 1920, S. 5–16; Zitat S. 5.
470 Ebd., S. 6.
471 Ebd., S. 16.
472 Ebd., S. 31.

verzichten – angemessen in Metaphorik überführt werden. Wie auch das zentrale Nervensystem eines tierischen Körpers (dem im Staat die Beamtenschaft entspreche) für eine „straffe Zentralisierung" sorge, so ist für Uexküll auch die monarchische Staatsform die

> „einzige Organisationsform, die jeder Staat aufweisen muß. ... Man kann durch verschiedene Mittel wie Parlamente oder ähnliches mehr der Person, die die Zentralstelle inne hat, die Entschlußkraft rauben. ... Alles das ändert an der Tatsache nichts, daß der organische Aufbau eines jeden Staates das Dasein einer solchen Zentralstelle fordert."[473]

Damit tritt die politische Haltung Uexkülls als Republikgegner klar hervor, die sich folgerichtig auch in der Diagnose verschiedener „Krankheiten des Staates"[474] äußerte, der zwar kein festes „Lebensalter" habe, aber dennoch sterben könne. Ein erstes Beispiel ist für Uexküll die Presse, die er als schädliche, außerhalb des Staatskörpers stehende Organisation ansah.

> „So hat man das von der Presse täglich ausgestreute Gift ruhig weiterfressen lassen und ... die Grundlage des Staates, die in der allgemeinen Gewissenhaftigkeit besteht, der Auflösung preisgegeben."[475]

Zweitens sah Uexküll in allen Formen berufsgenossenschaftlicher oder gewerkschaftlicher Selbstorganisation ein widernatürliches „Verwachsen der Staatsgewebe."[476] Vor allem die Arbeiterbewegung hätte sich

> „zu einem neuen lebendigen Ganzen zusammen[geschlossen], das wie ein bandförmiger Schmarotzer sämtliche größeren Organbäume umschlang. Diesem gefährlichen Feind des Staates gelang es in Deutschland, das Staatsgefüge zu zerreißen und sich zum Herrn des Landes zu machen. Hierdurch wurde er gezwungen, selbst die Funktionen des Staates zu übernehmen. Da er aber seiner Natur nach ein Schmarotzer und Feind des Staates ist ..., so befindet er sich selbst und der Staat mit ihm in einem Dilemma, aus dem es keinen Ausweg gibt."[477]

Hier werden der Umbruch von 1918 und der Zusammenbruch des deutschen Kaiserreichs umgedeutet und zu einer Pathologie erklärt. Insbesondere die 1920 regierenden Sozialdemokraten waren damit gemeint (wenngleich von

---

473 Ebd., S. 18.
474 Ebd., S. 40.
475 Ebd., S. 41.
476 Ebd.
477 Ebd., S. 42.

Uexküll nicht ausdrücklich ausformuliert, so doch leicht zu identifizieren). Um ihre quasi „naturgegebene" Regierungsunfähigkeit zu unterstreichen, vertieft Uexküll die zoologische Metapher des Bandwurms noch:

> „Wir erleben daher täglich das groteske Schauspiel eines nie dagewesenen grausamen Welthumors, wie der Bandwurm, der ein edles Streitroß getötet hat, es versucht, selbst Pferd zu spielen. Da er aber weder das Rückgrat noch die Gliedmaßen noch die Sinnesorgane und das Hirn des Pferdes besitzt, kommen nur klägliche Verrenkungen zustande."[478]

Aus diesem Sündenfall eines parasitären Befalls des hierarchisch-organischen Körper des Staates resultiert für Uexküll drittens eine weitere „Krankheit, die unsern Staat ergriffen hat, … [die] in der Auflösung der Staatsgewebe in ihre einzelnen Zellen besteht." Mangelnde Religiosität und fehlendes Pflichtgefühl hätten dafür gesorgt, dass

> „das Weltideal der Materialisten, das Chaos, auf den Staat übertragen hat. Ein jeder sucht auf eigene Faust seinen Vorteil. Dabei kann weder der Staat noch sein Bandwurm bestehen. Jede Gewebsauflösung geht unter Bildung einer in Pausen sich wiederholenden eruptiven Krankheitserscheinung vor sich, bei der sich die losgelösten Gewebszellen zusammenballen und irgendeinen Gewaltakt vollführen, um gleich darauf wieder auseinander zu fallen. Wir nennen diese Krankheitssymptome die ‚Masse.'"[479]

Viertens sei eine „politische Blindheit gegenüber den Naturbegebenheiten [sic], auf die sich der Staat aufbaut" zu diagnostizieren, die „von allen die schlimmste und eingewurzelte sei"[480], da sie die vorgenannten Krankheiten von Gewebszersetzung bzw. -verwachsung überhaupt erst ermögliche. Diese Verblendung habe dazu geführt, „daß man zur Wahl von Volksvertretern schritt und die Macht des Staates in die Hände der durch ein sinnloses Zusammenzählen der Stimmen erwählten Staatsbürger legte."[481] Hier zeigt sich, dass Uexküll auch gegen die moderne repräsentative Demokratie eingestellt war, was er mithilfe von Körperbildern nochmals verdeutlichte:

---

478 Ebd.
479 Ebd., S. 43.
480 Ebd., S. 47.
481 Ebd., S. 46.

> „Es ist somit ein Zustand eingetreten, der auch in unserem Körper eintreten würde, wenn an Stelle der Großhirnzellen die Mehrzahl der Körperzellen zu beschließen hätte, welche Impulse den Nerven zu übermitteln sind. Einen solchen Zustand nennt man ‚Blödsinn.'"[482]

Uexkülls Zukunftsprognosen fielen auf dieser Grundlage recht düster aus. Aufgrund der weiten Verbreitung der „unausrottbaren Krankheit der Volksblindheit" sei „der Untergang der europäischen Staaten nur eine Frage der Zeit."[483] Hatte Uexküll schon zuvor mit dem Bild des „Bandwurms" den Topos des Parasiten aufgegriffen, sah er fünftens in den „parasitären Erkrankungen" eine weitere politische Seuche. Interessant (und wohl auch einmalig im politischen Denken) dabei ist die „feinsinnige Unterscheidung"[484] zwischen äußeren Parasiten und inneren Symbionten – eine „Auftrennung des parasitären Kontinuums ... auf [die] es auch der antisemitische Diskurs anlegt."[485] Unter Symbionten verstand Uexküll solche „fremdrassigen Elemente", die einem „geschwächten" Staat unterstützend zu Hilfe eilen. Wenngleich Uexküll (überraschenderweise) keine Gruppen oder Namen nennt, ist doch einigermaßen leicht zu erkennen, dass hiermit die national gesinnten jüdischen Deutschen gemeint sind – der Eindruck des Ersten Weltkriegs mit dem hohen Anteil jüdischer Frontsoldaten war schließlich noch frisch (wobei bei dem erst 1918 Reichsbürger gewordenen Baltendeutschen Uexküll gerade in dieser Hinsicht eine nationalistische Überkompensation auszumachen ist).

> „Anders die [echten] Parasiten. Sie gedeihen besser in einem kranken Staate, der nur noch schwach auf ihre Eingriffe reagiert. Sie werden es daher versuchen, das Nationalgefühl auf jede Weise zu untergraben."[486]

Unter dieser Kategorie fasste Uexküll auch die „äußeren Parasiten", die tatsächlich als außerhalb des (deutschen) Staates zu verstehen waren. Erstaunlicherweise dachte Uexküll nicht an den „Erbfeind" Frankreich, sondern an Großbritannien:

---

482 Ebd.
483 Ebd., S. 49.
484 Greiffenhagen, Dilemma, S. 212. Vgl. auch Esposito, Bíos, S. 18.
485 Johach, Krebszelle, S. 316.
486 Uexküll, Staatsbiologie, S. 50.

„Von allen Staaten der Erde hat sich England zum Weltparasiten aufgeworfen und saugt Freund und Feind [sic] mit viel Geschick und Rücksichtslosigkeit aus. Am erfolgreichsten hat sich seine Methode in Irland bewährt... Das gleiche Schicksal erwartet jetzt Deutschland. Die anderen Länder werden später an die Reihe kommen, wenn sie sich nicht rechtzeitig zur Wehr setzen."[487]

In dieser gedanklichen Konstellation kristallisierte sich Uexkülls Gegnerschaft zum modernen Finanzkapitalismus heraus, den er im nationalen und internationalen Raum scharf ablehnte – auch dies keine Seltenheit für einen rechtskonservativ bzw. nationalistisch orientierten Intellektuellen.

Wie ließe sich Uexküll zufolge nun ein Beitrag zur Abwehr der genannten Erkrankungen und zur „Gesundheitspflege des Staates"[488] leisten? Als höchstes Ziel betrachtete er die Aufrechterhaltung der individuellen Gesundheit und die der Nachkommen sowie das „innere Gleichgewicht, ... das im Tierstaat von vornherein mitgegeben ist, ... das hingegen im Menschenstaat immer von neuem gesucht und gefunden werden muß."[489] Um dies zu erkennen und zu fördern, bedürfe es – und dies ist die finale Krankheitsanalogie Uexkülls – einer „Staatsmedizin" und eines Arztes am Staate:

„Dies ist eine Aufgabe, der nur solche Individuen gewachsen sind, die die bisher verwirklichten Natur- und Staatsregeln von Grund aus [sic] kennen, die wie die Ärzte erst die Anatomie, Physiologie und Pathologie des Staates studiert haben müssen, ehe sie auf den Patienten losgelassen werden. ... Aber an einer großzügigen Akademie, nicht nur zur Ausbildung von Staatsärzten, sondern vor allem zur Grundlegung einer Staatsmedizin fehlt es noch durchaus. Wir besitzen kein Organ, dem wir die Gesundheitspflege des Staates übertragen können."[490]

Diese recht pessimistische Schlussfolgerung revidierte Uexküll in der zweiten, 1933 und schon nach der „Machtergreifung" erschienenen Auflage[491], in der am Text nur wenige Änderungen vorgenommen wurden (etwa eine Ergänzung zur „Rassenerkrankung des Staates" und zur „technischen Krankheit" der Rationalisierung). Dem 1920 formulierten Ausspruch, dass der „Untergang der europäischen Staaten nur eine Frage der Zeit" sei,

---

487 Ebd., S. 51.
488 Ebd., S. 54.
489 Ebd., S. 55.
490 Ebd., S. 55.
491 Jakob von Uexküll: Staatsbiologie. Anatomie, Physiologie, Pathologie des Staates, Hamburg ²1933.

fügte Uexküll nun als Reverenz an das neue Regime hinzu: „Für Deutschland ist diese Gefahr nur durch Adolf Hitler und seine Bewegung gebannt worden."[492] Ganz in diesem Sinne sei eine immer noch zu etablierenden „naturwissenschaftlich betriebene Staatsbiologie" im nationalsozialistischen Staate gut aufgehoben:

> „Der deutsche Volks- und Staatskörper gleicht heute einem schwerkranken Patienten, der voll gläubigen Vertrauens sein Schicksal in die Hände eines berühmten Chirurgen gelegt hat, in der Hoffnung, daß dieser ihn durch eine Operation auf Tod und Leben von seinen Leiden befreien werde."[493]

Abgesehen davon, dass erst hier die Rede von einem *Volks*körper war, zeigt sich die aufrechterhaltene Diagnose eines auf den Moment von Leben und Tod zugespitzten „kranken Deutschlands". Doch bereits das in der ersten Auflage entwickelte Panorama einer an Anatomie und Physiologie angelehnten Pathologie der deutschen Republik enthielt genug Ansatzpunkte für eine rechte Systemkritik:

> "Here we can already spot the harbinger of a theoretical weaving – that of the degenerative syndrome and the consequent regenerative program – fated to reach its macabre splendors in the following decades."[494]

Im Lichte eines heraufziehenden biopolitischen Totalitarismus erwiesen sich Uexkülls Diagnosen als eine "threateningly prophetic conclusion."[495] Darüber hinaus ist an seinem neovitalistischen Großentwurf bemerkenswert, dass er im Gegensatz zu den meisten anderen Naturwissenschaftlern eine theoretisch komplexere, weil konstruktivistische Organizistik vorlegte (Uexküll gilt als einer der Vordenker eines wissenschaftssoziologischen radikalen Konstruktivismus). Der Staatskörper blieb für ihn ein theoretisches Konstrukt und war eben nicht identisch mit einem lebenden Körper. Diese Aufrechterhaltung der Differenz mag auch daran gelegen haben, dass er als Zoologe tendenziell den tierischen und nicht den menschlichen Körper als Vergleichsgröße heranzog. So kontrastierte ein rationaler Kern mit dem ausgesprochen antidemokratischen Unterton seiner „abstrusen" organischen Staatstheorie.

---

492 Ebd., S. 71.
493 Ebd., S. 79.
494 Esposito, Bíos, S. 17.
495 Ebd., S. 18.

3.3.5 Zusammenfassung

Ohne hier bereits eine Gesamtwürdigung der politischen Krankheitsmetaphern aus naturwissenschaftlichen und medizinischen Kontexten vornehmen zu wollen (s. 3.6), ergibt ein kurzer Rückblick auf die zitierten Entwürfe eine Vielzahl an politischen „Diagnosen" und „Therapien", die meistens in biomorphe Staats- und Gesellschaftsmodelle eingebettet sind:

> „Das ‚Organischwerden' des Staates ist das Versprechen, das Soziologie und Biologie dem krisengeschüttelten Gemeinwesen in gemeinsamer Allianz machen. Neben den traditionellen therapeutischen Akteur, den Politiker als Arzt und den Arzt als Politiker ... tritt der ... biologische Gesellschaftspathologe."[496]

In der Betonung bzw. Aufrechterhaltung einer staatspolitischen Rolle des Arztes oder Biologen als „Hüter der Volksgesundheit" (Schlossmann) wurde die Furcht vor einem Bedeutungsverlust kompensiert. Hier sah eine einstmals mächtige „Elite-Schicht von Akademikern, Hochschullehrern, Naturwissenschaftlern und Medizinern, die ihren gesellschaftlichen Einfluß und Teile ihrer politischen Macht nach dem Ersten Weltkrieg ... durch Demokratie ... massiv bedroht."[497] Andererseits spricht aus den erwähnten Texten auch ein großer Machbarkeitsoptimismus:

> „Die Gesellschaftskörper schienen auf Grund der technischen und naturwissenschaftlichen Errungenschaften nun endlich gezielt gestaltbar, sei es durch die Perfektionierung der menschlichen Körper, sei es durch den Beschnitt der ‚kranken' Gesellschaftsteile."[498]

Es war die Wechselbeziehung von Krankheitsdiagnose und der Besessenheit einer umfassenden „Heilung" des Volkes, die diese Dynamik hervorbrachte, und die im Übrigen kein rein deutsches, sondern europäisches Phänomen war.[499] Der von Medizin und Naturwissenschaften

---

496 Johach, Krebszelle, S. 300f.
497 Niels Lösch: Zur Biologisierung rechtsintellektuellen Denkens in der Weimarer Republik, in: Wolfgang Bialas/Georg G. Iggers (Hg.): Intellektuelle in der Weimarer Republik, Frankfurt a.M. 1997, S. 346.
498 Etzemüller, Ewigwährender Untergang, S. 31.
499 Vgl. das vielschichtige Panorama zeitgenössischer Debatten in Großbritannien bei Richard Overy: The Morbid Age. Britain Between the Wars, London 2009.

„praktizierte konzeptuelle Einsatz organischer Metaphorik steht damit im Kontext eines politischen Programms, das man als Curing the social body bezeichnen könnte; der zerrüttete Gesellschaftsorganismus soll auf der Basis biologischen [und medizinischen; KL] Wissens wieder ins Gleichgewicht gebracht werden."[500]

3.4 Krankheitsmetaphern im politischen Denken

Im vorangegangenen Kapitel sind bereits solche Versatzstücke antidemokratischen Denkens aufgegriffen worden, die sich in Krankheitsmetaphern manifestiert haben. Im Folgenden soll unter diesem Gesichtspunkt nun ein Blick auf das politische Denken der Weimarer Republik geworfen werden. Den im englischen Sprachraum als "political thought" weiter verbreiteten Begriff entnehme ich der politischen Theorie als relativ positivistisch aufgefassten Gegenstand einer politischen Ideengeschichte. Im Übrigen gilt mutatis mutandis für meine Ausführungen, was Kurt Sontheimer an den Anfangspunkt seiner Studie zum antidemokratischen Denken in der Weimarer Republik gestellt hat:

> „Im Mittelpunkt ... stehen nicht die antidemokratischen Gruppen, sondern deren Ideen. Wie uneinheitlich diese Gruppen auch immer waren, die Ideen, denen sie sich verschrieben, waren allesamt Antithesen zur bestehenden liberalen Demokratie der Weimarer Verfassung und insofern Kampfmittel gegen diese Demokratie. Die Untersuchung gibt ... ein Bild des antidemokratischen Denkens, keine Einzelstudien antidemokratischer Denker."[501]

Ausgehend von dieser Prämisse soll hier ebenfalls keine eingehende Rekonstruktion oder Gesamtwürdigung des rechten politischen Denkens stattfinden, sondern dieses nur auf den Aspekt der antidemokratischen Krankheitsmetaphern abgeklopft werden, was von Seiten einer vor allem politikwissenschaftlichen Forschung, die lediglich auf das organizistische Denken rekurriert hat, bisher kaum geschehen ist. Hier versucht meine

---

500 Johach, Krebszelle, S. 300.
501 Sontheimer, Kurt: Antidemokratisches Denken in der Weimarer Republik. Die politischen Ideen des deutschen Nationalismus zwischen 1918 und 1933, München ⁴1994, S. 14. Vgl. auch Riccardo Bavaj: Hybris und Gleichgewicht. Weimars „antidemokratisches Denken" und Kurt Sontheimers freiheitlich-demokratische Mission, in: Zeithistorische Forschungen/Studies in Contemporary History, Online-Ausgabe, 3 (2006) H. 2, (http://www.zeithistorische-forschungen.de/ 16126041-Bavaj-2-2006) [22.9.2013].

Arbeit einen kleinen, aber neuen Beitrag zu leisten. In diesem Zusammenhang hat Martin Greiffenhagen konstatiert, dass

> „die konservative politische Kritik gern mit dem organischen Krankheitsbegriff arbeitet. Sie tut es selbst da, wo die organische Staatstheorie als solche gar nicht verwandt oder ausdrücklich abgelehnt wird. Die Flut dieser diagnostischen Schriften ist uferlos und reicht bis in die Gegenwart."[502]

In fünf Etappen werden solche zeitgenössischen diagnostischen Schriften untersucht werden: Erstens der „Höhenkamm" hoch- bzw. jungkonservativer Ideen, bei dem neben den „Vordenkern" Spengler und Moeller van den Bruck hauptsächlich die Arbeiten von drei einflussreichen Autoren in den Blick genommen werden. Zweitens wird eine Gesamtschau auf drei traditionell konservative Zeitschriften und die in ihrem Konzept innovativere, jungkonservative *Die Tat* vorgenommen. Drittens werden die Krankheitsmetaphoriken vorgestellt, die sich in kleineren Beiträgen (Artikel, kürzere Pamphlete etc.) von „Laien", d.h. ansonsten nicht weiter mit politiktheoretischen Ideen hervorgetretenen Autoren manifestiert haben. Viertens werden in einem Exkurs die Einschätzungen von Wirtschaftswissenschaftlern auf politische Krankheitsmetaphern befragt. Fünftens soll, kontrastierend zum Vorangegangenen und insbesondere zum rechten Journalismus der Ausnahmefall einer Verwendung von Krankheitsmetaphern in der republikanischen Presselandschaft kurz untersucht werden.

3.4.1 Autoren aus dem Umfeld der Konservativen Revolution

Für das konservative und organizistische Denken der Weimarer Republik waren – ob nun in seiner monarchistisch-altkonservativen oder nationalistisch-revolutionären Strömung – zwei Staatstheoretiker von enormer Bedeutung: Der Schwede Rudolf Kjellén hatte bereits kurz nach Kriegsbeginn das Gedankengebäude der *Ideen von 1914* errichtet und einen dezidiert antiwestlich-organischen Kontrapunkt zu den bei den deutschen Kriegsgegnern verorteten „Ideen von 1789" gesetzt. In dem in den zwanziger Jahren mehrfach wiederaufgelegten Buch *Der Staat als Lebensform*[503] entwickelte

---

502 Greiffenhagen, Dilemma, S. 212f.
503 Kjellén, Rudolf: Der Staat als Lebensform, Leipzig 1917, Berlin ⁴1924 [hier wurde letztere Auflage verwendet].

Kjellén die Idee eines grundlegend organischen Staatssystems. „Alles wird klar mit einem einzigen Wort: das Reich ist der Körper des Staates."[504] Dass diese Vorstellung von Kjellén keineswegs metaphorisch gemeint war, zeigt sich nicht nur in diesem Satz (und es hieß eben nicht „das Reich ist *wie* ein Körper"), sondern auch in der Fülle von Körperanalogien.

> „Ein Körper ist ein Organismus, und das ist auch ein reifes Reich. ... Auch die Staatskörper haben ihre Achillesfersen und ihre Herzen. Solche vitalen Teile sind vor allem die Hauptstädte und die großen Pulsadern des Verkehrs. ... Die Staatsgebiete ... hängen in organischem Verhältnis zusammen wie Körper mit Herzen und Lungen und weniger edlen Teilen. Die organische Eigenschaft der Reiche wird im Zusammenleben desselben Volkes und derselben Staatsmacht immer mehr entwickelt."[505]

Daraus folgte für Kjellén, an Krankheitsmetaphern der Zersetzung anknüpfend, dass „wenn das Land der Körper des Staates ist, ... er Auflösungsansprüche von innen ebensowenig dulden [könne] wie Eingriffe von außen."[506] An anderer Stelle heißt es:

> „Unser Ergebnis tritt noch klarer zutage, wenn wir die wirkliche Bedeutung des Rechtes für den Staat mit der des Blutes im Körper gleichsetzen; auch das letztere ist ein notwendiges Element, aber der Mensch lebt nicht um seines Blutes willen! Und gilt es sein Leben, so kann er sogar einen Teil seines Blutes vergießen. Hiermit soll auch festgelegt werden, worin die Begrenzung der Theorie des Rechtsstaates besteht, wenn es sich um Zweck und Leitmotiv des Staates handelt. Wir fragen: warum gerade das Recht? Atmung und Verdauung sind für den Körper ebenso nötig wie die Blutzirkulation."[507]

Die auf diesen Parallelen beruhende Idee eines als identitär verstandenen Körpers des Staates wollte Kjellén zur Basis einer neuen Staatslehre machen, deren

> „Aufmerksamkeit sich auf die Volksperson selbst ... konzentriert, wobei es ganz gleichgiltig ist, ob sich dieselbe aus mehreren ethnischen Elementen zusammensetzt oder nicht. Genau wie bei anderen Lebewesen kommt auch beim Volke das Körperliche zuerst in Betracht; wir sprechen also von dem Volkskörper. Für die Bezeichnung der Wissenschaft bietet sich ebenso ungesucht das Wort ‚Physiopolitik'.

---

504 Ebd., S. 54.
505 Ebd., S. 57–60.
506 Ebd., S. 73.
507 Rudolf Kjellén: Grundriß zu einem System der Politik, Leipzig 1920, S. 26.

[Daher] ist bei mir die Neigung erwacht, diese Disziplin nach der besonderen Wissenschaft des Lebens, der Biologie, *Biopolitik* zu taufen; das liegt um so näher, als das griechische Wort ‚bios' nicht bloß physisches sondern vielleicht ebenso sehr gerade kulturelles Leben bezeichnete."[508]

Wohl selten zuvor war ein staatsrechtlicher Gebrauch des „Volkskörpers", der diesen als realen Gesamtkörper eines Staatsvolk auffasste, so direkt als *Biopolitik* bezeichnet worden und damit eine "biological configuration of a state-body that is unified by harmonic relations of its own"[509] auf einen Begriff gebracht worden, der auch heute wieder im Zentrum politischer Philosophie steht.

Eine mindestens genauso große Verbreitung in der politischen Theorie der Weimarer Republik erfuhr die holistische Ständestaatskonzeption des Österreichers Othmar Spann.[510] Angesichts des weitverbreiteten politischen „Hungers nach Ganzheit" (Peter Gay) stand Spann „bei der Ablehnung des Individualismus, bei der Propagierung von ständischer Ordnung ... auffällig oft Pate."[511] Auch für ihn konnte das Heil politischen Denkens nur in einer organischen Vorstellung von Staat und Volk liegen. Einen derart konstruierten „wahren Staat" sah Spann u. a. durch liberal-demokratische Strömungen und die unumschränkte Herrschaft des modernen Finanzkapitalismus bedroht, aber durchaus überlebensfähig:

> „Gleichwie auch selbst der mit Eiterbeulen bedeckte Organismus nicht durch die Eiterbeulen lebt, d. h. nicht durch das Kranke und Tote, sondern durch das noch Gesunde an ihm, durch das, was nicht Eiterbeule ist, – so auch die geschichtlichen Kulturen. ... Aber nicht diese Krankheits- und Todeserscheinungen sind das Lebendige im geschichtlichen Fortgang der Dinge, sondern sie sind das, was beseitigt werden muß, soll das Unwahre und in sich Bestandlose überwunden werden, das Wahre und Wirkliche aber gerettet."[512]

---

508 Ebd., S. 83f. u. 94.
509 Esposito, Bíos, S. 17.
510 Vgl. Sascha Bohn: Die Idee vom deutschen Ständestaat. Ständische, Berufsständische und Korporative Konzepte zwischen 1918 und 1933, Hamburg 2011, S. 40ff; Stefan Breuer: Die radikale Rechte in Deutschland 1871–1945. Eine politische Ideengeschichte, Stuttgart 2010, S. 224f.
511 Nolte, Ordnung, S. 179.
512 Othmar Spann: Die Grundentscheidungen in der Gesellschaftsphilosophie, in: Blätter für Deutsche Philosophie, 2 (1928/29), S. 228.

Die „Krisen unseres Zeitgeistes" äußerten sich für Spann darin, dass „unsere Zeit in ihrer chaotischen Verwirrung an tausend einzelnen Krisen ... leidet, die als ‚Fragen', ‚brennende Aufgabe', dringende ‚Reformnotwendigkeiten' zur Erscheinung kommen." Zu den „grundwesentlichsten Krisen, ... die durch den Verlauf des Krieges hervorgerufen wurden"[513], zählte Spann vier Teilkrisen: eine „staatenpolitische", eine des „naturrechtlichen Individualismus in der Form einer Krise des Liberalismus und der Demokratie"[514], schließlich des Kapitalismus und des Sozialismus. Spanns Resümee zum krisenhaften Zustand der Gegenwart fiel folgendermaßen aus:

> „Ich habe ... der Überzeugung Ausdruck gegeben, daß es sich heute nicht um eine Summe von Teilkrisen handelt, sondern um eine Anfechtung des individualistischen Zeitgeistes an den Wurzeln."[515]

Mit der Forderung nach „Abbruch und Neubau der Gesellschaft" wies Othmar Spann so auch im Deutschen Reich den Weg für eine konservative Staats- und Gesellschaftskritik.

Für die unter dem Schlagwort „Konservative Revolution"[516] vereinten Autoren jungkonservativ-nationalistischer Ausprägung waren außerdem vor allem zwei Bücher richtungsweisend: Oswald Spenglers noch vor Kriegsende vollendeter und 1918 erschienener *Untergang des Abendlandes* und die 1923 veröffentlichte Schrift *Das Dritte Reich* von Arthur Moeller van den Bruck. Spengler hatte mit dem Gedanken eines „Winters" der abendländischen Kultur und seinen Signum einer „Ausbreitung einer letzten Weltstimmung"[517] dem Diskurs von Verfall und Krankheit des Westens das entscheidende Stichwort geliefert und war zum intellektuellen Dreh- und Angelpunkt vieler Spielarten rechter Kultur- und Modernekritik geworden. Moeller van den Bruck hingegen gewann geradezu eine ganze Gemeinde von Jüngern (darunter auch Ernst Jünger und sein Bruder Friedrich), die seiner

---

513 Ebd., S. 76.
514 Ebd., S. 78.
515 Ebd., S. 79.
516 Zu Begriff und Nomenklatur der Konservativen Revolution vgl. Armin Mohler: Die Konservative Revolution in Deutschland 1918–1932. Ein Handbuch, Darmstadt ³1989. Ein konziser Blick auf Jung bei Breuer, Radikale Rechte, S. 227–231.
517 Vgl. Oswald Spengler: Der Untergang des Abendlandes [1918], München 1988, S. 45.

Idee einer dezidiert antiparlamentarischen Überwindung von Nationalismus und Sozialismus in einer „dritten Partei" (so der ursprüngliche Titel seines Buches)[518] nacheiferten und um mannigfaltige Aspekte erweiterten.[519] Eine Analyse beider Werke im Hinblick auf eine antidemokratische Krankheitsmetaphorik fällt – entgegen meiner Erwartung – ernüchternd aus. Bis auf wenige, isolierte Einzelstellen bedienten sich weder Spengler noch Moeller des Topos des Volkskörpers oder metaphorischer Krankheitszuschreibungen. Dies ist umso überraschender, als Spenglers Konzept des Verfalls ja eine grundsätzlich organische Kulturvorstellung zugrundelegte.[520] Nur in seiner Idee von der Weltstadt ließ Spengler Anklänge an die bereits illustrierte organisch-konservative Großstadtkritik zu, als er Großstadtbewohner als „Parasiten" bezeichnete und gemeint hatte: „Statt einer Welt eine Stadt, ein Punkt, ... während der Rest verdorrt."[521] An anderer Stelle hat er isoliert und über die Weimarer Verhältnisse hinausweisend, vom Parteienwesen als „Geschwür am deutschen Körper", als „Schwärme von Parasiten am Körper des Reiches" gesprochen.[522]

Auch Moeller kam nur dort auf die „Selbstzersetzung des Demokratischen" zu sprechen, wo ihm „die Gegenbewegung gegen den Parlamentarismus als ... wichtiger erschien"[523], ihm also mehr daran gelegen war, das positive Bild eines zukünftigen Dritten Reiches zu skizzieren als sich mit der verachteten Demokratie zu beschäftigen. Im Gegenteil war er der Meinung, dass die „Mehrheitssozialisten ... die große Gesundheit des Volkes, seine Geduld, Gefügigkeit, Gutmütigkeit, aber auch ein redlicher Fleiß"[524] symbolisierten – der politische Gegner wurde hier sogar mit dem Attribut der Gesundheit geadelt. Als für diese Arbeit ergiebiger haben sich hingegen die Schriften einiger Theoretiker erwiesen, die hinter Spengler und Moeller van den Bruck gewissermaßen in der zweiten Reihe konservativen Denkens standen, allerdings ebenfalls eine große Breitenwirkung erzielt haben.

---

518 Vgl. Sontheimer, Antidemokratisches Denken, S. 238.
519 Vgl. Breuer, Radikale Rechte, S. 177–182.
520 Vgl. Demandt, Metaphern für Geschichte, S. 98f.
521 Spengler, Untergang des Abendlandes, S. 45.
522 Oswald Spengler: Der Sumpf [1924], in: Politische Schriften, München 1933, S. 188ff.
523 Arthur Moeller van den Bruck: Das dritte Reich, Hamburg ³1931, S. 115.
524 Ebd., S. 129.

Einer dieser Autoren war der „aus der unmittelbaren Nähe Moeller van den Brucks" kommende Max Hildebert Boehm (1891–1968), wie dieser Mitglied des einflussreichen *Juniklubs*. Boehm war insofern „völkisch" eingestellt, als er zu den wesentlichsten „Theoretikern des Volksgedankens"[525] zählte. Einer Staatstheorie wollte er, vor allem in dem Buch *Das eigenständige Volk* (1932), eine Theorie des Volkes entgegensetzen. Nicht nur nahm in seinem Werk der Begriff des Volkes einen zentralen Platz ein, in diesem Zusammenhang durfte auch das Bild vom Volkskörper nicht fehlen. Hatte er 1927 im Rückblick auf die Kriegsniederlage noch vom „blutende[n] und in Fesseln geschlagene[n] Leib des deutschen Volkes"[526] gesprochen, stand er später der Idee eines als identitär, d.h. nicht-metaphorischen Volkskörpers skeptisch gegenüber:

> „Der ‚Volkskörper' ist also nicht ein konkreter Gegenstand für sich, sondern gleichsam eine ziemlich verwickelte Hilfsvorstellung, die durch die Kreuzung volkstheoretischer, allgemein soziologischer, physiologischer und anderer Gedankenreihen entsteht. Als Volkskörper erscheint – so können wir das auch ausdrücken, das Volk selber, wenn es unter einem bestimmten, einem eigentümlich bedingten Gesichtswinkel angesehen wird."[527]

Hier erkennt man eine gewisse Reserviertheit gegenüber einer „identitären", d.h. wortwörtlich verstandenen Auffassung des Volkskörpers, zugunsten einer rationaleren, konstruktivistischen Vorstellung. In demselben Gestus wandte er sich auch gegen einen biologischen Organismus- bzw. Volksbegriff, der für ihn eine „nicht sehr tragfähige Analogie"[528] darstellte. Mit dem Staat von Weimar hatte Boehm allerdings dennoch und bereits 1920 abgerechnet:

> „Dieser Staat ist nicht mehr zu retten. Auch ein schwacher Ruck nach rechts kann nicht helfen. Man soll nicht Leichen galvanisieren, daß sie noch einige scheinlebende Zuckungen von sich geben, sondern man soll die Toten ihre Toten begraben lassen [sic] und lebendige Kraft nur da ansetzen, wo eigenwüchsig Leben, Jugend und Zukunft ist. Staatsboykott heißt die Lösung. ... Das Ende des Staates

---

525 Vgl. Sontheimer, Antidemokratisches Denken, S. 246f.
526 Max Hildebert Boehm: Staatstheorien und deutsche Lebenswirklichkeit, in: Deutsche Rundschau 53 (Mai 1927), S. 173.
527 Max Hildebert Boehm: Das eigenständige Volk. Volkstheoretische Grundlagen der Ethnopolitik und Geisteswissenschaften, Göttingen 1932, S. 19.
528 Ebd., S. 107.

ist nicht das Ende der Politik. ... Was in Zukunft Politik heißen soll, ist tätiger und verantwortlicher Dienst am Volksganzen im Rahmen eines körperschaftlich gegliederten Gemeinschaftsgefühles. ... Es gilt nunmehr zu zeigen, wie sich aus Verzahnung und Verstrebung dieses körperschaftlichen Gefüges das Gesamtgebilde eines leibhaften Gemeinwesens ergibt, das den an Blutleere zugrunde gehenden Staat abzulösen berufen ist."[529]

Neben dem Bild der Blutleere und der etwas kuriosen politischen Metapher der Defibrillation einer Leiche fällt auf, dass Boehm in für einen Völkischen typischer Weise der Republik der Toten das „eigenwüchsige Leben" entgegensetzte und nicht zuletzt die Jugend für den eigenen Gegenentwurf reklamierte. Des Weiteren lassen sich bei Boehm noch zwei krankheitsmetaphorische Topoi finden. Erstens lehnte er eine stärkere korporativ ausgerichtete Demokratie (wie es mit dem in der Weimarer Verfassung verankerten, aber nie realisierten Reichswirtschaftsrat geplant war) ab – keineswegs weil er ständestaatlichen Gedanken nicht zugeneigt gewesen wäre – sondern weil er der Meinung war, dass

„das Bismärckeln unseren rosaroten Republikanern nicht bekommt. ... Der Staat impft sich selber ein Gift ein, das er bei seinem gegenwärtigen Schwächezustand nicht verträgt und an dem seine Staatlichkeit, wo nicht sein ganzer Bestand, zugrunde gehen muß ... so daß der gesamte Volkskörper aufs schwerste gefährdet ist."[530]

Während ansonsten wahlweise die Demokratie selbst oder der von außen eindringende Sozialismus als „Gifte" beschrieben worden waren, ist es hier die falsche Wahl eines unpassenden, weil eigentlich einem autoritären Ständestaat vorbehaltenen Mittels, die als Verabreichung eines solchen Giftes charakterisiert wird. Dies wird umso verständlicher, als Boehm selbst ein „völlig neues ständestaatliches Konzept formuliert" hatte.[531] Zweitens griff auch Boehm die Dichotomie von gesundem Land und kranker Großstadt auf. Die politische Situation

„führt auf dem Lande zu einer Ineinssetzung der korrupten Zentrale Berlin mit dem Reich, in der der begreifliche und berechtigte Überdruß an leerlaufender Staatlichkeit noch dazu westlerischen Gepräges in eine selbstmörderische Selbstzersetzung des Volkskörpers ausartet. Der Boykott dieses lebensunfähigen Staatsgebildes mit

---

529 Max Hildebert Boehm: Körperschaft und Gemeinwesen, Berlin/Leipzig 1920, S. 137f.
530 Ebd., S. 121.
531 Bohn, Ständestaat, S. 89.

seiner formaldemokratischen ‚Verfassung' aus der pseudo-idealistischen Weimarer Garküche ist ein guter Instinkt des platten Landes. ... In dem engstirnigen Egoismus [des Bauern, KL] nimmt er nur an der allgemeinen Zerpulverung des Volkskörpers in eigensüchtige Atome teil, die ein bedrohliches Anzeichen der Massenwerdung des Volksganzen ist und die im Streikfieber und der Genußsucht der Städte lediglich in anderer Form in Erscheinung tritt. Wenn der korrupte morsche Parteienstaat sich mit Ermahnungen und Beschwörungen an diese verwirrten Massen in Stadt und Land wendet, so gießt er allerdings nur Öl ins Feuer. Im Volke selbst müssen die Kräfte der Gesundung zum Durchbruch kommen, aus dem dumpfen Sehnen der im Grunde elenden Massen muß der Trieb zur Leibwerdung ausbrechen."[532]

Hier sind nun paradigmatisch einige Verfalls- und Krankheitsmetaphern vereint, die zur Delegitimierung der Republik herangezogen wurden: das *Fieber* der Streiks, die Selbst*zersetzung*, der *morsche* Staat, schließlich die *Gesundung* des Volkes. Die Wahl dieser Elemente ist angesichts der antidemokratischen politischen Haltung Boehms, der sich als junger Nationalist einer radikaleren Sprache bediente als etwa die Deutschnationalen älteren Stils, kaum überraschend, eher noch ist es der frühe Zeitpunkt, zu dem diese Fundamentalkritik bereits geäußert wurde.

Edgar Julius Jung (1894–1934) zählte zu den schillerndsten und zugleich wichtigsten Figuren der Konservativen Revolution. Nach Beteiligung an Krieg und „Nachkrieg" (Theweleit) und einer kurzen, erfolglosen Karriere als DVP-Politiker hatte er sich, auch unter dem Einfluss Moeller van den Brucks, ab Mitte der zwanziger Jahre der politischen Schriftstellerei zugewandt. Kurz vor Ende der Weimarer Republik wandte sich Jung, der zuvor „unablässig bemüht [war], der sich machtvoll ausbreitenden nationalen Bewegung gegen Weimar sein Konzept aufzudrängen"[533] und sich selbst als Wegbereiter der NSDAP in den für die Rechtsrevolutionäre schwierigen Jahren betrachtet hatte, scharf gegen Hitler und seine Bewegung. Als Redenschreiber des als Vizekanzler ins Kabinett Hitler berufenen Franz von Papen verfasste Jung nach 1933 in dieser Funktion einige NS-kritische Schriften, u. a. die aufsehenerregende Marburger Rede. Diese ließ Jung in Ungnade bei Hitler fallen, so dass er auf dessen Anweisung im Juni 1934 im Zuge des „Röhmputsches" umgebracht wurde.

---

532 Boehm, Körperschaft, S. 74ff.
533 Sontheimer, Antidemokratisches Denken, S. 283.

Ein Forum fand Jung nicht selten in der *Deutschen Rundschau* von Rudolf Pechel (s.u.) und hatte trotz einiger Differenzen mit Pechel immer wieder die Gelegenheit, seine Vorstellungen zu verbreiten und dessen Zeitschrift zu einer gewissen ideologischen Auffrischung zu verhelfen.[534] Pechel wiederum hat Jungs Hauptwerk, nicht zuletzt da es in seinem Verlag erschienen war, als „organisch zum Gesamtstreben der ‚*Deutschen Rundschau*'" gehörig einzugemeinden versucht. Hierbei handelte es sich um die als „Bibel der Jungkonservativen"[535] bezeichnete Schrift *Die Herrschaft der Minderwertigen*, die 1927 erstmals erschien und 1930 eine wesentlich erweiterte Neuauflage erfuhr.[536]

In Anlehnung an Spengler lehnte Jung einen die Moderne verkörpernden Rationalismus und Individualismus ab und charakterisiert beide als psychische Krankheiten:

> „Die Annahme, die körperliche Kraft der betroffenen Völker sei erschöpft, ist bereits als falsch widerlegt. Nein: es handelt sich um Seelisches. Gemeinsam allen abendländischen Völkern der Hochkulturzone – ganz gleich, welchen Stammes sie sind – ist die seelische Erkrankung durch den Rationalismus, der sie der Kinder beraubt. Der naturtriebhafte Wille zum Kinde ist abgelöst durch ein bewußtes Einschränken oder Garnichtwollen."[537]

Doch blieb Jung freilich nicht bei einer solchen kulturkritischen Abstraktheit stehen. Die Krankheit des deutschen Volkes war für ihn eine reale, und für die daraus gefolgerte, notwendige „Heilbehandlung des erkrankten Volkskörpers"[538] suchte und fand der „metapolitische Eklektiker"[539] die Rezepte bei Eugenik und Bevölkerungspolitik gleichermaßen. So verstanden, war es für Jung wesentliche Aufgabe einer neuen Politik,

---

534 Vgl. Volker Mauersberger: Rudolf Pechel und die „Deutsche Rundschau". Eine Studie zur konservativ-revolutionären Publizistik in der Weimarer Republik (1918–1933), Bremen 1971, S. 250–269.
535 Walter Struve: Elites Against Democracy. Leadership Ideals in Bourgeois Political Thought in Germany, 1890–1933, Princeton 1973, S. 321.
536 Edgar Julius Jung: Die Herrschaft der Minderwertigen, Berlin 1927 [im Folgenden zit. als HdM 1], ²1930 [im Folgenden HdM 2].
537 Jung, HdM 1, S. 260f.
538 Ebd., S. 267.
539 Raimund von dem Bussche: Konservatismus in der Weimarer Republik. Die Politisierung des Unpolitischen, Heidelberg 1998, S. 203.

„nicht das Einzelwohl zu fördern ist erste Staatsaufgabe, sondern die Gesunderhaltung des Gesamtvolkskörpers. ... Im Leben der Völker entscheidet die sittliche Stärke und die innere Kraft. Ein sittlich hochstehendes Volk hält auch seinen Körper gesund und kräftig. Vernachlässigt es diese Pflicht gegen sich selbst, so wird es in seiner geschichtlichen Rolle von dem hochwertigeren Volke abgelöst. Wenn die Deutschen aber Hochwertigkeit wollen, so muß alle Arbeit beim eigenen Volkskörper beginnen. Geschieht dies nicht, dann ist das ganze politische Bemühen all derer, die sich Politiker nennen und vorgeben, ihr Volk zu lieben, unnützes Werk."[540]

Hieran erkennt man eine richtiggehende Obsession mit dem als wirklichem Körper begriffenen Volkskörper. Ebenso fällt die Verzahnung von rassenhygienischem Gedankengut mit dem politischen Denken Jungs ins Auge, der sich dabei häufig auch auf den bereits erwähnten Paul de Lagarde berief. Dies ging so weit, dass er sich den o.e. Erwägungen von Binding und Hoche anschloss:

„Die Sorgen um das Einzelwohl und die Heilung der Schäden des Volkskörpers sind in ein gesundes Verhältnis zu bringen. ... Es mag ein Fortschritt der Heilkunde sein, wenn schwere Krüppel, unheilbar Kranke am Leben erhalten werden. Wenn aber eine aufgeblähte ärztliche Fürsorge zur künstlichen Erhaltung schwachen, kranken und minderwertigen Lebens führt, während das hochwertige vernachlässigt wird, so ist die Frage berechtigt, ob die Gesamtleistung des Volkes darunter nicht leidet. Ob nicht körperlich, geistig und wirtschaftlich die Kräfte des Volkskörpers sinken. Das bedeutet aber den sicheren Niedergang eines Volkes."[541]

Diese rassengenetisch-volkshygienische Bestandsaufnahme wendete Jung nun ins Politische und verband sie mit einer Kritik an der Sozialpolitik des Weimarer Staates. Schon die Ausweitung des Krankenkassenschutzes habe dazu geführt, dass „sonst gesunde Schichten des Volkes zu einer geradezu hysterischen Verzärtelung verleitet werden."[542] Doch auch in ihrer generellen Ausrichtung sei die Sozialpolitik der Republik grundfalsch:

„Die deutschen sozialen Ärzte sind vergleichbar dem Heilkundigen, der seine ganze Aufmerksamkeit auf die Verschönerung [sic] einzelner Gliedmaßen eines Körpers richtete, dabei aber vergaß, auf die Abnahme der Lebenskräfte des Gesamtkörpers zu achten. Für deutsche Begriffe neu ist deshalb die hier folgende Betrachtungsweise, die das Volk als einen lebendigen Körper begriffen haben will, dessen Gesundheitszustand und Lebenskraft sorgsamster Pflege bedarf. Daß dann

---

540 Jung, HdM 1, S. 269 u. 272.
541 Ebd., S. 267f.
542 Jung, HdM 2, S. 596.

die einzelnen Glieder gedeihen und arbeitsfähig sind, ist eine selbstverständliche Schlußfolgerung. Die Verschiedenheit in der Auffassung von Gesundheitspflege des Volkskörpers äußert sich schon darin, welchen Schwächeanzeichen des Volkskörpers der Sozialpolitiker seine hilfreiche Aufmerksamkeit zuwendet. Es gibt nämlich zwei Arten von Krankheitserscheinungen: Entartungszeichen können in besonders starker Sterblichkeit oder in übermäßiger Abnutzung der Gesundheit des Volkes oder wesentlicher Schichten desselben bestehen. Es gibt aber auch andere Entartungszeichen: Schwund des Volkes oder wesentlicher Schichten durch Geburtenrückgang, ferner Entwöhnung des Volkes von gewissen Berufen, die dann durch Fremde ausgeübt werden müssen."[543]

Findet sich in der Denkfigur der Unterlassungssünde einer „Behandlung des Volkskörpers" der unausgesprochene Vorwurf, dass die „deutschen sozialen Ärzte" eigentlich Kurpfuscher seien, weitete Jung den Gebrauch von Krankheitsbildern auch auf den politischen Kernbereich aus: In Berufung auf Carl Schmitt sprach er von der „Bresthaftigkeit des Parlamentarismus."[544] Den „Gleichheitsgedanke[n], jene politische Pest des Abendlandes"[545] lehnte Jung nicht zuletzt aufgrund seiner Untauglichkeit für die deutschen Verhältnisse ab:

„Durch keinen Umstand wird die seelische Selbstaufgabe des deutschen Volkes klarer gezeichnet als durch die Übernahme fremder Staatsformen im Jahre 1919."[546]

Im Zentrum von Jungs politischem Denken steht neben einem ständisch-organischen Staats- und Gesellschaftsideal[547] die „schwere Kategorie"[548] des Volks. Dieses stellte er über den Staat und die Nation:

„Das Volk mit seiner gegliederten und geordneten Gesellschaft ist Ziel allen Gemeinschaftsstrebens. Der Staat ist die zeitbedingte Form, in welcher es, rechtlich zusammengefaßt, nach Geltung strebt. Die Krankheit der Jetztzeit besteht in der Verwechslung der Aufgaben von Volk und Staat."[549]

Aufgrund dieser Prämissen charakterisierte Jung die Republik und die gesamte deutsche Entwicklung nach der Novemberrevolution als krank:

---

543 Jung, HdM 1, S. 226.
544 Jung, HdM 2, S. 332.
545 Jung, HdM 2, S. 101.
546 Ebd., S. 69.
547 Vgl. Bohn, Ständestaat, S. 102ff.
548 Stefan Breuer: Anatomie der Konservativen Revolution, Darmstadt 1993, S. 93.
549 Jung, HdM 1, S. 139; vgl. zu Volk vs. Nation auch Jung, HdM 2, S. 114ff.

„Seit 1918 ist es üblich geworden, vom Anbruche einer neuen Zeit zu faseln. ... Manche Unvollkommenheit fühlt man zwar selber: aber man beruft sich auf die Hast, mit welcher der Weimarer Notbau errichtet wurde, spricht von Schönheitsfehlern, die leicht auszumerzen seien. Im übrigen aber redet man sich ... ein, es ginge immer besser, die Zeit heile alle Wunden. Das Reich von Weimar ist aber ohnmachtspolitisch vorbelastet. ... Will das deutsche Volk sich selbst behaupten, so braucht es Widerstandskräfte. ... Ein Staat in der Lage des deutschen Reiches braucht eine Opposition wie der Kranke den Arzt."[550]

Im Bild des Arztes drückte Jung aus, dass nur die jungkonservativ-nationalistische Bewegung, als deren spiritus rector er sich sah, eine Lösung der deutschen Probleme bringen könnte. Diese Bewegung sei

„der Arzt, der am Krankenbette des deutschen Volkes die Widerstandskräfte des Leidenden erhöht und den Tod abwehrt. Denn auch Völker können sterben; nur erlöschen sie nicht von heute auf morgen, sondern erhalten irgendwann die tödliche Wunde, ... um langsam dahin zu siechen. Hätte sich 1918 nicht eine deutsche Opposition gebildet, so wäre es um Leben und Freiheit Deutschlands endgültig geschehen gewesen. Aber Gott sei Dank waren nicht alle Widerstandskräfte erloschen: in den Freikorps formierten sich Kerle, mit denen man den Teufel aus der Hölle holen konnte."[551]

Hier wird mithilfe der Arztmetapher eine Gegenrechnung zum offenkundig krank machenden Weimarer System aufgemacht, deren Aktivposten in den „Kerlen" des Freikorps, dieser Reserve an „Nicht-zu-Ende-Geborenen"[552] lag. Die dem Band *Deutsche über Deutschland* zugrunde liegende Feststellung, dass „Deutschland krank, sehr krank [sei] und eine schwere Operation notwendig, ... bevor es wieder genesen kann", schloss sich Jung an:

„Als der Körper der Weltwirtschaft ... in Zuckungen geriet, als der deutsche Volkskörper Lähmungserscheinungen aufwies, da rissen auch die blinden Anbeter der neuen, herrlichen Zeit die Augen auf. Sie riefen nach Ärzten und forderten Rezepte oder redeten dem Kranken beschwörend zu, doch ja gesund zu werden. Wie hysterische Weiber machten sie ihre Umgebung für die sich zeigenden

---

550 Jung, HdM 2, S. 667.
551 Edgar Julius Jung: Aufstand der Rechten, in: Deutsche Rundschau 58 (Nov. 1931), S. 81.
552 Theweleit, Männerphantasien II, S. 486. Theweleit hat dort übrigens betont, dass er diese Neuschöpfung nicht als eine mögliche „Überwindung ... im Sinne einer ‚Gesundung'" verstanden wissen wolle, „oder einer ‚naturgegebenen' Mensch-Vollendung. Genau das ist nicht gemeint"; ebd.

Krankheitssymptome verantwortlich, zunächst natürlich die böse ... nationalistische Opposition."⁵⁵³

Das Bild von Krankheit und Arzt blieb hier dasselbe, nur dass es auch auf die wirtschaftliche Lage Deutschlands ausgeweitet wurde. Sucht man nach Gründen für den durchaus häufigen und vielgestaltigen Gebrauch von Krankheits-, Patienten- und Arztmetaphern im Denken Jungs, wird man die Rolle der Natur darin nicht übersehen, die für ihn das positive Gegenstück zu einem verkehrten, da rationalistischen Staats- und Menschenbild bildet.

„Jung versteht seine ‚konservative Revolution' als ein Aufbegehren gegen die Herrschaft der ‚Masse'. Er sagt dem ‚mechanischen' Verständnis von Politik, das dieser Herrschaft zugrundeliege, den Kampf an."⁵⁵⁴

Dies lässt sich an Jungs Definition der „Konservativen Revolution" ablesen, die er in dem zuvor zitierten Beitrag überdies anbot:

„Konservative Revolution nennen wir die Wiederinachtsetzung all jener elementaren Gesetze und Werte, ohne welche der Mensch den Zusammenhang mit der Natur und Gott verliert und keine wahre Ordnung aufbauen kann. An Stelle der Gleichheit tritt die innere Wertigkeit, ... an Stelle der mechanischen Wahl das organische Führerwachstum."⁵⁵⁵

Dies sind also die Begriffe, die Jung in der Konsequenz seiner Krankheitsmetaphorik als „heilsam" betrachtete: Natur und Organizismus. Hier zeigt sich ein Grundelement gleichsam des nationalistischen und konservativen Denkens im frühen 20. Jahrhundert: die Verleugnung der Entfremdung von Natur und menschlich gemachter, somit auch politischer Welt in der Moderne. Auf diese Leugnung geht letztlich auch die als identisch gedachte Idee des Volkskörpers zurück, auf deren Grundlage eine Vielzahl rechter und konservativer Krankheitsmetaphoriken basierten.

Eine ganz andere Spielart rechtsradikalen, antidemokratischen Denkens findet sich bei dem „Nationalbolschewisten" Ernst Niekisch. Noch bis Mitte der 1920er-Jahre Sozialdemokrat, entwickelte Niekisch die Idee einer Synthese nationalistischen und kommunistischen Gedankenguts, die

---

553 Edgar Julius Jung: Deutschland und die konservative Revolution, in: Deutsche über Deutschland. Die Stimme des unbekannten Politikers, München 1932, S. 371.
554 Von dem Bussche, Konservatismus, S. 210.
555 Jung, Deutschland und die konservative Revolution, S. 380.

zudem stark militaristische, nationalrevolutionäre und rassenideologische Züge trug und setzte sich damit zwischen alle Stühle revolutionssüchtiger Strömungen: „Um 1930 erreichte sein antiwestlicher Furor einen solchen Hitzegrad, dass er sich zeitweise einem nationalreligiösen Fundamentalismus näherte."[556] Dieser Furor richtete sich gegen wesentliche Elemente des Weimarer Staates: Liberalismus, Parlamentarismus und kapitalistische Wirtschaft, und äußerte sich nicht zuletzt in einer metaphernreichen Sprache. Während die kommunistische Revolution in Russland „Fieberfröste" ausgelöst, aber „sogleich Gegengifte mobilisiert" habe, wirke in Deutschland das „milde Gift" des liberal-kapitalistischen Denkens:

> „Es wirkt nicht plötzlich und heftig, sondern allmählich und schleichend; der Patient spürt fast nicht, wie völlig er mit der Zeit verseucht. Der langsame tückische Angriff des Giftes schläfert den Körper ein, so daß er nicht mehr angespornt wird, sich mit Gegengiften zur Wehr zu setzen. Der sanfte Krankheitsverlauf wiegt in falsche [sic] Sicherheit. .... Auf Deutschland wirkte die liberal-bürgerliche Einspritzung verheerend, sie hat das politisch-staatliche Wesenselement wenn nicht ganz vernichtet, so doch jedenfalls völlig entkräftet. Eben der Staat von Weimar ist das sieche Ergebnis."[557]

Neben den Metaphern von Gift und Injektion findet sich auch hier der Gedanke eines beinahe, aber nicht restlos zerstörten Potenzials einer antirepublikanisch-nationalen Bewegung. Für Niekisch konnte eine krisenmildernde Sozialpolitik daher nur ein „Herumdoktern" an Symptomen sein und keine „Arzneien" gegen die „krankhafte[n] Anfälligkeiten des nationalen Körpers"[558] liefern. Den konservativen Gedanken eines organischen Staats lehnte er allerdings als rückwärtsgewandt ab: „Die organische Staatsidee ist ein Trunk des Vergessens."[559] Auch bei Niekisch lässt sich ein weiteres, krankheitsmetaphorisch verarbeitetes Versatzstück nationaler Zeit- und Modernekritik erkennen: die Vorstellung, dass die „deutsche Großstadt notwendigerweise ein wahrer Sumpfboden nationaler Verlumpung"[560] sei:

---

556 Breuer, Radikale Rechte, S. 215.
557 Ernst Niekisch: Entscheidung, Berlin 1930, S. 73f.
558 Ebd., S. 60.
559 Ebd., S. 80.
560 Ebd., S. 111.

„Als Deutschland sich zum Industriestaat umbildete, trieb es Tausende von Luftwurzeln bis in fernste Räume hinaus; nur so nährte es seinen städtischen Bevölkerungszuwachs. Die Verwesungsgifte jener Volkssubstanz, die nunmehr abstirbt, ... drohen das ganze Volk, den deutschen Staat zu verderben."[561]

Hier erscheint die mit der Moderne aufgekommene Großstadt als existenzielle Bedrohung des ohnehin bedrohten, biologisch aufgefassten deutschen Volks.[562] Mit der Vision einer nationalrevolutionär-antizivilisatorischen Lösung vermittelte Niekisch jedoch ein positives Gegenbild zur betrüblichen Gegenwart:

„Der Deutsche kehrt um so sicherer zu sich selbst zurück, je mehr er die Stadt als versucherische Hure begreift, als pestbrütende Fäulnisgrube verachtet, je mehr er hinter dem zivilisatorischen Fortschritt Unrat wittert. ... Dem deutschen Volk tut der Mut zu seinem Barbarentum not."[563]

Eine solche antimoderne Radikallösung musste andere nationalistische Konzepte, die nur etwas weniger radikal waren, scharf ablehnen:

„Die Idee der Volksgemeinschaft ist immer edel, zuweilen freilich allzu billig. ... Sie ist die List, mittels deren Gesunden [sic] die Bindung an lebendige Leichname erträglich gemacht werden soll, an Leichname, deren lebendige Aktion sich darin erschöpft, Leichengift zu produzieren. Für Volksgemeinschaft ist gegenwärtig jeder, der etwas zu verlieren hat."[564]

Dies war natürlich an die Jungkonservativen und Nationalisten gerichtet, die, wie zeitweise auch Jung, noch an eine gemäßigt autoritäre Lösung, etwa in Weiterentwicklung des Brüning'schen Notverordnungsregimes, glaubten. Für Niekisch konnte es nur einen radikal anderen Weg geben, wie er, wiederum vermittels Körper- und Krankheitsmetaphern, klarstellte:

„Organische Reinigungsprozesse verlaufen stets in der Form von Krankheiten; was ausgeschieden werden soll, wehrt sich, von seinem Platze verdrängt zu werden. Auch der Fäulnisstoff ist vom Willen zum Dasein erfüllt; er möchte sich dort, wo er sich niedergelassen hat, und wo er bisher gedieh, nicht verjagen lassen. Wo gar die Reinigung so tief greifen will, wie es in Deutschland nötig wäre, ... geschieht sie nur als Gewaltkur oder sie wird niemals geschehen. Das bedeutet, daß sich die

---

561 Ebd., S. 156.
562 Zum rassistischen Topos der „Stadt als Rassengrab" vgl. auch Breuer, Anatomie, S. 92.
563 Niekisch, Entscheidung, S. 100.
564 Ebd., S. 156.

> deutsche Erneuerung ähnlich wie die russische nicht ohne Bürgerkrieg vollziehen kann. Bürgerkrieg schreckt die Herzen und soll sie schrecken. Aber es gibt Umstände, wo er so unvermeidlich ist wie bei einer Blutvergiftung die Amputation eines Körperteils es sein kann. Dem Bürgerkrieg um jeden Preis ausweichen zu wollen, bedeutet: die Selbstvergiftung in jedem Falle dem heilsamen operativen Eingriff vorzuziehen."[565]

Im Bild der Sepsis des deutschen Staats, dem nur noch mit der lebensrettenden Notoperation des Bürgerkriegs beizukommen ist, zeigt sich eine der radikalsten antidemokratischen Krankheitsmetaphoriken in Diskursen der späten Weimarer Zeit. In Ernst Niekischs Vorstellungen bietet sich schließlich die unverstellte Sicht darauf, wie diese Metaphern als emotional ansprechende, sprachliche Vehikel eines ultimativen, aber unkonventionellen Dezisionismus wirkten.

Mit Boehm (Jahrgang 1891), Jung (Jg. 1894) und Niekisch (Jg. 1889) sind zuletzt drei „Jungtürken" zu Wort gekommen, deren verbale Zuspitzungen auch Ausdruck der Krisenverschärfung von Seiten einer jüngeren Generation nationalistisch-völkischer Autoren gewesen sind, die sich von den Auffassungen älterer Staats- und Gesellschaftstheoretiker unterschieden. Diese auch generationelle Trennung begegnet uns ebenfalls in den konservativen Zeitschriften der Weimarer Republik.

3.4.2 Rechts- und jungkonservativer Journalismus

Wie eingangs bereits erwähnt, hat sich die Analyse konservativ ausgerichteter Zeitschriften im Hinblick auf Krankheitsmetaphoriken als wenig ergiebig erwiesen. Dies scheint im Lichte der bisher ausgewerteten Publikationen weniger am politischen Standpunkt als vielmehr am Textformat gelegen zu haben, deutet doch die Nähe etwa Edgar Jungs zur *Deutschen Rundschau* bereits auf eine hohe Kongruenz der politischen Ideen hin. Offenbar hat die Länge der Zeitschriftenartikel, meist zwei bis vier Seiten, Autoren davon abgehalten, hier eine über vereinzelte, isoliert stehende krankheitsmetaphorische Ausdrücke (z. B. „ein kranker Staat") hinausgehende Metaphorik zu entwickeln.

Dabei zeigt sich zwischen den untersuchten vier Zeitschriften ein wesentlicher Unterschied: Die inhaltlich traditioneller ausgerichteten Blätter,

---

565 Ebd., S. 154f.

neben der *Deutschen Rundschau*, einer 1874 begründete Literatur- und Kulturzeitschrift, die seit 1919 von dem Chefredakteur Rudolf Pechel geleitet wurde[566], das seit 1919 von dem äußerst rechtsstehenden Antisemiten Wilhelm Stapel herausgegebene *Deutsche Volkstum* sowie die deutschnational-christlichen *Eisernen Blätter* nahmen ihrem Charakter und Selbstverständnis nach als Kulturmagazine zumeist überzeitliche anthropologische Problemstellungen oder hochkulturelle, bisweilen esoterische Erscheinungsformen anstelle konkreter tagespolitischer Auseinandersetzungen auf. Hingegen ist *Die Tat*, jedenfalls seit der Übernahme durch Hans Zehrer, mit ihrer Fokussierung auf Tagespolitik und ihre Kontexte und ihre scharfe politische Zuspitzung, die ihnen auch den massenhaften Zuspruch junger Leser eintrug, durchaus für den Gebrauch von polarisierenden politischen Krankheitsmetaphern offen gewesen.

Die wenigen Beispiele aus den drei erstgenannten Zeitschriften sind daher auch von einer gewissen Vagheit im Gebrauch der Krankheitsmetaphern geprägt. Ein Autor beklagte in der *Deutschen Rundschau* in einem zeitkritischen Artikel die zunehmende Technisierung, Entpersönlichung und Kulturlosigkeit des modernen deutschen Menschen (vor dem Hintergrund der Dichotomie Kultur versus Zivilisation), richtete sich dabei jedoch nicht konkret an Staat oder Gesellschaft von Weimar, sondern nur vage an den „neuen Geist in Deutschland":

> „Der Mensch wuchs nicht mehr organisch in sein inneres und äußeres Dasein hinein; das ganze Leben verlor in sich den notwendigen Zusammenhang. Fremdes drang von vielen Seiten in die Sonderart des Volkskörpers, des deutschen Volkskörpers. ... Er ist stolz auf diese Weite des Herzens und des Hirns, stolz über die Blutlosigkeit seiner von artlosem Denken gezeugten Zivilisation, so daß er seine armselige Verelendung nicht mehr fühlt. ... Unser Zuviel-Wissen hat uns Deutschen die Herzader angeschlagen... Uns ist die Natur aus dem Blut gesogen."[567]

Gelegentlich wurden in krankheitsmetaphorischer Weise die bekannten Topoi rechtskonservativen Denkens aufgegriffen, etwa wenn vom „Städtebau als Kulturproblem" die Rede war und kulturkritisch angemerkt wurde, dass durch das Städtewachstum „der Leib der alten Städte birst" und die

---

566 Vgl. Mauersberger, Rudolf Pechel und die „Deutsche Rundschau".
567 H. W. Keim: Persönlichkeit und Menschheit, in: Deutsche Rundschau 53 (Mai 1927), 168f.

moderne Stadt, „heraufgepoltert von maß- und hemmungslosen wirtschaftlich-technischen Ausbrüchen, ... den alten Organismus durchstößt [und] ihn aufsplittert."[568] Der Herausgeber der *Eisernen Blätter*, Gottfried Traub, nahm sich 1928 den „sterilisierenden Pazifismus" vor, den er mit dem psychiatrischen Ausdruck der „Paranoia" bezeichnete.

> „Sie [die pazifistische Paranoia] ist deletär, wie der Mediziner sagt, d. h. sie muß notwendigerweise zum Tode führen. Da sie aber nur eine Degenerationserscheinung an einem Teil des Volkes ist und niemals das ganze Volk erfaßt, so wird sie wieder verschwinden. Das gesunde Leben ist es, welches sie überwächst und ausrottet."[569]

Als Wilhelm Stapel 1926 seine „Stellung zur Republik" erklären wollte, charakterisierte er letztere als krank:

> „Hätte sich im Winter 1918/19 das gebildete deutsche Bürgertum seelisch härter erwiesen, hätte es das ‚Vakuum' gewagt, so wäre heute unser Staatsleben und Volksleben gesünder. ... Das Fieber war Gesundungsfieber, das uns von einer schweren geistigen Erkrankung heilen sollte. Statt dessen erschrak man vor den Fieberphantasien des Volkes, man drückte die Temperatur mit ‚demokratischen' Mittelchen herunter auf die normale Spießbürgertemperatur. Nun aber zersetzt die nicht geheilte Krankheit das deutsche Volk in jahrzehntelangem Siechtum von innen her. ... Dadurch, daß man die Krankheit falsch diagnostizierte und sie mit ‚Demokratie' zu heilen versucht, hört sie nicht auf, das deutsche Volk geistig zu zerstören."[570]

Hier zeigt sich eine für die nationalkonservativen Zeitschriften seltene, ausführlich krankheitsmetaphorische Darstellung von Demokratie als Krankheit und dem Fieber als einem vorübergehenden, zur Gesundung beitragenden revolutionären Zustand. Solche Zuspitzungen der Demokratiekritik auf ein Krankheitssymptom lassen sich hingegen in der *Tat* etwas häufiger finden.

---

568 Hanns Reetz: Städtebau als Kulturproblem, in: Deutsches Volkstum 9 (1927) 7, S. 541.
569 Gottlieb Traub: Von der pazifistischen Paranoia, in: Eiserne Blätter 10 (Aug. 1928) 33, S. 533.
570 Wilhelm Stapel: Unsere Stellung zur Republik, in: Deutsches Volkstum 8 (1926) 4, S. 251.

Die Monatsschrift *Die Tat*[571] wurde hier nur für den Zeitraum 1929–1933, d.h. die Periode der Herausgeberschaft von Hans Zehrer untersucht. Von einem mitunter esoterischen, einer kleinen, bildungsbürgerlichen Klientel verhafteten Magazin „im Halbdunkel der Mystik"[572] verwandelte er sie in ein besonders bei jungen Lesern und dem Gros der rechten Intelligenzia äußerst beliebtes Organ, das sich der kontinuierlichen Beschwörung einer totalen Krise und der Forderung nach einem „anderen Deutschland" verschrieben hatte.[573]

Die seltenen Beispiele einer komplexen Krankheitsmetaphorik lieferte Ferdinand Fried (Pseudonym Ferdinand Friedrich Zimmermanns). Der Ausbildung nach Wirtschaftsjournalist, hatte er für das liberale Vorzeigeblatt *Vossische Zeitung* gearbeitet, bevor er 1929 zur Tat stieß. Obgleich er sich immer wieder über ökonomische Belange hinaus auch zu Parteipolitik und dem Zustand des „Systems" zu äußern pflegte, waren seine Artikel häufig „wirtschaftspolitische Riesenglossen zum politischen Programm Zehrers"[574], die diesem allerdings erst eine betont antikapitalistische Stoßrichtung verliehen. Trotz der vermeintlich „trockenen", bilderarmen Sprache des Wirtschaftsjournalismus beschrieb Fried beispielsweise die ökonomischen Probleme Deutschlands im Gefolge des Young-Plans als „Schlaganfall mit Komplikationen":

---

571 Vgl. dazu Kurt Sontheimer: Der Tatkreis, in: VfZG 7 (1959), S. 229–260; Klaus Fritzsche: Politische Romantik und Gegenrevolution. Fluchtwege aus der bürgerlichen Gesellschaft: Das Beispiel des ‚Tat'-Kreises, Frankfurt a.M. 1976; Mohler, Konservative Revolution, S. 434.
572 Sontheimer, Tatkreis, S. 230.
573 Die sich an der Person Zehrers kristallisierende und vom allgewaltigen Verleger Eugen Diederichs initiierte und getragene, maßgebliche Kursänderung inhaltlicher Art hatte einen sprunghaften Anstieg der Verkaufszahlen der *Tat* zur Folge. Innerhalb weniger Monate stieg die Auflage von 1.000 auf 20.000, im besten Jahr 1932 sogar auf 30.000, unter den Umständen der wachsenden wirtschaftlichen Krise, die auch das Zeitungswesen erfasste, ein erstaunlicher Erfolg. Bemerkenswert auch, dass bei der *Tat* neben Zehrer im Wesentlichen nur drei weitere, allesamt junge, sich teilweise noch im Studium befindliche Personen als Autoren fungierten: Ferdinand Fried, Ernst W. Eschmann und Giselher Wirsing. Diese sehr kleine Redaktion wurde durch die Verwendung einer Vielzahl von Pseudonymen camoufliert.
574 Sontheimer, Tatkreis, S. 233.

„Ein Patient, der an einer schweren Krankheit daniederliegt [sic], mag vielleicht mit dem Tode ringen; aber solange er ringt, besteht immer noch die Hoffnung, daß er die Attacke überwindet. Beinahe aussichtslos wird aber der Kampf, wenn in dem kritischen Augenblick noch eine der sogenannten Komplikationen hinzutritt. Das bisher immer noch hoffnungsvolle Ärztekonsilium am Krankenbett kann dann nur resigniert die Achseln zucken: ‚Unsere Kunst ist zu Ende.' Das wirtschaftliche Gefüge der Welt, das wir Kapitalismus nennen, liegt in einer schweren Krise, ringt mit seinem Ende. Das ist keiner der Anfälle mehr, wie sie auch der Mensch im Laufe seines Lebens durchzumachen hat, um sie fast programmgemäß zu überwinden; das ist also keine der Wachstumskrisen, wie sie bisher zum Aufbau und Leben des Kapitalismus gehörten; sondern das ist die erste große Funktionsstörung dieses Wirtschaftssystems, die sich eben nur noch aus dem hohen Alter des Patienten erklären läßt. Das ist gewissermaßen der erste Schlaganfall des Kapitalismus. Der erste Schlaganfall bedeutet noch nicht das Ende, und vernünftig wird der Mensch – wie es im Volksmund heißt – nicht vor dem dritten Schlaganfall. Aber: wenn in einer immerhin so ernsten Funktionsstörung eines Organismus, die schon als Alterserscheinung zu werten ist, noch eine bedenkliche Komplikation hinzutritt, dann müssen die einsichtsvollen Ärzte schonend die Angehörigen auf das Schlimmste vorbereiten. Und diese Komplikation ist im kapitalistischen Organismus jetzt tatsächlich vorhanden: die deutschen Reparationsleistungen. ... Was sich vor uns und mit uns abspielt, ist das Phantasiegebilde eines überalterten Organismus, das mit blutvoller Wirklichkeit nicht mehr zu tun hat."[575]

Hier begegnet dem Leser nicht nur ein vereinzeltes Sprachbild, sondern ein elaboriertes metaphorisches Gefüge. Abstraktheit wird reduziert, Assoziationen werden erweckt, das Argument („der Kapitalismus vor seinem Ende") dynamisiert. Neben dem ungewöhnlichen Bild des Schlaganfalls erscheint auch hier die Metapher des Arztes bzw. sogar Ärztekonsiliums, mit dem vermutlich diejenigen Wirtschaftswissenschafter gemeint waren, die sich – im Gegensatz zu Fried – keinen Reim auf die Endkrise des Kapitalismus machen konnten. Angesichts einer geradezu ermüdenden Vielzahl von Grafiken und Tabellen im Gesamttext des Artikels schien es Fried notwendig, seine Polemiken durch solche allgemeinverständlichen und anschaulichen Bilder zustimmungsfähig zu machen. Im weiteren Verlaufe des Jahres 1930 war es wiederum ausschließlich Fried, der die wirtschaftlichen Probleme – immer im Zeichen der Krise – in (krankheits-) metaphorischer Sprache

---

575 Ferdinand Fried: Das Schicksal des Youngplanes, in: Die Tat 22 (Juni 1930) 2, 171f.

zu vermitteln versuchte. In *Der Weg zur Katastrophe* beklagte Fried die fehlende Weitsicht der demokratischen Politiker. Probleme würden

> „nicht gemeistert, man läßt sich täglich von ihnen meistern. Weil man nicht sieht, was wirklich geschieht, stemmt man sich gegen Symptome hier und Symptome dort, gleichsam wie man die Ausbuchtung an einer Blase an einer Stelle eindrückt, damit aber an anderer Stelle eine Ausbuchtung herausdrückt, ohne des inneren Zusammenhangs gewahr zu werden. ... Man wird ungeduldig, ruft nach einer neuen Regierung oder auch nur nach einem neuen Finanzminister, obwohl auch das nur ein Herumkurieren an Symptomen ist."[576]

In Variation des vorgenannten, nur einen Monat zuvor von ihm verwendeten, Arzt/Siechtum-Bildes ist es hier nicht die Krankheit, die die Ärzte vor unlösbare Aufgaben stellt. Stattdessen sind nun Quacksalber am Werk, die erstens aufgrund eines völligen Mangels an Einsicht in die Problematik so ahnungslos wie zufällig an „Symptomen" herumdoktern und zweitens überdies die – offenbar höchst wünschenswerte – Geduld verlieren, weil keine Besserung, geschweige denn Heilung in Sicht ist. Das Wortspiel von „meistern" bzw. „sich meistern lassen" soll hier gleich zu Beginn die Unprofessionalität und Unbekümmertheit der leitenden Verantwortlichen des Reiches verdeutlichen. Fast zwei Jahre später blickt Fried auf den von ihm diagnostizierten, zwischen 1929 und 1932 erfolgten „Zusammenbruch". In Bezug auf das drohende Scheitern des Weimarer Wirtschafts- und Sozialsystem zeigt sich hier wieder die für die *Tat* typische fatalistische Gebärde. Fried betont darüber hinaus die Prozesshaftigkeit und den mystischen Charakter des „Zusammenbruchs":

> „Damit stellt sich dieser Zusammenbruch nicht etwa – wie gemeinhin erwartet, als ein physikalisches, sondern als ein biologisch-organisches Ereignis dar; nicht als ein plastischer, sinnlich faßbarer Gewaltakt, sondern als ein unheimlicher, unfaßbarer und unentrinnbarer Fäulnis- und Zersetzungsprozeß ... als ein in den Dingen selbst ruhender, von innen herauskommender Vorgang. Erkennt man diesen völligen Zusammenbruch dieses Winters, etwa mit der Grundhaltung: ‚Zwischen 1929 und 1931 liegt eine Welt', als organischen Fäulnis- und Zersetzungsvorgang, so gewinnt man zeitlich und kausal weiterreichende und tiefergehende Einblicke in die Vorgänge und ihren Sinn. ... Dieser materielle ... Zusammenbruch nimmt als organischer Prozeß äußerlich die Formen einer Schrumpfung an, die etwa mit dem Fortschreiten einer Schwindsucht im menschlichen Körper verglichen werden

---

[576] Ferdinand Fried: Der Weg zur Katastrophe, in: Die Tat 22 (Juli 1930) 4, S. 293f.

kann. Hier wie dort können äußerliche Frische, glänzende Augen und hektische Röte über den eigentlichen Verfall im Innern hinwegtäuschen, so wie z. B. gegenwärtig steigende Börsenkurse, gelegentliche Warenkäufe aus Sachwert-Psychose absolut febrile Erscheinungen sind, hinter denen die eigentliche Schrumpfung fortschreitet."[577]

Der Weg vom „organischen Prozeß" zur Metapher von Fieber und Schwindsucht – wie viele von Frieds Lesern dachten da an den *Zauberberg*? – ist in diesem Beispiel nicht weit. Erneut elaboriert Fried hier eine Metapher, u. a. indem er auf deren Übertragungsleistung selbst hinweist („kann…verglichen werden"). Obzwar die Diagnose der Schwindsucht wenig Hoffnung auf Genesung verspricht, liegt Frieds positiver Zielpunkt in einer Zeit nach der Krankheit:

> „Es ist möglich, die Vorgänge [d. h. wirtschaftliche Not und wachsende Kriminalität] als Merkmale des Zusammenbruchs einzuordnen, gleichzeitig hinter dem Fäulnisprozeß die organisch notwendigen Neubildungen zu erkennen und schließlich mit der bewußten Erkenntnis dieses organischen Ablaufs der Dinge, mit ihrer Bejahung sie auch zu meistern und den Willen zur ‚Gestaltung des Zusammenbruchs' zu finden."[578]

Ein doppelter Optimismus liegt darin, den „Fäulnisprozess" getrost hinzunehmen, weil erstens eine „Neubildung" zu erwarten sei, eine Entwicklung, die zweitens von Fried (und offenbar auch dem geneigten *Tat-Leser*) gewissermaßen als striktem, aber allwissenden Arzt, von Beginn an „bewusst" erkannt worden ist. Doch sei nicht Abwarten die angemessene Haltung, sondern eine aktive Beteiligung und womöglich Beschleunigung implizierende „Gestaltung".

In seinen eigenen Beiträgen sprach der *Tat*-Chefredakteur Hans Zehrer zwar häufig von Krise und Untergang, aber fast nie von Krankheit: „Dieses System steuert schicksalhaft [sic] und notwendig seinem Untergang zu. Die Krise wird im Gegenteil umso schärfer, je weiter man sich in das heutige System verrennt … und Besserung bringen will."[579] Eine einzige Stelle mit einer mehr als nur en passant vorgenommenen Metaphorik findet sich dort, wo er die real existierenden Zustände der Großstadt beschrieb:

---

577 Ferdinand Fried: Gestaltung des Zusammenbruchs, Die Tat 23 (März 1932) 12, S. 960 u. 964.
578 Ebd., S. 960.
579 *** [=Zehrer]: Wohin treiben wir?, in: Die Tat 23 (August 1931) 5, S. 329.

"Dies hier ist die Realität der Krise. Man kommt in diese große Stadt und weiß sofort: diese Stadt ist krank, sie lebt im Fieber, sie wirft sich angstgeschüttelt hin und her, sie befindet sich in einer ungeheuren, seelischen Not .... es ist wie ein große Ansteckung, die jeden überfällt."[580]

Allerdings beschließt Zehrer – und dies kann als Beleg für die zeitgenössisch verbreitete Auffassung dienen, dass „Krise", auch in Verbindung mit der Krankheitsmetapher, immer eine mögliche Wendung zum Guten beinhalte – den vorletzten Absatz seines Artikels über den Gegensatz von „gesundem" Land und „kranker" Großstadt bewusst offen:

„Dieses Fieber, das die große Stadt schüttelt, hat Abwehrkräfte in ihr freigemacht. ... Was wird aus dieser großen Stadt? Stirbt sie oder liegt sie in den Wehen?"[581]

Im Falle der *Tat* war es im Wesentlichen also Ferdinand Fried, der in zuspitzender, aber auch kreativer und unkonventioneller Weise von Krankheitsmetaphern Gebrauch machte – zumeist in Bezug auf den in seinen Augen „morschen" Kapitalismus. Kurt Sontheimer hat die „Stil- und Stimmungsmittel der *Tat*"[582] beschrieben, die sich z.T. auch in den vorgenannten Metaphernbeispielen wiederfinden: mitunter arroganter Überlegenheitsgestus und herablassende Behandlung der politischen Gegner, Utopie eines besseren Staates der Zukunft jenseits von Demokratie und Kapitalismus, „Verbindung von scheinbar nüchterner Tatsachenanalyse mit einer siegesbewußten Geschichtsmetaphysik" und nicht zuletzt die Inkonsistenz und Wechselhaftigkeit des Arguments – ein Spiel mit Begrifflichkeiten, das sich Zehrer und Fried im Bewusstsein des eigenen richtigen Standpunkts und prophetischen „Vorauswissens"[583] jederzeit erlaubten. Das „undurchdringbare Durcheinander von Klarheit und Mystik, Fatalismus und rücksichtslosen Tatwillen, Ressentiment und gutem Willen, Anmaßung und Einsicht"[584] teilten die Autoren der *Tat* mit den zahlreichen Intellektuellen, die ihnen als Leser anhingen.

---

580 Erwin Ritter [=Zehrer]: Die große Stadt, in: Die Tat 23 (November 1931) 8, S. 632.
581 Ebd., S. 637.
582 Sontheimer, Tatkreis, S. 257–260.
583 Fritzsche, Politische Romantik, S. 317.
584 Sontheimer, Tatkreis, S. 259.

3.4.3 Kleinere Beiträge

Im Folgenden sollen nun noch einige Autoren zu Wort kommen, die weder dem Lager der Naturwissenschaftler zuzurechnen sind noch sich als genuin politische Denker oder Journalisten regelmäßig zu Fragen der politischen Theorie bzw. Staatslehre äußerten. An ihnen zeigt sich, wie weitverbreitet politisch gedachte Krankheitsmetaphern in einem breiten intellektuellen Diskurs waren. Auch für einen so populären wie „laienhaften" Autor wie den vom kolonialen Haudegen zum Schriftsteller demobilisierten Paul von Lettow-Vorbeck war es selbstverständlich, das Paradoxon von Zusammenbruchserfahrung und Zukunftserwartung mit der Analogie von menschlichem und Volkskörper und in der Dichotomie von Krankheit und Heilung auszudrücken:

> „Gewiß, es sieht jetzt schlimm aus im deutschen Vaterlande. ... Darum: Hand ans Werk! Keine Minute verloren mit öden Reden! Keine Kräfte verloren mit flachen, rohen Vergnügen! ... Das Glück wird nie gefunden im Müßiggange. Wie der Einzelne die Kräfte regen und das Blut durch die Adern treiben und frische Luft einatmen muß, wenn Körper und Geist stark und gesund sein sollen, *so verlangt es auch unser kranker Volkskörper* [meine Hervorhebg.]. Die Arbeit muß ihm wieder pulsierendes Leben schaffen, der Handel muß wieder ein- und ausströmen, und durch unsere großen Handelsstädte muß er wieder Seeluft atmen."[585]

Ein eigentümlicher Fall politischer Krankheitsmetaphern bietet sich bei dem nationalbolschewistischen Juristen und Kriminalpsychologen Hans von Hentig. Dieser war in den 20er-Jahren vornehmlich als Publizist tätig, bevor er 1931 Professor für Strafrecht in Kiel wurde. In einem im Dezember 1918 erschienenen Aufsatz stellte Hentig fest:

> „Seit langem ist die Nation schwer siech, geistig und körperlich krank. Sie handelt und denkt im Fieberdelir. Wir müssen diesen zuckenden Organismus ruhigstellen, wir müssen das deutsche Volk auf ein paar Jahre zu Bett legen."[586]

Als „naturwissenschaftliche Bemerkungen" – so der Titel des Aufsatzes – wurde hier der Gebrauch der Fiebermetapher in politischer Absicht von

---

585 Paul von Lettow-Vorbeck: Heia Safari! Deutschlands Kampf in Ostafrika, Leipzig 1920, S. 282.
586 Hans von Hentig: Naturwissenschaftliche Bemerkungen zur Novemberrevolution, in; Ders.: Aufsätze zur Deutschen Revolution, Berlin 1919, S. 6.

jemandem verbrämt, der nicht einmal Naturwissenschaftler war. Wie viele andere Autoren lieferte auch Hentig Heilungsplan und Prognose mit:

> „Ruhe, ausreichende Ernährung, Arbeit und immer wieder Arbeit werden das deutsche Volk allmählich wieder gesund machen. ... Mühelos wird Deutschland sich dann die politischen Formen schaffen, die es vergebens jetzt um seinen fiebergeschüttelten Leib zu hängen sucht."[587]

1920 äußerte er sich schließlich in Buchlänge zum *Zusammenhang von kosmischen, biologischen und sozialen Krisen*.[588] In der Perspektive einer zweitausendjährigen Geistesgeschichte des Westens wurden hier bizarre Verknüpfungen zwischen geographischen, psychologischen und politischen Phänomenen hergestellt. Etwa führte Hentig die Reaktionen der belgischen Opfer der deutschen Kriegsverbrechen 1914 auf die „fanatische, zu pathologischen Reaktionen neigenden Bevölkerung ... [des] Becken[s] von Lüttich" zurück, die bereits im „Mittelalter ein Hauptherd der Tanzepidemien" gewesen sei.[589] So stellten für Hentig auch die Entstehungsumstände der Weimarer Republik eine Krankheitserscheinung dar:

> „Ein Volk, dessen Revolution länger als 8 Tage dauert, ist damit schon unter die Flagellanten gegangen. Ein Volk, das einen Frieden wie den von Versailles schließt, leidet an Masochismus. ... Die 1918/19 ... betriebene Selbsterniedrigung eines großen und tüchtigen Volkes gehört zu den schwersten Massenerkrankungen, die die Geschichte kennt; die Reihenfolge ist Selbstbeschmutzung, Selbstbeschädigung, Selbstverstümmlung [sic], Selbstmord."[590]

Der deutsche Zusammenbruch von 1918 gehöre „in das Bild kollektiver Benommenheit und psychomotorischer Hemmungen, dem wir durch die Jahrhunderte nachgegangen sind."[591] So wird bei Hentig wie andere revolutionären Erscheinungen auch die deutsche als krankhaft charakterisiert, die „das Nervensystem vollends erschöpfen und es mit neuen Depressionen verletzen."[592]

---

587   Ebd.
588   Hans von Hentig: Über den Zusammenhang von kosmischen, biologischen und sozialen Krisen, Tübingen 1920.
589   Ebd., S. 36.
590   Ebd., S. 76f.
591   Ebd., S. 56.
592   Ebd., S. 104.

Auch im Werk *Deutschland! – Tod oder Leben?* des protestantischen Theologen, früheren Kolonialbeamten und politischen Schriftstellers Paul Rohrbach finden sich viele der bereits aufgegriffenen Themen und Sprachfiguren. Die überlastete Sozialversicherung sei „eine wirklich kranke Stelle unseres heutigen Volkskörpers"[593], ferner sei

> „der heutige Geburtenrückgang ... eine Zellkrankheit des Volkskörpers, und diese Krankheit greift immer weiter um sich. ... Die Familie ist so sehr die soziale und biologische ‚Zelle' des Volkskörpers, daß, wenn diese Zellerkrankung fortdauert, der Volkskörper in seinem heutigen Aufbau ohne jede Rettung zugrunde gehen muß."[594]

Nicht sozialpolitische, sondern nur grundsätzliche „volksbiologische" Maßnahmen zum Schutz der Familie könnten hier Abhilfe schaffen, denn es sei „zwecklos, einen Körper noch zu trainieren zu wollen, an dem der Krebs frißt."[595] Da die „moderne Großstadt ... so sehr ein Feind der Familie" sei, erscheint sie Rohrbach ebenfalls als Teil jener Zellerkrankung – „Vergroßstädterung bringt die Vermassung, und die Vermassung bringt den Kulturtod, den Volkstod."[596] Aus der Summe dieser Symptome gewinnt Rohrbach ein allgemeines Krankheitsbild:

> „Es gibt in Deutschland eine besondere Form seelischer Volkserkrankung: Atrophie des nationalen Empfindens! Ein Kennzeichen dieser Krankheit ist die Bereitschaft zur ‚Enthelung' des Volksgedankens. Leben – ja, aber wir sehen kein nationales Ziel mehr."[597]

In seinem zweibändigen Werk „*Das organische Weltbild*" skizzierte der Publizist Paul Krannhals 1928 die Grundlagen einer organizistischen Gesellschafts-, Staats- und Wirtschaftsordnung und Kultur. Als Mitglied der NSDAP und dem ihr nahestehenden Kampfbunds für deutsche Kultur richtete sich Krannhals, wie Uexküll Baltendeutscher, in seinem Hauptwerk gegen die von „mechanistischem" Denken geprägte Demokratie und den Kapitalismus. Ausgehend von der Ablehnung des Status quo begrüßte er den bevorstehenden

---

593 Paul Rohrbach: Deutschland! Tod oder Leben?, München 1930, S. 95.
594 Ebd., S. 15.
595 Ebd., S. 250.
596 Ebd., S. 115 u. 250.
597 Ebd., S. 168.

„großen Endkampf zwischen der uns eigenen organischen Weltanschauung und Lebensgestaltung und der unserer Wesensart innerlich fremden mechanischen Geistesverfassung. Wir können diesen Jahrhunderte währenden Kampf auch als eine Krankheit des deutschen Volkstums bezeichnen, die jetzt in das Stadium der Krisis getreten ist, die uns entweder zur Genesung oder zum Untergang unseres Volkstums führt. Das Bewußtsein dieses Entweder-Oder ist zugleich der Prüfstein der Lebenskraft, des Lebenswillens des deutschen Volkes."[598]

Hier zeigen sich Organizismus, Dezisionismus, Krisendiagnose und Krankheitsmetapher in unmittelbarer diskursiver Zusammengehörigkeit.

Ein herausragendes Beispiel eines isolierten, d. h. ansonsten nicht weiter hervorgetretenen und m.W. nicht rezipierten Autor bietet sich im Fall Hermann Notungs, der hier daher ausführlicher untersucht werden soll. Nach einer kleineren, 1919 erschienenen Schrift hat er 1923 nur noch das dreißigseitige Manifest *Der kranke deutsche Staat und seine Genesung* veröffentlicht, das in etwas erweiterter Form 1928 eine zweite Auflage erfuhr.[599] Notung entfaltete hier eine strikte Analogie zwischen menschlichen und staatlichem Körper und deren jeweiligen Organen. Am Beispiel des Staates gewinne man

„unwillkürlich den Eindruck, daß wir es mit einem lebenden Wesen zu tun haben, die, wie wir Menschen selber, bestimmten Naturgesetzen unterworfen sind. So lange der einzelne Staat sie befolgt, gedeiht er; übertritt er sie, gleichgültig ob bewußt oder unbewußt, dann kränkelt er und stirbt schließlich ab. ... Aus allen diesen Gründen sprechen wir vom Staatsorganismus. ... Der Staatsorganismus entspricht dem des Menschen. Die einzelnen Organe, die ihn bilden, sind die einzelnen Stände und Berufe."[600]

In gewohnter Weise werden nun die einzelnen Organe in ihrer Analogie behandelt: „Den inneren Organen des Körpers entsprechen im Staate die Stände und Berufsgruppen. ... Sie verwalten sich selbst."[601] Dem Gehirn

---

598 Paul Krannhals: Das organische Weltbild. Grundlagen einer neuentstehenden deutschen Kultur, Bd. 1, München 1928, S. 208.
599 Hermann Notung: Die natürlichen Grundlagen deutscher Wiedergeburt. Nicht Worte, sondern Taten!, Leipzig 1919; Ders.: Der kranke deutsche Staat und seine Genesung, Leipzig 1923 [zit. als KdS 1]. Die zweite Auflage erschien unter dem Titel: Wie wird der kranke deutsche Staat wieder gesund?, Halle 1928 [zit. als KdS 2].
600 Notung, KdS 1, S. 3 u. 6.
601 Notung, KdS 2, S. 40f.

entspreche „ein Mann mit Befehlsgewalt an der Spitze", dem Nervensystem die Regierung, den Sinnesorganen ein beratendes Parlament; „die Beamtenschaft und das Heer sind die Bewegungsorgane der Regierung."[602] Einer solchen streng organischen Staatsvorstellung könne freilich nur die Monarchie als Staatsform genügen:

> „Wenn wir diese Erkenntnis [des Körpers] auf den Staat anwenden, dann fällt es uns wie Schuppen von den Augen: das ist ja wahrhaftig nichts anderes als ein mit einer Verfassung regierendes Königtum, dem ein beratendes Parlament zur Seite steht! Ja, wie wird uns denn? Das hatten wir ja bereits und haben es leichtfertig, auf das Geschrei von blöden Großsprechern hin, abgeschafft! Jede Schuld rächt sich auf Erden."[603]

Hieran zeigt sich bereits Notungs politischer Standpunkt. Für ihn sind die Ursachen der „deutschen Krankheit" Krieg, Versailler Vertrag und Novemberrevolution. Vor 1914 habe sich „Deutschland unter der Herrschaft der Monarchie und des Militarismus zu dem Weltreiche entwickelt, das in der ganzen Welt Geltung und Ansehen genoß, weil es im Großen und Ganzen innerlich gesund war."[604] Mit einem derart erstarkten Staatskörper sei das Kaiserreich in den Weltkrieg gegangen.

> „Wenn die einzelnen Berufsstände unseres Staates vor dem Weltkriege nicht im großen und ganzen gesund gewesen wären, ... dann hätte unser Volk den Kampf gegen zwei Drittel der Welt nicht 4 ½ Jahre lang ausgehalten, sondern wäre viel früher zusammengebrochen. Ein bis dahin gesunder und kräftiger Körper hält eben auch eine schwere Verletzung oder Erkrankung viel besser aus wie [sic] ein bereits geschwächter."[605]

Die harten Bedingungen des Versailler Vertrages hätten diesen ohnehin schon geschwächten Körper noch kränker gemacht: „Nie kann ein innerlich Kranker genesen, solange er fortwährend gequält und ihm Blut entzogen wird. Und quälen und schröpfen uns unsere Feinde nicht täglich in unerhörter Weise?"[606] Doch wog für Notung die Zäsur von 1918 noch schwerer:

---

602 Ebd., S. 41.
603 Notung, KdS 1, S. 28.
604 Notung, Die natürlichen Grundlagen, S. 5.
605 Notung, KdS 1, S. 7.
606 Notung, KdS 2, S. 39.

> „Wenn wir uns nach dem ungeheuren Ringen des Weltkrieges nicht wieder erholen können, so trägt die Hauptschuld die Revolution. Sie erschütterte wie ein furchtbarer Fieberschauer unseren durch 4½jährige Anstrengungen und Entbehrungen erschöpften Staatskörper. Noch ist sie nicht beendet, noch leiden wir unter ihr."[607]

In der zweiten Auflage benutzte Notung für denselben Zusammenhang statt der Fieber- die Arztmetapher:

> „Die Versailler Vergewaltigung war nur möglich durch die deutsche Revolution. ... Unsere großen Verteidigungsstellen waren noch unversehrt und nur mit großen Opfern zu nehmen. Aber da kam der Dolchstoß in den Rücken unserer Front. ... Die Schuldigen leugnen mit bleicher, aber frecher Stirn ihre Verantwortung für die Meintat. Hilflos siecht das Volk an ihren Folgen dahin. Wo ist der Arzt, der es retten könnte?"[608]

Mit dem Sinnbild der verhassten Revolution waren für ihn ganz verschiedene Phänomene gemeint: Demokratie, Kommunismus, Pazifismus und nicht zuletzt das Judentum.[609] Zu Notungs ausgesprochenem Antisemitismus und Rassismus – „die Reinigung des Volkskörpers von fremden Blute muß um jeden Preis gefördert werden"[610] – trat zudem die bei vielen Rechten mehrheitsfähige Vorstellung einer „Entartung" des Volkes, die wiederum mithilfe einer Krankheitsmetapher zur Diskussion gestellt wurde:

> „Ein Beispiel mag uns Lehrer sein. Wir wissen alle, daß Brandwunden der äußeren Haut zwar schwer, aber doch wieder heilen. ... Ist mehr als ein Drittel der Haut verbrannt, dann stirbt der Kranke erfahrungsgemäß, während er in günstigeren Fällen genest. ... Ziehen wir den Analogie-Schluß auf Krankheiten des Volkskörpers, dann ändert sich die Fragestellung dahin ab: Ist bereits ein Drittel unserer Volksgenossen so rettungslos krank und entartet, daß das Bestehen des ganzen Staates in Zweifel gezogen werden muß?"[611]

Zusammengenommen hätten alle diese Erscheinungen

> „das deutsche Volk krank gemacht, [so dass] die Vergiftung bereits fortgeschritten ist. Nun kommen wir zu der bangen Frage: kann denn unser Volk die Infektionsgifte überhaupt noch überwinden und wieder genesen? Oder ist es rettungslos verloren?"[612]

---

607 Notung, KdS 1, S. 14.
608 Notung, KdS 2, S. 14.
609 Vgl. Notung, KdS 1, S. 26–29.
610 Ebd., S. 16.
611 Notung, KdS 2, S. 37.
612 Notung, KdS 1, S. 30.

Zu den bereits aufgeführten Metaphern von Fieber und Brandwunden trat hier wiederum das metaphorische Element der Vergiftung. Dieses wird auch in Notungs Zukunftsausblick wieder aufgegriffen:

> „Von seiner Krankheit genesen kann unser Volk nur, wenn es ihm gelingt, die zahlreichen Quellen seiner Vergiftung zu verstopfen. ... So geht es ja auch einem unheilbaren Schwerkranken. Er stirbt schließlich an Erschöpfung seiner Lebenskräfte. Aber manchmal genest er auch zum Staunen von Ärzten und Laien. Wie war das möglich? Nun, die lebenserhaltenden Kräfte waren doch noch stärker als die Bakteriengifte. Der Zeitpunkt, wo das Verhältnis sich umkehrt, war eben noch nicht erreicht oder wenigstens nicht überschritten. Der erfahrene Arzt weiß, daß alle Untersuchungsarten der Welt nicht genügen, um diesen Zeitpunkt im einzelnen Falle festzustellen."[613]

Bemerkenswert ist hierbei, dass mithilfe gleich mehrerer Krankheits- und Heilungsmetaphern in der Idee von einem nicht genau zu bestimmenden Kulminationsmoment verblüffend präzise der Begriff der Krise auf den Punkt gebracht wird, ohne ihn selbst zu nennen. Aufschlussreich ist daran zudem, dass in der Metapher selbst der Arzt den exakten Moment eben nicht feststellen kann, sich diesem Problem jedoch bewusst ist. Notung bietet somit ein paradigmatisches Beispiel für eine trotz aller Krankheitselemente ergebnisoffene, zukunftsoptimistische Krisenvorstellung, die nichtsdestoweniger die aktuelle Situation als kritisch, als „auf der Kippe stehend" betrachtet.

So unterschiedlich die politischen Ziele nationalistisch-konservativer Autoren waren, so vielgestaltig war auch die Landschaft rechter antidemokratischer Krankheitsmetaphern, bei deren Analyse sich u. a. zeigt, dass diese jeweils flexibel auf intellektuelle Feindbilder bezogen wurden: Liberalismus, Parlamentarismus, Parteienstaat, Demokratie und Weimarer Verfassung.[614] Dass sie dabei ihre Bilder häufig den Naturwissenschaften und der Medizin entlehnten, kann ebensowenig überraschen wie der umgekehrte Fall einer Ausweitung des eigenen Jargons auf den politischen Raum durch Ärzte und Naturforscher. Es zeigt lediglich, wie sich beide Diskurse in diesem Punkt kreuzten und gegenseitig befruchteten.

---

613 Notung, KdS 2, S. 36f.
614 Das sind die Elemente antidemokratischer Kritik, die Sontheimer benannt hat; Sontheimer, Antidemokratisches Denken, S. 6 bzw. 141–192.

3.4.4 „Starrkrampf des Wirtschaftslebens" – die Ökonomen

So sehr die Wirtschaftswissenschaft der Weimarer Republik vor allem nach 1929 ebenso wie den Begriff der Krise organizistische Ausdrücke wie etwa „Wirtschaftskörper" verwendete und ausgestaltete, so selten wurden diese in genuin ökonomischen Analysen, also dort, wo nicht wie bei Othmar Spann gleich ein anderes Politik- und Gesellschaftsmodell mitgeliefert wurde, mit ausführlichen Krankheitsmetaphern ausgeschmückt.

Der Direktor der *Disconto-Gesellschaft*, einer der deutschen Großbanken jener Zeit, Georg Solmssen, forderte 1922 in einem gleichnamigen Vortrag die „politische Gesundung als Voraussetzung des wirtschaftlichen Wiederaufbaus."[615] Den Primat des Politischen sogar als Bankier bejahend, konnte für ihn nur durch die „politische Gesundung unseres Volkskörpers"[616] die Grundlage für eine schrittweise wirtschaftliche Erholung geschaffen werden; am Beispiel des kurz zuvor verübten Attentats auf den Außenminister Walter Rathenau zeigte er auf, wie das langsam wieder gewachsene „internationale Vertrauen in die Stabilität der deutschen Zustände" gestört worden sei und für die finanzielle Situation des Deutschen Reichs einen schweren Schlag bedeutet habe. Der Republik kritisch gegenüberstehend (er war Mitglied des hochkonservativen „Herrenklubs"), war Solmssen jedoch angesichts der von ihm kritisierten „Entwicklung unseres Parteiwesens"[617] skeptisch hinsichtlich der politischen „Gesundung" und eines „mit nationalen Zielen arbeitende[n] politische[n] Wiederaufbau[s]."[618] Die Auffassung eines Primats des Staates vor der Wirtschaft teilte auch der Nationalökonom und Soziologe Walter Heinrich. Für ihn war der Staat schlechthin das „Zielsystem für die Wirtschaft"[619] Als Schüler Spanns war Heinrich erwartungsgemäß ebenfalls ein radikaler Kritiker des politischen und wirtschaftlichen Ist-Zustands:

---

615 Georg Solmssen: Politische Gesundung als Voraussetzung des wirtschaftlichen Wiederaufbaus, Berlin 1922.
616 Ebd., S. 16.
617 Ebd., S. 25.
618 Ebd., S. 16.
619 Walter Heinrich: Staat und Wirtschaft. Eine Untersuchung ihres Wesens und ihres Verhältnisses auf organischer Grundlage, in: Blätter für Deutsche Philosophie 2 (1928/29), S. 277.

„Der unrichtige Staat ist der demokratisch geführte und der zentralistisch gefügte Staat. Die unrichtige Wirtschaft ist die ungebundene und unorganisierte Wirtschaft des freien Wettbewerbes. Sie müssen durch eine neue Idee überwunden werden und durch ein neues Wissen in die dieser Idee gemäße Gestaltung des Staates und der Wirtschaft."[620]

Diese Überwindung der gegenwärtigen Verhältnisse konnte für Heinrich nur in einem ständisch organisierten Staat realisiert werden. Als in Wien lebender Sudetendeutscher betätigte sich Heinrich dort ebenso wie in Deutschland auch politisch, um darauf hinzuwirken, dass „der blut- und geistlose heutige Staat sein Ende finde." Die zum Abschluss seines Beitrags in den *Blättern für Deutsche Philosophie* verwendete Krankheitsmetapher der Blutleere kontrastierte er mit dem Idealbild eines „neu verlebendigten, ständischen Staat[s]."[621]

Unter dem Titel *Dreifache Krise* publizierte 1931 der liberale Ökonom Erich Welter eine Analyse, die auch die „politische Krise" miteinbezog. Er verdeutlichte, dass „es sich bei der jetzigen Krise nicht um einen Vorgang der ‚reinen Oekonomie' handelt."[622] Zur deutschen Krise traten „Weltkrise" und „Vertrauenskrise" hinzu. Als Korrespondent der *Vossischen*, später der *Frankfurter Zeitung* dem Weimarer Staat sicherlich verbunden, wollte sich Welter an den Untergangs- und Verschärfungsszenarien nicht beteiligen:

„Abgesehen von den sozialpolitischen Mitteln zur Linderung der Krisenfolgen … bleibt also nur übrig, die *Selbstheilung* [Herv. i. Orig] abzuwarten und dem wirtschaftlichen Organismus, der sich vor dem menschlichen durch unbeschränkte Lebensdauer auszeichnet, die politische Ruhe zu sichern, die der besonders in Deutschland und nach dem Schock der letzten 3 ½ Monate zu seiner Genesung benötigt."[623]

Hier erkennt man trotz der Verwendung der Metaphern von Organismus, Schock, Heilung und Medikamenten eine Tendenz zur Vorsicht, zum rhetorischen Maßhalten. In ähnlicher Weise ließ sich der junge Nationalökonom Wilhelm Röpke vernehmen. Als Ordoliberaler war er im September 1931 gegen die wirtschaftspolitischen Scharfmachereien der *Tat* und speziell

---

620 Ebd., S. 290.
621 Ebd.
622 Erich Welter: Dreifache Krise. Weltkrise – deutsche Krise – Politische Krise, Frankfurt 1931, S. 43.
623 Ebd., S. 59.

Ferdinand Frieds angegangen[624] und rief 1932 in dem Buch *Krise und Konjunktur* zur Mäßigung auf: „Das, was wir Wirtschaftskrise nennen, also jener mehr oder weniger dramatische Starrkrampf des Wirtschaftslebens", sei dasselbe wie das Phänomen, dass „die kapitalistisch hochentwickelten Länder in einem regelmäßigen Abstande von 8–11 Jahren von jenem Starrkrampf der Krise geschüttelt wurden."[625] Für Röpke, der nach dem Zweiten Weltkrieg einer der Stichwortgeber der Sozialen Marktwirtschaft werden sollte, waren diese „Starrkrämpfe" zwar bedauernswert, aber kein Grund, am kapitalistischen Wirtschaftssystem grundsätzlich etwas zu ändern. Stattdessen trat er für eine sozialpolitische Linderung der Folgen der Wirtschaftskrise ein, die er ausdrücklich als „symptomatische Maßnahmen"[626] bezeichnete. „Man lasse sich nicht von einer Romantik fortreißen, die in den nüchternen Tatsachen keine Grundlage findet"[627], warnte er – sicherlich auch mit Blick auf seinen publizistischen und ideologischen Gegner Fried, und prophezeite:

> „So wie nach dem Kriege wird auch nach dieser verheerenden Krise alles, was heute so laut verfemt und verlästert wird, wiederkehren und zu seinem Rechte kommen."[628]

3.4.5 Die Ausnahme: Krankheitsmetaphern in der republikanischen Presse

Wie bereits anlässlich der Korpusauswahl ausgeführt, hat eine Durchsicht der republikanischen Presse hinsichtlich einer politischen Krankheitsmetaphorik fast keine Ergebnisse gezeigt. Die bei den digitalisierten Fassungen von *Vossischer Zeitung* und *Weltbühne* mögliche Volltextsuche ergab unter den Suchwörtern „Volkskörper" oder „Krankheit" nur wenige, vereinzelt stehende Fundstellen (ausgenommen natürlich solche Stellen, in denen es um konkrete Krankheiten, medizinische und vor allem sozialmedizinische Vorgänge geht).

---

624 Vgl. Fritzsche, Romantik, S. 56.
625 Wilhelm Röpke: Krise und Konjunktur, Leipzig 1932, S. 1.
626 Ebd., S. 130.
627 Ebd., S. 136.
628 Ebd., S. 4.

In einem Fall griff Kurt Tucholsky, der 1919 die militärische Niederlage Deutschlands als „eine schmerzhafte, aber heilsame Operation am deutschen Volkskörper"[629] bezeichnet hatte, in der *Weltbühne* in einem Verriss des Romans *Volk ohne Raum* des kolonial-romantischen Schriftstellers Hans Grimm eine Krankheitsmetapher auf:

> „Damit die degeneriertesten Zellen dieses Volkskörpers, deren ursprünglich einmal gesunde und gute Beschaffenheit durch den Krebs der national-tierischen Eigenschaften überwuchert ist, gedeihen und sich gar noch auf eine Führerschaft vorbereiten können, an der das Land bereits einmal Millionen von Menschen und Mark verloren hat: darum brauchen wir Kolonien."[630]

Schnell wird klar, dass hier nicht Tucholsky selbst „spricht", sondern er in Parenthese nur die kruden Thesen Grimms wiedergibt, denn der Absatz schließt mit einem entschiedenen: „Wir brauchen keine Kolonien." Man sieht also, dass Tucholsky hier nur die bombastisch-nationalistische Sprache des Literaten (der übrigens „zu den Lieblingsautoren Adolf Hitlers"[631] gezählt wurde) aufs Korn nimmt – und die krankheitsmetaphorischen Darstellungsmittel ebenso. Ebenfalls in der *Weltbühne* bemühte Hanns-Erich Kaminski krankheitsmetaphorische Elemente, um die Nationalsozialisten zu charakterisieren:

> „Was droht, ist ja nicht so sehr ein Putsch der Braunhemden, mit dem würden wir sehr bald fertig werden. Die deutsche Gegenrevolution gleicht weniger einem Bazillus, der von außen tiefer in den Volkskörper einfrißt [sic]. Es genügt deshalb nicht, alle Abwehrkräfte dagegen zu sammeln und zu organisieren, es genügt nicht einmal, es herauszuschneiden, man muß das Wachstum des Geschwürs verhindern und dem ganzen Körper neue Kräfte zuführen."[632]

Hier sind viele der bereits im rechten Spektrum vorgefundenen Bilder vorhanden: Volkskörper, Bakterien, Krebs. Interessant ist, dass Kaminski, der als Sozialist bzw. Anarchist des Rechtsradikalismus ganz unverdächtig war, das Metapherngefüge ja gewissermaßen ex negativo anfügt – der Nazismus „gleicht weniger einem Bazillus" – und seinen Schwerpunkt auf die

---

629 Ignaz Wrobel [= Kurt Tucholsky]: Militaria, in: Die Weltbühne 15 (1919) 9, S. 201.
630 Ignaz Wrobel [= Kurt Tucholsky]: Grimms Märchen, in: Die Weltbühne 24 (1928) 36, S. 353.
631 http://www.dhm.de/lemo/html/biografien/GrimmHans/index.html [1.9.2013].
632 Hanns-Erich Kaminski: Wofür?, in: Die Weltbühne 28 (1932) 10, S. 354.

Prophylaxe denn auf die Therapie oder Operation legt. „Dem Körper neue Kräfte zuzuführen" hieß für Kaminski, den von ihm geforderten „Antifaschismus ... ins Positive [zu] wenden" und den Sozialismus wieder „lebendig zu machen."[633] Dem metaphorisch perhorreszierten Gegner wird also, wenngleich verhalten, ein Gegenbild „neuer Kräfte" gegenübergestellt.

Ein weiteres Beispiel einer seltenen liberalen Krankheitsmetaphorik findet sich in Leopold Schwarzschilds *Tage-Buch*. Als links-demokratisches Blatt zwar ähnlich positioniert, aber in offener Konkurrenz zur *Weltbühne*, war die seit 1927 von Schwarzschild herausgegebene Zeitschrift ebenfalls nicht nur scharf in seiner Ablehnung der Rechten, sondern auch ausgesprochen kritisch gegenüber den regierenden bürgerlichen Parteien und der Sozialdemokratie. Nach den zweiten Reichstagswahlen des Jahres 1932, die im November eine Pattsituation im Parlament hervorgebracht hatten (keine realistisch vorstellbare Koalition hätte eine Mehrheit gehabt) war auch Schwarzschild mit seinem Latein am Ende – und so traf sein Zorn das Wahlvolk:

> „Man kann nur schwer die Behauptung aufstellen, diese Konstellation sei von der Regierung hervorgerufen. ... Und zwar ist das, demokratisch ausgelegt, die eigne Entscheidung des deutschen Volkes. Natürlich die Entscheidung eines verrückt gemachten und mißleiteten Volkes, die aber eben deshalb ein ziemlich zutreffender Ausdruck seines heutigen Zustands ist, eines Zustands stark herabgeminderter Zurechnungsfähigkeit. Ein menschlicher Organismus, der von ähnlichen Übeln betroffen wird, verliert das Gleichgewicht oder verfällt in Zuckungen; einem politischen Organismus geht die Fähigkeit verloren, seinen eignen, selbstgewählten Organisationsregeln zu entsprechen."[634]

Die erste Metapher ist also die der Verrücktheit bzw. Unzurechnungsfähigkeit, mit der das deutsche Volk beschrieben wird, und die mit dem Kollaps und den „Zuckungen" eines menschlichen Einzelkörpers *verglichen*, jedoch nicht *gleichgesetzt* wird. Auf die psychiatrische folgt sogleich die physiologische Metapher.

> „Die Diagnose lautet: ein Volk, das, als ganzer Organismus gesehen, vorübergehend von einem Kollaps betroffen ist und an dem darum vorübergehend die

---

633 Ebd., S. 355.
634 Leopold Schwarzschild: Was wollen wir?, in: Das Tage-Buch 13 (1932) v. 19.11.1932, S. 1810–1813; zit. n. Leopold Schwarzschild: Die letzten Jahre vor Hitler, hg. v. Valerie Schwarzschild, Hamburg 1966, S. 217f.

Organe nicht funktionieren! Lassen wir uns durch demokratische Prinzipienfestigkeit nicht an der Erkenntnis hindern, daß es so ist; lassen wir uns nicht die Tatsache verdunkeln, daß wirklich im Volke selbst, im Fundament der Demokratie, die Ursache der pathologischen Störung liegt. Das hat seine guten, historischen Gründe. Es ist durch vierzehn Jahre hindurch gegangen, während deren es von der einen Seite mit einer saftlosen, reizlosen, trüben und riechenden Bettelsuppe von Nichtskönnerei einer wahren Persiflage auf Demokratie, Parlamentarismus, auf Regieren überhaupt traktiert worden ist; während zugleich von der anderen Seite alles getan wurde, um es in Tollheit und Wahnsinn zu jagen. ... Das Deutsche Volk [hat] durch seine eigne Wahl-Entscheidung es dahin gebracht ..., die demokratisch-parlamentarische Regierungsmethode fürs erste unanwendbar zu machen."[635]

Mit der Feststellung einer „pathologischen Störung" verschärfte Schwarzschild den Ton. Er stellte seine Leser vor die Frage, ob diese Störung bereits ausreiche, um „als Vorwand benützt [zu] werden, um für dauernd eine neues, antidemokratisches, das Volk ausschließendes System zu verhängen", was in der Metaphorik der Unzurechnungsfähigkeit mit einer Einweisung in eine Anstalt zu vergleichen wäre.

„Oder kann erreicht werden, daß er [= dieser Zustand, KL] nur als ein Krankheitsstadium behandelt wird, über das man mit allen möglichen, sogar gewagten Mitteln des Lavierens und Wurstelns hinwegzukommen suchen muß, in der Erwartung, daß nach nicht zu ferner Zeit der gesundete, ja, gereinigte demokratische Körper seine Funktionen wieder aufnehmen, vielleicht erst richtig beginnen wird!"[636]

Neben dem Novum eines dezidiert „demokratischen Körpers" erscheint hier wieder der für die Krankheits-„Krise" so zentrale Topos der Überwindung, der die Frage aufwirft, ob eine Wendung zum Guten noch möglich sei (dass es sich um einen Krisen-, einen Wendemoment handelt, wurde nicht bestritten). Bei Schwarzschild zu finden und wiederum typisch für die Koppelung von Krisenbeschreibung und Krankheitsmetapher ist die Zukunftsperspektive:

„Das Entscheidende ist, daß ... jetzt kein [autoritäres] Definitivum entsteht! Bleibt uns das erspart, so haben die Oppositionsparteien Zeit, sich nach vierzehn Jahren ... in der Demokratie und in allem, was sie so kraftlos verspielt und vertan haben, zu schulen, die *tödlichen Bazillen des Ebertismus auszuscheiden* [meine Hervorhebg.] und hineinzuwachsen in die Mission, die ihnen dann eines Tages

---

635 Ebd., S. 219.
636 Ebd.

doch wieder zufallen kann. Denn eines Tages wird die Selbst-Paralyse des demokratischen Organismus beendet sein."[637]

Es ist bemerkenswert, wie sehr sich der überzeugte Demokrat und Republikaner Schwarzschild die metaphorische Sprache der rechten Republikfeinde (Bazillen!) aneignete – gleichwohl es mit dem hehren Ziel einer Stützung der demokratischen Parteien erfolgte. Die Enttäuschung über das in seinen Augen unverzeihliche Versagen der letzteren und ebenso des verblendeten, „verrückten" Wahlvolks saßen zu tief bei Schwarzschild, um dies auch noch in rationaler Sprache wiederzugeben. In gewisser Weise hatte er das Vertrauen in die Demokratie verloren.

Als einer der wenigen Vertreter der liberalen politischen Essayistik der Zeit hat Thomas Mann in der *Deutschen Ansprache* von Krankheitsmetaphern Gebrauch gemacht. Im Gegensatz zu Schwarzschild nahm Mann zwei Jahre zuvor, am 17. Oktober 1930 und damit direkt nach den verheerenden Septemberwahlen, das (Wahl-) Volk trotz seiner Verirrungen in Schutz: „Es heißt wohl zuviel verlangen, wenn man von einem wirtschaftlich kranken Volk ein gesundes politisches Denken fordert."[638] Hier vollzog Mann endgültig die Abkehr von den *Betrachtungen eines Unpolitischen,* die Wandlung zum Vernunftrepublikaner und versöhnte sich mit dem gemäßigten Marxismus der SPD. Eine noch größere Sympathie bekundete er für den verstorbenen Außenminister Stresemann, dessen Krankheit (auf die ich ebenso wie auf Manns metaphorische Ausdeutung in Kap. 4.3.1 eingehen werde) er als „echt deutsches Mißgeschick"[639] beklagte, und wandte sich gegen den sowohl innenpolitischen als auch außenpolitischen „Haß, das kranke Erzeugnis der Not."[640] Gerade im heraufziehenden Nationalsozialismus sah Mann eine „nationale Askese und Verkrampfung", die nicht dienlich sei, die „seelische Gesundheit des deutschen Volkes, ... [die] gestört ist durch eine allgemeine politische und wirtschaftliche Krise,"[641] wiederherzustellen.

---

637 Ebd., S. 220.
638 Thomas Mann: Deutsche Ansprache, in: Ders.: Essays, Bd. 2 (Politische Reden und Schriften), Frankfurt a.M. 1983, S. 110.
639 Ebd., S. 122.
640 Ebd., S. 111.
641 Ebd., S. 124.

3.5 Die Sprache der politischen Akteure

Zum Abschluss des Kapitels soll nun die politische Elite selbst zu Wort kommen. Auch im Spektrum der demokratischen Politiker lassen sich nur wenige Fälle entdecken, während sich eine Vielzahl von Krankheitsmetaphern in der Sprache der Nationalsozialisten und Deutschnationalen finden lässt. Typisch hierfür mag hier die Äußerung des DNVP-Reichstagsabgeordneten Friedrich Everling gelten, der 1931 unter dem Titel *Organischer Aufbau des Dritten Reichs* feststellte, dass „die organische Auffassung als erstes ... verlangt, daß man den Staat als Organismus ansieht", und der Meinung war, dass „Staaten erkranken können. Unser heutiger Staat leidet noch an der Krankheit des 9. November. Und wie gesund muß Preußen sein, daß es sie 12 Jahre ... überlebte."[642] Doch lassen sich solche Beispiele auch in der Sprache republikanischer bzw. linksstehender Politiker finden?

3.5.1 Republikanische Krankheitsmetaphern?

> „Manche ... wollen ein Kranksein des Parlamentarismus wohl gelten lassen, stellen aber eine Krise in Abrede, sofern darunter ein Krankheitsstadium verstanden wird, das zum Tode führen muß, wenn es anhält und wenn nicht eine fast wunderbare Wendung, ein Aufschießen neuer Lebenskräfte oder ein Eingriff von außen erfolgt. ... Wir werden zur Einsicht kommen, daß das Wort ‚Krise' keine Übertreibung bedeutet. Mit Recht sagte ein Pole auf der Konferenz [der Interparlamentarischen Union 1925] in Berlin: ‚Der Parlamentarismus ist nicht krank, weil er von Diktatoren von links und rechts bedroht wird, sondern er wird von ihnen bedroht, weil er krank ist.'"[643]

Diese Einlassung des deutsch-böhmischen Politikers Wilhelm von Medinger ist insofern überraschend, als die hier manifestierte, in Krankheitsmetaphern gekleidete Parlamentarismuskritik aus der Feder eines überzeugten Republikaners, mehr noch: eines vom nationalistischen Saulus zum christlich-demokratischen Paulus Bekehrten stammte. Geradezu idealtypisch tritt hier erneut die Verknüpfung von Krise (hier des Parlamentarismus) mit Krankheitselementen hervor, die auf einen „fast wunderbaren"

---

642 Friedrich Everling: Organischer Aufbau des Dritten Reichs, München 1931, S. 46f.
643 Wilhelm Medinger: Die internationale Diskussion über die Krise des Parlamentarismus, Wien/Leipzig 1929, S. 3f.

Entscheidungsmoment wartet und auf ein überraschendes Eintreten „neuer Lebenskräfte" hofft. Es soll nicht verschwiegen werden, dass hier kein reichsdeutscher, sondern ein tschechoslowakischer Politiker sprach, der als Senator im Prager Parlament einer der sog. „aktionistischen", also kompromiss- und ausgleichsorientierten Parteien der deutschen Minderheit angehörte (namentlich der DCSVP), welche bis zur Zerstörung der letzten funktionierenden mitteleuropäischen Demokratie 1938 an der Regierung beteiligt waren. Zum Zeitpunkt der Veröffentlichung waren jedoch sowohl der tschechoslowakische als auch der reichsdeutsche Parlamentarismus bereits in die Defensive geraten, weshalb Medingers Überlegungen zur Kausalität seiner „Krankheit" durchaus auch für den größeren Nachbarstaat gelten konnten.

Zwei krankheitsmetaphorisch verwertete Topoi sind im Lager der deutschen republiktreuen Politiker grob erkennbar: Erstens ein Klagenarrativ von der politischen Verirrung und „Verwundung" des deutschen Volkes und zweitens die Darstellung der Republikfeinde von rechts als Krankheitserscheinung.

Die Empörung über die allgemein als ungerecht empfundenen Folgen des Versailler Vertrags mit der Metapher der Wunde auszudrücken, war in der unmittelbaren Nachkriegszeit keine Seltenheit: so bezeichnete etwa der damalige Reichskanzler Josef Wirth (Zentrum) 1921 anlässlich eines „Opfertags für Oberschlesien" die Abtrennung deutscher Gebiete im Osten und Westen als „blutige Wunden an unserem Volkskörper", welche nur „geschlossen" werden und „heilen" könnten, wenn Deutschland wieder als gleichberechtigter demokratischer Partner ins Konzert der europäischen Staaten zurückgekehrt sei.[644] Diese äußerliche „volkskörperliche" Beeinträchtigung und Notwendigkeit ihrer „Heilung" griff bereits Anfang 1919 der badische DDP-Politiker und spätere Präsidentschaftskandidat Willy Hellpach in einem Artikel zur *deutschen Lebenskraft* auf: „Die mächtigste organische Staatstatsache ist das Volk. ... Am Staate vollziehen sich juristische, am Volke biologische Entwicklungen."[645] Hierbei berief sich Hellpach auf den schon erwähnten Kjellén und die Versatzstücke organischer

---

644 Eine Rede des Reichskanzlers, in: Vossische Zeitung Nr. 309 v. 4.7.1921, S. 4.
645 Willy Hellpach: Deutsche Lebenskraft, in: Vossische Zeitung Nr. 68 v. 6.2.1919, S. 1.

Staatstheorie. Er wandte sich gegen das „Gedankengift" einer „biologischen Einschränkung" (durch Geburtenkontrolle) und forderte stattdessen dazu auf, „den kräftig wachsenden Volkskörper unablässig ... zu trainieren."[646] Eine psychologische Erweiterung der auf das Volk bezogenen Krankheitsmetaphern lieferte der Reichsaußenminister Stresemann 1924: „Deutschland ist schwer krank. Das seelische Gleichgewicht dem deutschen Volke wiederzugewinnen, erscheint daher als erste und wichtigste Aufgabe."[647]

In ihrer Ausprägung schärfer sind die Metaphern, die republikanische Politiker in der Spätphase der Weimarer Demokratie zur Abwehr der aufziehenden nationalsozialistischen Bedrohung in Stellung brachten. Der Zentrumspolitiker Johannes Bell stellte der Nazi-Propaganda die Verantwortungsethik der demokratischen Politik entgegen, als er am 10. Mai 1932 im Reichstag sagte:

> „Gerade in solch schweren Krisenzeiten, wie wir sie erleben, verbunden mit seelischen und materiellen Nöten, haben ... erfahrungsgemäß die mit Herz und Hirn arbeitenden Staatsmänner einen schweren Stand ... gegenüber Agitatoren, die auf Magen und Galle stoßen."[648]

Besonders die buchstäblich *organischen* Dichotomien Hirn-Magen und Herz-Galle werden bei den Zuhörern den gewünschten Effekt nicht verfehlt haben, ruft man sich den Assoziationshof in Erinnerung, den besonders das Wort „Galle" damals besaß und noch besitzt. Auch Bell griff die „seelischen Nöte" der Bevölkerung auf; möglicherweise ist hier eine republikanische Tendenz zum Psychischen zu erkennen, die sich von der rechtskonservativen Fokussierung auf das Physische abhob. Ähnlich verteidigte der der DDP angehörende Ministerialdirektor und Ex-Regierungssprecher Oscar Müller in seiner Einleitung zu dem politischen Manifest „Krisis" die in „positive[r] Stellung zum bestehenden Staat" stehenden Beiträger des Bandes gegen solche „politischen Systeme, nach denen der Staat mitsamt seinen äußeren und inneren Problemen erst einmal zerstört werden müsse", die als

---

646 Ebd., S. 2.
647 Zit. n. Heinrich Bauer: Stresemann. Ein deutscher Staatsmann, Berlin 1930, S. 214.
648 Rede Johannes Bells, Protokoll der Reichstagssitzung vom 10.5.1932, Stenographische Berichte, in: Verhandlungen des Deutschen Reichstags, V. Wahlperiode, Bd. 446 (1932), S. 2555.

„mahnende Krankheitssymptome" abzulehnen seien.[649] Die grimmigsten Attacken gegen die Nationalsozialisten kamen jedoch von Seiten der Sozialdemokratie. Der preußische Innenminister Carl Severing meinte, dass „solange dieses Gift der Agitation, ... die das heutige System für alles verantwortlich mache, ... eine allgemeine Besserung nicht zu erwarten" sei.[650] Der junge Kurt Schumacher attackierte in seiner Jungfernrede im Reichstag vor allem Josef Goebbels und dessen „System der Agitation", die „ein dauernder Appell an den inneren Schweinehund im Menschen" sei und deren „Niveau moralischer und intellektueller Verlumpung und Verlausung" (NB. die Parasitenmetapher) die Sozialdemokraten verabscheuten (für letztere Bemerkung kassierte er umgehend einen Ordnungsruf). Schumacher prophezeite hellsichtig:

> „Das deutsche Volk wird Jahrzehnte brauchen, um wieder moralisch und intellektuell von den Wunden zu gesunden, die ihm diese Art Agitation geschlagen hat."[651]

Wie bitter sich diese Voraussage noch bewahrheiten sollte, wird selbst der spätere SPD-Vorsitzende in diesem Moment nicht geahnt haben. Interessant an dieser Fundstelle ist, dass eine Modifikation der Metapher der „Wunde" vorliegt, die ansonsten meist als von Krieg, Feinden oder der Wirtschaftskrise zugefügt betrachtet worden war. Für Schumacher hingegen stand der Feind eindeutig rechts. Die allgemeine politische Situation überblickend stellte er wenige Wochen später in einem Zeitungsbeitrag fest:

> „Die Lage in Deutschland ist so, ... dass man die Gegensätze nicht mehr einschläfern und durch eine gewisse Vertagung allmählich aus der Welt schaffen kann. Damit würden die Krankheitskeime nur künstlich konserviert, um dann bei einer gefährlicheren Gelegenheit umso verderblicheres Fieber zu erzeugen."[652]

---

649 Oscar Müller: Vorwort, in: Ders. (Hg.): Krisis. Ein politisches Manifest, Weimar 1932, S. VIII.
650 Zit. n. „Nun auch den Landtag lahmlegen?", in: Vossische Zeitung Nr. 367 v. 6.8.1931, S. 2.
651 Rede Kurt Schumachers; Protokoll der Reichstagssitzung vom 23.2.1932, Stenographische Berichte, in: Verhandlungen des Deutschen Reichstags, V. Wahlperiode, Bd. 446 (1932), S. 2254.
652 Kurt Schumacher: Zu neuen Kämpfen, in: Schwäbische Tagwacht Nr. 62 v. 15.3.1932, zit. n. Volker Schober: Der junge Kurt Schumacher 1895–1933, Berlin 2000, S. 423.

Hier ist, enthalten im Bild der ruhenden Erreger bzw. des Fiebers, wieder die Idee einer notwendigen Verschärfung zu erkennen, wie sie der Krisenbegriff zeitigte. Schumacher scheint diese Art der Zuspitzung begrüßt zu haben und war, nicht zuletzt als jüngerer Demokrat, im Gegensatz zu Schwarzschild gegen ein „Lavieren und Wursteln". Gleichermaßen wandte sich der preußische Ministerpräsident Otto Braun (SPD) im Oktober 1930 gegen die rechten und linken Feinde der Republik:

> „Der Bazillus des nationalsozialistischen und des kommunistischen Nationalismus [sic!] findet gerade in diesem geschwächten Volkskörper einen so fruchtbaren Nährboden. Wenn man diesen Zustand überwunden haben wird, wenn der kerngesunde deutsche Volkskörper die Gegenkräfte mobilisiert haben wird, um diesen Krankheitserreger wieder auszuscheiden, dann wird dieser Zeitpunkt der beste sein, daß das deutsche Volk zur Vernunft zurückkehrt."[653]

Hier wird eine Vielzahl der eher von den Rechten bekannten Topoi zur Verteidigung der Republik rhetorisch in Stellung gebracht: der Volkskörper, die Metapher von Bazillen, Erregern und ihrem „Nährboden" sowie nicht zuletzt die Kontrastierung dieser Krankheit, die Braun in der radikalen Propaganda von Nazis und Kommunisten ausmachte, mit einer „Gesundung" des Volkes, die – vergleichbar mit vielen Krisenentwürfen – in die Zukunft verlagert wird.

Zwei Jahre später klang Braun bereits deutlich pessimistischer, als er sich gegen die populäre Vorstellung eines radikalen Umschwungs wandte:

> „Es muß anders werden, das ist die Lösung; über das wie macht die große Masse sich keine Gedanken. Wie der Kranke, der viele Ärzte konsultiert und zahlreiche Kuren ausprobiert hat, schließlich in seiner Verzweiflung zum Wunder-Doktor läuft, so erliegen Millionen jetzt der nationalsozialistischen Demagogie. ... Nun drängt hier Alles so oder so zur Entscheidung."[654]

Ähnlich wie bei Schwarzschild wurde hier das deutsche Volk als verwirrt dargestellt. Eine kreative semantische Erweiterung liegt im Topos des Quacksalbers, mit dem die Patentrezepte der Nationalsozialisten charakterisiert werden. Ähnlich hatte Braun an anderer Stelle kurz zuvor festgestellt,

---

653 Rede Otto Brauns am 15.10.1930, Sitzungsberichte des Preußischen Landtags, 3. Wahlperiode, Sp. 14938f., zit. n. Hagen Schulze: Otto Braun oder Preußens demokratische Sendung, Frankfurt a.M. u. a. 1977, S. 661.
654 Otto Braun: Brief an Raphael Friedeberg v. 5.5.1932, NL Braun, IISG Amsterdam.

Hitlers Ideen seien die „politische Scharlatanerie eines größenwahnsinnigen Diktators."[655] Otto Brauns eigene Leidensgeschichte wird in einem eigenen Unterkapitel zu den „kranken Männern" noch thematisiert werden. Hier bleibt festzuhalten, dass die Vorstellung vom Politiker als Arzt auch in seiner pervertierten Form gedacht wurde.

3.5.2 Linke Krankheitsmetaphern

Mit Severing, Schumacher und Braun sind bereits einige Sozialdemokraten und damit Elemente einer linken Krankheitsmetaphorik erwähnt worden. Eine elaborierte Fülle davon ist mir, ähnlich wie bei liberalen oder liberalkonservativen Autoren – entgegen anfänglicher, intuitiver Annahmen – auch in diesem Kontext kaum begegnet. Ein Grund für die ausgebliebene Verwendung von Krankheitsmetaphern auf sozialistischer Seite liegt möglicherweise im ideologischen Fundament der Linken begründet. Für Karl Marx ist schließlich nicht der Staat, sondern

> „die Natur ... der unorganische Leib des Menschen. ... Der Mensch lebt von der Natur, heißt: die Natur ist sein Leib, mit dem er in beständigem Prozeß bleiben muß, um nicht zu sterben."[656]

Die tendenziell identitäre Vorstellung vom Staats- oder Volkskörper ist schlechthin unvereinbar mit der marxistischen Idee der Entfremdung. Wie Mark Neocleous gezeigt hat, liegt die "notion of a 'social body', along with its related concerns over 'cancers', 'diseases' and 'purges' ... outside the theoretical contours of Marxist theory."[657] Viel eher griffen marxistische und andere Linke auf das Bild der „Staatsmaschine" zurück, um aus ihrer Weltanschauung heraus Problematisierungen auszudrücken, so etwa die Dysfunktionalität (und nicht primär Krankheit) des Kapitalismus. Wenngleich die Maschinenmetapher „in ihrem Ursprung nach eine mechanistische Modifikation des ‚politischen Körpers'"[658] ist, konnte sie doch nicht denselben begriffsgeschichtlichen Verlauf nehmen wie die biologistischen

---

655 Otto Braun: Sportpalastrede, 11.4.1932, GStA Berlin, NL Braun E8.
656 Karl Marx: Ökonomisch-philosophische Manuskripte aus dem Jahre 1844, in: Marx/Engels, Ausgewählte Werke in sechs Bänden, Bd. 1, Berlin (Ost) 1977, S. 88.
657 Neocleous, Fate, S. 37.
658 Stollberg-Rilinger, Staat als Maschine, S. 36.

Körper- und Krankheitsmetaphern des 19. und 20. Jahrhunderts. Auch wenn keinerlei Sympathien für den als Maschine verstandenen kapitalistischen Staat herrschten – „liest man Marx, so meint man die mit Knüppeln und Prügeln bewaffneten Ludditen geradezu bei der Arbeit zu sehen"[659] – hat diese Metaphorisierung des Politischen durch ihre rationalistischere Orientierung eine ganz andere Tragweite als die erwähnten, meist rechten Krankheitsmetaphern.

Nur gelegentlich einmal ist in Schriften von Sozialisten oder Kommunisten von den „Krebsschäden der sozialen Ordnung"[660] die Rede. Ein seltenes Beispiel einer ausgefeilten, dezidiert sozialdemokratischen Krankheitsmetaphorik, die den in die Krise geratenen Kapitalismus zum Gegenstand hat, findet sich in einer programmatischen Rede, die der SPD-Politiker, Gewerkschaftsfunktionär und Wirtschaftstheoretiker Fritz Tarnow auf dem SPD-Parteitag in Leipzig 1931 hielt.[661] Nach eingehender Beschäftigung mit Lohnkürzungen, Arbeitszeitbeschränkung und Arbeitslosenproblem kam Tarnow gegen Ende seiner Ansprache auf die grundsätzliche Haltung seiner Partei zur (hier rein wirtschaftlich gefaßten) Krise des Kapitalismus zu sprechen:

> „Es scheint aber, als ob die Altersschwäche des kapitalistischen Systems untrennbar mit einer Verkalkung auch des kapitalistischen Denkapparats verbunden ist. ... Das ist ein ungesunder Zustand. ... Endgültige Krise des Kapitalismus? ... Ich glaube, daß man mit solchen Prophezeiungen sehr vorsichtig sein muß."[662]

Die vergleichsweise unkonventionelle Krankheitsmetapher der „Verkalkung" und „Altersschwäche" war für Tarnow erst der Auftakt zu einem krankheitsmetaphorischen Gesamtbild des krisenhaften Kapitalismus.

---

659 Rigotti, Macht, S. 201.
660 Mark Lewin: Die Schuld am Zusammenbruch, in: Sozialistische Monatshefte 2 (1929), S. 86.
661 Fritz Tarnow: Kapitalistische Wirtschaftsanarchie und Arbeiterklasse, in: Protokoll des SPD-Parteitags in Leipzig 1931, Berlin 1931, S. 32–52. Tarnow (1880–1951), gelernter Tischler, hatte schon vor 1914 Erfahrungen in Gewerkschaft und Partei gesammelt und unter Rosa Luxemburg die Parteischule durchlaufen. Nach dem Ersten Weltkrieg wurde er Mitglied des Bundesvorstands des ADGB, seit 1928 saß er für die SPD im Reichstag.
662 Ebd., S. 44f.

„Nun stehen wir ja allerdings am Krankenlager des Kapitalismus nicht nur als Diagnostiker, sondern auch – ja, was soll ich da sagen? – als Arzt, der heilen will?, oder als fröhlicher Erbe, der das Ende nicht erwarten kann und am liebsten mit Gift noch etwas nachhelfen möchte? (Heiterkeit.) In diesem Bild drückt sich unsere ganze Situation aus. (Sehr gut!) Wir sind nämlich, wie mir scheint, dazu verdammt, sowohl Arzt zu sein, der ernsthaft heilen will, und dennoch das Gefühl aufrechtzuerhalten, daß wir Erben sind, die lieber heute als morgen die ganze Hinterlassenschaft des kapitalistischen Systems in Empfang nehmen wollen. Diese Doppelrolle, Arzt und Erbe, ist eine verflucht schwierige Aufgabe. (Sehr richtig!) Wir könnten uns in der Partei manche Auseinandersetzung ersparen, wenn wir uns dieser Doppelrolle immer bewußt bleiben würden. Aber wir sind es nicht immer. Manchmal glaubt der eine, die Notlage derjenigen, die davon abhängen, daß der Patient gesund wird, erfordere, alles zu tun, um den Patienten zu heilen; der andere meint, wo er schon röchelt, sei es richtig, ihm den Gnadenstoß zu geben. Der Patient selbst barmt uns gar nicht so sehr, aber die Massen, die dahinter stehen. (Sehr richtig!) Wenn der Patient röchelt, hungern die Massen draußen. (Sehr richtig!) Wenn wir das wissen und eine Medizin kennen, selbst wenn wir nicht überzeugt sind, daß sie den Patienten heilt, aber sein Röcheln wenigstens lindert, so daß die Massen draußen wieder mehr zu essen bekommen, dann geben wir ihm die Medizin und denken im Augenblick nicht so sehr daran, daß wir doch Erben sind und sein baldiges Ende erwarten."[663]

Will man dieses Panorama der Sozialdemokratie als Arzt am Krankenlager des Kapitalismus kurz rekapitulieren, fallen folgende Punkte ins Auge: 1. dass hier eben nicht das Volk, sondern das abstrakte System des Kapitalismus als erkrankt dargestellt wurde; 2. die Einsicht, dass es für die SPD nicht nur um eine Krisen-Diagnose, sondern angesichts der Schwere der Situation schon um eine Therapie ging; 3. wohnte der sozialdemokratischen „Doppelrolle" von Arzt und Erbe die im Krisenbegriff angelegte Entscheidungsoption inne, und Tarnow war sich bewusst, dass seine Partei gewissermaßen am Scheideweg stand: zur Heilung beizutragen oder „mit Gift nachzuhelfen" und zum Erben, genaugenommen sogar zum Erbschleicher des kranken Systems zu werden; 4. brachte Tarnow das Dilemma der Sozialdemokratie auf einen metaphorischen Nenner; denn in der unvermeidbaren Handlungsnotwendigkeit bestand für ihn überhaupt erst die „verflucht schwierige Aufgabe". Am Patienten Kapitalismus war ihm keineswegs gelegen, jedoch an den Folgen, die dessen Dahinscheiden für die „Massen" zeitigen würde (die von Tarnow übrigens nicht in das Metapherngefüge integriert

---

663 Ebd., S. 45f.

werden) – und widerwillig kam er so wie die SPD in der Folge des historischen Kompromisses von 1918/19 zu dem Schluss, der Patient müsse seine Medizin bekommen, jedenfalls solange unter dessen nach wie vor wünschenswerten Exitus die Massen zu leiden hätten. Tarnow war an der Vermittlung einer vernunftgebotenen Lösung und nicht der Intuition folgenden Option des „Gnadenstoßes" gelegen. Hier begegnet man einem moderaten Linken, der sich unter Bezug auf den „siechen" Kapitalismus einer wohlüberlegten, komplexen Metapher bediente. Der Überlieferungsform ist zu verdanken, dass der Nachwelt auch die Reaktionen seines Adressatenkreises erhalten sind – Heiterkeit und lebhafte Zustimmung; in keiner Passage der recht langen Rede sind so viele zustimmende Zwischenrufe zu verzeichnen. Es ist davon auszugehen, dass der theorie- und rhetorikgeschulte Tarnow eine ebensolche Reaktion hervorrufen wollte, die Krankheitsmetaphorik also dazu gebrauchen wollte, um auf der emotionalen Klaviatur der SPD-Parteitagsvertreter zu spielen. Am Ende seiner Rede kam Tarnow auf die bei Sozialisten üblicheren mechanistischen Metaphern zurück, als er mahnend und verhalten optimistisch zugleich meinte:

> „Es sind bereits starke Fundamente und tragende Konstruktionen für den sozialistischen Bau der Zukunft vorhanden, und wenn die Nebel dieser ökonomischen Krise sich verzogen haben werden, dann wird man deutlich sehen, daß auch in dieser Zeit die sozialistischen Fundamente stärker, die kapitalistischen schwächer geworden sind."[664]

Tarnows Referat stieß auf großen Widerhall. Während der Delegierte Erik Nölting, Nationalökonom und preußischer Landtagsabgeordneter, Tarnow freundschaftlich-ironisch zurief, dieser sei „für den Doktor h.c. reif"[665], schlug ihm auch wegen der Verwendung der Kranken- und Arztmetapher von Seiten einiger Parteifreunde scharfe Kritik entgegen. Der Breslauer Reichstagsabgeordnete Hans Ziegler ließ sich vernehmen:

> „Die Stimmung der Arbeitermassen ist nicht so, wie sie der Genosse Tarnow ... skizziert hat. Bei den Massen wird es einen Sturm der Entrüstung hervorrufen, wenn wir ihnen, wie es der Genosse Tarnow gesagt hat, sagen wollten: wir müssen uns auch als Arzt fühlen, der den kranken Patienten heilen soll. Diese Stellungnahme halte ich für falsch, und sie kann m.E. von unserer Partei nicht vertreten

---

664 Ebd., S. 50.
665 Aussprache zum Referat Tarnow, a.a.O., S. 68.

werden. Wir und draußen die Arbeitermassen erst recht halten diesen Patienten, den Kapitalismus, für unheilbar. Wie stehen auf dem Standpunkt, daß wir den Kapitalismus, wenn er schwankt, nicht stützen und heilen sollen, um ihn zu halten. ... Wenn ich mithelfe, den Kapitalismus zu stärken, dann kann ich nicht ernsthaft für den Sozialismus Propaganda machen (Stürmischer Beifall und Händeklatschen auf der Galerie)."[666]

Der Delegierte Paul Kirstein, offenbar mit Ziegler einer Meinung und 1928 auf dessen Platz als Breslauer Stadtverordneter nachgerückt, fügte, in die gleiche Kerbe schlagend, hinzu:

„Der Genosse Tarnow hat gesagt, ... wir seien gleichzeitig Arzt an dem kranken Körper des Kapitalismus; wir möchten aber auch seine Erben sein. Diese Parole erscheint mir äußerst bedenklich. Ich glaube, die Arbeiterklasse wird nicht verstehen, weshalb wir den kranken Körper heilen wollen, da wir doch die Medizin schließlich aus den Knochen der Arbeiter herstellen müssen. (Sehr gut!) ... Ich sage vielmehr: dieser Kapitalismus kann nicht gesunden und darf nicht durch die Politik der Sozialdemokratie die Möglichkeit bekommen, weiterzuleben. ... Es gilt, ... dem kranken Körper des Kapitalismus einen möglichst schnellen Tod zu bereiten. Denn er gesundet nur, wenn er versucht, sich auf Kosten des Proletariats zu retten."[667]

Beide Entgegnungen offenbaren, dass sich Tarnows Genossen zwar durchaus auf seine Sprachbilder, keineswegs aber seine Schlussfolgerungen einließen. Gerade Kirstein trieb die Metaphorik weiter, indem er den von Tarnow angelegten Prozess der Therapie infrage stellte. Keineswegs seien die Arbeiter Leidtragende eines kapitalistischen Kollapses, vielmehr würde sich ihr Leiden durch die Medizin vergrößern, für die sie buchstäblich die „Knochen hinhalten" müssten. Im Lichte dieser Äußerungen ist es nicht überraschend, dass sowohl Ziegler als auch Kirstein dem äußerst linken Flügel der SPD angehörten. Ziegler wurde nur wenige Monate nach dem Parteitag wegen mangelnder Fraktionsdisziplin aus der Partei ausgeschlossen und schloss sich der neu gegründeten linkssozialistischen Splittergruppe SAPD an (der auch der junge Willy Brandt angehörte), in die 1933 auch Kirstein übertrat. In diesen Auseinandersetzungen offenbarten sich schließlich auch die inneren Richtungskämpfe, denen sich die SPD spätestens seit Heinrich Brünings Amtsantritt ausgesetzt sah – und die sich in Tarnows Dilemma widerspiegeln: Sollte sich die SPD angesichts einer Verschärfung der wirtschaftlichen

---

666 Aussprache, a.a.O., S. 67.
667 Ebd., S. 73.

(die Bankenkrise des Jahres 1931 nahm gerade ihren Verlauf, die Arbeitslosigkeit stieg um ein Drittel an)[668] und politischen Lage (die anhaltenden Erosion des Parlamentarismus unter Brünings Präsidialregierung) auf eine Strategie der Stabilisierung oder der Krisenverschärfung einstellen? Für Tarnow stand die, wenngleich „verflucht schwierige", Antwort fest, und er wurde von dem Reichstagsmitglied Kurt Heinig darin bestärkt; bevor „mit dem Patienten etwas ganz Schreckliches angerichtet" werde, solle man sich die Folgen dessen vorstellen:

> „Es ist schon nichts Einfaches, wenn ein Mensch stirbt, aber wer sich vorstellt, daß es etwas Einfaches sei, ein Wirtschaftssystem sterben zu lassen, und, wenn es krank ist, noch weiter zu stoßen, der ist ein Theoretiker der gräßlichsten Art, weil er dabei die Menschen vergessen hat, die das Sterben bezahlen müssen. Genossen, der Wirtschaftskörper sind doch auch wir, auch die Millionen von Arbeitern und Angestellten, die Abermillionen von Frauen und Kindern!"[669]

Heinig warnte vor einer zynischen Strategie der Eskalation und appellierte an die staatspolitische Verantwortung der Sozialdemokratie: „Es wäre so unendlich viel einfacher, wenn man in diesen Zeiten nicht immer mit Vernunftgründen kommen müßte." Mit Blick auf die klassenkämpferischen Propheten einer nachrevolutionären hellen Zukunft meinte er:

> „Wenn wir die alten Parteitagsprotokolle durchblättern, dann können wir feststellen, daß ... jedesmal von einzelnen angekündigt worden ist, daß sich der Kapitalismus im Sterben befinde. In Wirklichkeit ist etwas anderes vor sich gegangen. Aus dem preußischen Dreiklassenstaat ist die politische Demokratie geworden. Aus dem Hohenzollernsystem ist die Weimarer Republik geworden. ... So drängt alles zu dem Versuch, Temperamentsausbrüche zurückzuhalten, so drängt alles zur Vernunft, zu der Erkenntnis, daß die deutsche Arbeiterbewegung auch etwas zu verlieren hat."[670]

Einer solchen, gemäßigten Haltung, die ja auch Tarnows Metaphorik zugrunde lag, begegneten Kommunisten mit Hohn und Spott. Unter bewusster Auslassung der Abwägungen und Gewissensbisse Tarnows ätzte die KPD-Zeitung *Rote Fahne*:

---

668 Vgl. Wehler, Gesellschaftsgeschichte IV, S. 259ff.
669 Aussprache zum Referat Tarnow, a.a.O., S. 74.
670 Ebd., S. 75.

„Herr Tarnow will ‚zuerst' den Kapitalismus heilen und dann irgendwann einmal später mit Gottes Hilfe und Brünings Segen den Umwandlungsprozeß zum Sozialismus durchführen. Bankrott und ausweglos."[671]

Im Parteiorgan der von der seit 1929 orthodox stalinistischen KPD abgefallenen KP-O (= Opposition) beschäftigte sich kurz darauf August Thalheimer mit Tarnows Thesen und auch der dabei verwendeten Arztmetaphorik:

„Molière schrieb den ‚Eingebildeten Kranken'. Die Sozialdemokratie spielt den eingebildeten Arzt des Kapitalismus. Eingebildet, denn nicht nur wird der Kapitalismus nicht von ihr kuriert, das passiert auch anderen Ärzten, sondern ihre ärztliche Tätigkeit am Kapitalismus ist nur eine eingebildete. ... Der Kapitalismus läßt den eingebildeten Arzt wohl schwatzen, im übrigen aber besorgt er seine Geschäfte selbst."[672]

Doch Thalheimers Replik beschränkte sich nicht darauf, Tarnows Irrtum zu entlarven, sondern kritisierte auch seine „Lähmung" der revolutionären Energie der Bewegung, schließlich sei „der Kapitalismus ... krank, der eingebildete Arzt aber spricht die Arbeiterklasse ins Bett" und trage damit zur Stützung des verhaßten Systems bei.

„Die Rolle des ‚Arztes' ist nur eine eingebildete, aber diese Einbildung dient dazu, die Arbeiter im Kampf zu lähmen. ... Die Quacksalberrezepte im einzelnen durchzugehen, hat um so weniger Zweck, als die Sozialdemokratie gar nicht das geringste tut, um sie durchzusetzen."[673]

Mit Fortführung von Tarnows Metaphorik und der Einführung des „Quacksalbers" trug Thalheimer den Konflikt zwischen Kommunisten und den verhaßten „Sozialfaschisten" auch auf metaphorischer Ebene aus: der therapeutische Einsatz der SPD sei nicht nur imaginiert und wirkungslos, sondern sogar unbefugt (nichts Anderes bezeichnet der Ausdruck des „Quacksalbers") und daher potentiell schädlich.

In seinem Angriff auf Tarnow ließ Thalheimer auch die „parasitische Rolle des Monopolkapitalismus"[674] nicht unerwähnt. Dies ist ein Beispiel einer

---

671 Rote Fahne Nr. 114 v. 2.6.1931, S. 2.
672 August Thalheimer: Kritische Anmerkungen zu Tarnows Referat über ‚Kapitalistische Wirtschaftsanarchie und Arbeiterklasse', in: Arbeiterpolitik v. 14.6.1931, wieder abgedruckt und zit. n. Arbeiterpolitik 22 (1981) 1, S. 6–9, hier S. 6.
673 Ebd., S. 9.
674 Ebd., S. 7.

besonderen Spielart krankheitsbezogener Metaphern im kommunistischen Denken: die des Schmarotzers. Erschien der Kapitalismus zuvor noch als kranker Körper bzw. Patient, wurde er hier selbst zum Krankheitserreger. Diese Verwendung als Metapher für den Kapitalismus ging auf Lenin zurück, der 1916 davon gesprochen hatte, dass „der Imperialismus parasitärer oder faulender Kapitalismus"[675] sei. So hat die Verwendung auch in Deutschland Karriere gemacht: Rosa Luxemburg schrieb bereits 1912 über bürgerliche Frauen, diese seien

> „Mitverzehrerinnen des Mehrwerts, den ihre Männer aus dem Proletariat herauspressen, sie sind Parasiten der Parasiten am Volkskörper. Und Mitverzehrer sind gewöhnlich noch rabiater und grausamer in der Verteidigung ihres ‚Rechts' auf Parasitendasein."[676]

Analog zur Verwendung der Parasiten-Metapher wurde auch der Ausdruck „Volksfeinde" verwendet. In demselben Gestus ließ die *Rote Fahne* 1925 verlauten: „Entfernt die Parasiten. Wählt Kommunisten." Thomas Haury und Olaf Kistenmacher haben nachgezeichnet, wie sehr dieser Sonderfall der Krankheitsmetapher im politischen Diskurs gängige judenfeindliche Ressentiments bediente und einen linken Antisemitismus ausprägte, der sich nur in der KPD und nicht in der SPD finden ließ.[677] Dieser nahm zwar bei Weitem nicht die Radikalität, den Raum und die durchkonstruierte sprachliche Form wie im konservativen oder nationalsozialistischen Antisemitismus an, hatte mit seiner partiellen Gleichsetzung von Juden und kapitalistischem Klassenfeind aber eine vergleichbare Struktur – auch im Rückgriff auf biologische Metaphern:

---

675 Vladimir Iljič Lenin: Der Imperialismus und die Spaltung des Sozialismus (1916), in: Lenin, Werke, Bd. 23, Berlin 1957, S. 102–118. Vgl. hierzu auch Thomas Haury: Antisemitismus von links. Kommunistische Ideologie, Nationalismus und Antizionismus in der frühen DDR, Hamburg 2002, S. 235–242 u. 248–252.

676 Rosa Luxemburg: Frauenwahlrecht und Klassenkampf, in: Clara Zetkin: Frauenwahlrecht. Propagandaschrift zum 2. sozialdemokratischen Frauentag, Stuttgart 1912, S. 8ff.

677 Vgl. Haury, Antisemitismus, S. 254.

„Wie die Redeweise von den ‚Parasiten' deutlich macht, reproduzierte ein solcher Antikapitalismus biologistische Vorstellungen, wonach es einen vermeintlich gesunden, nützlichen Bereich der Produktion gebe – an dem sich die Kapitalisten wie ‚Parasiten' bereicherten."[678]

Die Parasitenmetapher fand dort Eingang in kommunistische Texte, wo im Zuge der „patriotischen" Wende der KPD 1923 und der nach 1931 erneut erfolgten Annäherung an bürgerliche oder nationalistische Vorstellungen von Nation und Volk auch vom Volkskörper die Rede war (sonst verwendeten kommunistische Autoren eher den Begriff der „Masse"). Auf diesem Wege konnte „aus dem Klassenantagonismus ‚Proletariat' versus ‚Bourgeoisie' die Binarität ‚Werktätige' versus ‚Schmarotzer'"[679] werden. Die Metapher des „Schmarotzers" wirkte strukturell ähnlich wie bei den bereits vorgestellten anderen Fällen: zur Beschreibung eines „inneren Feindes", wie 1931 der noch junge KPD-Reichstagsabgeordnete Walter Ulbricht schrieb – nichts anderes seien die „kapitalistischen Blutsauger"[680] schließlich. Auch die theoretisch so geschulte Rosa Luxemburg hatte die Schmarotzer-Metapher in ihr Vokabular aufgenommen:

> „Die proletarische Revolution ist zugleich die Sterbeglocke für jede Knechtschaft und Unterdrückung. Darum erheben sich gegen die proletarische Revolution alle Kapitalisten, Junker, Kleinbürger, Offiziere, alle Nutznießer und Parasiten der Ausbeutung und der Klassenherrschaft wie ein Mann zum Kampf auf Leben und Tod."[681]

Doch blieb es bei einer solchen gelegentlichen Verwendung. Parallel benutzten kommunistische Autoren etwa auch organische Metaphern, die sich nicht auf den menschlichen Körper bezogen, sondern auf Flora und Fauna, etwa wenn in Bezug auf den Kapitalismus von „Saugwurzeln", „Hyänen" oder „Aasgeiern" die Rede war.[682]

---

678 Olaf Kistenmacher: Klassenkämpfer wider Willen. Die KPD und der Antisemitismus zur Zeit der Weimarer Republik, in: Jungle World Nr. 28 v. 14. Juli 2011, Online-Ausgabe (http://jungle-world.com/artikel/2011/28/43608.html) [12.8.2013].
679 Haury, Antisemitismus, S. 269.
680 Genosse Ulbrichts Abrechnung mit den Nazis, in: Rote Fahne Nr. 20 v. 24.1.1931, S. 8.
681 Rosa Luxemburg: Programm des Spartakusbundes, 30.12.1918, Teil III.
682 Vgl. Haury, Antisemitismus, S. 288.

Zusammenfassend ist festzustellen, dass wohl die Orientierung an der dominierenden marxistischen Weltanschauung von Staat, Wirtschaft und Gesellschaft als Mechanismus bzw. Maschine eine häufige und vielgestaltige Verwendung von Körper- und Krankheitsmetaphern verhinderte, nicht zuletzt, da Maschinenmetaphern ein stärkeres aktionistisches Potential besaßen, während hingegen die Darstellung des Kapitalismus als Körperlichkeit seine „Naturgegebenheit" und tendenziell somit Unveränderlichkeit suggerierten. Die in Körper- und Krankheitsmetaphern angelegte Verschleierung des Konstruktionscharakters der Gesellschaft und ihrer Teilbereiche (so auch der Wirtschaft) konnte daher von Marxisten schon aus politisch-ideologischen Gründen nicht geteilt werden.

3.5.3 Die metaphorische Sprache der Nationalsozialisten

Zuletzt soll nun das frühe politische Denken des Nationalsozialismus auf Krankheitsmetaphern untersucht werden. Einerseits verweist es bereits in seiner Kontinuität über das Jahr 1933 hinaus auf eine andere Epoche deutscher Geschichte, andererseits war es Teil der politischen Diskurse der Weimarer Republik, wenngleich bis Ende der 1920er-Jahre als ein nur randständiger und mitunter als obskur angesehener Teil. Ich werde mich im Folgenden auf eine knappe Übersicht der wichtigste krankheitsmetaphorischen Topoi in der Sprache Adolf Hitlers, Joseph Goebbels' und Alfred Rosenbergs beschränken, da die wichtige Aufgabe einer Gesamtschau der nationalsozialistischen Metaphorik im breiteren Rahmen einer diskursgeschichtlichen Betrachtung bereits kürzlich von Andreas Musolff geleistet worden ist.[683] Musolffs Analyse weist allerdings über den hier gebotenen thematischen Rahmen hinaus, da sie erstens das nationalsozialistische Denken als Ganzes betrachtet und darin zweitens vor allem die Rolle des Antisemitismus als maßgebliches Ideologem hinter den NS-Krankheitsmetaphern untersucht, einen Aspekt, den ich aufgrund der unterschiedlichen Fragestellung meiner Arbeit nur dort einbezogen habe, wo er in den Metaphern als Element einer Demokratiekritik verwendet wurde. Außerdem geht es Musolff mehr um

---

683 Andreas Musolff: Metaphor, Nation and the Holocaust. The Concept of the Body Politic, New York/London 2010.

eine detaillierte linguistische Analyse, während diese eher den Ausgangs- als Zielpunkt meiner Überlegungen markiert.

Josef Goebbels, dessen Reden und Artikel, insbesondere in dem von ihm herausgegebenen *Angriff*, die schärfsten Anfeindungen gegen die Weimarer Republik enthielten, bediente sich zwar generell einer bildreichen Sprache, dabei jedoch verhältnismäßig selten Krankheitsmetaphern. Angesichts der sich bereits vor der Weltwirtschaftskrise verschlechternden Lage von Wirtschaft und Arbeitsmarkt kritisierte er 1928:

„Die Regierung ist machtlos. Sie erkennt das Übel nicht an der Wurzel, … doktert an den bösen Folgen herum, ohne die Ursachen zu beseitigen, gibt dem von glühenden Schauern durchschütterten [sic] Volkskörper Mittel gegen das Fieber ein und läßt dabei die Fenster offenstehen, durch die der Pestwind der Vernichtung, der Korruption, des Betruges und der amtlich geduldeten Ausbeutung der Volkskraft auf diesen kranken, siechen Organismus ohne Unterlaß hereinpfeift."[684]

Hier erscheint der Volkskörper eher als Wirtschaftsgebilde denn als real verstandener Körper des Volkes. Hauptsächlich wirtschaftliche Gesichtspunkte lagen auch dem Artikel *Gegen den Volksfeind* zugrunde, in dem Goebbels den Versailler Vertrag und Dawes-Plan, der 1924 vorläufig die Reparationsfrage geklärt hatte, miteinander krankheitsmetaphorisch verglich:

„Versailles war eine blutende Wunde. Dawes ist eine zehrende Schwindsucht. … Blutende Wunden bindet man ab. Niemand täuscht sich über ihre Gefährlichkeit hinweg. Zehrende Krankheiten kommen meist harmlos und unerkennbar. Sie schleichen sich an ihre Opfer heran wie der Dieb in der Nacht. Der von der Schwindsucht Befallene wird um so eher geneigt sein, sich über die Furchtbarkeit seiner Krankheit hinwegzutäuschen, als die Natur in einer grotesken Laune ihn manchmal in diesem Bestreben zu unterstützen scheint. Sie zaubert ihm eine verführerische Röte falscher Gesundheit auf die schon müden Wangen, läßt das kranke Auge in einem lächelnden Glanz strahlender Lebenslust leuchten… Dieser Kranke ist gezeichnet, nicht zum Leben, zum Tode. Deutschland unter dem Dawespakt: das ist ein Volk, das an der Auszehrung leidet. Kredite und Anleihen sind für dieses Volk nur Morphiumspritzen, die zwar auf eine Zeitlang die Schmerzen mildern und einen Zustand trügerischer Gesundheit hervorzaubern können – aber der Giftstoff frißt sich unentwegt weiter in die lebenswichtigen Organe hinein, bis

---

684 Joseph Goebbels: Sturmzeichen, in: Der Angriff v. 13.2.1928, in: Ders.: Der Angriff. Aufsätze aus der Kampfzeit, München 1935, S. 104.

der Organismus, ausgehöhlt und durchpestet, eines Tages erschöpft und todwund zusammenbricht, um nie wieder aufzustehen."⁶⁸⁵

Es ist weniger die politische Stoßrichtung, die sich prima facie nur gegen die wirtschaftliche Fortsetzung der in Versailles beschlossenen deutschen Niederlage zeigt, als das bunte Bild der Metaphern, das hier ins Auge sticht, und die Gegenüberstellung von äußerer, heilbarer Verletzung („Wunde") und unheilbarer, nur noch palliativ zu behandelnder Tuberkulose. Doch verharrte Goebbels nicht bei dieser primär ökonomischen Kritik:

> „Das beginnt im Wirtschaftlichen und endet im Organischen. Die Wirtschaft ist sozusagen nur das Einfallstor, durch das der Bazillus den Weg in den Volkskörper sucht und findet. Es wäre falsch anzunehmen, die Produktion könne zerstört werden, ohne daß das Volk darunter an seinem seelischen Bestand ernsthaft zu Schaden komme. Die raumlosen Mächte ... beginnen heute nur wirtschaftsfeindlich, um volkszerstörend aufhören zu können. Vor uns erhebt sich der ewige Volksfeind, der Jude, die Demokratie, der Kapitalismus. ... Und es gibt dagegen nur eine Wahl: Kampf oder Untergang!"⁶⁸⁶

Nicht nur, dass hier mit „Bazillus" und „Volkskörper" zwei weitere, im rechten Denken übliche Termini eingeführt werden – Goebbels' Anklage der wirtschaftlichen Zustände gewinnt hier eine Stoßrichtung gegen vieles von dem, wogegen sich die NS-Ideologie wandte: Juden, Demokratie, Kapitalismus. Es ist dabei kein Zufall, dass jene in dieser Reihenfolge genannt wurden: Der Antisemitismus hatte im Denken der Nationalsozialisten absoluten Vorrang.

Ganz ähnlich skizzierte in seinem *Mythus des 20. Jahrhunderts* der Reichstagsabgeordnete und NSDAP-Chefideologe (sofern davon angesichts des allumfassenden Deutungsanspruchs Hitlers überhaupt gesprochen werden kann), Alfred Rosenberg, dieselben Elemente der Weimarer Politik und Gesellschaft, gegen die sich die Nazis so scharf wandten. Dass zum gegenwärtigen Zeitpunkt „der vergiftete deutsche Volkskörper in schwersten Zuckungen liegt"⁶⁸⁷, lag für Rosenberg nicht zuletzt an der „verfaulenden

---

685 Joseph Goebbels: Gegen den Volksfeind, in: Der Angriff v. 24.9.1928, in: Ders., Angriff, S. 109f.
686 Ebd., S. 110.
687 Alfred Rosenberg: Der Mythus des 20. Jahrhunderts. Eine Wertung der seelisch-geistigen Gestaltenkämpfe unserer Zeit, München 1930, hier zit. n. der Ausg. ³³1934, S. 158.

Demokratie."⁶⁸⁸ Wie für Goebbels waren auch für ihn Demokratie und Judentum mehr oder weniger identisch:

> „Der Jude kann in einem Staat nicht zur Herrschaft gelangen, der von gesteigerten Ehrbegriffen getragen wird; genau aus demselben Grund wird aber auch der Deutsche innerhalb des demokratischen Systems nicht wirklich leben, nicht fruchtbar sein können. ... Entweder er überwindet es nach der giftigen Erkrankung ideell und materiell, oder er geht an der Sünde gegen seine organische Wahrheit rettungslos zugrunde."⁶⁸⁹

In der Verzahnung von Organizismus und Demokratiekritik konnte Rosenberg an Vorläufer aus dem konservativen und nationalistischen Denken anknüpfen. In dem von ihm geprägten Begriff der „organischen Wahrheit" sollte nun die biomorphe Staats- und Weltauffassung ihre nazistische Vollendung finden. Mit scharfem Sinn für die Ausschlussmechanismen dieses Ausdrucks schrieb Viktor Klemperer:

> „An die Stelle der einen und allgemeingültigen Wahrheit, die für eine imaginäre allgemeine Menschheit dasein soll, tritt die ‚organische Wahrheit', die aus dem Blut einer Rasse hervorwächst und nur für diese Rasse gilt. ... Die Sache würde nicht klarer werden, wenn ich die Zitate häufte, es ist ja nicht Rosenbergs Absicht, sie klarer zu machen. Nach Klarheit strebt das Denken, Magie betreibt man im Halbdunkel."⁶⁹⁰

Wenngleich sich auch in den bereits analysierten konservativen oder völkisch ausgerichteten Publikationen nicht selten antisemitische Anklänge finden, ist der Antisemitismus als Kernstück einer antidemokratischen Krankheitsmetaphorik (und Ideologie) erst bei den Nationalsozialisten deutlich. Dies ging nicht zuletzt auf das politische Denken Adolf Hitlers zurück, der in Reden und nicht zuletzt der NS-Programmschrift *Mein Kampf* auch die sprachliche Kampflinie der Partei vorgegeben hatte.⁶⁹¹ Auch bei Hitler finden sich gelegentlich die bekannten, d. h. schon zuvor herausgearbeiteten

---

688 Ebd., S. 446.
689 Ebd., S. 687.
690 Viktor Klemperer: LTI. Notizbuch eines Philologen [1947], Leipzig ¹⁸1999, S. 130f.
691 Vgl. zur politischen Sprache Hitlers neben Musolff u. a. Barbara Zehnpfennig: Hitlers Mein Kampf. Eine Interpretation, München 2000, Joachim Riecker: Hitlers 9. November. Wie der Erste Weltkrieg zum Holocaust führte, Berlin 2009; Schmitz-Berning, Vokabular des NS.

politischen Körper- und Krankheitsmetaphern. Programmatisch formulierte er im Gestus des Diagnostikers:

> „Wer diese Zeit, die innerlich krank und faul ist, heilen will, muß zunächst den Mut aufbringen, die Ursachen dieses Leides [sic] klarzulegen. Das soll die Sorge der nationalsozialistischen Bewegung sein."[692]

Ausgehend von der buchstäblichen Vorstellung eines kranken Volkskörpers – „wir sehen unser Volk als einen Körper von Fleisch und Blut und seelischen Kräften langsam zugrunde gehen"[693] – werden auch von ihm die als Feinde der nationalsozialistischen Idee mit Krankheitsmetaphern belegt. Die „liberal-marxistische Epoche" war für ihn

> „eine schleichende Krankheit, die jahrzehntelang andauert und zu einer allgemeinen Zersetzung, ja Zerfressung der Nationen führt, ... treibt die Entwicklung zu jener Krise, die für jede Krankheit entscheidend ist."[694]

Bemerkenswert ist hier, dass Hitler den Begriff der Krise problemlos in seine Argumentation einbauen konnte, da er ohnehin schon von Politik als Krankheit sprach und so zur Darstellung eines Wendepunktes den medizinischen Krisenaspekt heranziehen konnte. Die Inkarnation des verhassten Systems, die republikanischen „Politiker, Parlamentarier, Parteiführer", denen

> „ihr Staat in ihren Augen nichts weiter als ein Kranker ist, an dessen dauernder, aber unfruchtbarer Genesung sie selbst genesen. Die Krankheit der Nation ist ihre Milchflasche, an der sie hängen, und sie erklären jeden für einen Todfeind der Nation, der es versucht, die Nation aus dieser Krankheit herauszubringen. ... Sie wissen ganz genau, daß das Volk nicht krank ist deswegen, weil es nicht seine Medizin genommen hat."[695]

Hier zeigt sich in verwickelter Weise eine Metapher von Krankheit und unterlassener Hilfeleistung; die derart dargestellte Rolle der demokratischen Politiker liegt für Hitler irgendwo zwischen „Quacksalber" und Erbe, jedenfalls

---

692 Adolf Hitler: Mein Kampf [1925], München [85]1941, S. 485.
693 Adolf Hitler: Rede auf dem NSDAP-Reichsparteitag, 4.8.1929, in: Hitler, Reden–Schriften– Anordnungen, Februar 1925 bis Januar 1933, hg. v. Institut für Zeitgeschichte, Bd. 3/2, München 1994, S. 346.
694 Adolf Hitler: Dienstvorschrift für die P.O. der NSDAP v. 15.7.1932, in: Hitler, Reden–Schriften– Anordnungen, Bd. 5/1, München 1996, S. 221.
695 Hitler, Rede auf der NSDAP-Versammlung in Schleiz, 18.1.1927, in: Hitler, Reden–Schriften–Anordnungen., Bd. 2/1, München 1998, S. 389.

in der eines Nutznießers, dem an einer „Heilung" nicht gelegen sein kann. Im Rückblick auf die ersten Jahre der Republik meinte Hitler 1926:

> „Die Nation ist keinen Schritt weitergekommen; sie ist, wie sie vor drei Jahren war, todkrank, genau wie ein Lungenkranker, solange die Krankheit nicht aus ihm genommen wird. Alle anderen Mittel nützen wenig; entweder stirbt der Erreger der Krankheit oder der Kranke. Unsere Mittelchen ändern nichts an der inneren Tatsache des Krankseins. Das ist das Unheil, daß man in Deutschland das nicht begriffen hat."[696]

Dass Hitler hier (ohne es weiter auszuführen) von drei Jahren des Stillstands sprach, mag auf den zum Zeitpunkt der Rede ebenso lange zurückliegenden erfolglosen Münchner Umsturzversuch verweisen. Wer mit dem „Erreger" gemeint war, stellte Hitler unmissverständlich klar:

> „Die Frage der deutschen Wiedererhebung ist eine Frage der Vernichtung der marxistischen Weltanschauung in Deutschland. Wenn diese Weltanschauung nicht ausgerottet wird, wird Deutschland niemals wieder emporsteigen, sowenig sie einen Menschen gesund machen können, solange er nicht von der Tuberkulose geheilt ist. ... Solange die Tuberkel weiterfressen, solange nützt das Herumdoktern nichts. ... Beseitigen wir die innere Krankheit des Volkes ... nicht, so ist das alles reine Kurpfuscherei, weiter nichts!"[697]

Waren für Goebbels die Reparationslasten die Tuberkulose des deutschen Volkes gewesen, war es für Hitler der Marxismus. Die Wahl gerade dieser Krankheitsmetapher liegt möglicherweise im wechselhaften Verlauf der (realen) Tuberkulose begründet, der den Patienten zwischenzeitlich in Phasen relativer Stabilität und sogar Euphorie versetzt; dies konnte metaphorisch nutzbar gemacht werden, um die Scheinstabilität der Weimarer Gesellschaft zu Zeiten ihrer „goldenen Jahre" herauszustellen. In *Mein Kampf* verwendete Hitler Krankheitsmetaphern eher zur Beschreibung des angeblich schlechten sozialmedizinischen Zustands des deutschen Volkes, etwa wenn es um die „gesundheitliche Vergiftung des Volkskörpers" durch Syphilis und Tuberkulose[698], den Geburtenrückgang, die „Rassenmischung" oder die „erblich Belasteten"[699] ging. Über den politischen Meinungsstreit hinaus

---

696 Hitler, Rede vor dem Nationalklub in Hamburg, 28.2.1926, in: Hitler, Reden–Schriften–Anordnungen, Bd. 1, München 1992, S. 319.
697 Ebd., S. 318.
698 Hitler, Mein Kampf, S. 269.
699 Ebd., S. 445.

wurde hier von Beginn an eine reale Biopolitik mit Metaphern rhetorisch bewaffnet. Dabei wurde häufig eine Krankheitsmetapher verwendet, deren "target domain" im Zentrum von *Mein Kampf* stand, und die im „Dritten Reich" auf furchtbare Weise in reale Körperpolitik umgewandelt wurde: die des Judentums als Parasiten.[700] Hier vollendete sich eine bereits im 19. Jahrhundert begonnene Tendenz:

> „Bis in die 20er Jahre des neuen Jahrhunderts wird sich die politische Parasitologie vervollkommnet haben. Was sich zum rechten Stratagem der sozialistischen und jüdischen Weltverschwörung auswächst, … arbeitet von Anbeginn mit der Metapher der gewebezerstörenden Ansteckungskrankheit im nun National- plus Volkskörper."[701]

Bemerkenswert ist, dass mit dem Parasiten in der Logik nazistischen Denkens buchstäblich die „Erreger", d.h. die Auslöser oder Katalysatoren der als krank dargestellten Phänomene (Sozialismus, Demokratie etc.) gemeint waren. Vor dem Hintergrund einer solchen krankheitsmetaphorisch-exterminatorischen Rhetorik ist es so tragisch wie bleibend unverständlich, dass selbst einige deutsche Juden Hitlers Aufstieg begrüßten. Stellvertretend dafür seien hier die Äußerungen des noch jungen Hans-Joachim Schoeps genannt, der 1933 unter Verwendung von Krankheitsmetaphern die nationalsozialistische „Machtergreifung" begrüßte, indem er feststellte, dass

> „der in seinen Gefäßen und Organen durch und durch erkrankte Volkskörper nur noch durch eine Radikalkur, durch eine Erneuerung der Säfte bewahrt werden [kann]. … Deutschland erlebt heute seine völkische Erneuerung. Zu ihr gehört, daß die nationale Revolution um der Wahrung des bedrohten Volkskörpers willen auch das biologische Thema angeschlagen hat und damit auf die Elementarböden von Blut und Rasse zurückgreifen mußte."[702]

---

700 Vgl. ebd., S. 334. Zur Begriffsgeschichte im Allgemeinen vgl. Heiko Stullich: Parasiten, eine Begriffsgeschichte, in: Forum Interdisziplinäre Begriffsgeschichte 2 (2013) 1, S. 21–29, speziell zum NS vgl. Alexander Bein: „Der jüdische Parasit". Bemerkungen zur Semantik der Judenfrage, in: VfZG 13 (1965) 2, S. 121–149.
701 Friedrich/Tietze, Einbruch der Epidemie, S. 27.
702 Hans-Joachim Schoeps in: Der deutsche Vortrupp. Blätter einer Gefolgschaft deutscher Juden 1 (1933/34), zit. n. Walter Grab: Die jüdische Antwort auf den Zusammenbruch der deutschen Demokratie 1933, Berlin 1988, S. 12.

Hier wurden ganz im Sinne der neuen Herrschaftsideologie alle Register einer metaphorischen Volkskörperdialektik gezogen – Krankheit vs. Heilung, Gesamtkörper vs. Einzelbestandteile (Säfte, Gefäße) und schließlich die Einbettung in die Rassenlehre. Für den Religionsphilosophen (und Arztsohn) Schoeps war der willkommen geheißene Rückgriff auf biologische „Themen" keineswegs ein fremdartiges Erklärungsmuster, sondern ein für einen deutschen Nationalisten völlig normaler gedanklicher Bezugsrahmen.

In einem Punkte unterschied sich die in *Mein Kampf* dargelegte Zeit- und Staatskritik wesentlich von gemäßigteren, konservativen Entwürfen: Für Hitler zeigten sich bereits im Kaiserreich „Verfallsmomente, die in ... dem Volkskörper bald auf und ab strichen oder als giftige Geschwüre bald da, bald dort die Nation anfraßen."[703] So sei bereits die Vorkriegspolitik von „einer ganzen Reihe von Krankheitserscheinungen ... heimgesucht" worden:

> „Der militärische Zusammenbruch war ... die erste allen sichtbare katastrophale Folge einer sittlichen und moralischen Vergiftung, einer Minderung des Selbsterhaltungstriebes und der Voraussetzungen hierzu, die schon seit vielen Jahren die Fundamente des Volkes und Reiches zu unterhöhlen begonnen hatten. ... Für das deutsche Volk darf man es fast als ein großes Glück betrachten, daß die Zeit seiner schleichenden Erkrankung plötzlich in einer so furchtbaren Katastrophe abgekürzt wurde."[704]

Wie sehr unterschied sich dieses Urteil doch von der Einschätzung etwa Notungs, der den „bis dahin gesunden und kräftigen Körper" (s.o.) des wilhelminischen Staates dem schlechten Zustand nach 1918 gegenübergestellt hatte. Für Hitler konnte jedoch nur aus jenen Voraussetzungen der Schock der Ereignisse von 1918 erklärt werden:

> „Dieser wohlkonservierte Abschaum unseres Volkskörpers hat dann die Revolution gemacht, und er konnte sie nur machen, weil das Extrem bester Elemente ihm nicht mehr gegenüberstand. ... Zeiten des Zusammenbruchs eines Volkskörpers werden eben bestimmt durch das vorherrschende Wirken der schlechtesten Elemente."[705]

---

703 Hitler, Mein Kampf, S. 169.
704 Hitler, Mein Kampf, S. 252f.
705 Ebd., S. 581ff.

In seiner Rede zum Ermächtigungsgesetz am 23. März 1933 zog schließlich der Mann, der sich als „Arzt des deutschen Volkes"[706] verstand, gewissermaßen auch krankheitsmetaphorisch den Schlussstrich unter die Weimarer Republik:

> „Gleichlaufend mit dieser politischen Entgiftung unseres öffentlichen Lebens wird die nationale Regierung eine durchgreifende moralische Sanierung an unserem Volkskörper vornehmen."[707]

Andreas Musolff ist in seiner systematischen Studie zu nationalsozialistischen body politic-Konzepten bestrebt, die nationalsozialistischen Krankheitsmetaphern in eine längere ideengeschichtliche Perspektive zu bringen.[708] Dabei kommt allerdings das krankheitsmetaphorische Potential Weimarer Diskurse nicht zur Sprache, wodurch er sich m.E. um einige Erklärungsmöglichkeiten bringt: Die Metaphernsprache der Nazis sollte nicht zuletzt vor der Folie politischer Krankheitsmetaphern rechter Diskurse der Weimarer Republik betrachtet werden, weil erst so ihr spezifisch Anderes bzw. Neues in Erscheinung tritt – dies soll die vorliegende Arbeit u.a. leisten. Ferner hat Mark Neocleous festgestellt, dass die nationalsozialistischen Autoren ihre nationalistisch-konservativen Gegenparts vielmehr an sprachlicher Modernität übertreffen wollten als an einen älteren, vormodernen Metaphern-Sprachgebrauch anzuknüpfen.[709] In ihrer auch hier manifesten, noch radikaleren Haltung konnten erst die Nationalsozialisten „die Apotheose der Klitterung von Parasitenhysterie, Verschwörungstheorie, Parlamentarismus und Demokratie leiste[n]."[710] Umgekehrt wirft dies, wendet man

---

706 Dr. med Stephan: Adolf Hitler als Arzt des deutschen Volkes, in: Volksgesundheitswacht 8 (1935), S. 3. Angesichts der Vorreiterrolle, die der italienische Faschismus für Hitler und die NSDAP immer gespielt hat, sollte auch die Wirkungsgeschichte faschistischer Krankheitsmetaphern in der nationalsozialistischen Bewegung nicht übersehen werden. Nicht zuletzt hatte sich Mussolini selbst schon vorher als „Chirurg des Staates" stilisiert; vgl. Francesca Rigotti: Der Chirurg des Staates. Zur politischen Metaphorik Mussolinis, in: Politische Vierteljahrsschrift, 28 (1987), S. 280–292.
707 Rede Adolf Hitlers, Protokoll der Reichstagssitzung vom 23.3.1933, Stenographische Berichte, in: Verhandlungen des Deutschen Reichstags, VIII. Wahlperiode, Bd. 457 (1934), S. 27.
708 Musolff, Metaphor, Nation and the Holocaust, S. 70ff. u. 81–107.
709 Vgl. Neocleous, Fate, S. 34.
710 Friedrich/Tietze, Einbruch der Epidemie, S. 27.

den Blick von diesem gedanklichen Endpunkt auf die ihm vorausgegangene Entwicklung, ein kritisches Licht auf die Gesamtheit antidemokratischer Politikmetaphern der Weimarer Zeit:

> „Die Aneignung des Diskurses der nationalen ‚Krankheit' und ‚Gesundung' in der Weimarer Republik führte zwar nicht linear in den Nationalsozialismus, sie trug aber zweifellos zu seiner Ermöglichung bei."[711]

3.6 Zusammenfassung

In der Gesamtschau der bisher vorgestellten politischen Krankheitsmetaphoriken lässt sich die Vielzahl der Topoi zu einigen semantischen Feldern verdichten. Am häufigsten zeigt sich dabei das Bild des „Giftes" bzw. der Vergiftung, an der der jeweils gemeinte Körper litt. Hiermit waren in der Mehrzahl Liberalismus und Demokratie, seltener Kapitalismus oder – von links – die rechtsradikale Propaganda gemeint. Auch die Metapher des „Fiebers", zumeist auf die Ereignisse von 1918 bezogen, findet sich mehrfach. Häufiger als etwa die Bilder von „Bazillen" und „Erregern" oder der Krebserkrankung war von „Zersetzung" oder „Zerfall" die Rede, u. a. im Zusammenhang des als „Zelltod" verstandenen Geburtenrückgangs; die an einer Stelle erwähnte „Histolyse" (Selbstverdauung) fällt ebenfalls in diesen Bereich. Mit einem Schwerpunkt im politischen Denken wurde als häufigste Einzelkrankheit die Tuberkulose erwähnt. Die meisten Fundstellen finden sich allerdings in der metaphorischen Doppelung von Arzt und Quacksalber. Sie war offenbar durchaus geeignet, dichotomisch dem positiven Selbstbild einen desavouierenden Entwurf des politischen Feindbilds, zumeist verkörpert in der Demokratie und den sie stützenden Gruppen und Institutionen, entgegenzusetzen. Dieser gedanklichen Figur entspricht auch das Gegensatzpaar von „heilen" und „herumdoktern". Diese Topologie ist weder vollständig noch im Sinne einer linguistischen Analyse zu verstehen, sondern dient der Rekapitulation und Engführung der Metaphern auf ihre Zielpunkte und mögliche Intentionen der Autoren hin, auf die im letzten Kapitel dieser Arbeit nochmals eingegangen werden wird.

Wie in umgekehrter Weise reale körperliche Erscheinungen, d. h. individuelle menschliche Erfahrungen von Krankheiten, mit politischen

---

711 Föllmer, Der ‚kranke Volkskörper', S. 67.

Zuständen und Problemen in Verbindung gebracht wurden, soll der folgende Teil illustrieren. Dabei geraten im Unterschied zu den abstrakten politischen Gegenständen der Körper- und Krankheitsmetaphern das politische Personal der Weimarer Republik und seine Modelle metaphorischer Sinnbildung in den Mittelpunkt.

4. Die kranken Männer Weimars

„Unsre Krankheiten sind zumeist politische Krankheiten. Wenn uns der Atem wegbleibt, wenn das Blut in den Adern stockt, das Herz aussetzt, dann hat sich unser Überdruß im Organismus eingenistet, dann reagieren wir mit unsrer ganzen Person." (Peter Weiss)[712]

4.1 Einleitung: Krankheit als Metapher

Im vorangegangenen Teil habe ich gezeigt, auf welch unterschiedliche Weise Krankheitsmetaphern als Instrumente im politischen Diskurs fungierten: im Kontext der Volkskörper-Idee, als Beschreibung des kollektiven Zustands des deutschen Volkes, als Kritik am kapitalistischen Wirtschaftssystem oder direkt als Delegitimierung der von Geburt an „kranken" Republik. Ist es zuvor also um den angenommenen realen, d. h. körperlichen und insbesondere Krankheitsaspekt sprachlicher Phänomene gegangen, handelt das folgende Kapitel von der sprachlichen, genauer: metaphorischen Verarbeitung „materieller" Krankheitsphänomene gleichsam als sprachliche Manifestationen realer, d. h. körperlich-medizinischer Phänomene *als Interpretamente von und in der Politik*.

Die Verbindung beider Kapitel besteht im gemeinsamen Topos des „Krank-Gemachtseins", d. h. einerseits in der diffamierenden „Krank-Redung" der Republik durch rechte Intellektuelle, andererseits im teilweise gezielten, verleumderischen Krank-Machen ihrer Repräsentanten, die mitunter soweit reichte, dass diese die eigene psychische und/oder physische Leidensgeschichte als Symptom für die grundsätzliche Verschlechterung des allgemeinen politischen Zustands nahmen und somit den Krankheitsmetaphern selbst Glauben schenkten. In beiden Fällen ist es die Verzahnung von Körperbildern und politischer Metaphorik, die eine methodische Einbeziehung sowohl von Metaphorologie als auch Diskurs- und Körpergeschichte erforderlich macht.

So soll im Folgenden exemplarisch der wechselseitige Zusammenhang von politischer Krise, d. h. wachsender Zuspitzung der Probleme republikanischer Politik in der Weimarer Republik, und persönlicher Befindlichkeit,

---

712 Peter Weiss: Notizbücher 1960–1971, Bd. 2, Frankfurt a. M. 1982, S. 719.

d. h. konkret aufzuspürender körperlicher sowie psychischer Verfassung, dargestellt werden. Es wird gezeigt werden, wie die „materielle" Krankheitsdimension von den republikanischen Akteuren metaphorisch umgedeutet und als Symptom einer grundsätzlichen Verschlechterung der allgemeinen politischen Zustände benutzt wurde. Von antirepublikanischer Seite konnte – analog zum im vorigen Kapitel nachverfolgten publizistischen Angriff von rechts, der mit seinem dezidierten Programm einer Delegitimierung der Republik u. a. auf eine allgemeine Akzeptanz ihrer Krisenhaftigkeit abzielte – die Tatsache eines auf die kränkliche Konstitution bedeutender republikanischer Politiker zurückzuführenden Führungsproblems zur Unterfütterung der Hypothese einer allgemeinen politischen Krise genutzt werden.

Es werden sowohl die Selbstbeschreibungen als auch Biographien führender republikanischer, d. h. den staatstragenden Parteien angehörenden Politiker herangezogen, bei denen sich wiederholt Hinweise auf Erkrankungen, mentale Erschöpfung oder sogar Zusammenbrüche finden lassen. Wie konkret auch immer diese Krankheiten gewesen sein mögen – und es ist nicht meine Absicht, jenen aus medizinischer bzw. medizinhistorischer Sicht nachzugehen – sie wurden im Verlauf ihrer Aufzeichnung (etwa in Briefen, in Ego-Dokumenten oder vermittelt durch Berichte Dritter) gewissermaßen zu Text: sie wurden erklärt, gedeutet, symbolisierten und sublimierten etwas, ihnen wurde narrativ ein Sinn verliehen – nicht selten auch ein metaphorischer. Auf dem Wege sprachlicher Selbstbeschreibung wurden aus den Krankheiten somit Krankheitsmetaphern.

> "No illness escapes the process of personal reflection. That is, all illness is subject to reflexive mental processes which, in turn, affect the physiological state. ... All illness is mentally constructed, which is to say all illness is psychosomatic."[713]

Um diese mentalen Sinngebungsprozesse soll es im Folgenden ebenso gehen. Nicht zuletzt, da es sich bei den untersuchten Personen um politische Akteure handelte, wurden Krankheitserscheinungen von diesen selbst auf die schwierigen Bedingungen politischen Handelns, die Infamie des politischen Gegners oder die mangelnde Unterstützung aus dem eigenen Lager

---

713 Kathryn Vance Staiano: The Semiotic Perspective, in: Jens Lachmund/Gunnar Stollberg (Hg.): The Social Construction of Illness. Illness and Medical Knowledge in Past and Present, Stuttgart 1992, S. 177.

zurückgeführt. So rücken diese „Krankheiten-Metaphern" in die Nähe der Krankheitsmetaphern in der politischen Arena.

Wenngleich die jeweilige, konkrete Erkrankung nicht auf ihren Realgehalt geprüft werden kann, ist die Figur des kranken politischen Akteurs (auch jenseits einer Geschichtsschreibung der „großen Männer") nichtsdestoweniger von Belang – nicht zuletzt, da aufgrund des autokratischen Erbes des Kaiserreichs und der nur ungenügend ausgeprägten demokratischen Institutionenstruktur Weimars die „Rolle der Persönlichkeit"[714] besonders in der „Endkrise" an Bedeutung gewann. Zudem: wenn die Gegner der Republik schon Krankheit metaphorisch gegen diese in Stellung brachten – konnte dann nicht auch der „kranke Körper" des Regierenden als handfestes Anzeichen der Schwäche des Staates gelten?

Susan Sontag hat in dem Aufsatz „Krankheit als Metapher" die Symbolik realer Krankheiten (hauptsächlich am Beispiel von Krebs und Tuberkulose) und ihre Genese in Literatur und politischer Philosophie nachgezeichnet. Sie hat dabei ausdrücklich betont, dass Krankheiten selbst *keine* Metapher seien[715], sie aber dennoch immer wieder als solche verwendet würden, nicht zuletzt im politischen Kontext. Die jeweilige Deutung einer Krankheit ist zwar historisch variabel, doch gibt es wiederkehrende Interpretamente. Krankheiten „stehen für etwas": Charakterschwäche, mangelnde Willenskraft, militärischen Kampf. So sehr Sontag jedoch den Konstruktionscharakter dieser Sprachfiguren enttarnen will – ihr ausdrückliches Ziel ist eine Befreiung von allen Krankheitsmetaphern – scheint sie ihnen an einer Stelle doch zu erliegen, wenn sie konstatiert, dass "Napoleon, Ulysses S. Grant, Robert A. Taft and Hubert Humphrey all had their cancer diagnosed as the reaction to political defeat and the curtailing of their ambitions."[716] Die allgemein angenommene Deutung der Krebskranken als "life's losers" macht sie sich zwar nicht zu eigen, doch bricht sie nicht mit der gedanklichen Verbindung von politischem Versagen und tödlicher Erkrankung.

---

714 Vgl. Theodor Eschenburg: Die Rolle der Persönlichkeit in der Krise der Weimarer Republik: Hindenburg, Brüning, Groener, Schleicher, in: VfZG 9 (1961), S. 1–29.
715 Susan Sontag, Illness as Metaphor, New York 1977, S. 3.
716 Ebd., S. 49.

Dies zeigt die Wirkmächtigkeit der Verschränkung von politischem Handeln und Krankheit als einer *Mehr-als-Metapher* weit über die konkreten historischen Sachverhalte hinaus. Es scheint mir lohnenswert, dieser Verbindung am Beispiel Weimarer Politiker nachzugehen.

4.2 Quellenbasis

Im Unterschied zum Vorgehen in den voraufgegangenen Kapiteln sollen in diesem Kapitel nicht nur Primärquellen, sondern auch Memoiren anderer Beteiligter und biographisches Material, das z.T. erst später entstanden ist, sowie für die Fragestellung der Krankheit leitender Politiker relevante Urteile aus der historischen Forschung herangezogen werden, die dort jedoch lediglich anekdotischen Charakter haben. Insbesondere kommen, sofern vorhanden, die Äußerungen der beteiligten medizinischen Fachleute zur Sprache; nicht, um dem Folgenden eine körper- oder medizingeschichtliche Note zu geben, sondern vielmehr, um der hier vertretenen These von den kranken Männern Weimars Nachdruck zu verleihen und einen Einblick in die Einordnung und Sinngebung von Krankheit im politischen Raum zu gewinnen. Der quellenkritischen Problematik einer Einbeziehung nachträglicher Deutungen und besonders von Memoiren als besonderer Form der Ego-Dokumente bin ich mir dabei bewusst. Hier stellt sich das Problem der nachträglichen Selbst-Deutung vor dem Hintergrund einer der erzählten Zeit nachfolgenden Gegenwart.[717] Besonders von Brüning ist bekannt, dass er von derartigen „sekundären Konstruktionen"[718] reichlich Gebrauch gemacht hat; um die auch inhaltlich nicht geringe Diskrepanz zwischen den älteren „Brüning Papers" und der Endfassung der posthum erschienenen Memoiren hat sich eine regelrechte Debatte entsponnen.[719] Da es hier jedoch nicht darum geht, eine möglichst objektive, faktologische Darstellung medizingeschichtlicher Einzelfälle geht, sondern um den leitenden Aspekt

---

717 Zum Problem der Ego-Dokumente und besonders zur Auto-Biographik von Politikern vgl. Volker Depkat: Lebenswenden und Zeitenwenden. Deutsche Politiker und die Erfahrungen des 20. Jahrhunderts, München 2007.
718 Wirsching, Weimarer Republik, S. 113.
719 Vgl. Frank Müller: Die „Brüning Papers". Der letzte Zentrumskanzler im Spiegel seiner Selbstzeugnisse, Frankfurt a.M. 1993.

einer Rekonstruktion der narrativen, quasi-metaphorischen Ausdeutung der Krankheitsphänomene, erscheint mir dieses Vorgehen gerechtfertigt.

Das Fehlen von weiblichen politischen Akteuren in den folgenden Kapiteln ist der Tatsache geschuldet, dass Frauen in der Weimarer Republik nicht in Regierungsämter gelangten. Obwohl mit der Einführung des (auch passiven) Frauenwahlrechts jeweils 6–9 % der Reichstagsabgeordneten Frauen waren – der Höchstwert von 8,7 % von 1919 (Nationalversammlung) ist übrigens erst mit der Bundestagswahl 1957 wieder erreicht worden – haben die Parteien der gemäßigten Linken, die eine politische Betätigung der Frauen ausdrücklich befürworteten (SPD, DDP) keiner ihrer Vertreterinnen ein Ministeramt zuteil werden lassen.

Bezüglich des untersuchten Zeitraumes wurden, soweit vorhanden, Quellenmaterialen herangezogen, die den gesamten Zeitraum der Weimarer Republik überblicken. Dennoch ergaben sich im Einzelfall oft Konzentrationen auf bestimmte Phasen, in denen das Zusammenspiel von politischem Handeln und Erkrankung in besonderer Weise hervortrat, so etwa die Jahre 1928/29 bei Gustav Stresemann oder 1927–1933 bei Otto Braun.

4.3 Diagnose Demokratie – von Kollateralschäden, Märtyrern und Überlebenden der Republik

> „Von Weimars besten Männern erreichte keiner die Sechzig: neben [Friedrich] Naumann und Stresemann gingen Ebert, Legien, Rathenau, Troeltsch und Max Weber als Fünfziger dahin."[720]

Diese traurige Feststellung des in der Spätphase der Weimarer Zeit für das Berliner Tageblatt tätigen Journalisten und Historikers Felix Hirsch soll den Ausgangspunkt meiner folgenden Überlegungen markieren. Angesichts einer allgemeinen Lebenserwartung 1925 von über 70 Jahren[721] ist die Zahl derjenigen Spitzenpolitiker der Weimarer Republik, die in deutlich jüngeren Lebensaltern verstarben, bemerkenswert. Neben den im Folgenden in „case studies" erwähnten Friedrich Ebert († mit 54 Jahren), Hermann

---

720 Felix Hirsch: Stresemann. Ein Lebensbild, Göttingen 1978, S. 112.
721 Erwachsenensterblichkeit; je nach Berechnungsmethode. Vgl. http://www.gesis.org/histat/table/details/13EC1A7D662390EDFFBDAC844575A180 und http://data.demografie-blog.de/2006_destatis_Generationssterbetafeln_1871-2004.pdf [25.7.2013].

Müller († 54) und Gustav Stresemann († 51) sind der Reichskanzler der Jahre 1922/23, Wilhelm Cuno († mit 56 an einem Herzinfarkt), der erste Außenminister der Republik, Ulrich von Brockdorff-Rantzau († mit 59 an einem Schlaganfall im Amte des deutschen Botschafters in Moskau) oder der sozialdemokratische Reichsinnen- (1920) sowie Außenminister (1921/22) Adolf Köster (im Alter von nur 47 Jahren an einem Herzinfarkt verstorben) zu nennen. Bemerkenswert ist überdies, dass keiner der Genannten etwa an einer (seinerzeit unheilbaren) Krebserkrankung verstarb, sondern entweder an heilbaren, aber übersehenen akuten Erkrankungen (Ebert) oder infolge von Herzinfarkten bzw. Schlaganfällen.

Der Schwerpunkt der folgenden Betrachtungen liegt jedoch nicht wesentlich auf dem letalen Ende der genannten Politiker, sondern auf den Krankheiten und dem Einfluss, den diese auf Amtsführung sowie Selbst- und Außenbild der Personen hatte. Daher werden mit den Fallstudien zum Reichskanzler Heinrich Brüning und dem preußischen Ministerpräsidenten Otto Braun zwei Personen Erwähnung finden, die – obgleich krankheitsbedingt zeitweise erheblich in der Ausübung ihres Amtes beeinträchtigt – nicht nur 1933 und damit das Ende ihrer politischen Karriere er- und überlebten, sondern schließlich beide über 80 Jahre alt wurden.

Unter welchen Gesichtspunkten sollen die Fallstudien nun erfolgen? Zunächst wird, immer wieder begleitet von kursorischen Seitenblicken auf den „realen Gehalt" der Erkrankungen und die Urteile der behandelnden Ärzte, gezeigt, wie häufig und wie lange die erwähnten Politiker krankheitsbedingt von ihrer Position und mitunter sogar räumlich abwesend waren (in Krankenhäusern, Sanatorien, Kurorten fern des Berliner politischen Zentrums) und inwiefern diese Abwesenheit Auswirkungen auf die Amtsführung und die politische Praxis hatte. Wie sehr war die Absenz der republikanischen „Staatsführer" bei Amtskollegen, Ministern und in der Verwaltung spürbar – ist eine Tendenz entweder zum führerlosen Dahintreiben des Staatsschiffs oder zum bürokratisch organisierten „Selbstläufer" des Amtes auszumachen? Zweitens sollen die Erklärungen, Muster und Deutungsansätze, die die Betroffenen selbst offiziell oder privat in Bezug auf ihre Erkrankungen boten, in den Blick genommen werden. Als wie schwerwiegend wurde die Beeinträchtigung von ihnen selbst eingestuft, welche Anstrengungen wurden unternommen, um die jeweilige – eigentlich dysfunktionale – Situation zu rechtfertigen: als temporär oder aufgrund von Unersetzbarkeit als unausweichlich? Welche Rolle spielten dabei psychische Niedergeschlagenheit und handfeste Depressionen? Schließlich gilt es zu fragen, welche Rückkopplungen von Erkrankung (verstanden als Prozess) bzw. Krankheit (als Zustand) und politischen Umständen von den Betroffenen, anderen politischen Akteuren und z. B. journalistischen Beobachtern ausgemacht wurden? Kurzum: haben die übereinstimmend als äußerst problematisch beschriebenen Bedingungen politischen Handelns (durch finanzielle und wirtschaftliche Faktoren, politische Gewalt und die eklatante Schwäche der demokratischen politischen Kultur)[722] die an führender Position handelnder Personen krank gemacht oder, bzw. in Wechselwirkung, haben die physischen und nicht zuletzt psychischen Prädispositionen der Akteure zur strukturellen Schwäche der Weimarer Republik beigetragen? Ohne weitergehende empirische Untersuchung ist doch zu registrieren, dass es auf Seiten der antidemokratischen Systemopposition, d. h. bei Kommunisten auf der radikalen Linken und bei Deutschnationalen und Nationalsozialisten auf der Rechten, keine Fälle krankheitsbedingten Ausfalls oder sogar Todes gab, wenigstens nicht auf höchster Ebene (bei Thälmann, Hitler, Göring oder dem schon älteren Hugenberg).

Der seinerzeit wohl am meisten betrauerte Fall eines krankheitsbedingten Todes im Amt und – so sahen es die meisten Kommentatoren – gleichsam Opfers der widrigen Zeitumstände war der langjährige Außenminister Gustav Stresemann, mit dem sich die erste Fallstudie beschäftigt.

4.4 „In den Sielen sterben" – der Fall Gustav Stresemann

Drei Tage nachdem der amtierende deutsche Außenminister Gustav Stresemann im Oktober 1929 mit nur 51 Jahren gestorben war, nahm – den Trauerzug aus Stresemanns Familie, Reichsregierung, Vertretern der staatlichen Institutionen, des diplomatischen Corps, einer Ehrengarde der Polizei und studentischen Abordnungen säumend – auch die Berliner Bevölkerung in Massen Abschied von einem der ihren. Thomas Mann sprach von einer

---

722 Vgl. Schumann, Political Violence; Mergel, Parlamentarische Kultur. Zum Problem der demokratischen „Führer" und den Metaphern für Führung vgl. Carolin Dorothée Lange: Genies im Reichstag. Führerbilder des republikanischen Bürgertums in der Weimarer Republik, Hannover 2012.

„Welttrauerkundgebung von kaum je erhörter Einmütigkeit, überzeugter und überzeugender Gefühlswärme."[723]

Stresemanns Privatsekretär Henry Bernhard meinte in Anklang an das Bismarcksche Wort wenige Jahre später in einer Gesamtwürdigung, Stresemann sei „in den Sielen" gestorben.[724] Theodor Wolff sprach davon, wie der Außenminister „sich verzehrt, täglich Selbstmord verübt"[725] habe. Eine zeitgenössische, 1930 erschienene Biographie deutete seinen Tod ebenfalls als Opferdienst am deutschen Volke.[726] Weniger pathetisch, vielmehr bitter beurteilte Stresemanns Sohn Wolfgang mit dem Abstand von Jahrzehnten die Umstände von Stresemanns Dahinscheiden: „Mein Vater ... hat sich wahrscheinlich zu Tode gearbeitet im innerpolitischen Kampf, auch im Kampf mit dem rechten Flügel seiner eigenen Partei."[727]

Alle diese Beurteilungen von Stresemann in verschiedener Position nahestehenden Personen haben gemeinsam, dass sie dessen Tod, der in den Abendstunden des 3. Oktober 1929 durch Schlaganfall eingetreten war, politisch deuteten und beinahe religiös überhöhten.[728] Ebenso wie der frühe Tod des spiritus rector der Großen Koalition und Parteiführers der Deutschen Volkspartei war zuvor schon seine labile körperliche Konstitution eine öffentliche Angelegenheit gewesen. Ihre Bedeutung in Stresemanns politischem Handeln sowie die Begleitumstände körperlicher Erkrankungen in zeitgenössischem und biographischem Schrifttum sollen im Folgenden untersucht werden.

---

723 Thomas Mann: Deutsche Ansprache [1930], in: Essays, hg. v. Hermann Kurzke, Frankfurt 1983, S. 122.
724 Henry Bernhard (Hg.): Gustav Stresemann: Vermächtnis, Bd. 3, Berlin 1932/33, S. 454.
725 Theodor Wolff: Gustav Stresemann †, in: Berliner Tageblatt v. 3. 10. 1929.
726 Vgl. Heinrich Bauer: Stresemann. Ein deutscher Staatsmann, Berlin 1930, S. 266.
727 Wolfgang Stresemann: Interview mit Walther Schmieding (Zeugen des Jahrhunderts), 1979. http://www.gedaechtnis-der-nation.de/erleben.html. [2.9.2013]
728 Eine umfangreiche Analyse des auf Stresemann angewandten Opfer- und Märtyrertopos' bei Lange, Genies im Reichstag, S. 170–178.

4.4.1 Annäherung an den Menschen Stresemann

Stresemann, 1878 in Berlin als Sohn eines Schankwirts und Bierverlegers in kleinbürgerlichen Verhältnissen geboren, hatte nach Jurastudium und Anstellung als Verbandssyndikus in den Anfangsjahren des neuen Jahrhunderts in die Nationalliberale Partei und zunächst in die Lokalpolitik gefunden. Stresemanns alldeutsche und imperialistische Gesinnung in und unmittelbar nach dem Ersten Weltkrieg ist gut erforscht worden, trotz dieser Ambivalenzen und Verwerfungen herrscht über das Stresemann-Bild in der historischen Forschung und demokratischer Öffentlichkeit weitgehend Konsens: es ist gerade die Läuterung des annexionistischen und monarchistischen Saulus zum vernunftrepublikanischen Paulus, Friedensnobelpreisträger und europäischen Visionär, die Stresemanns Appeal für beide deutsche Demokratien ausmachte. Nicht zuletzt kommt dabei auch Stresemanns unermüdliches Eintreten für die von 1928 bis 1930 bestehende Große Koalition aus SPD, DDP, Zentrum und DVP ins Spiel; wie sich bald nach seinem Tode herausstellen sollte, war nur er der Garant für den schwierigen Zusammenhalt dieser letzten parlamentarisch gestützten Regierung, und zuletzt schien nur sein Charisma und seine persönliche politische Leistung seine eigene Partei davon abzuhalten, gemeinsame Sache mit den antirepublikanischen Parteien der Rechten zu machen. Doch zurück zum Menschen Stresemann:

> „Sein Äußeres verriet kaum etwas von der unerwarteten Empfindsamkeit, die der eigentliche Schlüssel zu seinem Wesen war. ... Der gedrungene Körper mit den schweren, viereckigen Schultern, dem martialisch geraden Rücken war viel weniger durch reine Muskelkraft als durch einen unbesiegbaren Willen und eine sich ewig erneuernde Energie gehalten und gestrafft ... Ebenso irreführend wie die Robustheit seines Körpers war auch der Ausdruck primitiver Wucht, der auf seinem Gesicht lag. Der schwere Kopf mit dem kuppelartigen Schädel, der in eine Speckfalte über dem Stiernacken auslief, mit der vorspringenden fleischigen Nase, den breitlidrigen, etwas vorquellenden Augen, glasblau mitten in leicht geröteter Haut, der auseinanderfließende Mund, das runde, wuchtige Kinn boten ein Bild vollblütiger, massiger Sinnlichkeit, undifferenzierter, derber Kraft. Man sah eine Wand von Fleisch vor sich, die auf den ersten Blick nur durch Schläue von ihrer Erdgebundenheit erlöst schien. ... Sein ganzer, massiger Körper war ein einziges vibrierendes Nervenbündel."[729]

---

729 Antonina Vallentin: Stresemann. Vom Werden einer Staatsidee, München 1930, S. 18f.

Diese Skizze von Stresemanns äußerem Erscheinungsbild stammt von der Journalistin Antonina Vallentin, die nach dessen Amtsantritt als Außenminister sein Vertrauen erworben und auch privat Zugang zu ihm hatte. Sie beschreibt den temperamentvollen Genussmenschen Stresemann, der, Zigarren und Wein zugetan, frühes Aufstehen verabscheut:

> „[Er] meint lachend, er habe Mißtrauen gegen Menschen, die schon der frühe Morgen aus dem Bett reißt – sie seien von einer bedenklichen, gefährlichen Tüchtigkeit... Er selbst liebt den langen Schlaf am Morgen."[730]

Auch der Historiker Veit Valentin hat diese Seite der Persönlichkeit Stresemanns immerhin so erwähnenswert gefunden, dass sie Aufnahme in seine „Deutsche Geschichte" erlangte:

> „Aus bescheidenen Verhältnissen kommend, ... behielt Stresemann immer etwas Gemütliches und Biederes, etwas von der Frische des Berliner Mittelständlers, der sich nicht kleinkriegen läßt, auch etwas von dem studentischen Kneipgenie, das bei einer Kanne Bier die letzten Welträtsel löst."[731]

Ein anderer Biograph kontrastierte Stresemanns Physiognomie und sein energetisches Wesen:

> „Er hat äußerlich nichts an sich, was ihn populär machen könnte. Seine gedrungene Erscheinung mit dem etwas breiten Kopf und Hals haben auf den ersten Blick so gar nichts Gewinnendes an sich. Aber wenn bei seinen großen Reden die Kraft dieses Temperamentes hervorbricht, wenn die ganze Gestalt sich zusammenreißt und aus den Augen jenes suggestive Feuer blitzt, dann scheint ein ganz anderer Mensch dazustehen... Eine ungeheure Aktivität steckt hinter jedem dieser scharf akzentuierten Worte und Sätze, ohne Pause, ohne Ermatten stürmt die Folge der Sätze voran, ein Ausbruch an geistiger und körperlicher Naturkraft."[732]

Zwei weitere Charakterschilderungen aus Antonina Vallentins Feder scheinen von weitreichenderer Bedeutung. Erstens ein durchaus seltsam anmutender Aberglaube, denn Stresemann

> „glaubte ... zum Beispiel, daß bestimmte Menschen ihm Glück und andere Unglück brächten, war überzeugt, daß der eine eine unfehlbare Maskotte war, und daß er krank werden würde, sobald ein anderer in sein Haus kam."[733]

---

730 Ebd., S. 220.
731 Veit Valentin: Deutsche Geschichte, Bd. 2, München 1960 [zuerst 1940], S. 663f.
732 Bauer, Stresemann, S. 236.
733 Vallentin, Stresemann, S. 93.

Krankheit scheint hier als ein so zufälliges wie unkontrollierbares Äußeres, ein den eigentlichen medizinischen Begriff transzendierendes Exogenes. Insbesondere vor dem Hintergrund des – wie noch gezeigt wird – multiplen Krankheitsbildes Stresemanns ist die metaphysische bzw. -physikalische Zuschreibung von Krankheitsursachen auf Menschen zunächst einmal verwunderlich, lässt aber Rückschlüsse auf Stresemanns Sicht auf sich selbst und seine Krankheiten zu. Einen Einblick in Stresemanns Aber- bzw. Schicksalsglauben vermittelt ein Brief, in dem er selbst, ironisch in der dritten Person über sich schreibend, 1928 meinte,

> „daß es eine vorausbestimmte Schicksalsfügung sei, daß einer großen Freude immer ein Rückschlag folgt. ... Vielleicht hat der Doktor [= Stresemann] absichtlich seine Silberne Hochzeit nur im Kreise seiner Frau und seiner beiden Söhne begangen..., weil er Sorge hatte, daß etwa ein in irgendeiner Form glänzend begangenes Gedenken dieses Tages wieder den Neid der Götter hervorrufen würde."[734]

Bezüglich Stresemanns Charaktereigenschaften nennt Vallentin zweitens seinen Spaß an der Verausgabung:

> „Sein Leben verläuft in einem solchen Ausgefülltsein durch Arbeit, daß mehrere Menschenleben von geringerer Spannung davon zermalmt wären. In ihm weitet sich jedoch die Freude am Sich-Ausgeben, ein Glück strahlt von ihm aus, das jedem Begriff der Müdigkeit oder der Erschöpfung spottet."[735]

Der Topos der Selbstentäußerung und Arbeit bis zur Erschöpfung ist in Darstellungen von Stresemanns Wirken immer wieder verwendet worden – und wurde zu einem Gutteil auch von ihm selbst hervorgerufen. Umso mehr frappiert hier Vallentins Verdikt, dass dabei auch Freude daran im Spiel gewesen sein soll. Es wird zu zeigen sein, ob und inwiefern sich dieses Element mit dem Interpretament der Aufopferung vertrug.

4.4.2 Stresemanns Krankengeschichte 1918–1928

Wie für viele Deutsche bedeutete die Niederlage von 1918 auch für den nationalliberalen Reichstagsabgeordneten Stresemann eine enorme Enttäuschung. Sein Sohn ging so weit zu behaupten, sein Vater habe sich „von

---

734 Gustav Stresemann: Brief an N.N. v. 29.10.1928, in: Bernhard, Vermächtnis, Bd. 3, hier S. 525f.
735 Ebd., S. 220.

jenen Monaten schwerster seelischer Bedrückung [1918/19], denen noch der Kräfte zehrende Wahlkampf im Januar 1919 folgte, doch nie ganz erholt."[736] Zur psychischen Belastung war bereits in den letzten Jahren des Krieges die rastlose politische Tätigkeit getreten, dies bereits ein „unerhörter Raubbau" an seiner Gesundheit:

> „Bei nicht ausreichender Ernährung eine riesige Arbeitslast, viele Reisen mit langen Eisenbahnfahrten zu Vortragsveranstaltungen, ständiger Termindruck, seit November 1918 die aufreibenden Auseinandersetzungen nicht nur mit politischen Gegnern, ... schließlich das hektische Engagement beim Aufbau der Partei."[737]

Ein Herzanfall warf Stresemann am 5. Juni 1919 aus der Bahn und zwang ihn zu einer längeren Erholungspause, die sein Arzt Dr. Goldschmidt angemahnt hatte:

> „Sie haben in den letzten Jahren Körper und Geist derart angestrengt, daß Ihr Nervensystem in des Wortes wahrster Bedeutung kurz vor dem Zusammenbruch steht. Im Interesse Ihrer Gesundheit und Ihrer Pflichten als Familienvater bitte ich als Ihr langjähriger Arzt Sie dringend, jede Rücksicht beruflicher und gemeinnütziger Art zunächst auf zwei bis drei Monate endgültig aufzugeben."[738]

Es ist kaum überraschend, dass es Stresemann in der Kur in Bad Elster nicht lange aushielt und bereits Mitte August 1919 auf die politische Bühne Berlins zurückkehrte. Dennoch hatte er die wichtigen Verhandlungen über die Ablehnung des Versailler Vertrages und die Annahme der Weimarer Verfassung verpassen müssen, was er umgehend durch politische Betriebsamkeit zu kompensieren suchte. Bereits im Herbst war wieder ein Erschöpfungszustand eingetreten. Stresemann schrieb, er sei

> „von meiner Tour sehr erkältet zurückgekommen. Leider habe ich aber bei dieser Reise durch Schleswig-Holstein erkennen müssen, daß ich nicht mehr in der Lage bin, so wie früher mehrere Vorträge hintereinander zu halten, denn ich war nach dem ersten Vortrag in Kiel wieder so weit fertig, daß ich erst um 4 Uhr morgens einschlafen konnte, weil das Herz keine Ruhe gab. Ich mußte also stoppen, sonst versage ich für die Wahlen."[739]

---

736 Wolfgang Stresemann: Mein Vater Gustav Stresemann, Frankfurt 1985, S. 168.
737 Eberhard Kolb: Gustav Stresemann, München 2003, S. 67–68.
738 Zit. n. Kurt Koszyk: Gustav Stresemann. Der kaisertreue Diplomat. Eine Biographie, Köln 1989, S. 212.
739 Zit. n. Koszyk, Stresemann, S. 215–217.

Offenbar war das Programm, das sich Stresemann sich aufzuerlegen vermeinte, trotz der Tatsache, dass er zu dieser Zeit „lediglich" Oppositionspolitiker war, bei Weitem zu viel für ihn. Nach der (nur kurzfristigen) Regierungsbeteiligung der DVP nach den Reichstagswahlen 1920 blieb er zwar außerhalb des Kabinetts, übernahm aber mit dem Posten des Fraktionsvorsitzenden weitere Verpflichtungen. Felix Hirsch stellte retrospektiv fest, dass Stresemann „für einen Mann von kaum Mitte Vierzig ... damals ungewöhnlich anfällig" gewesen sei, und berichtet eine weitere Episode des Wechselspiels von Erschöpfung und erzwungener Erholung aus dem Jahre 1921:

> „Die Aufregungen der Mai-Krise [i.e. des Regierungsaustritts der DVP; KL] waren an Stresemann nicht spurlos vorüber gegangen. Von einer Tagung des Zentralvorstandes in Hamburg war er Mitte Juni [1921] so erschöpft zurückgekehrt, daß der Arzt ihm eine sechswöchige völlige Ruhepause verordnete. Er mußte ihm versprechen, jede geistige Anstrengung durch politische Gespräche zu vermeiden. Doch läge keine chronische Krankheit vor. Es war, schrieb er an Frau von Oheimb, „mehr eine Art von Niederbruch". Von da an häuften sich die Unpäßlichkeiten. Schon im November war er wieder nicht wohl. Im Februar 1922 hatte er die Grippe. Im März sollte er auf ärztliche Anordnung einen längeren Urlaub antreten, und um Pfingsten war er zur Kur in Homburg und Wildungen."[740]

Dies charakterisiert gewissermaßen Stresemanns Dauerzustand, bevor er im August 1923 in einer der schwierigsten Momente der Weimarer Republik, im Zeichen von Inflation, desaströsem „passiven Widerstand" gegen die Ruhrbesetzung und kommunistischen Streiks die Reichskanzlerschaft übernahm. Nicht nur war Stresemann auf dem vorläufigen Höhepunkt seiner politischen Karriere angekommen, auch hatte er seine Partei gegen große Widerstände endgültig auf eine Koalition mit der SPD und somit auf die Republik verpflichtet – so hatte auch er selbst in den weniger als fünf Jahren seit der Novemberrevolution einen langen Weg in die Demokratie zurückgelegt.[741] Angesichts der vielen drängenden Aufgaben der neuen Regierung schrieb eine Woche nach deren Amtsantritt der Arzt und Stoffwechselspezialist Peter Bergell an seinen Patienten Stresemann:

---

740 Hirsch, Lebensbild, S. 133.
741 Vgl. Winkler, Weimar, S. 202ff.

„So sehr es mir eine Freude war, daß Sie die Führung unseres Volkes übernommen haben, so war es mir doch eine Sorge, daß nun die Arbeitslast noch unabweisbarer für Sie wird. Nach allen Beobachtungen halte ich den Zustand der Niere für durchaus günstig und ist ein Rückfall nicht anzunehmen. Bezüglich der Schilddrüse habe ich Bedenken, da hier gesteigerte Anstrengungen und Erregungen schädlich wirken können, wodurch auch die Kreislauforgane belastet werden. Ich bitte Sie daher, auf den Halsumfang zu achten, damit gegebenenfalls rechtzeitig vorgebeugt wird."[742]

Letztere Ermahnung nahm auf die bei Stresemann diagnostizierte Basedow-Krankheit Bezug, nach Meinung des ihn später behandelnden Arztes Gerhard Stroomann allerdings eine Fehldiagnose:

„Als wir die Schwarzwaldhochstraße hinauffuhren, die immer durch ihren freien Blick überrascht und die wir so gerne zeigen, hörte ich den Druck, der auf seiner Trompetenstimme lag. Es war der die Luftröhre umklammernde Kropf. Ich entsann mich, daß man bei ihm viel von einem Basedow sprach. Es war kein Basedow. Die Herztätigkeit war auffallend ruhig, nicht gepeitscht vom Schilddrüsengift. Das Herz als solches war das Geheimnis seiner langen Leistungsfähigkeit und widerstand zäh dem unvermeidlichen Nierenschicksal."[743]

Dazu traten immer wieder Halsentzündungen, die zu einem chronischen Zustand der Schwächung beitrugen.[744] Das immense Pensum, das sich Stresemann als Kanzler und gleichzeitig als Außenminister auferlegte – „Tage, an denen er 16 bis 18 Stunden tätig sein mußte, waren keine Seltenheit"[745] – verschärfte die an sich schon problematische Situation. Auf dem Höhepunkt der politischen Krise im Oktober ereilte ihn ein Ohnmachtsanfall.[746] Der durch ein Misstrauensvotum des Reichstags erzwungene Rücktritt nach hundert Tagen Kanzlerschaft im November 1923 war für ihn ein schwerer persönlicher Schlag, und wiederum warf ihn eine Grippe tagelang nieder.[747] „Krankheit und erzwungene Ruhe stürzten ihn noch tiefer in die verzweifelte

---

742 Peter Bergell: Brief an Stresemann v. 19.8.1923, in: Bernhard, Vermächtnis, Bd. 1, S. 92f.
743 Gerhard Stroomann: Aus meinem roten Notizbuch. Ein Leben als Arzt auf Bühlerhöhe, Frankfurt 1960, S. 133.
744 Vgl. Hirsch, Lebensbild, S. 167.
745 Felix Hirsch: „Ich bin das Hundeleben satt". Das Ende der ersten Großen Koalition, in: Die Zeit, Nr. 48, 23.11.1973.
746 Ebd.
747 Hirsch, Lebensbild, S. 167.

Abkehr hinein."⁷⁴⁸ Doch bald schon kehrte er als Außenminister in das politische Getriebe zurück. Besonders zu Zeiten der Wahlkämpfe überspannte Stresemann immer wieder den Bogen des gesundheitlich Ratsamen: „‚Sehr müde und abgespannt', notiert er am 6. Dezember, dem Tag vor der Wahl. An diesem Tag hatte er morgens in Stettin, nachmittags im Berliner Großen Schauspielhaus und abends in Frankfurt an der Oder gesprochen!"⁷⁴⁹ Doch es war nicht nur die physische Abnutzung, die Stresemann zusetzte, immer stärker manifestierte sich auch eine nervliche Anspannung. Ein zeitgenössischer Biograph bemerkte zu den Verhandlungen über die Aufnahme des Deutschen Reiches in den Völkerbund 1926:

> „Elf Tage hatte Deutschland vor den Toren des Völkerbunds verbracht. ... Elf Tage stärkste Geduldsprobe. Elf Tage, in denen die psychische Spannung sich bis zu körperlichem Übelsein steigert, in denen Stresemann Konferenz nach Konferenz abhält, während ihn die heftigste Migräne quält."⁷⁵⁰

Angesichts der Vielzahl kleinerer und meist größerer Beschwerden nimmt Stresemanns intensive Beschäftigung mit diesen natürlich nicht wunder. Nicht nur wandte er sich an eine Reihe von medizinischen Fachleuten⁷⁵¹, sondern auch alternativen Heilmethoden zu und suchte „verschiedentlich ... mit sichtlichem Erfolg einen Magnetopathen auf, nimmt die Dienste eines die Heilmassage anwendenden Doktors in Anspruch."⁷⁵² Solche Teilerfolge mussten jedoch von der immer wieder beobachteten Überanstrengung und Überschätzung der eigenen körperlichen Kräfte konterkariert werden. In eindrucksvollen Worten schildert Antonina Vallentin den Abend von Thoiry im September 1926, als sich wenige Tage nach der Völkerbundsaufnahme Deutschlands Stresemann und der französische Außenminister Aristide Briand zu einem privaten Treffen zusammenfanden und dort die Vision einer europäischen Friedensordnung auf der Grundlage der Überwindung des

---

748 Vallentin, Stresemann, S. 126.
749 Hirsch, Lebensbild, S. 181.
750 Rudolf Olden: Stresemann, Berlin 1929, S. 227.
751 Neben seinen Berliner Hausärzten Gisevius und Schulmann u.a. die Professoren Stroomann und Zondek. Den Autobiographien der letzteren beiden verdankt die Nachwelt detaillierte Schilderungen von Stresemanns Krankheitsverlauf.
752 W.Stresemann, Mein Vater, S. 168.

deutsch-französischen Gegensatzes entstand. Danach fuhren Briand und Stresemann

> „im sinkenden Abend ... nach Genf zurück. ... Aber nun überfiel ihn eine grenzenlose Müdigkeit – er war plötzlich wie ausgepumpt. Er hatte sich in dem Gespräch bis zum äußersten ausgegeben – und jetzt saß ihm eine lähmende Schwäche in den Gliedern, das hochgepeitschte Herz schlug Sturm. Er trat in die Hotelhalle ein – erschreckend blaß in dem grellen Lichte, und tastete mit dem ausgestreckten Arm vor sich wie ein Blinder. ... Bernhard ... griff dem unmerklich Wankenden unter die Arme und führte ihn zum Fahrstuhl. Stresemann fiel fast mit seinem ganzen Körper gegen ihn. Er schloß die Augen, vor denen sich goldschwarze Kreise drehten. Sein Atem ging keuchend und schwer. ...
>
> Der Kraftaufwand dieses Gespräches hatte einen schweren Herzanfall ausgelöst. *Das Schicksal wollte es, daß, an dem Tage, den Stresemann als den glücklichsten seines Lebens empfand, an dem ihn der Rausch der ersehnten Erfüllung ergriff, er die erste ernste Warnung bekam, daß er diese Erfüllung mit seinem Leben werde bezahlen müssen.* [meine Hervorhebg.] Aber der unverbesserliche Optimist in ihm begriff die Warnung nicht. ... ‚Es war ein bißchen viel für mich‘ – wandte er sich wie beruhigend zu dem erblaßten Arzt hin."753

Das Jahr 1927 sollte keine Besserung mit sich bringen. Im Juni erkrankte Stresemann an Gürtelrose, und begab sich kurz darauf zur Kur auf die Bühlerhöhe im Schwarzwald. Sogar der dortige Chefarzt Dr. Stroomann war von Stresemanns ausgelaugter Erscheinung erschrocken:

> „Als ich Stresemann, den ich nie vorher gesehen hatte, im Juni 1927 am Schlafwagen in Baden-Baden abholte, da überliefen mich die Schauer, wie bitterlich ihm die Urämie anzusehen war. Die Blässe gab ihm eine große Ferne. Sein etwas ataktisches Gehen, vom erhöhten Druck auf die Gehirngefäße, ließ ihn, was er sehr liebte, die Hand in die Hüfte stützen. Fast konnte er dann einhergehen wie ein blinder Seher. Die Erinnerung an das gequollene bürgerliche Gesicht des Syndikus suchte vergebens."754

Hier soll kurz ein Blick auf die Diagnosen geworfen werden, die die verschiedenen Ärzte bei Stresemann festgestellt hatten. Wie bereits erwähnt war die u. a. von Zondek diagnostizierte Basedowkrankheit auf den Widerspruch Stroomanns755 gestoßen. Ohnehin befand sich die medizinische Diagnostik und Therapie der Basedowkrankheit zu Stresemanns Zeiten

---

753 Vallentin, Stresemann, S. 203f.
754 Stroomann, Aus meinem Notizbuch, S. 133.
755 Vgl. ebd., S. 138f.

"in einem ausgesprochen experimentellen Stadium."⁷⁵⁶ Einigung hingegen bestand bei den Ärzten hinsichtlich der schweren Nierenerkrankung und Arteriosklerose:

> „Außer einem großen Kropf, der ihn nur wenig belästigte, fanden sich Zeichen erheblicher arteriosklerotischer Nieren- und Herzschädigung mit Blutdrucksteigerung und Neigung zu immer wiederkehrenden Nierenentzündungen (Maligne Nephrosklerose)."⁷⁵⁷

Auch hatte Stresemann schon seit Jahrzehnten unter wiederkehrenden Halsentzündungen bis hin zur Angina zu leiden, die Zondek auf eine letztendlich auf Basedow basierende Immunschwäche zurückführte, Stroomann hingegen mit einer frühen „Herdinfektion" erklärte, die ihrerseits überhaupt erst das Nierenleiden hervorgerufen habe.⁷⁵⁸ Letzteres verschlimmerte sich in Stresemanns letzten beiden Lebensjahren erheblich.⁷⁵⁹

Eine an Weihnachten 1927 erlittene Grippe erwies sich als schwerer als Stresemanns eigene, anfängliche Einschätzung („Augenblicklich bin ich nicht k.v.")⁷⁶⁰ und setzte den Minister einen Monat lang außer Gefecht. Die ärztlich dringend angeratene, längere Rekonvaleszenz in wärmeren Gefilden wurde zwar „ernsthafter als bisher erwogen. Allerdings kommt nur ein Urlaub von knapp vier Wochen heraus, den Stresemann vom 8. Februar bis zum 3. März in Cap Martin an der französischen Riviera verbringt." Doch auch hier zeigt sich sogleich bei ihm die Unfähigkeit bzw. der Unwille zur völligen Entspannung: „Die unerwünschte Muße der Krankheit wird von Stresemann, soweit hierzu ärztliche Erlaubnis vorliegt, benutzt, um Briefschulden zu begleichen."⁷⁶¹ Die sichtbar eingetretene Besserung quittierte

---

756 Koszyk, Stresemann, S. 214.
757 Vgl. Hermann Zondek: Auf festem Fuße. Erinnerungen eines jüdischen Klinikers, Stuttgart 1973, S. 131.
758 Vgl. Koszyk, Stresemann, S. 213f.; Stroomann, Aus meinem Notizbuch, S. 133f.
759 Vgl. Hirsch, Lebensbild, S. 257.
760 Gustav Stresemann: Brief an Ludwig Kaas v. 12.1.1928, in: Bernhard, Vermächtnis, Bd. 3, S. 500.
761 Henry Bernhard: [Einleitung zu: Briefe 1928], in: Ders., Vermächtnis, Bd. 3, S. 499.

Stresemann den Ärzten gegenüber triumphal mit „Sie sehen ja, es geht auch ohne Ägypten!"[762]

4.4.3 Die letzten anderthalb Jahre

Umgehend war Stresemann durch den heraufziehenden Reichstagswahlkampf gebunden. Obwohl sein Mandat durch einen Listenplatz auf der Reichsliste der DVP ohnehin abgesichert war, übernahm er das aussichtslose Vorhaben einer Kandidatur im Wahlkreis Oberbayern-Schwaben (1924 hatte die DVP dort nur 1,8 % errungen), ein rätselhafter Schritt angesichts des Programms, das er im Wahlkampf im restlichen Land und nicht zuletzt im Außenministerium zu bewältigen hatte. Erschwert wurde die Kandidatur durch die rabiate Opposition durch Deutschnationale und NSDAP:

> „Als Stresemann am 25. April im Bürgerbräukeller sprach, organisierte die Münchener [sic] NSDAP Demonstrationen im Saal. Stresemann konnte sich nur unter größter physischer Anstrengung gegen den wilden Radau durchsetzen, und nach anderthalb Stunden mußte die Versammlung abgebrochen werden."[763]

So sehr trug dieser Wahlkampf zum fortgesetzten Raubbau an Stresemanns Gesundheit bei, dass er seinen fünfzigsten Geburtstag, zehn Tage vor der Reichstagswahl am 20. Mai 1928, fast nicht mehr erlebte. Antonina Vallentin erwähnt eine für Stresemanns nicht untypische Vorahnung: „Ich habe immer etwas Angst vor dem 10. Mai – es passiert mir immer etwas Unangenehmes um meinen Geburtstag herum. Es waren für mich fast ausnahmslos die unglücklichsten Tage meines Lebens."[764] Was er anfänglich für eine Lebensmittelvergiftung gehalten hatte, stellte sich als Kombination von Nierenversagen und leichtem Schlaganfall heraus. Für mehrere Tage schwebte Stresemann in Lebensgefahr, die Öffentlichkeit wurde anfangs nur über eine „Unpässlichkeit" des Jubilanten informiert.[765]

> „Frau Stresemann empfängt die Gratulanten allein. ... Das deutsche Volk, von der feierlichen Stimmung des Vortages ergriffen, wird mit der Nachricht plötzlicher Erkrankung überfallen. ... Extrablätter erschienen mit ärztlichen Bulletins wie

---

762 Zit. n. Vallentin, Stresemann, S. 241.
763 Hirsch, Lebensbild, S. 243. Vgl. auch Olden, Stresemann, S. 255f.
764 Zit. n. Vallentin, Stresemann, S. 244.
765 Vgl. Kolb, Stresemann, S. 112f; Hirsch, Lebensbild, S. 244f.

beim Sterben der Souveräne, nur daß jeder Arbeiter sie jetzt den Verkäufern aus der Hand riß."[766]

In der Tat hatte die Nachricht von Stresemanns Kollaps überraschend starke Auswirkungen auf den Börsenmarkt und das Ausland, das in ihm den Garanten außenpolitischer Stabilität sah.[767] Erst einige Tage später war Gustav Stresemann über den Berg. Das ärztliche Bulletin des Spezialisten Prof. Zondek vom 14. Mai las sich folgendermaßen:

> „Reichsminister Dr. Stresemann ist an einem fieberhaften, paratypusähnlichen Magen- und Darmkatarrh ernstlich erkrankt. Im Verlaufe der Erkrankung hat sich eine Affektion der Nieren hinzugesellt, die strengste Schonung und Bettruhe des Ministers dringend erforderlich macht. Infolgedessen ist jede Tätigkeit des Reichsministers für die nächste Zeit ausgeschlossen."[768]

Stresemann kommentierte diesen enormen Rückschlag mit der ihm eigenen Ironie: „Anscheinend hatte das Schicksal es gut mit mir vor. Es hat mir für die letzte Zeit des Wahlkampfes eine Ruhe gegönnt."[769] Freilich waren ihm ein paar Tage Krankenhausaufenthalt schon genug der Ruhe – auf eine längere Rekonvaleszenzphase mochte er sich nicht einstellen. Ohnehin schon schlecht auf das medizinische Fachpersonal zu sprechen – „mir wird schlecht, wenn ich diese professionellen Schwarzseher nur zu Gesicht bekomme" – konnte er die Rückkehr ins politische Geschäft kaum abwarten.

> „Er wollte alles nachholen, was er in den Krankheitswochen versäumt hatte. Er ließ sich die Zeitungen vorlesen, kämpfte einen erbitterten Kampf gegen die Ärzte um jede Unterredung, jeden Besucher. Sein Atem ging mühsam – Schweißtropfen brachen auf seiner Stirn aus – ein Schmerz lief manchmal wider seinen Willen zuckend über sein Gesicht – aber sein Geist wehrte sich selbst gegen das Paktieren mit der Schwäche.
>
> So begann Gustav Stresemanns heroischer Kampf mit sich selbst. Er war nun unter strenge ärztliche Beobachtung gestellt. Eine freundliche, tüchtige Krankenschwester verließ nicht mehr das Haus."[770]

---

766 Vallentin, Stresemann, S. 245ff.
767 Vgl. Koszyk, Stresemann, S. 328.
768 Hermann Zondek: Ernste Erkrankung Stresemanns. Ärztliches Kommuniqué v. 14.5.1928, in: Bernhard, Vermächtnis, Bd. 3, S. 501.
769 Gustav Stresemann: Brief an Wilhelm Külz v. 26.6.1928, in: Bernhard, Vermächtnis, Bd. 3, S. 505.
770 Vallentin, Stresemann, S. 247f.

Mitte Juni 1928 wurde Stresemann in ein Sanatorium auf der Bühlerhöhe im Schwarzwald verlegt, um dort eine mehrwöchige Kur anzutreten. Stresemanns heftige Abneigung gegen längeres Nichtstun war nicht nur seiner eigentümlichen Getriebenheit geschuldet, sondern auch berechtigten politischen Bedenken. In seiner Abwesenheit geriet die Koalitionsbildung nach der für die DVP trotz kleinerer Verluste erfolgreichen Wahl zu einer Hängepartie. Besonders sein Parteifreund, der Fraktionsvorsitzende Ernst Scholz, hintertrieb die Verhandlungen mit dem Wahlsieger SPD. Doch bot eine Große Koalition die einzig realistische Regierungsoption mit parlamentarischer Mehrheit, und so war Stresemann bald, „sowieso seit der Erkrankung im Mai immer leicht erregbar, entrüstet über die Fraktion, die ihm hier wie so oft das Konzept verderben wollte [und] brachte ihn an den Rand des Ausscheidens aus der von ihm gegründeten Partei."[771] Die eigenmächtige Veröffentlichung eines Telegrammes an den neuen Reichskanzler Hermann Müller, in dem Stresemann eine sowohl „notwendige und mögliche" Zusammenarbeit von Sozialdemokratie und Volkspartei feststellte, ist als „Schuss von Bühlerhöhe" in die Geschichte eingegangen. Doch so weit war die – durch Stresemanns Abwesenheit zumindest begünstigte – Desintegration der DVP, deren Mehrheit einen Rechtsblock befürwortet hätte, bereits gediehen, dass Scholz erstens auf dem Vorbehalt bestand, dass sich die Partei nicht an die Koalition gebunden fühlen müsse, und zweitens einen Tadel gegen Stresemann aussprach.[772] Im Umkehrschluss wurde durch diese innerparteilichen Ränkespiele die von den Ärzten beabsichtigte völlige Ruhe wiederum Makulatur, und „in der ersten Julihälfte entwickelte sich Bühlerhöhe zu einer Art Dependance der Reichskanzlei."[773] Im Anschluss begab sich Stresemann nach Karlsbad und Anfang August zur weiteren Auskurierung nach Oberhof in Thüringen. Koszyk zitiert einen medizinischen Report an das Außenministerium (vermutlich aus der Feder Zondeks oder Stroomanns), in dem es im Juli hieß:

---

771 Hirsch, Lebensbild, S. 246.
772 Vgl. Winkler, Weimar, S. 337.
773 Olden, Stresemann, S. 264. Vgl. auch Koszyk, Stresemann, S. 329.

„Wenn der Eiweiß-Zucker-Befund auch an und für sich relativ sehr günstig zu nennen ist, so bedarf es doch noch einer vollen Ausnutzung des hiesigen Aufenthalts und einer auf etwa 10 Tage abgestellten Nachkur in einem mitteldeutschen Höhenkurort (ev. Oberhof, Golf-Hotel), um ihn wieder Genffähig bzw. Kelloggfähig [sic] zu machen. ... Im Augenblick lassen viel mehr psychische Momente die mangelnde Lebenslust erklären, als ein organisches Leiden."[774]

Erstens wird hier bei allen ärztlichen Vorbehalten doch am unausweichlichen Ziel eines „Fitmachens" für die anstehenden außenpolitischen Gipfeltreffen (Genf: jährliche Völkerbundstagung, „Kellogg": Unterzeichnung des Briand-Kellogg-Pakts zur Ächtung des Krieges) festgehalten, zweitens Stresemanns „mangelnde Lebenslust" und ihre psychischen Ursachen ärztlich bestätigt. Wie sehr ihn selbst seine nicht befriedigend diagnostizierten Krankheiten beschäftigten und er diese mit nervlicher Überspannung und Gereiztheit selbst in Verbindung gebracht hat, zeigt ein Brief an seinen behandelnden Kurarzt:

„Ich habe erst vor kurzem Näheres über meine Krankheit aus den Zeitungen ersehen, die man mir in den ersten Tagen der Erkrankung vorenthalten hat. Hätte ich gewußt, daß es sich um eine Nervenerkrankung handelte, so würde ich Sie selbst gebeten haben, nach Berlin zu kommen. ... Letzten Endes war es doch wohl die Überanstrengung der letzten Jahre, die in einer Art von Zusammenbruch zum Ausdruck gekommen ist. Da ich nicht Mediziner bin, kann ich dafür irgendwelche Formeln nicht angeben. Ich halte mich an das alte Sprichwort: ‚Es geht auf die Nieren'. Wie sehr politische und damit seelische Aufregungen auf den Gesundheitszustand wirken, habe ich ja in Wildungen selbst erlebt, als Sie mich vor zwei Jahren fragten, was denn passiert wäre und ob ich nach irgendeiner Richtung exzessiert hätte, weil der Eiweißgehalt binnen 48 Stunden sich vervielfacht hätte. Von einem Exzeß war keine Rede. Ich hatte aber die Mitteilung erhalten, daß das Kabinett Briand-Caillaux, mit dem ich meine Außenpolitik machte, gestürzt wäre, und das hatte die Verschlechterung meines Gesundheitszustands zur Folge. ... Zu diesen seelischen Aufregungen kam die körperliche Anstrengung der Wahl und des seit 5 Jahren mir aufgezwungenen gesellschaftlichen Lebens."[775]

An anderer Stelle findet sich in seinen eigenen Einlassungen das Motiv der tiefen Ermüdung, das die Politik in ihm körperlich hervorruft:

---

774 Koszyk, Stresemann, S. 331.
775 Gustav Stresemann: Brief an Sanitätsrat Dr. Born v. 26.6.1928, in: Arnold Hartung (Hg.): Gustav Stresemann: Schriften. Berlin 1976, S. 15–16.

> „Solange ich keine längeren Unterhaltungen zu führen brauchte, ist es mir sehr gut gegangen; in Oberhof wurde es nach den politischen Besprechungen, die ich dort führen mußte, wieder schlechter. Anscheinend war der Körper zu sehr erschöpft, woraus sich er Widerspruch erklärt, daß ich in kleineren Gesellschaften einen sehr gesunden Eindruck mache, daß sich aber sofort eine starke Ermüdung bemerkbar macht, sobald ich mich längere Zeit über politische Dinge unterhalten muß."[776]

Diese pessimistische Einschätzung erfolgte nach einem Anfall, den Stresemann in Oberhof erlitten hatte. Zunächst teilweise gelähmt und im Sprachzentrum betroffen, hatte es sich dabei entweder um einen leichten Schlaganfall gehalten, oder, wie Dr. Zondek meinte, nur um einen Schwächeanfall.

> „Die brennende Zigarre war seinem Munde entfallen. Es zeigte sich eine deutlich wahrnehmbare Sprachstörung. ... Die Sprachstörung hatte sich [nach zwei Tagen] glücklicherweise zurückgebildet. Der Kranke klagte jedoch über Kopfschmerzen, neigte zu Schwindelanfällen und war reizbar und verdrießlich. Ein Schlaganfall im Sinne einer Gehirnblutung oder Gefäßverstopfung hatte also nicht vorgelegen. Offensichtlich hatte es sich nur um einen passageren zerebralen Gefäßkrampf gehandelt."[777]

Stresemann hatte sich unmittelbar nach dem Anfall „mehrere Stunden lang in seinem Zimmer"[778] eingeschlossen, bevor er, langsam die Sprache wiedergewinnend, sofort darauf drängte, unter allen Umständen die bevorstehende Reise nach Paris anzutreten. Angesichts seiner unnachgiebigen Haltung („Die Kerle wollen mich nicht fahren lassen. Ich fahre auf jeden Fall!")[779] ließen sich seine Ärzte unter schwersten Bedenken erweichen:

> „Alle diese hochgespannten Gespräche mit einem erschüttertem Sprachinstrument, dazu in mehreren Sprachen und bei einem Meister der Rede, der genau spürt, wie er disponiert ist. Der Arzt mußte sein Veto einlegen. Angesichts solcher Anstrengungen lag ja ein Rezidiv in der Luft. Aber über aller Ratio stand hier der Geist, der den Körper überwand und der dem elenden Instrument die menschlichen Töne des Weltvertrauens und des Friedens entnahm. Der deutsche Friedens-Nobelpreisträger, der allein berufen war, von seinem Land aus den Krieg zu ächten.

---

776 Gustav Stresemann: Brief an Dr. Friedrich Bergius v. 25.8.1928, in: Bernhard, Vermächtnis, Bd. 3, S. 514–515.
777 Zondek, Auf festem Fuße, S. 132–133.
778 Stroomann, Aus meinem Notizbuch, S. 135.
779 Zit. n. Hirsch, Lebensbild, S. 246f.

„In den Sielen sterben" – Der Fall Gustav Stresemann

Hermann Zondek rief mich auf Bühlerhöhe an, wer von den im Ausland bekannten deutschen Klinikern die Verantwortung auf seinen Namen mit übernehmen würde, Stresemann in diesem Zustand reisen zu lassen. Ich nannte Ludolf von Krehl in Heidelberg. ... Oskar Schulmann, der treue ärztliche Begleiter und Freund, und Gisevius, der optimistische Hausarzt, der auch Hand anzulegen verstand, ein durchschlagender ärztlicher Masseur, der Stresemann vor den großen Reden massierte, vervollständigten das ärztliche Kollegium im Continental in Berlin. Heilig erfüllt wie vor Gott ging Krehl nach seiner Unterredung mit Stresemann in der Hotelhalle auf und ab und entrang sich die Verantwortung und die Erlaubnis, alles auf seinen Namen zu nehmen. „Der Minister hat mir ganz klar gesagt, er will es für Deutschland tun, weil nur er etwas erreichen könne, und wenn er darüber sterben sollte. Er will es für Deutschland tun!"[780]

Tatsächlich trat Stresemann in Begleitung von Ärzten und Krankenschwester schließlich die Reise nach Paris an. Neben dem konkreten Anlass der Unterzeichnung des Kellogg-Pakts und der symbolischen Geste – seit 1870 war kein deutscher Außenminister je nach Paris gereist – waren Gespräche mit Briand und dem französischen Ministerpräsidenten Raymond Poincaré über die dringenden Fragen von Rheinlandräumung und Reparationen angesetzt. Jedoch war die Dauer dieser Gespräche von Zondek begrenzt worden – und Letzterer sorgte überdies dafür, dass sie auch eingehalten wurden.

„Während dieser ganzen Unterredung [mit Briand] fühlte sich Stresemann unter dem Druck der ärztlichen Vorschriften, die ihm nur zwanzig Minuten gönnen wollten. Es wurden dann doch vierzig Minuten daraus. Auch für die wichtige Besprechung mit Poincaré, die für elf Uhr vormittags angesetzt war, gab es wieder genaue Regeln. So wurde ihm immer wieder zu Bewußtsein gebracht, daß er das war, was er auf keinen Fall sein wollte: ‚ein kranker Mann'."[781]

An ihrem Veto zur beabsichtigten Fahrt zur Völkerbundssitzung nach Genf hielten Stresemanns Ärzte jedoch fest, und so fuhr Kanzler Müller an seiner Stelle. Missmutig schrieb Stresemann an den Reichsfinanzminister Hilferding:

---

780 Stroomann, Aus meinem Notizbuch, S. 135ff.
781 Hubertus zu Löwenstein: Stresemann. Das deutsche Schicksal im Spiegel seines Lebens, Frankfurt 1952, S. 310. Vgl. auch die Schilderungen der Parisreise bei Vallentin, Stresemann, S. 252–260.

„Genf kann, wenn man nicht dort ist, mehr aufregen, als wenn man an Ort und Stelle ist. Ist etwas zu tun und Gefahr im Verzuge, so geben Sie mir, bitte, Nachricht. Ich entrinne dann der Unselbständigkeit, zu der ich durch diese monatelange Krankheit verurteilt bin, so schnell wie möglich."[782]

So berechtigt Stresemanns Sorge um eine innenpolitische und innerparteiliche „Gefahr im Verzuge" durchaus war, so wenig war er zu diesem Zeitpunkt imstande, von seinem Krankenlager in Baden-Baden tatsächlich in die Tagespolitik einzugreifen.[783] Im Rückblick auf die Krise vom Mai beschwerte sich Stresemann, seine Partei habe seinerzeit „keine Rücksicht auf meinen Zustand genommen".[784] Erschwerend kam die nationalsozialistische Hetze gegen seine Person hinzu; ein in dieser Zeit in Goebbels' „Angriff" erschienener Leitartikel unter dem Titel „Stresemanns Tage sind gezählt"[785] stand stellvertretend für die Perfidie und Gehässigkeit, die der Person Stresemann aus dem rechten Lager entgegenschlugen.

Im Oktober 1928 war – ungeachtet der offiziellen Durchhalteparolen – von Stresemanns altem Kampfgeist nicht mehr viel übriggeblieben. In einem Brief an seinen Vertrauten Henry Bernhard bekannte er:

„Wie lange ich noch an dieser Stelle wirke, weiß ich nicht. Oft bin ich überhaupt sehr pessimistisch darüber, ob meine Kräfte überhaupt ausreichen werden, und habe auch oft über den Abschied vom Leben nachgedacht."[786]

---

782 Gustav Stresemann: Brief an Rudolf Hilferding v. 21.9.1928, in: Bernhard, Vermächtnis, Bd. 3, S. 516f.
783 John P. Birkelund: Gustav Stresemann. Patriot und Staatsmann, Hamburg 2003, S. 439f, bezeichnet ihn in dieser Phase als „arbeitsunfähig".
784 Gustav Stresemann: Brief an Ernst Bender v. 11.9.1928, in: Bernhard, Vermächtnis, Bd. 3, S. 515.
785 Vgl. Koszyk, Stresemann, S. 335; Birkelund, Stresemann, S. 440. In seinem Tagebuch notierte Goebbels später: „Diese Nacht starb Stresemann. Hingerichtet durch einen Herzschlag. Gut so! Er hat sich dem kommenden Strafgericht entzogen."; Goebbels, Tagebücher, Teil 1, Bd. 1/III, S. 342.
786 Gustav Stresemann: Brief an Henry Bernhard v. 4.10.1928, in: Bernhard, Vermächtnis, Bd. 3, S. 520.

„In den Sielen sterben" – Der Fall Gustav Stresemann

Abb. 1 „Sein Äußeres verriet kaum etwas von der unerwarteten Empfindsamkeit, die der eigentliche Schlüssel zu seinem Wesen war."[787]

So stellten sich Gustav Stresemanns letzte Lebensmonate als eine Abwärtsspirale gesundheitlicher Verschlechterung, seelischer Anspannung und der brennenden Sorge um sein politisches Vermächtnis dar. Ein Rückzug vom Amt mit der potentiellen Chance einer grundlegenden Erholung stand jedoch zu keinem Zeitpunkt zur Debatte. Im Gegenteil musste Zondek seinen berühmten Patienten wiederholt ermahnen, seine Kräfte zu schonen:

---

787 Vallentin, Stresemann, S. 18. Foto: Bundesarchiv, Bild: 146–1982–092–11.

„Wie ich höre, fahren Sie in diesen Tagen nach Heidelberg, um einen Teil der neugesammelten Kräfte in berufliche Tätigkeit umzusetzen. Sie werden nicht bös sein, wenn ich mir erlaube, Sie zu bitten, nicht gleich mit vollen Segeln loszusteuern, sondern sich *auf das Äußerste zu beschränken* [Hervorhebg. im Orig.]. Ich bitte sehr, diesen Brief als eine Generalvisitenkarte von mir nach bewährtem Muster zu betrachten."[788]

Außenpolitisch so wichtige Reisen wie zur Völkerbundstagung Mitte Juni 1929 konnte Stresemann nur in eingeschränktem Maße bewältigen und bedurften der Übernahme repräsentativer Aufgaben durch seine Ehefrau.[789] Überhaupt ist die positive Rolle Käte Stresemanns nicht zu unterschätzen: begünstigt durch ihr einnehmendes persönliches Wesen hatte ihre Gestaltung mehr oder weniger formeller Zusammenkünfte – verschiedentlich wird erwähnt, dass sie als erste die Einrichtung der Cocktailparty in die politischen Kreise Berlins einführte – an seinem trotz gesundheitlicher Einschränkung bis zuletzt effektiven und erfolgreichen politischen Handeln großen Anteil. Beispielsweise übernahm sie an seinem 50. Geburtstag den Empfang der zahlreichen Gratulanten, während er in Lebensgefahr schwebte. Doch konnte auch Käte Stresemann an der selbstzerstörerischen Arbeitsweise ihres Mannes nicht viel ausrichten, obgleich sie sich im Punkte seiner dringenden Erholungsbedürftigkeit mit allen ihn betreuenden medizinischen Fachleuten eins wusste.[790]

Die äußeren Bedingungen von Stresemanns Politik hatten sich im Verlauf des Jahres 1929 zudem verschlechtert. Drei sich wechselseitig beeinflussende, Innen- und Außenpolitik verschränkende Aspekte sind hierbei zu nennen: die Lösung der Reparationsfrage, die schließlich im Juni 1929 mit dem sog. Youngplan vorgelegt wurde, die damit verbundene Frage der französischen Räumung des Rheinlandes (gedacht als weiteren Anreiz für eine deutsche Bedienung der Reparationen und dringend benötigter außenpolitischer Erfolg des Kabinetts Müller) und der innenpolitische Widerstand gegen den Youngplan von rechts, der sich in der Volksentscheids-Initiative von NSDAP, DNVP und Stahlhelm-Verband organisierte.

---

788 Hermann Zondek: Brief an Stresemann, 29.10.1928, in: Bernhard, Vermächtnis, Bd. 3, S. 520.
789 Vgl. Koszyk, Stresemann, S. 344.
790 Vgl. die Schilderungen bei Hirsch, Lebensbild, S. 252f. und Bauer, Stresemann, S. 247f.

Über die Aufgaben seines Portefeuilles hinaus musste Stresemann im Juni aus dem Kurort Bühlerhöhe nach Berlin fahren, um dort den noch kränkeren und für längere Zeit amtsunfähigen Kanzler Müller zu vertreten und um dessen Zustand sich Stresemann – bittere Ironie – dauerhaft Sorgen machte. Die Energie, die er für die Leitung der Kabinettssitzung aufgebracht hatte (wobei er nicht einmal offiziell Vizekanzler war), fehlte ihm nun für die außenpolitische Debatte im Reichstag, an der er schließlich nur teilweise teilnehmen konnte – die Vertretung war also nur ein Nullsummenspiel physischer Kräfte.[791]

Die Modalitäten des Youngplans sollten auf einer internationalen Konferenz in Den Haag geklärt werden, die vom 6. bis 31. August 1929 anberaumt war und an der Stresemann teilnehmen wollte. Doch bereits die Ausgangslage war kritisch:

> „Die Sommerpause verbrachte Stresemann im Sanatorium Bühlerhöhe, um sich auf die bevorstehende Haager Konferenz über den Young-Plan vorzubereiten. Der behandelnde Arzt, Dr. Gerhard Stroomann, kam nach den medizinischen Analysen zu einem erschütternden Ergebnis. Ein Angina-Anfall verschärfte die Situation und belastete die gefährdeten Nieren zusätzlich. Die fortschreitende Verkalkung [sic] veränderte Stresemanns Erscheinungsbild. Er neigte zu plötzlichen Zornesausbrüchen und vorübergehenden Verwirrungszuständen."[792]

Nicht nur war mit der schieren Dauer der Konferenz schon eine große Beanspruchung seiner Kräfte verbunden, dazu kam die Tatsache, dass in den Nächten die Verhandlungen des Tages in kleineren Runden oder Einzelgesprächen fortgesetzt wurden, wie Stresemanns Sekretär schilderte:

> „Wiederholt droht im Haag der körperliche Zusammenbruch. In den Nächten der Verhandlungen, wo es hart auf hart geht, werden die Mienen der Mitkämpfer immer besorgter. Sie sehen das bleiche Gesicht Stresemanns, wenn er sich schwer atmend den Schweiß von der Stirn wischt und mit letzter, fast übermenschlich anmutender Kraft die Entscheidungen beeinflußt. Der Reichsfinanzminister [Rudolf Hilferding], Arzt von Haus aus, empfiehlt, ärztliche Hilfe von Berlin kommen zu lassen. ... Der Schwerkranke will nicht krank sein. Schroff weist er den ärztlichen Beistand ab. Erst nach vier Tagen geduldigen Wartens ist er bereit, sich einer Untersuchung zu unterziehen."[793]

---

791   Vgl. Hirsch, Lebensbild, S. 258f.
792   Koszyk, Stresemann, S. 345.
793   Bernhard, Vermächtnis, Bd. 3, S. 452f.

Einmal noch wollte Stresemann wie in früheren Zeiten mit dem Einsatz aller Energie seiner Agenda Nachdruck verleihen und damit (wohl auch sich) auch von seinem Zustand ablenken. Ein Staatssekretär erinnerte sich, wie sich seine Zuhörer „immer wieder ... durch seine gelegentliche Frische über den Ernst der Krankheit hinwegtäuschen [ließen], etwa wenn Stresemann in den Pressebesprechungen die Lage vor den Journalisten zusammenfasste."[794] Der ebenfalls teilnehmende Wirtschaftsminister Julius Curtius, der ebenso wie Stresemann dem gemäßigten Flügel der DVP angehörte, hat die Ursache eines erneuten Zusammenbruchs Stresemanns in der Hinhaltetaktik (in Bezug auf einen Termin für die Rheinlandräumung) der französischen Delegation und insbesondere bei Briand ausgemacht:

> „An jenem Abend [des 28.8.1929] war großes Diner im Hotel der Engländer. Stresemann, Hilferding und ich blieben nach dem Diner noch mit den französischen Kollegen Briand und Locheur zusammen, um endlich eine Einigung über den Räumungstermin zu erreichen. Briand blieb aber auch dann noch hartnäckig bei seiner angeblich äußersten Konzession... Es mag ½ 2 Uhr nachts gewesen sein, als Stresemann, der während der ganzen Auseinandersetzung schon totenbleich gewesen war und viel gekeucht hatte, plötzlich an sein Herz griff und ausstieß: „Ich kann nicht mehr!" Hilferding, der früher Arzt gewesen war, nahm sich seiner an, brachte ihn hinaus ins Oranje-Hotel und sagte mir, als er ins Grandhotel zurückkehrte: ‚Curtius, die Uhr ist abgelaufen.' So war es. Was folgte, war nur noch ein Auslaufen des Mechanismus. – Nicht die Fraktion – die Kämpfe mit Briand... haben ihn zermürbt."[795]

Neben einem möglichen wahren Aspekt wollte Curtius hiermit freilich von der Mitschuld der eigenen Partei an Stresemanns Sorgen ablenken. Young-Plan und Rheinlandräumung waren in langwierigen Verhandlungen einer Lösung nahegebracht worden.

> „Am Ziel. – Das, was er Ziel nannte, war nun erreicht – aber wie anders hatte er es sich vorgestellt. Er sollte den schwersten Schlag erleben, den ihm die kurze Lebensfrist vorbehielt. Er glaubte, die Nachricht der Räumung würde mit Dankbarkeit für seine Leistung, als Rechtfertigung seiner Politik aufgenommen werden."[796]

---

794 Hans Schäffer, Staatssekretär in Finanzministerium; zit. n. Hirsch, Lebensbild, S. 259f.
795 Julius Curtius: Brief an Felix Hirsch v. 17.3.1947, in: Hirsch, Lebensbild, S. 282.
796 Vallentin, Stresemann, S. 282.

Als Stresemann jedoch von den Widerständen in der eigenen Partei erfuhr, nicht zuletzt von Scholz, da

> „lief ... ein Zittern über seinen ganzen abgemagerten Körper hin. Die Wut brach in ihm mit der alten Kraft aus – und die Seinigen standen gewürgt von Angst um sein Toben, das für ihn Selbstmord bedeutete. ... Er war nun tief mit seiner Partei zerfallen."[797]

Im September hatte sich an die erfolgreiche Tagung von Den Haag die Völkerbundssitzung in Genf angeschlossen, auf der Stresemann ein letztes Mal sprach. Der britische Historiker George P. Gooch war dabei zugegen und es war für ihn „ein Schock, seine zusammengefallene Gestalt und sein aschgraues Gesicht zu sehen. Er konnte unter Aufwendung aller Energie zwar seine große Rede halten, aber er war ein vom Tode Gezeichneter."[798] Der auf einen kurzen Aufenthalt in Berlin folgende Erholungsurlaub in Vitznau am Vierwaldstätter See konnte Stresemann angesichts der alarmierenden Meldungen aus der Hauptstadt nicht zugutekommen, da dort die Vorbereitungen für das Volksbegehren gegen den Youngplan in die entscheidende Phase traten. „Vorzeitig wird der Urlaub abgebrochen. Zurück nach Berlin. Hier sind inzwischen alle Instinkte zügelloser Agitation gegen den Young-Plan losgelassen."[799] Ende September wurde der von Nationalsozialisten und Deutschnationalen initiierte Entwurf eines „Gesetzes gegen die Versklavung des deutschen Volkes" vorgelegt; seine besondere Niedertracht bestand darin, die Vertreter der Reichsregierung für die Unterzeichnung der Haager Verträge wegen Landesverrats ins Zuchthaus werfen zu wollen.[800] Die propagandistischen Begleitumstände nahmen sich nicht weniger erschütternd aus.

> „Die Orgien des Hasses und der Verleumdung begannen alles bisher Dagewesene zu übertreffen. Und immer noch war Stresemann nicht unempfindlich dagegen. Jede Infamie, die gegen ihn veröffentlicht wurde, hat ihn persönlich getroffen."[801]

---

797 Ebd.
798 Zit. n. Hirsch, Lebensbild, S. 261.
799 Bernhard, Vermächtnis, Bd. 3, S. 454.
800 Vgl. Winkler, Weimar, S. 355. Text des Gesetzentwurfs in: Verhandlungen des Reichstages, Bd. 438 (4. Wahlperiode), Berlin 1930, Anlage S. 2.
801 Löwenstein, Stresemann, S. 355. Ähnlich auch Hirsch, Lebensbild, S. 255.

Wenngleich er dem Volksbegehren nicht sonderlich große Chancen beimaß, erbitterten ihn die Intensität der Angriffe und ihre antidemokratische Stoßrichtung doch außerordentlich. „‚Es ist ja Wahnsinn' – schrie er auf – und nach einer Weile – wie zu sich selbst – ‚dann habe ich ja umsonst gelebt.'"[802] Stresemanns Sohn hat das Erscheinungsbild seines Vaters in diesen Tagen mit einer „geistigen Transparenz eigener Art" beschrieben:

> „Er sah ein wenig farblos aus, sein robuster Körper hatte schon lange zuvor auf Grund der verordneten Diät, die er getreulich einhielt, stark an Gewicht verloren, und sein Gesichtsausdruck verriet mehr als je zuvor Nachdenklichkeit, Besorgnis. Der Tiefschlag einer verrohten, haßerfüllten Opposition traf ihn, den physisch Angeschlagenen, doppelt schwer. ... Sein früher überschäumender Optimismus, getreu dem Motto ‚Wirf erst Dein Herz über die Hürde, dann werden auch Pferd und Reiter folgen', wich einer zeitweilig starken Depression."[803]

Wiederum war es auch die Besorgnis über Hermann Müllers Krankheit, die Stresemann ab Ende September wieder, so gut es ging, in die Alltagsgeschäfte einsteigen ließ.[804] Im Streit um die Erhöhung der Arbeitslosenversicherungsbeiträge hatte sich die DVP unnachgiebig gezeigt und den ohnehin fragilen Zusammenhalt der Koalition aufs Neue gefährdet. Nur durch sein persönliches Erscheinen und dadurch, dass er sein immer noch immenses politisches Gewicht in die Waagschale warf, konnte er seine Fraktion dazu bewegen, im Reichstag nicht gegen die Vorlage zu stimmen, sondern sich lediglich zu enthalten.

> „Trotzdem ... [seine] Erscheinung nur noch ein Schatten seiner selbst war, ... hat er am Freitag [28.9.] an der Ministerbesprechung teilgenommen und am Sonnabend an der Kabinettsitzung ... In dem ungeheizten Sitzungssaal des Reichskanzlerpalais hat sich der wegen seines Nierenleidens besonders empfindliche Reichsaußenminister die Erkältung geholt, die ihn zwang, schon über Sonntag das Bett zu hüten. Er hat es gegen ärztlichen Rat am Montag wieder verlassen, um an der Tagung des Reichsausschusses der DVP teilzunehmen. ... Aus dem Reichsklub der DVP begab sich Stresemann wieder zurück in sein Krankenzimmer, das er erst heute wieder verlassen wollte. ... Als trotzdem die schwerindustrielle Gruppe in der DVP [gegen Stresemanns Empfehlung] einen Beschluß erzwang, der die DVP

---

802 Vallentin, Stresemann, S. 288. Vgl. auch die zeitgenössische Schilderung des DVP-nahen Intellektuellen Rochus von Rheinbaben: Stresemann. Der Mensch und der Staatsmann, Dresden 1930, S. 271ff.
803 W. Stresemann, Mein Vater, S. 11 u. 14.
804 Vgl. Bernhard, Vermächtnis, Bd. 3, S. 582.

aus der Front der Regierungsparteien löste, sie eigene Wege gehen ließ, da hat Stresemann *am letzten Tage seines Lebens* [Hervorhebg. im Orig.] noch seine ganze Autorität eingesetzt, um diesen Bruch innerhalb des Regierungsblocks zu verhindern. Nach der Aussprache, die er am Mittwochvormittag mit dem Reichskanzler in seinem Schlafzimmer hatte, ist Stresemann, trotzdem er noch leicht fieberte, in den Reichstag gefahren, um auf seine Fraktion einzuwirken. ... Stresemann war glücklich, dem Reichskanzler dieses Ergebnisseiner Bemühungen [=Stimmenthaltung] mitteilen zu können. Die Familie hat ihn gestern nachmittag in so froher Stimmung gesehen wie schon lange nicht."[805]

In der Tat traf ihn auch der Staatssekretär Pünder am Nachmittag des 2. Oktober „ganz besonders vergnügt" im Bett an[806] – offenbar war längst auch das Schlafzimmer Teil des politischen Raums geworden.

„Schwer ermüdet, aber doch glücklich, legt sich mein Vater ins Bett. ,Heute habe ich meine Pflicht getan', sagt er mit allen Anzeichen der Befriedigung und Entspannung."[807]

Es war die letzte Schlacht, die Gustav Stresemann geschlagen hatte:

„Am 2. Oktober 1929 rief mich abends gegen 10 Uhr Frau Käthe Stresemann an und ersuchte mich in höchster Aufregung, sofort in die Villa in der Tiergartenstraße zu kommen, da ihr Mann soeben einen schweren Anfall erlitten habe. ... Gegen 10 Uhr hatte er sich von der Krankenschwester ein Glas und Zahnbürste reichen lassen, um sich für die Nachtruhe vorzubereiten. Plötzlich verzerrten sich seine Gesichtszüge, er fiel, indem er zweimal meinen Namen ausstieß, bewußtlos in die Kissen. Ich stellte eine Lähmung der rechtsseitigen Extremitäten sowie des rechten Mundwinkels fest. Die Atmung war unregelmäßig, der Puls aber noch gut fühlbar. Um die Verantwortung nicht allein tragen zu müssen, bat ich den alten Geheimrat Friedrich Kraus [von der Charité] an das Krankenlager. ... Schweigend saßen wir am Bett des Kranken, dessen Befinden sich zusehends verschlechterte. Kraus fühlte meine Ergriffenheit. ... Um halb sechs Uhr morgens des 3. Oktober 1929 starb Gustav Stresemann."[808]

---

805 M.R. [= Max Reiner]: Ein großer Deutscher. Mehr als ein Verlust: ein Unglück!, in: Vossische Zeitung, Nr. 467 v. 3.10.1929, S. 2–3.
806 Hermann Pünder: Politik in der Reichskanzlei, Stuttgart 1961, S. 11.
807 W.Stresemann, Mein Vater, S. 17f.
808 Zondek, Auf festem Fuße, S. 141–142.

4.4.4 Fazit: Patriae inserviendo consumor[809]

Welche Motive haben, das bisher Gesagte rekapitulierend, in Stresemanns eigenen und den Deutungen seiner Umgebung in Bezug auf seine Krankheiten eine Rolle gespielt? Am wichtigsten war sowohl in Selbstdarstellung als auch bei Interpretationen von nahestehenden Personen der Aspekt der Aufopferung. Hirsch berichtet, wie Käte Stresemann auf der Trauerfeier zu Hindenburg gesagt habe,

> „niemand habe ihrem Manne geholfen; er sei zu Tode gequält worden. Hindenburg, Ehrenvorsitzender des ‚Stahlhelm', der an der Hetzkampagne des Volksbegehrens hervorragend beteiligt war, hatte nichts zu antworten."[810]

Auch Wolfgang Stresemann hat die innenpolitischen Widerstände und besonders die nationalistischen Hetze gegen den Young-Plan, die gegen Stresemann persönlich ging[811], als den Faktor beschrieben, das seinen Vater schließlich die letzten Kräfte kostete:

> „So musste mein Vater kämpfen bis zum Letzten, und als er mit der Rheinlandräumung 1929 zurückkommt, und natürlich mit dem Young-Plan, einem sehr verbesserten Reparationsplan, was haben damals die Rechten gewollt? Sie wollten ihn ins Zuchthaus bringen! ... Das hat meinen Vater so unerhört erregt und hat auch seine letzten Tage seines Lebens vergällt in einer Weise, die schwer zu beschreiben ist."[812]

In seiner Rede bei der Gedenkfeier im Reichstag prophezeite Parlamentsvizepräsident Siegfried von Kardorff, es werde „viele geben, die ihm Abbitte leisten werden für das, was sie ihm angetan haben."[813] Reichskanzler Müller sprach bei derselben Gelegenheit von „maßlos ungerechten

---

809 Dieses seinerseits einem Ausspruch des Herzogs von Braunschweig-Wolfenbüttel entlehnte Motto Bismarcks (etwa „Im Dienst für das Vaterland zehre ich mich auf") verwendete Henry Bernhard als Kapitelüberschrift in seinem Stresemann-Gedenkband; Henry Bernhard: [Einl. zu Teil IV], in: Ders., Vermächtnis, Bd. 3, S. 447.
810 Hirsch, Lebensbild, S. 265–267.
811 Eine der wohl widerlichsten Attacken ad personam findet sich bei Goebbels: Der Fall Stresemann, in: Der Angriff v. 8.4.1929, zit. n. Der Angriff, Aufsätze, S. 150ff.
812 W. Stresemann, Interview 1979.
813 Siegfried v. Kardorff: Rede v. 6.10.1929. Stenographische Berichte, in: Verhandlungen des Deutschen Reichstags, IV. Wahlperiode, Bd. 426 (1930), S. 3254.

Anfeindungen"[814], denen Stresemann ausgesetzt gewesen sei. Stresemann selbst hat die persönliche Tragik, dass die baldige Herbeiführung der von ihm so gewollten Rheinlandräumung (als Junktim des Youngplans) auf so verbissenen Widerstand stieß, mit großer Verbitterung am Vortage seines Todes kommentiert.

> „Wenn ich jetzt sterben sollte… dann sollten Sie wissen, daß ich von meinen Gegnern vergiftet worden bin. Man kann nämlich einen Menschen auch ohne physische Mittel vergiften."[815]

Dies war die bittere Note, die den Leitgedanken vom „in den Sielen sterben" trübte. Dennoch war, zweitens, die Idee des Kampfes in Selbststilisierung und Zuschreibung von wirksamem Einfluss. Immer wieder wurde Stresemanns mitunter über Gebühr bemühter und alle Grenzen ignorierender „eiserner Wille über den Körper"[816] erwähnt. Der mit Stresemann befreundete Diplomat Rochus von Rheinbaben mutmaßte, dass mit dem Etappensieg der erreichten Rheinlandbefreiung ein gewisser Endpunkt erreicht gewesen sei:

> „Es mag auch sein, daß er die geistige Spannkraft, die seinen Ärzten ein Wunder war, und durch die allein er den todkranken Körper aufrecht erhielt, in dem Augenblicke etwas verlor, als er das Ziel in greifbarer Nähe sah."[817]

Der liberale Journalisten Rudolf Olden meinte in seiner im Oktober 1929 fertiggestellten Biographie des Außenministers:

> „Dieses sehr deutsche Leben, voll von rastloser Tätigkeit und geistigen Erregungen, mit der Erholung, die studentisch bei Wein oder Bier verlief, hatte Übermäßiges von einer nervösen, zarten Konstitution gefordert. Robust schien er nur, er war es nicht."[818]

Hinweise auf Stresemanns Alkoholkonsum lassen sich übrigens, soviel sei hier am Rande bemerkt, in den Quellen vielfach finden. Wie zuvor bereits erwähnt, war Stresemann als Genussmensch dem Alkohol keineswegs abgeneigt:

---

814 Hermann Müller: Rede v. 6.10.1929. Stenographische Berichte, in: Verhandlungen des Deutschen Reichstags, IV. Wahlperiode, Bd. 426 (1930), S. 3251.
815 Löwenstein, Stresemann, S. 9.
816 Bauer, Stresemann, S. 247.
817 Von Rheinbaben, Stresemann, S. 272–273.
818 Olden, Stresemann, S. 255f.

„Denn zu pokulieren verstand Stresemann, solange ihn nicht die neidische Natur zum Brunnentrinker machte, einen guten Tropfen, aus Freundeshand kredenzt, wußte er wohl zu würdigen. Und heute noch soll er, trotz ärztlich-diktatorischer Befehle, gelegentlich unter humorvollen Verzweiflungsausbrüchen aus der aufgezwungenen Abstinenzlerrolle fallen."[819]

Auch war Stresemanns Alkoholkonsum seinem Arzt Dr. Stroomann immerhin eine Erwähnung wert, wenngleich er hierin keine negative Beeinflussung seiner Gesundheit zu sehen vermochte:

„Es gibt Stimmen, die Stresemann nachsagen, er habe durch zuviel Alkohol sein Gefäßsystem schwer geschädigt, durch deutsches Biertrinken und becherweises Weißbiertrinken, man erwähnt verächtlich seine Doktorarbeit über den Flaschenbierhandel und seine Abstammung aus einem Gasthause."[820]

Der „so festesfroh wie arbeitsharte"[821] Stresemann schien der auch solche kleinen Zufluchten zum guten Leben – seit spätestens 1928 musste er zudem eine strenge Diät einhalten[822] – unmöglich machenden Schwäche seines immer wieder und umso öfter versagenden Körpers geradezu unversöhnlich zu begegnen.

„Er hatte Kranksein immer beinahe als einen Willensakt empfunden, als ein Nachlassen der eigenen Widerstandskraft. ... Ein Schmerz lief manchmal wider seinen Willen zuckend über sein Gesicht – aber sein Geist wehrte sich selbst gegen das Paktieren mit der Schwäche."[823]

In letzter Zuspitzung erklärt sich so der fortgesetzte Raubbau, den Stresemann an seiner Gesundheit betrieb. „Ich will nicht leben, um zu leben", hatte er einmal einen Arzt angefahren, und sein Sohn meinte, „er liebte das Leben, aber er hing nicht an ihm, wenn es ihm das nicht geben konnte, was er von ihm erwartete."[824] Dieser harten, freilich wohl erst durch die Krankheit herbeigeführten Seite stand drittens Stresemanns durchaus empfindsames, mitunter empfindliches Naturell gegenüber.[825] Obwohl er im

---

819 Bauer, Stresemann, S. 238.
820 Stroomann, Aus meinem Notizbuch, S. 137.
821 Olden, Stresemann, S. 269.
822 Vgl. Koszyk, S. 329.
823 Vallentin, Stresemann, S. 246 u. 248.
824 W.Stresemann, Mein Vater, S. 19.
825 Vgl. die Verbindung auf den Nervositätsdiskurs bei Lange, Genies im Reichstag, S. 182.

Brennpunkt der Öffentlichkeit, etwa bei Pressekonferenzen, oft zu Hochform auflief, ist Stresemanns Abneigung gegen größere Empfänge jeder Art bekannt gewesen.[826] Antonina Vallentin hat eine Verbindung zwischen Empfindsamkeit und Einsamkeit hergestellt.

> „Seine große Empfindsamkeit kam noch hinzu, eine beinahe krankhafte Verletzbarkeit – und schlug um ihn mitten in tausendfältigen Beziehungen einen Kreis völliger Einsamkeit. Fast einen Menschen gab es nur, der diese Wand, die ihn von anderen trennte, durchbrach: sein Sohn Wolfgang."[827]

Letzterer selbst hat des Vaters „dünne Haut"[828] erwähnt, die mitunter auf die Basedowkrankheit[829] oder abweichend auch auf Stresemanns Menschenfreundlichkeit zurückgeführt worden ist:

> „Er hielt die Menschen für gut, und hat dann doppelt grausam unter den Niederträchtigkeiten gelitten, die gegen ihn geschrieben und geredet wurden. Nicht weniger unter den geheimen Intrigen, die gegen ihn gesponnen wurden."[830]

Überraschenderweise hat auch der Arzt Gerhard Stroomann, hinwegführend von allen medizinisch-physikalischen Analysen, in seiner Autobiographie das Beispiel Stresemanns herangezogen, um eine geradezu metaphysische Erklärung zu geben:

> „Ich habe durchgehend beobachten können, daß Menschen mit hohen geistigen und seelischen Leistungen stets eine Fülle zartester Beschaffenheiten und Reaktionen aufweisen und daß der geniale Typus in dieser Hinsicht die größten Besonderheiten bietet."[831]

Die durchaus nicht uninteressante Überlegung, ob ein gesunder und aktiver Stresemann zur Verhinderung Hitlers hätte beitragen können, ist wohl nur von einer kontrafaktischen Geschichtsschreibung anzugehen.[832] In diesem Zusammenhang ist Stresemanns eigene Deutung aufschlussreich: „Ich habe

---

826 Vgl. Bauer, Stresemann, S. 239.
827 Vallentin, Stresemann, S. 124.
828 W.Stresemann, Mein Vater, S. 558.
829 Koszyk, Stresemann, S. 315.
830 Reiner, Ein großer Deutscher, S. 2.
831 Stroomann, Aus meinem Notizbuch, S. 139.
832 Vgl. Hirsch, Lebensbild, S. 270 u. 274; Manfred Berg: Gustav Stresemann. Eine politische Karriere zwischen Reich und Republik, Göttingen 1992, S. 129.

das Gefühl, daß ich wirklich der letzte Wall bin, der Deutschland vor dem faschistischen Chaos schützt. Was nach mir werden wird..."[833] Pathetisch, aber doch hellsichtig hatte Stresemann daher jahrelang alle besorgten Einwände hinweggefegt. Ein Rücktritt sei für ihn „wie Fahnenflucht. ... Solange ich noch da bin, kann ich nicht von meinem Platz weg."[834]

Jenseits eindeutiger Kausalketten haben die bisherigen Ausführungen doch gezeigt, wie das Wechselspiel von zarter Konstitution, hoher Beanspruchung, Kampf und Widerstand vor allem in Bezug auf die DVP zu einer Abwärtsspirale geführt hat; je kränker Stresemann wurde, desto führungsloser trieb seine Partei dahin, und je unberechenbarer der innere Zustand der Partei (und damit der Koalition) wurde, desto schlimmer musste sich dies auf Stresemanns Gemütslage auswirken. Insofern hat die Krankheit Gustav Stresemanns in der beginnenden Endkrise der Weimarer Republik eine kritische Rolle gespielt.

Thomas Mann hat in seiner *Deutschen Ansprache* Stresemanns Tod als beinahe unausweichlich dargestellt, als er schrieb, dieser sei

„vermöge einer zugleich vitalen und durch Krankheit verfeinerten Verstandeskraft, geführt und getrieben von einer bildsamen Lebenswilligkeit, die physisch den Tod in sich trug, geistig hinausgewachsen über alles ... – ein Getriebener und Ergriffener, der nicht viel Zeit hatte."[835]

War Stresemann – unbestritten einer der populärsten Vertreter der Weimarer Republik – sinnbildlich ein kranker Staatsmann eines kranken Staates? Er hatte Ende 1924 selbst festgestellt: „Deutschland ist schwer krank"[836] und sich selbst in den Dienst seiner Besserung gestellt. Ebensosehr war bereits seinen Zeitgenossen bewusst:

„Sein rascher Tod war für die Gesundung Deutschlands ein schwerer Schlag."[837]

---

833 Vallentin, Stresemann, S. 274. Gleichlautend die Erinnerung Wolfgang Stresemanns; W.Stresemann, Mein Vater, S. 14.
834 Vallentin, Stresemann, S. 274.
835 Mann, Deutsche Ansprache, S. 122.
836 Bauer, Stresemann, S. 214.
837 Paul Löbe: Brief an Felix Hirsch v. 19.10.1946. Brief, in: Hirsch, Lebensbild, hier S. 306.

4.5 „Miasmen der Schmähung" – der Fall Friedrich Ebert

Die Symbolfigur der ersten Jahre der Republik war wohl ihr erstes Staatsoberhaupt, der Reichspräsident Friedrich Ebert. Auf Eberts politische Bedeutung in der Entstehung der Weimarer Republik soll hier nicht weiter eingegangen werden. Es gehört jedoch zum Grundelement der politischen Kultur Weimars, dass gerade ihr höchster Vertreter sich ununterbrochen Angriffen gegen seine Person ausgesetzt sah, die zum Teil auf seine Herkunft – immer wieder wurde in despektierlicher Absicht vom „Sattlergesellen" oder ehemaligen Kneipenwirt gesprochen und dabei Eberts arbeitsreicher, gut sozialdemokratischer Aufstieg zum Parteifunktionär und Politiker verkannt – zum Teil auf seine Rolle als Mann des Ausgleich und der Stabilität (erst als Konkursverwalter des Kaiserreichs, dann als „Mann über den Parteien") zielte. Für die radikale Linke war er seit der Niederwerfung der kommunistischen Umsturzversuche 1918/19 der „Arbeiterverräter", für die Rechte wegen seiner Beteiligung an der Novemberrevolution ein „Landesverräter".[838] Auch hat die historische Forschung mitunter ihren Anteil an diesem überaus negativen Ebert-Bild gehabt – Sebastian Haffners unsägliches Urteil ist das wohl am besten bekannte.[839] Im Wesentlichen haben erst seit den 90er-Jahren Historiker, zumeist sozialdemokratische wie Heinrich August Winkler und Eberts Biograph Walter Mühlhausen, einen positiveren Blick auf Eberts Wirken und seine Handlungsoptionen geworfen.[840]

Gegen die vielen Anwürfe und Verleumdungen, denen Ebert von Beginn seiner Amtszeit an ausgesetzt war, hatte er sich mitunter mit Beleidigungsklagen zu wehren versucht. So war es auch, als er 1924 in einen Prozess gegen einen Zeitungsredakteur als Nebenkläger auftrat, der ihn wegen einer

---

838 Vgl. Friedrich Ebert 1871–1925. Vom Arbeiterführer zum Reichspräsidenten. Haupttexte der Ausstellung von Bernd Braun, Michael Epkenhans und Walter Mühlhausen; Friedrich-Ebert-Stiftung; http://www.fes.de/fulltext/historiker/00211005.htm [28.7.2013].
839 Sebastian Haffner: Der Verrat – Deutschland 1918/19, Berlin 1968.
840 Walter Mühlhausen: Friedrich Ebert 1871–1925. Reichspräsident der Weimarer Republik, Bonn 2006. Ich stütze mich im Folgenden ganz wesentlich auf Mühlhausens Ausführungen auch zu Eberts Krankheiten. Ein ausgiebiges eigenes Quellenstudium habe ich bis auf vereinzelte Ausnahmen zur Fallstudie Ebert aus Zeitgründen nicht unternommen.

angeblichen Beteiligung an einem Streik im Januar 1918 Landesverrat vorgeworfen hatte.[841] Der Ausgang des Prozesses von Magdeburg war skandalös: fand es zwar den Redakteur formaljuristisch der Beleidigung schuldig, war die gerichtliche Feststellung, dass Eberts Anteil am Streik strafrechtlich den Tatbestand des Landesverrats erfüllt habe, historisch so unhaltbar wie sie ein Paradebeispiel für die antirepublikanische Haltung der Justiz der Weimarer Zeit gewesen ist – der Urteilsspruch selbst war nichts weniger als „Rufmord"[842] am Staatsoberhaupt.

Dieser Prozess und die psychischen bzw. psychosomatischen Belastungen haben, mehr oder minder mittelbar, zu Eberts Tod geführt. Abgesehen von allerdings häufig wiederkehrenden Problemen mit Gallensteinen[843] hatte er keine größeren gesundheitlichen Beschwerden gehabt, die ihn jedoch vor allem in Phasen besonderer Beanspruchung befielen, wie etwa schockartig nach der Ermordung Rathenaus, die seine Gesundheit „stark abgewirtschaftet"[844] hatte. Zur Auskurierung dieser Beschwerden hatte sich Ebert wiederholt in den Kurort Bad Mergentheim begeben.[845] Zudem zeigte sich auch bei ihm zusehends eine Ermüdung am Berliner politischen Theater und der Wunsch nach Erholung in anderen Gefilden, im Falle Eberts entweder in den bayrischen Alpen, dem Schwarzwald oder in der Schorfheide. „Gern hätte ich mich auch irgendwo in den geliebten Bergen herumgetrieben, aber man ist eben nicht ungestraft auf diesem Posten", beklagte er sich 1922.[846]

Wie sehr die Bürde des Amtes 1924/25 auf Ebert lastete, hat sein Parteifreund Otto Braun geschildert:

„Ebert, der zwei Söhne im Krieg verloren hatte, durch die jahrelange aufregende, verantwortungsvolle Tätigkeit zermürbt war, von einem schmerzhaften Gallenleiden gequält wurde, litt unter diesem infamen Vorwurf [des Landesverrats] sehr. Darüber konnten ihn auch die zahlreichen Sympathiekundgebungen, die ihm aus allen Kreisen zugingen, und die Erwartung, das skandalöse Urteil durch die dagegen eingelegte Berufung zur Aufhebung zu bringen, nicht völlig hinwegbringen. Es wurmte ihn und zehrte an seiner Gesundheit. Kurze Zeit vor seinem Tode bat

---

841 Vgl. Winkler, Weimar, S. 276f., Heiber, Republik, S. 167f.
842 Winkler, Weimar, S. 276.
843 Vgl. Mühlhausen, Ebert, S. 967f.
844 Ebert an Gustav Radbruch, zit. n. Mühlhausen, Ebert., S. 971.
845 Vossische Zeitung Nr. 93 v. 24.2.1925 (Abendausgabe), S. 1.
846 Ebert an Otto Geßler, 4.1.1922, zit. n. Mühlhausen, Ebert, S. 969.

er mich zu sich. Wieder war der alte freundschaftliche Ton zwischen uns. Ich war erschreckt über seinen Zustand. ... ‚Gehe schleunigst in ein Sanatorium oder Krankenhaus und kuriere dich ordentlich aus, damit du wieder deine alte Tatkraft erlangst'. ‚Erst muß ich diesen verdammten Prozeß zu Ende bringen, dann gehe ich sogleich in ein Sanatorium,' erwiderte er, wobei ich so recht erkannte, wie dieses gemeine Urteil in ihm fraß."[847]

In diesen Tagen scheint sich Ebert mit dem Abschied aus dem Präsidentenamt und einem ruhigeren Leben in seiner Heimatstadt Heidelberg – von Lebensabend konnte angesichts Eberts verhältnismäßig jungen Alters ja keine Rede sein – angefreundet zu haben.[848]

Abb. 2 *„Auf Bildern aus dem Winter 1925 erscheint Ebert sehr verändert – müde und vergrämt. Er trug schon den Keim der Krankheit in sich, die ihn, erst 54jährig, fällen sollte."*[849]

---

847 Otto Braun, Von Weimar zu Hitler, New York 1940, S. 159.
848 Vgl. Mühlhausen, Ebert, S. 972f.
849 Hirsch, Lebensbild, S. 189. Foto: Bundesarchiv, Bild 102–01112; Fotograf: Georg Pahl.

Ende Februar 1925 setzten ihm jedoch plötzlich schwere Leibschmerzen zu, die dazu führten, dass Ebert am Abend des 23. Februar in das Berliner Westkrankenhaus eingeliefert und der Behandlung des namhaften Chirurgen Dr. August Bier anvertraut wurde. Von nun an erschienen regelmäßige Bulletins über Eberts Gesundheitszustand, aus denen im Folgenden zitiert werden soll. Aufgrund der „akuten Attacke"[850] hatte Eberts behandelnder Arzt auf die Einweisung gedrängt, da er eine Blinddarmentzündung befürchtet hatte. Nachdem sich diese Vermutung bestätigt hatte und eine als Begleiterscheinung aufgetretene Bauchfellentzündung diagnostiziert worden war, fand noch am 23. eine erste Operation statt, so dass „bei dem ersten Konsilium der Ärzte heute früh [24.] um 7 Uhr der Präsident guter Laune"[851] war. Am Folgetag wurde Eberts Zustand als „befriedigend"[852] bezeichnet und der „normale Verlauf" der Krankheit festgestellt, doch sei „die Krise ... jedoch noch nicht vorüber."[853] Letztere Warnung bewahrheitete sich, als am frühen Morgen des 26. Februar Komplikationen eintraten. Die ärztliche Bekanntmachung von 10 Uhr lautete:

> „Trotz der bald nach der Erkrankung vorgenommenen Operation war der Wurmfortsatz des Blinddarms brandig und in die Bauchhöhle durchgebrochen, so daß eine allgemeine Bauchfellentzündung vorlag. Der Verlauf war bis gestern abend zufriedenstellend. Wie gewöhnlich am dritten Tage nach der Erkrankung setzte heute nacht eine Verschlimmerung der Bauchfellentzündung ein. ... Heute morgen ist das Befinden besser, doch der Zustand ist ernst."[854]

Gegen Abend hatte sich die Lage etwas gebessert, wenngleich Besucher noch nicht zugelassen wurden[855]; das morgendliche Bulletin vom 27.2. (Freitag) sprach von weiterer Besserung, die *Vossische Zeitung* hoffte sogar, dass „die schlimmste Krise überwunden ist."[856] Umso überraschender waren die Nachrichten vom Morgen des 28.:

---

850 Vossische Zeitung Nr. 92 v. 24.2.1925 (Morgenausgabe), S. 1.
851 Vossische Zeitung Nr. 93 v. 24.2.1925 (Abendausgabe), S. 1.
852 Vossische Zeitung Nr. 94 v. 25.2.1925 (Morgenausgabe), S. 1
853 Vossische Zeitung Nr. 95 v. 25.2.1925 (Abendausgabe), S. 1. Auch das ärztliche Bulletin vom späten Abend des 25.2. ließ ein „befriedigendes Befinden" verlauten; Vossische Zeitung Nr. 96 v. 26.2.1925 (Morgenausgabe), S. 1.
854 Zit. n. Vossische Zeitung Nr. 97 v. 26.2.1925 (Abendausgabe), S. 1.
855 Vossische Zeitung Nr. 98 v. 27.2.1925 (Morgenausgabe), S. 1.
856 Vossische Zeitung Nr. 99 v. 27.2.1925 (Abendausgabe), S. 1.

„Heute morgen gegen 5 Uhr machte die Bauchfellentzündung plötzliche Fortschritte. Der Kräftezustand des Reichspräsidenten nahm schnell ab. Zur Zeit schläft der Reichspräsident. Die behandelnden Ärzte halten seinen Zustand für *hoffnungslos.* [Hervorhebg. im Orig.]"[857]

In der Tat war die Besorgnis, die angesichts der allgemeinen körperlichen Schwächung Eberts von den Medizinern geäußert worden war[858], angebracht gewesen. Kurz nach 10 Uhr verstarb der erste Reichspräsident im Alter von gerade einmal 54 Jahren.

Wie auch bei Stresemanns Tod vier Jahre später wurde Eberts Trauerzug, teilweise zur Überforderung der Polizeikräfte, von Hunderttausenden begleitet[859] (und die Zahl, Zusammensetzung und Funktion der massenhaften Anteilnahme, die wohl erst wieder bei Konrad Adenauers Tod erreicht wurde, wäre einer kulturgeschichtlichen bzw. soziologischen Untersuchung wert).[860]

Eberts plötzlicher Tod hat seinerzeit Anlass zu Spekulationen über ein Fehlverhalten der Ärzte gegeben, die sogar eine Obduktion[861] zur Folge hatten. Angesichts des komplizierten Verlaufs der Entzündung, dem Hinzutreten einer Darmlähmung und der damals hohen Mortalitätsrate hat sich dieses jedoch nicht bestätigt. Als letztendlich entscheidend erwies sich die Tatsache, dass sich Ebert zu spät hatte behandeln bzw. operieren lassen.[862]

Der SPD-Vorsitzende und langjährige Weggefährte Hermann Müller sagte über Friedrich Ebert, was später auch auf ihn selbst zutreffen sollte:

---

857 Ärztliche Mitteilung, zit. n. Vossische Zeitung v. 28.2.1925 (Abendausgabe), S. 1.
858 Ebd.; vgl. auch Mühlhausen, Ebert, S. 975.
859 Die Vossische Zeitung sprach von einem „Spalier der Millionen", das Ebert in Berlin und auf seiner letzten, nächtlichen (!) Reise nach Heidelberg die Ehre bezeugt habe; Vossische Zeitung Nr. 109 v. 5.3.1925 (Abendausgabe), S. 2.
860 Vgl. Volker Ackermann: Staatsbegräbnisse in Deutschland von Wilhelm I. bis Willy Brandt, in: Etienne Francois u. a. (Hg.): Nation und Emotion, Göttingen 1995, S. 252–273.
861 Vgl. Rudolf Lennhoff: Die Todeskrankheit, in: Vossische Zeitung Nr. 102 v. 1.3.1925, S. 3.
862 Mühlhausen, Ebert, S. 975.

„Was hätte er ... seinem Land noch leisten können wenn eine tückische Krankheit nicht all seine Kraft ... verzehrt hätte? Wir haben wahrlich keinen Überfluß an staatsmännischen Begabungen."[863]

Die mangelnde körperliche Schonung angesichts politischer Aufgaben und des Beleidigungsprozesses und die psychische Belastung durch letzteren sind sowohl von zeitgenössischen Kommentatoren als auch der Nachwelt als wesentlicher Beitrag zu Eberts frühem Tod angesehen worden. In einem Gedenkband rekapitulierte Eberts Tochter Amalie mit großer Verbitterung

> „die letzten Monate seiner Präsidentschaft, die Zeit seiner Krankheit und der vorangegangenen seelischen Depression. ... Ich habe immer gewünscht, er wäre weniger rücksichtsvoll, weniger milde, weniger entgegenkommend gewesen und hätte sich im übrigen mehr seine Gesundheit als die Gemeinheiten persönlicher Feinde angelegen sein lassen. Dann hätte er sein Leben mit der Ruhe des wahrhaft gereiften Mannes genußreich vollenden können."[864]

Der bereits erwähnte Wolfgang Stresemann sah in der Rückschau Ebert in einer Linie mit den Attentaten zum Opfer gefallenen Erzberger und Rathenau:

> „Ebert wurde nicht ermordet, aber von der Rechten in gemeinster Weise im wahrsten Sinne des Wortes zu Tode gehetzt."[865]

Eberts Weggefährte Otto Braun hob in seinem Gedenkbeitrag die Ebert versagt gebliebene „tiefe Sehnsucht nach Ruhe und nach Befreiung aus der Gebundenheit seines Amtes" hervor. Die pflichtbewusste Erfüllung der Präsidentschaft hätte Ebert „seelisch und körperlich krank gemacht".[866] Es gehört zu den bemerkenswerten Querverbindungen zwischen Metapher und Krankheit, dass Braun hierbei im weitesten Sinne medizinische Metaphern gebrauchte, um die Begleitumstände von Eberts Tod zu schildern:

> „Wenn erst die *Miasmen* der Schmähung und Verleumdung, die jetzt unser öffentliches Leben *verpesten* [meine Hevorhebg.], dem frischen Windstoß eines gesunden

---

863 Hermann Müller, in: Friedrich Ebert – Kämpfe und Ziele. Mit einem Anhang: Erinnerungen von seinen Freunden, Dresden 1925, S. 383.
864 Mally [Amalie] Jaenicke: Mein Vater, in: Ebert – Kämpfe und Ziele, Dresden 1925, S. 397.
865 Wolfgang Stresemann: Wie konnte es soweit kommen? Hitlers Aufstieg in der Erinnerung eines Zeitzeugen, Berlin 1987, S. 27. Gleichlautend („von seinen Feinden buchstäblich [!] zu Tode gehetzt") auch Heiber, Republik, S. 169.
866 Otto Braun, in: Ebert – Kämpfe und Ziele, S. 386.

Volksempfindens gewichen sein werden, wird auch das Wirken Eberts ... die verdiente Wirkung erfahren."[867]

Wie sehr Braun auch sein eigenes politisches Leben von „Miasmen" durchdrungen und erschwert sah, soll im folgenden Abschnitt nachgezeichnet und interpretiert werden.

4.6 Flucht in die Krankheit – der Fall Otto Braun[868]

Im Zuge von Debatten über den sog. „Preußenschlag", d. h. den Sturz der letzten parlamentarisch legitimierten Regierung des „demokratischen Bollwerks" Preußen, taucht immer wieder auch das rätselhaft passive Verhalten des damaligen preußischen Ministerpräsidenten Otto Braun auf. Anlässlich des 75jährigen Jahrestags des Ereignisses hob der Göttinger Politologe Franz Walter hervor, dass Braun zum einen schwer krank gewesen sei, zum anderen schon vorher „sich die schwarzen Schatten schwer auf seine Seele gelegt"[869] hätten. Sowohl in zeitgenössischen Zugängen als auch in der Forschung hat sich jedoch lange das Bild des „starken Mannes"[870] verfestigt, nochmals zugespitzt im Bild des „roten Zaren von Preußen"[871], so dass in

---

867 Ebd., S. 387.
868 Meine Ausführungen stützen sich im Wesentlichen auf Brauns Briefwechsel, die sich in den Nachlässen im Internationalen Institut für Sozialgeschichte (IISG), Amsterdam, und im Geheimen Staatsarchiv (GStA), Berlin-Dahlem, befinden, Brauns Erinnerungen unter dem Titel „Von Weimar zu Hitler", New York 1940 [Ndr. Hildesheim 1979], sowie die Biographie von Hagen Schulze: Otto Braun oder Preußens demokratische Sendung. Eine Biographie, Berlin 1977.
869 Franz Walter: Wie der Mythos Preußen zerschlagen wurde. Putsch am 20. Juli 1932, in: Spiegel Online 19.7.2007.
870 Winkler, Weimar, S. 485. Brauns Parteifreund Hermann Müller schrieb ihm 1930, er werde, wenigstens von „bürgerlich-wirtschaftlicher Seite" als kraftvoller, unverbrauchter „deutscher Mussolini" gesehen; zit. n. Braun, Von Weimar, S. 308.
871 Vgl. Samuel Saenger: Der „Rote Zar" Preußens, Prager Tagblatt, 28.1.1932, S. 1. Einerseits lehnte Braun diese Zuschreibung ab, da diese „wohl nur erfunden [worden sei], um Mißtrauen gegen mich ... zu säen und persönliche Empfindlichkeiten ... zu wecken", andererseits spielte er selbst, wenn er, obzwar mit ironisierender Absicht und in Anführungszeichen gebraucht, Briefe mit „Zar von Preußen" unterzeichnete; vgl. Braun, Von Weimar, S. 172; Braun an Raphael Friedeberg, Brief v. 20.2.1930, IISG Amsterdam; Braun an Rudolf Amelunxen, Brief v. 31.5.1948, GStA Berlin, NL Braun, C/I/5–21.

seiner Person der Kontrast zwischen Vitalität und Ermattung, zwischen Stärke und krankheitsbedingter Schwäche wohl am deutlichsten zutage tritt.

Otto Braun, geboren 1872 in Königsberg, trat noch als junger Druckerlehrling der Sozialdemokratie bei, profilierte sich in seiner Partei bald als Herausgeber der ersten sozialdemokratischen Tageszeitung Königsbergs und stieg 1898 zum Chef der ostpreußischen SPD auf. Seit 1913 Abgeordneter im preußischen Parlament, gehörte er seit der Novemberrevolution zu den führenden Zirkeln der preußischen Regierung. Er war zunächst Mitglied des preußischen Arbeiter- und Soldatenrats, dann amtierte er von 1919 bis 1920 als Landwirtschaftsminister, um anschließend das Staatsministerium (mit zwei äußerst kurzen Unterbrechungen 1921 und 1925) bis zum „Preußenschlag" vom 20. Juli 1932 zu leiten. Formal-rechtlich blieb Braun bis März 1933 preußischer Ministerpräsident.

Vor der Präsidentschaftswahl 1925, bei der Braun kandidierte, schrieb das SPD-eigene Blatt *Der freie Beamte* Braun eine „brutale Energie" im politischen Handeln zu und betonte, nicht weniger bemerkenswert, seine „körperlich imponierende Erscheinung" (Braun maß um die 1,90 Meter), ein zeitgenössischer Biograf verwies auf Brauns „kräftige Veranlagung des Körpers wie des Geistes" sowie seine „unverwüstliche Natur".[872] Gleichsam wurde seine harte emotionale Seite hervorgehoben: Ein Mensch, „dem der Krieg seinen einzigen Sohn geraubt" und ihn „seitdem wohl noch etwas verschlossener und äußerlich kälter"[873] gemacht habe – „dieser Mann lacht niemals und liebt nicht den Scherz".[874]

Doch gab es auch ein anderes, weicheres Bild von Braun. Erstens der mit Anfang vierzig arrivierte SPD-Funktionär des Kaiserreichs, den scharfe innerparteiliche Auseinandersetzungen bis hin zur schweren Erkrankung zermürben:

---

872 Erich Kuttner: Otto Braun, Leipzig 1932, S. 9 u. 27.
873 Der Freie Beamte, hg. v. Vorstand der SPD, Nr. 6 (15.3.1925), S. 44f.
874 Boris Duval: Lettre de Berlin: Otto Braun, roi couronné de Berlin, in: L'Etoile Belge 83 (25.3.1932), S. 1 [mschr. Übersetzung der Pressestelle des preuß. Staatsministeriums in IISG, Otto Braun Papers, BR 600].

„Braun ging, als er 1914 die Kriegspolitik der Sozialdemokratie verteidigte, eine leidige Auseinandersetzung ... so an die Nieren, daß er sich hinterdrein mehrere Tage zu Bett legen mußte."[875]

Zweitens der schon früh und infolge von Haftzeiten von Erkrankungen Geplagte, leidend unter „unsägliche[n] Schmerzen, ... so daß ich oft nahe daran war, dem Elend ein Ende zu machen"[876], oder drittens der um seinen 1915 gefallenen Sohn trauernde Vater, der in diesem Moment zur Waffe greift, seiner Frau zuliebe den letzten Schritt jedoch nicht wagt.

Hagen Schulze hat argumentiert, dass Braun seit dem Tode seines Sohnes eine „andauernde tragisch-pessimistische Grundstimmung, die er nur selten und dann nur für kurze Zeit überwand"[877], zu eigen war. Ausgehend von diesem Urteil des Biographen, das durch das untersuchte Quellenmaterial bestätigt werden kann, soll die Bedeutung von körperlicher Erkrankung und Depression für den Politiker Braun untersucht werden. Ich möchte allerdings abweichend von Schulze dahingehend argumentieren, dass sich der Niedergang des „Zaren von Preußen" trotz aller negativ einwirkenden vorherigen Prädispositionen erst nach 1927 eingestellt hat. Auf die einwirkenden Faktoren und Ereignisse wird im Folgenden einzugehen sein. Denn gerade vor 1927 scheint aus den Quellen gelegentlich auch Brauns Jovialität hervor, sofern die noch zu erwähnenden Krankheiten ihn einmal nicht so sehr plagten, etwa wenn er von „Asconauten und Asconesern aller Fakultäten"[878] sprach oder sich von seinem brieflichen Gegenüber augenzwinkernd mit „halt Dir senkrecht"[879] verabschiedete.

Von nicht zu unterschätzendem quellenmäßigen Wert für das vorliegende Fallbeispiel ist der Briefwechsel zwischen Braun und dem Arzt Dr. Raphael

---

875 Hermann Wendell: Otto Braun 60 Jahre alt, in: Volksstimme Nr. 22, 27.1.1932, Beilage.
876 Tagebucheintrag vom 24.1.1915, zit. n. Schulze, Braun, S. 188.
877 Schulze, Braun, S. 190. Hagen Schulze unternimmt an verschiedenen Stellen ohne *direkten* Hinweis auf spezifische Quellen Interpretationen von Brauns Persönlichkeit. Jedoch hatte er für seine Biographie noch die Gelegenheit, Interviews mit Weggefährten Brauns wie Herbert Weichmann oder Arnold Brecht zu führen und somit einen unschätzbaren, aber mit quellenkritischer Vorsicht zu genießenden privaten Zugang zum Menschen Braun vermittelt zu bekommen.
878 Braun an Friedeberg, Brief v. 5.5.1932.
879 Braun an Friedeberg, Brief v. 29.11.1927.

Friedeberg. Für die Zeit zwischen September 1927 und August 1933 sind siebzig Briefe Brauns überliefert, nicht jedoch die Schreiben Friedebergs.[880] Braun und Friedeberg kannten sich etwa seit der Jahrhundertwende aus gemeinsamen Tagen in der ostpreußischen Sozialdemokratie, waren jedoch bald über die Ziele der Partei in Konflikt geraten – der Pragmatiker Braun stand dem anarcho-syndikalistischen Friedeberg mit offener Ablehnung gegenüber.[881] Ihr Wiedersehen und die dann beginnende Freundschaft sind hingegen nur geringfügig von weltanschaulichen Unterschieden geprägt. Vielmehr ist ihr Verhältnis zunächst dasjenige zwischen Arzt und Patienten, später zeigt sich eine durchaus herzliche persönliche Verbindung. Nicht zuletzt sind die den beiden gemeinsamen Orte bedeutsam: wiedergetroffen hatten sie sich in dem schlesischen Kurort Bad Kudowa in der Grafschaft Glatz; Dreh- und Angelpunkt der anschließenden Korrespondenz sollte Ascona werden, wo Friedeberg zunächst einen Teil des Jahres verbrachte, schließlich gänzlich dorthin übersiedelte und wo dank Friedebergs Vorbereitungen auch die Eheleute Braun 1933 ihren Wohnsitz nahmen. Der überlieferte Teil des Briefwechsels setzt mit dem Jahre 1927 ein. Im Mittelpunkt steht anfangs nicht Otto Brauns Gesundheit, sondern die seiner Frau Emilie. Schon unmittelbar vor einem folgenschweren Schlaganfall im September 1927 standen beide wegen ihres Gesundheitszustands in Verbindung mit Friedeberg. In den folgenden Monaten drehen sich Brauns Briefe nur um die Rekonvaleszenz seiner Ehefrau, erst im Folgejahr erwähnt er auch eigene Beschwerden.

Auch in Brauns Autobiografie nehmen Krankheiten für die Zeit nach 1927/28 eine nicht geringe Rolle ein – etwa als Grund, im Jahre 1928 die Doppelrolle von preußischem Ministerpräsidenten und Reichskanzlerschaft abzulehnen:

> „Ich hatte Zweifel, ob ich meinem mehr als ich nach außen erkennen ließ, gesundheitlich geschwächten Körper die schwere Bürde beider Ämter zumuten konnte."[882]

---

880 Braun ließ sich seine Briefe an Friedeberg nach dessen Tod 1940 aushändigen. Die Briefe Friedebergs an ihn wird Braun, so ist zu vermuten, bei seinem Gang ins Exil zurückgelassen haben; vgl. Schulze, Braun, S. 962.
881 Vgl. Schulze, Braun, S. 124f., 493f.
882 Braun, Von Weimar, S. 246.

Tatsächlich schränkten Brauns gesundheitliche Beschwerden bereits zu dieser Zeit seine Amtsführung ein, wie er selbst zugab. Im März 1928 war er, wie auch öffentlich verlautbart wurde[883], an Gürtelrose erkrankt, die ihm derart „arg zusetzt"[884], dass er eine auch für ihn persönlich bedeutsame Regierungserklärung im Landtag nicht abgeben konnte:

> „Ich konnte die Rede nur noch in die Maschine diktieren; das dienstälteste Kabinettsmitglied mußte sie im Landtage verlesen. Ein Anfall, der meist das letzte Warnungssignal vor einer ernsten Erkrankung ist, hatte mich niedergeworfen. Nachdem Monate hindurch mein Leben zwischen Büro, Parlament und dem Krankenlager meiner schwerkranken Frau gependelt hatte, heischte der Körper seinen Tribut. Das Publikum, v. A. die politische Welt ist mitunter leicht geneigt, dem Staatsmann ein Kranksein erst zu glauben, wenn er ihm erlegen ist. Sein Tod wird dann mit der mitleidsvollen Bemerkung: hätte sich früher schonen sollen, zur Kenntnis genommen. Nun, damals wurde an meiner Krankheit wohl kaum gezweifelt, brachte sie mich doch um einen parlamentarischen Erfolg."[885]

Im Frühjahr 1929 schreibt Braun aus der Wilhelmstraße, er sei „derart herunter, daß ich über Ostern einige Wochen von hier weg muß"[886] – Schilderungen von Ermüdung und Ermattung werden nun anhalten. Anfang Dezember 1929 freut er sich bereits auf die anzutretende Kur in Bad Gastein und einen geplanten Folgeaufenthalt bei Friedeberg in Ascona. Doch gibt es Bedenken:

> „Hoffentlich macht mir die verdammte Politik nicht wieder einen dicken Strich durch die Rechnung. Ausgeschlossen ist es nicht, denn die politische Atmosphäre ist zur Zeit wieder stark von Miasmen erfüllt, sodaß man immer fürchten muß, von einem Stank in den anderen geschleudert zu werden. Ich habe ja ein ziemlich dickes Fell, aber manchmal geht es mir doch schon zu stark auf die Nerven, die in fühlbarem Maße an Widerstandskraft nachlassen."[887]

Braun betont, nicht untypisch, seine *eigentlich* solide Konstitution, die allerdings dennoch von den Problemen des politischen Geschäfts zusehends überbeansprucht wird. Besonderes Augenmerk verdient das Bild des Miasmas bzw. „Stanks": die Umstände von Politik werden zu krankheitserregenden, wenigstens gesundheitsbehindernden Faktoren, denen der

---

883 Der Abend, Nr. 146, 26.3.1928.
884 Braun an Friedeberg, Postkarte v. 24.3.1928.
885 Ebd., S. 240f.
886 Braun an Friedeberg, Brief v. 7.3.1929.
887 Braun an Friedeberg, Brief v. 8.12.1929.

Politiker unausweichlich ausgeliefert ist. Interessant hierbei ist, dass in den 1920er-Jahren die Miasmenlehre als Gegentheorie zur Bakteriologie seit Jahrzehnten widerlegt war, die Idee einer Massen- oder individuellen Ansteckung über Gerüche bzw. verseuchte Luft dem Paradigma der bakteriellen Infektion gewichen war. Es ist allerdings kein seltener Fall, dass „bestimmte medizinische Metaphern, obwohl sie nicht mehr auf dem neuesten Stand der wissenschaftlichen Erkenntnis sind, in politischen Diskursen weiterleben."[888] Auch lässt sich Brauns Rückgriff auf diese veraltete Vorstellung mit der Vagheit der „Ansteckung" interpretieren, die Politik den Nerven der politisch Handelnden aussetzt, oder aber er fand Erwähnung aufgrund der (übrigens bis zum heutigen Tage) ungebrochenen Popularität der Miasmentheorie in der Homöopathie. Ihr bereits im 19. Jahrhundert metaphorischer Gebrauch lässt sich aus den Versen von Heines *Wintermärchen* ablesen:

> „Die Zukunft Deutschlands erblickst du hier,
> Gleich wogenden Phantasmen,
> Doch schaudre nicht, wenn aus dem Wust
> Aufsteigen die Miasmen!"[889]

Brauns Bezugnahme auf die „dicke Luft" als generell abträgliches Element sollte sich noch wiederholen; im Januar 1932 schrieb er an Severing, er hoffe, dass ihm der Urlaub und die „freundliche, warme Tessiner Sonne ... doch noch etwas Erholung verschafft, bevor ich in den Berliner Dunstkreis eindringe."[890]

Mit dem Jahr 1929 sollten sich Brauns Beschwerden und Beschwernissen verschlimmern. Nach Auskunft seiner Frau „furchtbar kaputt"[891], ging er im Winter zum wiederholten Male in Kur – nur um kurz danach doch wieder festzustellen, dass „es jetzt keine Lust zu leben ist in der Berliner politischen Atmosphäre."[892] Von nun an teilte er Friedeberg auch öfters

---

888 Guldin, Körpermetaphern, S. 22.
889 Heinrich Heine: Deutschland. Ein Wintermärchen, Caput XXVI, Hamburg 1844, S. 411.
890 Brief Brauns an Carl Severing, 21.1.1932, GStA Berlin, NL Braun, E8. Auch im Verkehr mit anderen, vgl. etwa Albert Grzesinski (Preuß. Innenminister) an Braun, Brief v. 6.1.1930.
891 Emilie Braun an Friedeberg, Brief v. 29.12.1929.
892 Braun an Friedeberg, Brief v. 20.2.1930.

kurz seine Einschätzungen der politischen Situation mit – meistens geprägt von Hoffnungslosigkeit und nur selten von Kampfeswillen. Auch erwähnt er seine eigenen Schwierigkeiten als leitender Politiker, etwa die mühevolle Unterstützung des Kabinetts Brüning, die problematische Suche nach einem Finanzminister in Preußen (s. u.) und nicht zuletzt die verheerende wirtschaftliche Situation Preußens und des Reichs.

Brauns körperlicher und psychischer Zustand scheint sich spätestens seit Ende 1931 nochmals verschlechtert zu haben. Er erwähnt schwere, auch mit Tabletten und Massagen kaum in den Griff zu bekommende Schulterschmerzen, so dass er sich „die ganzen Sorgen und Plagen auf *eine* [Hervorhebg. im Orig.] Schulter packen" müsse. Eine Besserung müsse eintreten, „denn einen links flügellahmen Ministerpräsidenten kann Preußen jetzt in der bewegten Zeit nicht gebrauchen."[893] Gut ausgeprägt zeigt sich hier ein bemerkenswertes Zusammenspiel von Klage, Erkrankung, Selbstkontrolle und Berufsausübung – ein krankheitsbedingter Rücktritt oder sogar Rückzug aus der Politik kam für Braun zu diesem Zeitpunkt nicht in Frage, trotz allem und obgleich er selbst laufend seine schlechte Verfassung an politische Tätigkeit und Gesamtsituation an- und zurückband. Auch verhehlte er nicht, dass ihm die wachsenden, unfairen und persönlichen Attacken vor allem der Nationalsozialisten zu schaffen machten, die angesichts der Methoden im „politischen Tageskampf …, dem anderen Richtblock und Galgen in Aussicht" zu stellen „wahrlich eine liebliche Atmosphäre" hervorgebracht hätten.[894]

Doch auch die Konflikte mit Regierungspolitikern führten aufgrund von Brauns Erregbarkeit zu gesundheitlichen Rückschlägen. Der bayrische Gesandte von Preger teilte im Herbst 1931 nach München mit, Braun sei „wegen eines Nervenzusammenbruchs auf 4 Wochen in Urlaub nach der Schweiz gereist. Braun hat erklärt, so könne er nicht mehr weiterregieren. Die finanzielle Auslaugungspolitik [Reichsfinanzminister] Dietrichs hat ihn sehr verärgert."[895] Nach dem kurz darauf erfolgten Rücktritt des preußischen Finanzministers Hermann Höpker-Aschoff (DDP) zeigte sich Braun

---

893 Braun an Friedeberg, Brief v. 31.10.1931.
894 Braun an Friedeberg, Brief v. 9.11.1931.
895 Fernmitteilung des bayrischen Gesandten von Preger, 29.9.1931, GStA München MA103 301.

„unangenehm davon berührt ..., daß er [Höpker] mich während meines durch Krankheit erzwungenen Fernbleibens vom Amt durch seinen Rücktritt im Stich gelassen hatte."[896] Die Querelen der preußischen Kabinettspolitik im Zuge von Höpker-Aschoffs Rücktritt konnte Braun während dieser Zeit nur aus der Ferne von seinem Krankenlager in Ascona verfolgen. Kollegen erfuhren nur von seiner Sekretärin, „daß er gerade jetzt erst beginne aufzustehen, daß er kaum noch sprechen könne und sich noch sehr elend fühle. Sein Arzt wolle ihn durchaus etwa sechs Wochen dort behalten."[897] Wie sehr Brauns Krankheit Gegenstand der Gespräche in Berlin war, verdeutlicht ein Schreiben des Bildungsministers Adolf Grimme an Braun:

> „Ich brauche Ihnen gegenüber ja nicht erst eigens zu betonen, daß wir sehr sorgfältig überlegt haben, ob wir Sie für die kurze Zeit, die Sie noch zur Erholung dort unten bleiben wollten, überhaupt ... beunruhigen sollten; ich weiß ja, wie jeder Tag, den Sie jetzt fern von allem politischen Geschäften Ihrer Gesundheit leben [sic], ein Gewinn für später ist."[898]

Auch Brauns Staatssekretär Weismann fühlte sich bemüßigt, Braun noch einmal „inständig [zu] bitten, [seine] Rückkehr nicht zu beschleunigen ... und erst, wenn [er] ganz gesund [sei], zurückzukommen."[899]

Entgegen der tatsächlichen Lage war Braun vom *Vorwärts* anlässlich seines sechzigsten Geburtstags im Januar 1932 noch als „Mann mit fester Hand und starken Nerven"[900] charakterisiert worden, und auch die rechtsgerichteten *Deutschen Führerbriefe* meinten, Braun habe seine „zeitweise Resignation überwunden" und werde seine politische Position nun wieder „mit aller Zähigkeit und Schlauheit verteidigen."[901] Braun selbst allerdings hatte bereits im November 1931 seine persönliche Situation als „gleichmäßig beschissen"[902] beschrieben, sich nach Weihnachten zudem den Arm

---

896 Otto Braun: Memoiren-Manuskr. [Von Weimar zu Hitler], GStA Berlin, NL Braun, A 68.
897 Staatssekretär Robert Weismann an Innenminister Carl Severing, 8.10.1931, GStA Berlin, NL Braun, E 8.
898 Adolf Grimme: Brief an Braun, 21.9.1932, GStA Berlin, NL Grimme, A 2946.
899 Robert Weismann an Braun, 13.10.1931, GStA Berlin, NL Braun, D/93.
900 Vorwärts Nr. 45 v. 28.1.1932, zit. n. Schulze, Braun, S. 708.
901 Ist Otto Braun am Ende?, in: Deutsche Führerbriefe 5, 2.2.1932, S. 2f.
902 Braun an Friedeberg, Brief v. 19.11.1931.

gebrochen[903] und in einem Brief an Karl Kautsky in Antwort auf dessen Gratulationsschreiben diesem sein Leid geklagt:

> „Zermürbend wirkt aber vor allem das Unbefriedigende der immer aufregender und aufreibender werdenden Tätigkeit. ... Bei mir knistert es schon bedrohlich im Gebälk, was ich nach außen nach Möglichkeit verbergen muß. ...
>
> Meine Kinder sind tot; mein armes Weib ist seit 4 ½ Jahren teilweise gelähmt und war zeitweise schwer krank, so daß mein Leben seit Jahren zwischen Arbeitszimmer, Parlament und Krankenstube pendelt. Das hat mich doch arg zermürbt und den Fundus körperlicher Kraft, den ich aus meiner ostpreußischen Heimat nach Berlin brachte, in bedrohlicher Weise aufgezehrt."[904]

Bemerkenswert erscheint übrigens, dass er an anderer Stelle Friedeberg gegenüber hauptsächlich die Fortschritte betonte, die Emilie Braun nach ihrem Schlaganfall gemacht hatte, und seine Hoffnung auf weitere Besserung zum Ausdruck brachte.

Schon vor den Landtagswahlen in Preußen 1932 war abzusehen gewesen, dass die das Kabinett Braun stützende Koalition keine Mehrheit mehr erlangen würde. In seinen Memoiren schreibt Braun, dass er bereits vorher „fest entschlossen [war], ohne Rücksicht auf das Wahlergebnis aus dem Amt zu scheiden", war er doch „mehr als [er] nach außen merken ließ, innerlich zermürbt, körperlich und geistig, müde."[905] Diese retrospektive Einschätzung lässt vielleicht ein wenig das Pflichtgefühl vergessen, das Braun – so düster die Aussichten auch waren – doch noch einmal in die Schlacht ziehen ließ: „Mit dem Aufwand [der] letzten Kräfte" und mit verschleppter Grippe[906] ging Braun in den nur zweiwöchigen Wahlkampf. Nicht nur seine geschwächte körperliche Verfassung erschwerte diese ultimative Kraftanstrengung, besonders „qualvoll" machte es die Tatsache, dass er „die in gewaltigen Massenversammlungen zusammengeströmten Menschen mit Siegeszuversicht erfüllen [sollte], die [er] selbst nicht mehr besaß."[907]

---

903 Schulze, Braun, S. 712. In den Briefen an Friedeberg wird dies nicht erwähnt.
904 Braun an Karl Kautsky, 19.2.1932; abgdr. bei Erich Matthias: Hindenburg zwischen den Fronten. Zur Vorgeschichte der Reichspräsidentenwahlen von 1932, in: VfZG 6 (1960) 1, S. 85f.
905 Braun, Von Weimar, S. 374.
906 Vgl. Schulze, Braun, S. 723.
907 Braun, Von Weimar, S. 374.

Mit dem Tag der Wahl (24.4.1932) war für Braun in mehrfacher Hinsicht nun der absolute Tiefpunkt erreicht:

> „Ich habe im Wahlkampfe bis zur letzten Versammlung ausgehalten, mußte mich allerdings mit allerhand Tabletten und etwas Alkohol jeden Tag aufpeitschen. Brach dann aber in der Nacht nach der letzten Versammlung zusammen. Da drehten sich mal wieder die Wände und mein Auge konnte keinen festen Punkt finden. Da mußte die Doktorin wieder mit der Spritze ran, dazu noch ein recht starker Kaffee und einige Tage Ruhe und ich gewann allmählich wieder die pupillarische Sicherheit."[908]

Anspannung und das Gefühl der Aussichtslosigkeit im Verband mit den (einem späteren Gutachten Friedebergs zufolge)[909] überlieferten Vorerkrankungen wie zu tiefem Blutdruck, Herzmuskelschwäche, Rheuma, durch Verschleppung chronische Lungenerkrankung und Gallenkoliken hatten letztendlich diesen völligen körperlichen und psychischen Zusammenbruch zur Folge gehabt.

Brauns enger Mitarbeiter Herbert Weichmann hat in der Rückschau hellsichtig auf die Wirkungszusammenhänge in Brauns Misere aufmerksam gemacht: der „Zustand nervöser Überreiztheit, ausgelöst durch die Krankheit und auf sie zurückwirkend, verbunden zuweilen mit Depressionszuständen."[910] Hagen Schulze hat auf Brauns „Depressivität und ... unterbewußte Fluchtreaktionen bis hin in die körperliche Krankheit" hingewiesen und darüber hinaus eine folgende Interpretation angeregt: Ein Zusammenspiel der drei Ursachen von physischer Krankheit, Depression und nicht weiter erklärtem „Herannahen einer Lebenskrise" habe ab 1931 eine „eigenartige Persönlichkeitsveränderung"[911] bei Braun hervorgerufen. Schulzes Versuch einer Trennung zwischen physischen und psychischen Faktoren sollte m. E. dahingehend verstanden werden, dass vielmehr das komplexe Zusammenwirken der zweifelsohne vorhandenen Aspekte, das sich im Sinne kausaler Erklärungen nicht restlos aufschließen

---

908 Braun an Friedeberg, Brief v. 5.5.1932.
909 Raphael Friedeberg: Ärztliches Gutachten, 20.7.1935, GStA Berlin, I. HA Rep. 90A Staatsministerium, 2354. Vgl. auch Schulze, Braun, S. 710.
910 Auskunft Weichmanns an Hagen Schulze 1971; Schulze, Braun, S. 710. Vgl. auch Walter, Mythos Preußen. Friedeberg bestätigte dies in seinem Gutachten von 1935.
911 Alle Zitate ebd.

lässt, Brauns Niedergang insgesamt erklären. Auch würde ich den Zeitpunkt dafür früher als 1931 ansetzen, als sich bei Braun längst Anzeichen von Resignation eingestellt hatten.

Abb. 3 *„Dieser Mann lacht niemals und liebt nicht den Scherz."*[912]

Nicht nur, dass der Mensch Braun seelisch und physisch am Ende seiner Kräfte angelangt war, auch der Politiker Braun war mit der Preußenwahl praktisch erledigt. Die Weimarer Koalition hatte nicht nur ihre Mehrheit deutlich verloren, sondern sah sich nun einer obstruktiven Mehrheit von

---

912 Foto: Ullstein Bild, Nr. 541061033.

KPD und NSDAP gegenüber. Eine Geschäftsordnungsänderung hatte es möglich gemacht, dass das amtierende Kabinett solange im Amt blieb, bis das Abgeordnetenhaus mit absoluter Mehrheit eine neue Regierung wählte. So blieb Braun gegen seinen Willen geschäftsführend preußischer Ministerpräsident, bis die neue Reichsregierung Papen ein Vierteljahr später mit dem sog. „Preußenschlag" vom 20. Juli 1932 zwar illegale, aber vollendete Tatsachen schuf. Auf die zweifellos interessanten politischen und rechtlichen Auseinandersetzungen[913], in die auch Braun, teilweise schon in absentia, verwickelt war, braucht hier nicht eingegangen zu werden. Festzuhalten ist Brauns Amtsmüdigkeit, die neben seiner Niedergeschlagenheit auch auf die nun fehlende Legitimation durch den Wählerauftrag zurückzuführen war, und so anrüchig Papens Coup juristisch und politisch auch war, Braun hatte sich schon vorher verabschiedet:

> „Mich in diesem zur Kaschemme herabgewürdigten Gremium den gassenbubenhaften Beschimpfungen parlamentarischer Raufbolde auszusetzen, dazu hatte ich keine Lust. Das hätte auch meine zermürbte Gesundheit nicht ausgehalten, die Nerven wären mir durchgegangen."[914]

Am 6. Juni hatte er sich – um seiner in absehbarer Zeit nicht endend scheinenden Aufgabe als geschäftsführender Regierungschef zu entgehen – rechtmäßig „aus Gesundheitsgründen"[915] selbst beurlaubt und seinen Stellvertreter Heinrich Hirtsiefer mit der Wahrnehmung der Geschäfte betraut. Aus Zehlendorf hatte er Friedeberg schon drei Tage zuvor darüber in Kenntnis gesetzt, dass er „gedenke, morgen einen längeren Urlaub anzutreten, um [seine] ramponierte Gesundheit wieder leidlich zu reparieren [und] hier aus der Atmosphäre herauszukommen. ... Emilie geht es den Umständen gut und mir besch... [sic]."[916] Nach einigen Wochen zuhause, „apathisch, meist bettlägerig"[917], ging es später im Sommer über Badgastein wieder nach Ascona.[918] Dieser „Urlaub", der, der Öffentlichkeit kaum bekannt, für die Rekonvaleszenz dringend erforderlich war, stieß bei manchem Sympathisanten

---

913 Vgl. Schulze, Weimar, S. 379–382.
914 Braun, Von Weimar, S. 395f.
915 Ebd., S. 396.
916 Braun an Friedeberg, Brief v. 3.6.1932.
917 Schulze, Braun, S. 734.
918 Braun an Friedeberg, Brief v. 28.8.1932.

auf Bitterkeit. Der Chefredakteur des liberalen 8-Uhr-Abendblatts, Hermann Zucker, brachte seine Enttäuschung über die vermeintliche kampflose Kapitulation Brauns auf den Punkt:

> „Ihr Urlaub [hat] in allen republikanischen Kreisen eine geradezu katastrophale Bestürzung ausgelöst. Überall hoffte und glaubte man, dass der verehrte Führer in diesen Tagen nicht von seinem Posten weichen und wanken werde, man vertraute darauf, dass Sie Ihren Händen nicht das letzte republikanische Bollwerk entgleiten lassen werden."[919]

Nicht nur bedingten sich für Braun persönlich Krankheit und Politik, auch flossen in seine Sicht der Dinge des Jahres 1932 Krankheitsmetaphern ein: „Wie der Kranke, der viele Ärzte konsultiert und zahlreiche Kuren ausprobiert hat, schließlich in seiner Verzweiflung zum Wunder-Doktor läuft, so erliegen Millionen jetzt der nationalsozialistischen Demagogie." Dass er letztere keineswegs für ein Heilmittel, sondern geradezu eine Seuche hielt, machte Braun, der schon früher er von der „Nazipest"[920] gesprochen hatte, ebenfalls deutlich: „Wie eine Epidemie rast ... die Naziwelle unaufhaltsam durch das Land."[921]

In der doppelten Aussichtslosigkeit besteht in Brauns Denken eine seltsame Parallele zwischen seiner eigenen, von den Attacken der Nationalsozialisten mindestens verschlimmerten Situation und dem „durch Not und Elend zermürbte[n] Volk", das von „Hysterikern und Psychopathen" sowie „politischer Charlatanerie"[922] heimgesucht dem Nationalsozialismus mehr erliegt als sich ihm willensmäßig zuwendet.

4.6.1 (Kein) Epilog

"Braun's fall, when it came, was a pathetic end to a life spent fighting for democracy"[923] – das Urteil des (durchaus wohlmeinenden) Historikers täuscht, so zutreffend es für den Amtsträger Braun ist, doch darüber hinweg, dass dem politischen Menschen Braun danach noch über zwanzig Lebensjahre beschieden waren.

---

919 Hermann Zucker an Braun, Brief v. 8.6.1932, NL Braun, GStA Dahlem B/I/49.
920 Braun an Friedeberg, Brief v. 18.2.1931.
921 Braun an Friedeberg, Brief v. 5.5.1932.
922 Alle Zitate: Braun, Von Weimar, S. 377f.
923 Gordon A. Craig: The End of Prussia, Madison 1984, S. 88.

Braun verließ Deutschland in einer Nacht- und Nebelaktion am 5. März 1933, vor allem aus der nicht unbegründeten Furcht vor den Repressalien der neuen Machthaber. Allen Versuchen, vornehmlich aus der eigenen Partei, ihn zu einer Rückkehr zu bewegen, schlugen forthin fehl. Braun musste nun noch darum kämpfen, die Erlöse aus dem Verkauf seines Berliner Hauses und seine Ministerrente zu erhalten – vergeblich, was ihn in den Jahren des Exils bis 1945 vor schwerwiegende finanzielle Probleme stellte.[924] Dass seine Frau nach einem Abstecher nach Berlin im Mai 1933 zeitweilig von den Behörden festgehalten wurde, machte Braun, der deshalb bei verschiedenen Instanzen intervenierte[925], überdies schwer zu schaffen. Auch um seine Gesundheit stand es weiterhin nicht gut, nervlich und körperlich (Rheuma, niedriger Blutdruck und Schwindelanfälle) blieb er labil.[926]

Im Februar 1934 starb Emilie Braun an einer Blutkrankheit. Dass dies den Familienmenschen Braun, dessen Aufopferung für seine kranke Frau schon von Zeitgenossen häufig betont worden war, in tiefe Depressionen stürzte, ist nicht verwunderlich. Überraschenderweise jedoch hatte er sich nach einiger Zeit und Ablenkung durch ausgiebige Gartenarbeit[927] wohl wieder gesammelt, denn als ihn 1935 der Journalist Theodor Wolff in seinem Haus in Ascona besuchte, schien Braun nicht mehr an Politik, sondern nur noch an den Früchten seiner Arbeit interessiert zu sein: „…jede Blumenart mit gärtnerischer Aufmerksamkeit gezüchtet …, Bohnenranken, Erbsen an Stöcken, Gurken … und sogar, eine Seltenheit in der Umrahmung dieser Villen, ein bescheidenes Kartoffelfeld"; der Gärtner selbst erschien dem Besucher „athletischer denn je …, gebräunt und frisch.[928] Schien ihm das einfache Landleben wenigstens manchmal eine Erleichterung zu sein (s.u.), so haben indessen die existenzbedrohenden finanziellen Probleme (das Haus musste 1937 vermietet werden) ihm diese Zeit vergällt.

---

924 Schulze, Braun, S. 792ff.
925 Braun an Lutz Schwerin v. Krosigk (Reichsfinanzminister), Brief v. 23.8.1933, NL Braun, GStA Dahlem C/I/274–1. Gesuche richtete Braun auch an Hindenburg und Hjalmar Schacht.
926 Schulze, Braun, S. 789f.
927 Schulze, Braun, S. 795.
928 Theodor Wolff: Der Marsch durch zwei Jahrzehnte, Amsterdam 1936, S. 354 u. 357.

Diese bedrückende Situation änderte sich erst mit der finanziellen Unterstützung des Schweizer Arbeiterhilfswerks 1942 und endgültig mit der Gewährung seiner Altersbezüge durch das Land Nordrhein-Westfalen 1948.[929] In letzterer Angelegenheit hatte sich der nordrhein-westfälische Ministerpräsident bzw. Fachminister Rudolf Amelunxen als große Hilfe erwiesen. Wohl auch aus Dankbarkeit blieb Braun bis zu seinem Tode mit diesem in Verbindung.

Somit immerhin der Geldsorgen ledig, verlebte Braun seine letzten Lebensjahre zwischen Düsseldorf und Ascona. Freilich nahmen seine Gebrechen im Alter nicht ab – Braun ließ es sich jedoch auch nicht nehmen, diese in vielen Briefen en detail unterzubringen: „Mußte mich ... ins Bett legen mit einer etwas schmerzhaften Leberentzündung.... Es waren wohl die Folgen des ungewohnten wochenlangen Hotellebens und v.a. auch des Hotelessens."[930] Auch psychische Probleme ließ er nicht unerwähnt – „seelisch bin ich sehr auf dem Hund"[931] – und meinte melancholisch: „Nein, mein lieber Amelunxen, meine Nerven sind nicht mehr die, über die einst der ‚Zar von Preußen' verfügte."[932]

Momente lebensmüden Lamentierens – „nur ich bleibe immer wieder zurück, obwohl niemand um mich weinen würde"[933] – wechselten sich mit augenzwinkerndem Weiter-So ab: „Aber immerhin: Hei leewt noch."[934] Spätestens nun hatte Braun auch hypochondrische Züge, z.B. als der 75-Jährige seinen Arzt beunruhigt von einer „schwarzen Substanz" in den Atemwegen informierte und ihm ungefragt eine „kleine Probe meines Sputums" zukommen ließ. „Ich habe mich circa 3 Wochen in der Nähe des Ruhrgebiets mit seinen Gruben und Hochöfen aufgehalten, aber da kann ich mir doch nicht gleich eine Bergmannslunge heimgebracht haben." Die Antwort des Mediziners, es habe sich „auf jeden Fall bei eingehender Untersuchung ... nichts Schlimmes finden können"[935], musste da schon lakonisch ausfallen.

---

929 Vgl. Schulze, Braun, S. 805f. u. 838ff.
930 Braun an Amelunxen, Brief v. 2.10.1952, NL Braun C/I/5–50.
931 Braun an Paul Schwarz, Brief v. 19.12.1947, NL Braun C/I/273.
932 Braun an Amelunxen, Brief v. 31.5.1948.
933 Braun an Arnold Brecht, Brief v. 16.2.1955, NL Braun, C/I/37–21.
934 Braun an Amelunxen, Brief v. 12.12.1952.
935 Braun an Dr.med. Speck, Brief v. 30.6.1950, und Antwort an Braun v. 5.7.1950, NL Braun, C/I/285.

Trotz dieser Fixierung auf das eigene Befinden blieb Braun bis zum Ende doch ein zoon politikon. Er engagierte sich leidenschaftlich gegen die Politik Adenauers und kehrte 1948 zur wiederentstandenen SPD zurück, mit deren Haltung er in vielen Dingen jedoch ebenfalls nicht übereinstimmte. Wie schon zuvor verband Braun politische Kritik mit dem Denken in Krankheitsmetaphern, wenn er den SPD-Vorsitzenden Schumacher als „kranke[n] Mann mit einer kranken Politik"[936] schalt.

Im hohen Alter von 83 Jahren starb Otto Braun schließlich in Locarno an einer Lungenentzündung.

4.6.2 Flucht-Punkte

In den Briefen an Friedeberg finden sich vier wiederkehrende Topoi, die für Braun regelmäßig Ausbruch aus der depressiven Stimmung verhießen, kleine Fluchten aus dem ihm miserabel erscheinenden Leben, zu den ihn Pflichterfüllung und vermutlich empfundene Unabkömmlichkeit einerseits, physischer Zustand und erschwerte politische Situation andererseits zwangen.

Erstens die Jagd, die Braun seit seiner Zeit als preußischer Landwirtschaftsminister nutzte, um Stadt und Arbeit zu entfliehen. In seiner Heimat Ostpreußen oder andernorts „fühlte er sich frei; je drückender und ungeliebter die amtlichen Geschäfte wurden, desto mehr wurde die Jagd für Braun eine private Gegenwelt."[937] Dieses weidmännische Sanssouci trug oft merklich zur Aufhellung von Brauns Stimmung bei[938], veränderte ihn geradezu – „…wenn es mir gar zu arg wird, fliehe ich in den Wald."[939] Auch wenn Braun dabei manchmal das Gewehr gegen den Fotoapparat tauschte, blieb ihm die Freude an der Natur, und er beklagte sich bei Gelegenheit gegenüber Friedeberg allein darüber, dass er „nur einen Tag … in der märkischen Waldluft"[940] verbringen konnte. Auf öffentliche, teils ins Hämische fallende

---

936 Braun an Heinrich Ritzel, Brief v. 29.5.1952, zit. n. Schulze, Braun, S. 842.
937 Schulze, Braun, S. 495.
938 Bereits 1925 wurde nahegelegt, Braun würde sein Amt am liebsten zugunsten der Waldesruhe aufgeben; vgl. Anonymus: Otto Braun, in: Das Tage-Buch, H. 12, 21.3.1925, S. 409–412.
939 Braun an Friedeberg, Brief v. 20.2.1930.
940 Braun an Friedeberg, Brief v. 31.10.1931.

Kritik an seiner Jagdleidenschaft reagierte Braun empfindlich und wie bei anderen Anlässen mit Unterlassungsklagen.[941] Die Anwürfe drehten sich im Wesentlichen um ein in Wahrheit nicht vorhandenes, luxuriös ausgestattetes Jagdgut auf Staatskosten und um die Vernachlässigung seiner Dienstpflichten durch überlangen Zeitvertreib auf der Pirsch.[942] Noch im Nachhinein, Jahre später im Asconeser Exil, meinte Braun sich rechtfertigen zu müssen, die Jagd sei die „einzige Erholung, die ich mir gönnte", gewesen, jedoch niemals zu Lasten einer pflichtbewussten Amtsführung gegangen, sondern habe diese im Gegenteil sogar befördert, denn nach jedem Jagdwochenende sei er „am Montag früh immer gestärkt für neue Wochenarbeit in mein Amt zurück[gekehrt]."[943] Überhaupt schien Braun noch im Rückblick die Jagd so wichtig gewesen zu sein, dass er ihr in seinen Memoiren erheblichen Platz einräumte.[944] Auch nach der Reichstagswahl vom September 1930 und dem erdrutschartigen Zuwachs der NSDAP, der in der politischen Szene allgemein als Schock empfunden wurde, hatte Braun, obwohl auch er die Verwirrung in seiner Partei wahrnahm, erst einmal „einige Tage ausgespannt [und] war in den Wald gegangen", bis ihn Hermann Müller dringlich nach Berlin zu einer Fraktionssitzung zurückrief, sich dabei entschuldigend, Brauns „Ferienstimmung" zu stören.[945] Auch im Verlaufe der Krise um das preußische Finanzministerium (Herbst 1931) weilte Braun, anstelle den scheidenden Minister Höpker-Aschoff noch einmal umzustimmen, „in der Waldabgeschiedenheit der Schorfheide" – und schob die Schuld am unglücklichen Ausgang schließlich Höpker-Aschoffs Sturheit zu.[946]

Brauns gelegentliche Flucht in den Wald lässt die Deutung eines nicht eben gesunden Zirkellaufs zu: der unerträgliche „Stank" der Berliner

---

941 Für die Zeit von 1921 bis Juni 1932 sind nicht weniger als 172 Verleumdungsklagen Brauns und der preußischen Staatsregierung aktenkundig; vgl. NL Braun, IISG Amsterdam, BR 365.
942 Eine Berliner Zeitung reimte satirisch: „Saust Herbststurm auch um manch Fauteuil, reißt er auch Portefölche/ Den Trägern aus den Händen weg – Minister Braun schießt Elche"; zit. n. u. vgl. überdies Schulze, Braun, S. 495f.
943 Braun, Von Weimar, S. 67.
944 Für die Endfassung sind diese Kapitel gestrichen worden; vgl. Schulze, Braun, S. 801.
945 Ebd., S. 308f.
946 Ebd., S. 353. Vgl. auch Dietrich Orlow, Weimar Prussia, 2 Bde., Pittsburgh 1986/1991, hier Bd. 1, S. 166.

politischen Szene, der ihn zur „geistige[n] Ausspannung und körperliche[n] Kräftigung"⁹⁴⁷ im Wald geradezu zwang, die ihm wiederum nervliche Stärke für den Arbeitsstress und somit die Fortsetzung seines Berufs zurückgab. So sah es auch ein Biograf Brauns, der feststellte, dass nur

> „die Freude am Streifen durch das Waldesdunkel, das den Mann mit dem schweren, nach körperlicher Ausarbeitung verlangenden Körper immer wieder fort vom Schreibtisch ... auf Stunden und Tage zur einzigen ihm zusagenden Erholung anzieht."⁹⁴⁸

Brauns Naturverbundenheit zeigte sich zweitens auch in seinem Hobby, der Gartenarbeit. Nach dem Umzug des Ehepaars Braun in ein Haus in Berlin-Dahlem 1926 fand er Gefallen daran.⁹⁴⁹ Nicht ohne Selbstironie skizziert Braun seine gärtnerische Tätigkeit: „Meine Landwirtschaft ist im Schwung. Die Erdbeeren reifen, die Rosen blühen u[nd] jeden Tag gibt es eine Schüssel Salat."⁹⁵⁰ Wie bei der Jagd musste diese Freizeitaktivität der ausufernden Arbeitszeit abgerungen werden, wolle er doch „im Frühjahr meinen Acker und die sommerliche Ernte an vitaminreicher Nahrung sachgemäß vorbereiten, soweit mir die verdammte Politik Zeit und Kraft läßt"⁹⁵¹, wofür er sich jedoch „nur am Sonntag ein paar Stunden zum Mist karren abstehlen konnte."⁹⁵² Dass er schließlich im Exil die Gartenarbeit jeglicher politischer oder publizistischer Tätigkeit vorzog, scheint Theodor Wolff bei seinem Besuch gestört zu haben – „Hannibal floh, um zu handeln, und pflanzte nicht Salat"⁹⁵³ – nicht jedoch seinen Gastgeber.

Braun – „ein verhinderter Gärtner und Jäger, den es in die Politik verschlagen hatte"?⁹⁵⁴ Sollte nicht vielmehr umgekehrt argumentiert werden,

---

947 Braun, Von Weimar, S. 67.
948 Hans Steffen: Otto Braun, Berlin 1932, S. 25.
949 „In meinem Häuschen draussen und insbesondere in meinem Garten habe ich noch immer reichlich Arbeit, habe aber auch grosse Freude"; Braun an Staatssekretär Robert Weismann, Brief v. 7.8.1926, GStA Dahlem, NL Braun, B/I/45; vgl. auch Schulze, Braun, S. 496.
950 Braun an Friedeberg, Brief v. 18.6.1931.
951 Braun an Friedeberg, Brief v. 20.2.1930.
952 Braun an Friedeberg, Brief v. 29.11.1927.
953 Wolff, Marsch, S. 359.
954 Schulze, Braun, S. 497.

dass die Politik dem hartschaligen Verantwortungsethiker immer so viel abverlangte, dass es ihn ins Grüne verschlug, verschlagen musste?

Der dritte, für Braun vielleicht wichtigste Fluchtpunkt sowohl im übertragenen als auch geographischen Sinne war, wenigstens seit den 20er-Jahren, Ascona. Wie schon zuvor für Freigeister, Künstler und Anarchisten wurde die Stadt und nicht zuletzt der Monte Verità auch für ihn ein Sehnsuchtsort.[955] Natürlich hat Raphael Friedeberg, der seit 1931 ständig dort lebte, eine entscheidende Rolle gespielt[956], dass Braun überhaupt erst auf Ascona als Erholungs- und schließlich als Zufluchtsort kam. Beider Bemühungen um den Erwerb eines Baugrundstücks begannen 1930/31, doch erst Ende 1933 konnten Brauns dort einziehen. Deutlicher als etwa Bad Gastein, wohin sich Braun ebenfalls regelmäßig zur Kur begab – beispielsweise mitten in den Koalitionsverhandlungen nach den Landtagswahlen von 1928[957] – erscheint in den Briefen an Friedeberg „die sonnige Sphäre des schönen Monte Verità" als absoluter Gegenpol zur „stickigen Atmosphäre der Berliner Politik"[958] – wie so häufig fallen bei Braun die Dichotomien von Stickluft versus Frische, Helle versus Dunkelheit sowie Krankheit versus Gesundheit in eins – und aus dem Neid auf Friedeberg, der dauerhaft an diesem locus amoenus weilen durfte, machte Braun keinen Hehl, wenn er leicht spöttisch dessen „Tuskulum am Lago Maggiore"[959] erwähnte: „Ich wünschte, ich hätte wie Du die Alpenkette in ihrer schneeigen Reinheit zwischen mir und den Dingen hier im lieben Vaterlande."[960]

Einen vierten, nicht unmittelbar naheliegenden Fluchtpunkt stellte für Otto Braun der Alkohol dar. Obgleich ein umfassender Nachweis des tatsächlichen Konsums und damit einer möglichen Alkoholkrankheit freilich nicht erbracht werden kann, gibt es in den Quellen doch Hinweise auf regelmäßigen Alkoholkonsum: Braun, der sonst Sinnesgenüsse kaum

---

955 Vgl. Andreas Schwab: Monte Verità – Sanatorium der Sehnsucht, Zürich 2003.
956 Bock, Hans Martin/Florian Tennstedt: Raphael Friedeberg: Arzt und Anarchist in Ascona, in: Monte Verità – Berg der Wahrheit, hg. v. Gabriella Borsano, Mailand 1978, S. 42f.
957 Vgl. Orlow, Weimar Prussia I, S. 58.
958 Braun an Friedeberg, Brief v. 1.3.1931.
959 Braun an Friedeberg, Brief v. 29.11.1927.
960 Braun an Friedeberg, Brief v. 8.12.1929.

erwähnt, kommt im Kontakt mit seinem Freund Friedeberg des Öfteren auf gemeinsame feucht-fröhliche Abende zu sprechen[961] und schlägt diesem (wenngleich im leicht humoristischem Tone) sogar vor, mit „nassem Zuspruch den Gesundungs-Prozeß [zu] fördern."[962] Mag dies alles noch für einen mittelmäßigen Alkoholverzehr sprechen, weist Brauns Eingeständnis, er habe sich in der Zeit vor seinem Zusammenbruch vom April 1932 „mit allerhand Tabletten und etwas Alkohol jeden Tag aufpeitschen"[963] müssen, doch auf eine krankhafte, wenigstens missbräuchliche Beziehung zum Alkohol hin. Wenngleich letztere Erwähnung eher den Schluss nahelegt, Braun habe diesen zur Fortsetzung seiner Pflichten benötigt, ist es im Hinblick auf erstere doch mehr als nur Spekulation, dass für Braun ansonsten regelmäßiger, wenn auch vielleicht nicht übermäßiger Alkoholkonsum Entspannung vom Berliner Arbeitsalltag und somit zusätzlich zu Jagd, Natur und Urlaub ein weiteres Ausbrechen im Kleinen aus dessen unerfreulicher Realität versprach.

4.6.3 Fazit

Brauns Tagebuchaufzeichnungen des Jahres 1915 geben einen ersten Blick auf ein Kind des nervösen Zeitalters (Radkau) frei, das, nicht untypisch für die Epoche, neuralgische Sensitivität zuweilen durch Pflichterfüllung niederkämpfen will, zuweilen den finalen Ausstieg durch Selbstmord erwägt. Mit dem erfolgreichen Erwerb der Macht verschiebt sich diese Dynamik: zu den nervlichen Empfindlichkeit treten beim Mittfünfziger die unzweifelhaft existierenden körperlichen Gebrechen hinzu, und das Kräftefeld von Anspannung, Zähigkeitsideal und absoluter Resignation erweitert sich um das Lamento. Der politische Einzelgänger und „ostpreußische Dickschädel"[964]

---

961 Vgl. Braun an Friedeberg, Briefe v. 7.9.1927, 27.12.1927 (Friedeberg schickt Braun acht Flaschen Asti Spumante nach Berlin), 1.3.1931 und Juni 1931; vgl. auch Braun an Weismann, Brief v. 7.8.1926: „...insbesondere das schöne Pilsener, das mir als kurgemässes Getränk dort [=Karlsbad] immer sehr geschmeckt hat."
962 Braun an Friedeberg, Brief v. 29.11.1927.
963 Braun an Friedeberg, Brief v. 5.5.1932.
964 Herbert Weichmann an Heinrich Brüning, Brief v. 9.5.1941, zit. n. Schulze, Braun, S. 804.

konnte als Privatmann nicht zuletzt deshalb eine so enge Freundschaft mit Friedeberg aufbauen, weil dieser gleichzeitig der Arzt seines Vertrauens war. Die Verschränkung von individueller Erkrankung und wachsenden politischen Beschwernissen ist weder aufzulösen noch in einfache Kausalketten zu fassen. Auch darf die übereinstimmende Annahme einer psycho-physischen „Abwärtsspirale" nicht darüber hinwegtäuschen, wie eine widrige politische Gesamtlage und ein zunehmend rabiater Ton in den Anwürfen des politischen Gegners sich auf den einzelnen politischen Akteur auswirken konnten. Brauns Äußerungen vor allem seit 1930 zeigen das geradezu idealtypisch.

Auch ist es zu einfach, die (aus den Quellen nicht restlos zu erschließende) Gefühlswelt oder sogar Persönlichkeit Brauns schlichtweg mit Hypochondrie[965] zu erklären, verbietet doch das komplexe Zusammenspiel von individuellen Charakteranlagen, situativen Reaktionen auf die „Krise" und nicht zuletzt der nachweisbaren Schwierigkeiten und Umstände real existierender Politik eine solch simple Lesart.

Es war nicht zuletzt Brauns eigene Einschätzung, politisch nichts mehr ausrichten zu können, die eine allgemeine Atmosphäre des Versagens und der Resignation um den zuvor so mächtigen „Zar von Preußen" schuf. Schon bevor er den zu erwartenden Nachstellungen der Nationalsozialisten entkam, war er – vor Einigem – auf der Flucht gewesen.

Bemerkenswert bleibt, dass Krankheit nicht gleichgültig und als lästiges Privatum behandelt und abgetan, sondern stattdessen sowohl in tagesaktuellen Überlegungen als auch im reflexiven Zustand des Memoirenschreibers immer wieder auf politische Ereignisse und Grundbedingungen rückbezogen wurde; apolitisch konnte sie für Braun ebensowenig wie kontingent sein und erklärt werden.

Zum Problem war nicht zuletzt das stereotypische, kraftstrotzende Bild von Braun geworden, das demokratische Medien bis 1932 zeichneten, um das „Bollwerk Preußen" intakt zu halten. Depressive Prädisposition und politischer „Stank" waren schließlich überwältigend für den Starken, den Unverwüstlichen, der er „in Wirklichkeit nie gewesen."[966]

---

965 Vgl. Schulze, Braun, S. 494.
966 Schulze, Braun, S. 709.

4.7 „Im Reiche schlafften die Zügel" – der Fall Hermann Müller

Als nach der für sie erfolgreichen Reichstagswahl vom 20. Mai 1928 die Sozialdemokratie erstmals seit acht Jahren wieder den Anspruch einer Regierungsführung erhob, fiel die Wahl auf den SPD-Parteivorsitzenden Hermann Müller, der den Posten des Reichskanzlers bereits 1920 kurz innegehabt hatte:

> „Ein Mann des Ausgleichs und ohne scharfe persönliche Konturen, war Müller in der SPD sehr viel populärer als sein Mitvorsitzender Otto Wels. Was dem gebürtigen Mannheimer an Rednergabe und charismatischer Ausstrahlung fehlte, suchte er durch Fleiß und Sachverstand wettzumachen. Als Müller sich das zweite Mal anschickte, Reichskanzler zu werden, war er 56 Jahre alt. Mit seiner Gesundheit stand es ... nicht zum besten. Aber Müller war ein Pflichtmensch, und so ließ er sich am 11. Juni von der Reichstagsfraktion Rückendeckung für den als sicher geltenden Fall geben, daß der Reichspräsident ihn mit der Regierungsbildung beauftragen würde."[967]

Hier stand jemand zweifellos auf dem Höhepunkt seiner fünfundzwanzigjährigen politischen Karriere, der, obwohl als gelernter Kaufmann und Sohn eines Sektfabrikanten nicht von Jugend an mit dem sozialdemokratischen „Stallgeruch" versehen, schon sehr früh in der SPD zu hohen Ämtern aufgestiegen war. Schon vor 1914 gehörte er, noch unter August Bebel, dem Parteivorstand an. Dem bereits erwähnten Arzt Hermann Zondek, der zu seinem Patienten Hermann Müller eine persönliche Verbindung hatte, verdanken wir eine kurze Charakterskizze des Sozialdemokraten:

> „Hermann Müller ... gehörte nicht zu den kraftvollen, mit großen Führereigenschaften begabten Persönlichkeiten. Aber er war klug, besonnen, rechtliebend, zuverlässig und von reiner Menschlichkeit. Seine Menschlichkeit kam nicht nur in persönlicher Beziehung zum Ausdruck, sondern auch im politischen Leben. Gediegene Bildung verband sich mit feinem Humor. Am 28. Juni 1928 wurde er nach einem Wahlsieg seiner Partei zum Kanzler des Reiches ernannt. Er trug diese Last mit Würde. Sie zu tragen, fiel ihm schwer, um so mehr als seine Gesundheit schon angegriffen war. Die Zeitverhältnisse erforderten Wille und Tatkraft eines Revolutionärs. Müllers Mentalität aber war die des gemäßigt ausgleichenden Bürgers."[968]

---

967 Winkler, Weimar, S. 335.
968 Zondek, Auf festem Fuße, S. 143. Zu Müllers vielfach beklagtem Mangel an Charisma bzw. Pathos vgl. Lange, Genies im Reichstag, S. 168.

„Im Reiche schlafften die Zügel" – der Fall Hermann Müller   239

Die Regierungsbildung 1928 gestaltete sich trotz der klaren Mehrheit, die eine Große Koalition im Reichstag eigentlich hatte, als schwierig, zum einen wegen der Frage des Baus des sog. Panzerkreuzers A, gegen den die SPD im Wahlkampf noch zu Felde gezogen war, zum anderen aufgrund der steuerpolitischen Gegensätze zwischen Sozialdemokraten und der wirtschaftsfreundlichen Deutschen Volkspartei. Oben ist bereits erwähnt worden, wie erst die Intervention des kranken Gustav Stresemann schließlich doch noch zum Eintritt seiner Partei in die Regierung führte. Monatelang schwelte die Regierungskrise weiter, weil die Zentrumspartei sich nach einigen Querelen erst im April 1929 auf die endgültige Mitarbeit im Kabinett verpflichten wollte. Querliegend zu den Konflikten zwischen den Parteien kamen immer wieder Unstimmigkeiten zwischen Minister und Koalitionsfraktionen, so dass Müllers Regierung in vielerlei Hinsicht ein Krisenkabinett darstellte.[969]

Unter diesen Umständen nimmt es kaum wunder, dass Kanzler Müller unter Stress litt. Ende 1928 schrieb er entnervt an einen Parteifreund:

> „Ich habe die Absicht, wenn ich hier wegkomme, vom 2. Januar ab für 10 Tage Berlin Adieu zu sagen. Ich werde nach dem Schwarzwald gehen. So Mitte Januar kommt dann die Auseinandersetzung über die Bilanzierung des Etats und die Findung neuer Steuern. Das wird wieder eine angenehme Zeit werden. Deshalb möchte ich vorher etwas meinen Schädel lüften."[970]

Müller, der bereits im Vorjahr und noch vor den Wahlen eine Lebererkrankung im Verein mit Gelbsucht erlitten hatte[971], erkrankte Ende März 1929 schwer.[972]

> „Aus den Zeitungen werden Sie ersehen haben, dass ich wieder genesen bin. Es ist zwar noch nicht ganz so. Ich habe eine katarrhische Entzündung in den Gallengängen gehabt. Da ich seit 2 Tagen wieder normale Temperatur habe, dürfte sie abgeklungen sein. Ferner war die Leber stark angeschwollen. Diese Schwellung ging zurück. Jedoch behauptet Prof. Hermann Zondek, dass sie seit mindestens 2 Jahren auf dem jetzigen immer noch zu großen Volumen angelangt ist. Ich hoffe, dass meine gute Konstitution bei Innehaltung strenger Diät dafür sorgt, dass

---

969   Vgl. Winkler, Weimar, S. 336–346.
970   Hermann Müller: Brief an Ulrich Rauscher, 28.12.1928, AsD Bonn, 1/HMAG, 00030-74.
971   Vgl. die Auskunft von Müllers Sekretärin Felicia Fuss: Brief an Frau Hölzl, 28.3.1928, Nachlass Müller, AsD Bonn, 1/HMAG, 00039-175.
972   „Leichte [!] Erkrankung des Reichskanzlers", in: Vossische Zeitung Nr. 145 v. 26.3.1929, S. 3.

Wiederholungen vermieden werden. Ich bin in sehr guter Behandlung. Das Herz ist gut, der Blutdruck normal. Ich habe den Ärzten gegenüber mit aller Bestimmtheit die These vertreten, dass der Anstoss zur Erkrankung nicht von politischem Ärger gekommen sei. Im Laufe des Sommers werde ich eine Kur gebrauchen müssen."[973]

Müllers Insistieren wirkt so befremdlich wie wenig überzeugend. Sie war eine Reaktion auf die Einlassung der Ärzte, die die Krankheit auf

> „die körperliche und seelische Anspannung zurück[führten], die mit der amtlichen Tätigkeit des Reichskanzlers verbunden ist. Die andauernden, schwierigen und erregenden Sitzungen, Konferenzen und Empfänge verschlimmerten das Leiden."[974]

Nicht zufällig hatte Müller selbst direkt vor dem akuten Anfall noch geklagt, dass

> „die wir auf politischem Posten stehen, kein Anrecht darauf ... haben, von der bayerischen Regierung zum Vergnügungsrat ernannt zu werden. Du kannst versichert sein, dass auch am Tage des Reichskanzlers die unangenehmen Stunden die angenehmen weit überwiegen."[975]

Für die Reichstags- und Kabinettssitzungen Anfang April – er war über die Osterpause erkrankt und hatte nur in einer Sitzung des Kabinetts vertreten werden müssen – war Müller vorerst jedoch wiederhergestellt. Seine Sekretärin war jedoch besorgt, dass „der Arzt wohl nicht mehr die noch von ihm für nötig befundene Bettruhe aufrechterhalten kann."[976] Die dringend nötige Erholung wurde auf den Sommer verschoben.

> „Ich bin bis jetzt nicht zu einer Kur gekommen. In der Pfingstzeit hat der Magdeburger Parteitag das verhindert. Jetzt aber kann ich wegen der etwas gespannten politischen Lage noch nicht weg. Ich hoffe jedoch, daß ich spätestens Anfang Juli wegkommen werde. Ich will dann meinen Körper durch Kurgebrauch so restaurieren, daß ich im Herbst und Winter wie früher Strapazen jeglicher Art auf mich nehmen kann."[977]

---

973 Hermann Müller: Brief an Adolf Müller, 8.4.1929, AsD Bonn, 1/HMAG, 00033–98.
974 Vossische Zeitung Nr. 341 v. 22.7.1929, S. 1.
975 Hermann Müller: Brief an Ulrich Rauscher, 20.3.1929, AsD Bonn, 1/HMAG, 00030–74.
976 Felicia Fuss: Brief an Ulrich Rauscher, 6.4.1929, AsD Bonn, 1/HMAG, 00030–75.
977 Hermann Müller: Brief an Hermann Heimerich, 13.6.1929, AsD Bonn, 1/HMAG, 00043–295.

Abb. 4 *„Du kannst versichert sein, dass auch am Tage des Reichskanzlers die unangenehmen Stunden die angenehmen weit überwiegen."*[978]

Jedoch holte die Krankheit Müller bald wieder ein. Während er am 17. Juni noch einer Sitzung des Kabinetts vorgestanden hatte, vermeldet das Protokoll der Ministerbesprechung vom 24. Juni bereits sein krankheitsbedingtes Fehlen.[979] An die geplante grundlegende Erholung war angesichts der wieder aufgetretenen Gallenentzündung nun nicht zu denken. Es zählt zu den bizarren Nebeneffekten bei der Krankheit einer öffentlichen Figur, dass dem

---

978 Foto: Bundesarchiv, Bild 146–1979-122–28A.
979 Ministerbesprechung vom 21. Juni 1929, 11 Uhr, Akten der Reichskanzlei, Weimarer Republik. Das Kabinett Müller II, Bd.1, Dokument Nr. 233, hg. v. Martin Vogt, Boppard 1970, S. 764ff (http://www.bundesarchiv.de/aktenreichskanzlei/1919-1933/0000/mu2/mu21p/kap1_2/kap2_233/para3_1.html). [15.8.2013]

Patienten mitunter auch ungefragt therapeutische Hinweise erteilt werden. Ein oppositioneller Abgeordneter schrieb Müller:

> „Hochgeehrter Herr Reichskanzler!
> In den Zeitungen lese ich mit aufrichtigem Bedauern, dass Sie wiederum von einem Gallenanfall geplagt sind. Daher möchte ich mir erlauben, Sie auf ein Mittel hinzuweisen, dass bei meiner Frau und einer Reihe von Bekannten Wunder getan hat: Die japanische Teealge. ... Die Alge ist völlig ungefährlich und wohl sicher überall in Berlin erhältlich. ...
> Mit meinen besten Wünschen für Ihre baldige völlige Wiederherstellung und meinen angelegentlichsten Empfehlungen [Unterschrift]."[980]

Müller begab sich noch vor Beginn der Parlamentsferien in den Kurort Bad Mergentheim und dachte im Juli an einen abschließenden kurzen Aufenthalt im Schwarzwald – „weil ich vom 9. August ab bis zu den Weihnachtsferien nicht mehr zu Ferien kommen werde."[981] Dieses Vorhaben war bald Makulatur, da sich sein Zustand rapide verschlimmerte.[982] Der Internist Zondek, der parallel auch Stresemann behandelte, wurde hinzugezogen. Er fand den Reichskanzler

> „in bedrohlichem Zustand. Ein möglichst baldiger operativer Eingriff schien mir geboten. Zu diesem Zweck bat ich den bekannten Heidelberger Chirurgen Enderlen, zur Beratung nach Bad Mergentheim zu kommen. Er schloß sich meiner Ansicht an, wollte aber die Operation nur in seiner Heidelberger Klinik ausführen. ‚Die Pferde fressen nur im eigenen Stall', meinte er etwas burschikos. Es blieb nichts anderes übrig, am nächsten Morgen mußte der beschwerliche Bahntransport des Kranken nach Heidelberg vorgenommen werden. Die Fahrt verlief gut, nur bei der Ausladung des Kranken entglitt durch einen unglücklichen Zufall die Bahre den Händen der Träger und stürzte mit Wucht auf den Bahnsteig, auf dem sich fast die gesamte Reichsregierung eingefunden hatte. Glücklicherweise passierte nichts. Nur ein Witzbold schrieb sogleich vom ‚Sturz der Regierung Hermann Müller.' In Heidelberg gab es zunächst viel Aufregungen über den Zustand des Kanzlers, aber Hermann Müller wurde wieder gesund."[983]

---

980 Kurt v. Lersner: Brief an H. Müller, 23.6.1929, AsD Bonn, 1/HMAG, 00001–29.
981 Hermann Müller: Brief an Adolf Müller, 21.7.1929, AsD Bonn, 1/HMAG, 00033–99.
982 Vgl. Andrea Hoffend: Mut zur Verantwortung. Hermann Müller, Mannheim 2001, S. 76.
983 Zondek, Auf festem Fuße, S. 144.

Tatsächlich hat es sich bei der Operation, die am 21. Juli durchgeführt wurde, durchaus um eine Notmaßnahme gehandelt und Lebensgefahr bestanden.[984] Ein eitriger Abszess an der Galle hatte eine Entnahme derselben unmöglich gemacht, welche von dem Operateur Enderlen spätestens für das Folgejahr angemahnt wurde.[985] Nach einem Monat in Heidelberg konnte sich Müller Ende August zur weiteren Rekonvaleszenz auf der Bühlerhöhe einfinden. Dort gab er dem bereits erwähnten Dr. Stroomann Einblicke in die Ursachen des Gallenproblems:

> „Wie Hermann Müller sagte, durch die vielen schweren Essen bei den Einladungen in den fremden Botschaften. An solchen Abenden zeigten sich oft heftigste Kolikschmerzen. Schweißüberdeckt mußte er ans offene Fenster treten. Ich fragte ihn, warum er denn diese schweren Menus gegessen habe. Er sagte, er wollte kein Aufhebens machen, *nicht als krank* gelten, und außerdem sollen die Diplomaten nicht sagen, ein Sozialdemokrat könne nicht repräsentieren."[986]

Bemerkenswert ist hierbei das Motiv der Selbstbeherrschung, die in Anbetracht der Schwere der Krankheit an Selbstüberschätzung grenzte. Was uns – übrigens genau zeitgleich – im Falle Stresemanns begegnet, d. h. die versuchte Selbstüberwindung und Enttäuschung darüber, dass diese nicht gelingen konnte, da der eigene Körper sie nicht mehr zuließ, erscheint auch bei Hermann Müller. Auch er rang seinen Ärzten eine vorzeitige Rückkehr ins politische Zentrum ab, obwohl auch er ein ähnliches Bild vom Berliner „Stank" hatte wie Otto Braun. An ihn schrieb Müller im September 1929:

> „Ich weiss jetzt auch, was Kranksein heisst. Ich habe nicht weniger als 33 Tage in der Heidelberger Klinik gelegen, wo ich es wirklich sehr gut hatte. Aber ich war doch zwei Mal nahe daran von dieser Welt Abschied zu nehmen. Nun hoffe ich hier die völlige Genesung zu finden, obwohl ich meine Gallenblase noch immer trage. Sie konnte angesichts der Grösse des Abszesses wegen gefährdeten Lebens nicht auch noch herausgenommen werden, das ergab der Befund nach Öffnung des Leibes. Ich nehme hier gut zu und fühle mich unberufen wohl."[987]

---

984 Vgl. „Ernster Zustand des Kanzlers", Vossische Zeitung Nr. 341 v. 22.7.1929, S. 1.
985 Vgl. Stroomann, Aus meinem Notizbuch, S. 139.
986 Ebd., S. 139f.
987 Hermann Müller: Brief an Otto Braun, 9.9.1929, AsD Bonn, 1/HMAG, 00035–64.

Die Überzeugung Müllers, sein (temporäres) Wohlergehen sei „unberufen", erscheint an anderer Stelle nochmals.[988] Es zeugt, abgesehen von der Einsicht in die Lebensbedrohlichkeit seiner Erkrankung, m. E. von einer geradezu selbstkasteienden Pflichterfüllung, die andere Auswege, etwa einen Abschied vom Amt, ausschlossen. Dazu kam ein gewisses Gefühl der eigenen Unabkömmlichkeit:

> „Nun schreit man in Berlin nach mir! ... Immerhin werde ich, so wie sich die Dinge in Berlin zuspitzen, am nächsten Donnerstag dort sein müssen. Herr Dr. Stroomann ist davon nicht erbaut, aber ich hätte hier auch keine Ruhe, wenn in Berlin die Gegensätze immer schärfer werden."[989]

Es ist mehr als nur eine zeitliche Koinzidenz, dass die bis dato „längste Krise der Regierung Müller in eine Zeit ... fiel, in der das Kabinett politisch führungslos war"[990] – verschärft dadurch, dass es, anders als etwa bei den bürgerlichen Kabinetten Wilhelm Marx' keinen offiziellen Stellvertreter des Kanzlers gab. Auch ein Insider wie der Staatssekretär Hermann Pünder hat seinerzeit den politischen Faktor von Müllers Erkrankung hoch eingeschätzt:

> „Weitere mißliche Umstände [sind] hinzugekommen, insbesondere die schwere Erkrankung des Herrn Reichskanzlers, die dessen überragende Autorität für längere Wochen leider ausgeschaltet habe."[991]

Lösungen dieses regierungspolitischen Vakuums sind allerdings im Grunde nicht ventiliert worden. So ergab sich die Anomalie, dass bei Beginn der Parlamentssaison Ende September 1929 (Müller war drei Monate lang abwesend gewesen) die beiden führenden Regierungsmitglieder schwerkranke und eigentlich dienstunfähige Männer waren – und diese Tatsache sogar bewusst in ihr Handeln einbezogen:

---

988 Vgl. Hermann Müller: Brief an Prof. Willy Klug, 8.10.1929, AsD Bonn, 1/HMAG, 00041–227.
989 Hermann Müller: Brief an Prof. Willy Klug, 19.9.1929, AsD Bonn, 1/HMAG, 00041–226.
990 Winkler, Weimar, S. 353.
991 Vermerk Hermann Pünders vom 10.9.1929, Akten der Reichskanzlei, Weimarer Republik. Das Kabinett Müller II, Bd. II, hg. v. Martin Vogt, Boppard 1970, S. 912f.

"Am 27. September [1929] trifft der Reichskanzler Hermann Müller nach langer Krankheit in Berlin wieder ein. Stresemann hat kurz nach dem Eintreffen des Kanzlers eine Besprechung mit ihm. Mit schweren Besorgnissen um die Gesundheit Hermann Müllers kommt Stresemann in das Auswärtige Amt zurück."[992]

Die Sorge um das Befinden des Kollegen – das Verhältnis zwischen Müller und Stresemann wird durchgehend als respektvoll und positiv beschrieben – war beiderseitig:

"Stresemann habe ich noch am Tage seines Todes am Bett ausführlich gesprochen. Wenn mich sein Tod auch mitgenommen hat, so habe ich doch gesundheitlich diese schwere Attacke gut überstanden."[993]

Es hat einiges an Symbolkraft, dass Müller – "selbst ein Gezeichneter"[994] – die "mit tiefer Bewegung vorgetragene Rede"[995] bei der Gedenkfeier für Stresemann im Reichstag hielt. Müllers Feststellung, Stresemann habe auch gegen den Rat seiner Ärzte bis zum völligen Verbrauch seiner Kräfte weitergearbeitet, musste Reflexionen über den eigenen Zustand auslösen, wie er es anlässlich des Jahreswechsel in einem Brief an seinen Heidelberger Arzt unternahm:

"Das Jahr 1929 geht nun zu Ende, und es gibt mir Anlass, an all das Schwere zu denken, das ich in ihm durchgemacht habe. Wenn ich das alles nicht nur einigermassen sondern gut überstanden habe, verdanke ich das zuerst Ihnen, der Sie mich rechtzeitig auf den Operationstisch brachten und mit Ihrer künstlerischen Hand den notwendigen Eingriff so glücklich vollzogen. Ich habe die schweren Strapazen der letzten Wochen und Monate verhältnismässig gut überstanden. Rückfälle in mein Gallenleiden sind bisher nicht eingetreten. Ich habe mich, was gesellschaftliche Verpflichtungen angeht, gegen frühere Jahre allerdings stark zurückgehalten. Ich hoffe, dass 1930 alles gut bleiben wird."[996]

Hermann Zondek gegenüber, dem er dafür dankte, dass er durch das ärztliche Wirken überhaupt "über das Jahr 1929 hinaus an der Gestaltung der

---

992 Henry Bernhard: Stresemann und Hermann Müller, in: Ders. (Hg.): Gustav Stresemann: Vermächtnis, Bd. 3, Berlin 1932/33, hier S. 582.
993 Müller: Brief an Prof. Willy Klug, 8.10.1929.
994 Zondek, Auf festem Fuße, S. 142.
995 Protokoll der Reichstagssitzung vom 6.10.1929, Stenographische Berichte, in: Verhandlungen des Deutschen Reichstags, IV. Wahlperiode, Bd. 426 (1930), S. 3253.
996 Hermann Müller: Brief an Prof. Eugen Enderlen, 30.12.1929, AsD Bonn, 1/HMAG, 00037–119.

deutschen Geschichte mitarbeiten"⁹⁹⁷ könnte, wurde er ein wenig deutlicher, indem er ihm Einsicht in jene „Strapazen" gab.

> „In der Nacht zum Sonntag bis morgens ½ 4 Uhr Fraktionssitzung!! [sic] Grosse physische Anstrengung begleitet von noch grösserer seelischer Belastung. Beides im Zusammenhang mit dem Rücktritt Hilferdings Ihnen sicher sehr verständlich."⁹⁹⁸

In der Tat hatten die Vorgänge seit dem Herbst 1929 vielfachen Anlass zur Besorgnis gegeben. Neben den wirtschaftlichen Katastrophenzeichen im Gefolge des „Schwarzen Freitags" (24.10.) und den Auswirkungen auf die deutsche Wirtschaftslage⁹⁹⁹ hatte zudem kurz vor Weihnachten 1929 der Volksentscheid über die Ablehnung des Youngplans („Versklavung des deutschen Volkes") zur weiteren Vergiftung der politischen Atmosphäre beigetragen. Zudem hatte sich Anfang 1930 der innere Zustand der Koalition eher noch verschlechtert. Die zentrifugalen Kräfte der Flügelparteien SPD und DVP ließen finanzpolitische Kompromisse immer schwieriger werden, mit dem Rücktritt Hilferdings hatte Müller außerdem den profiliertesten sozialdemokratischen Wirtschaftsfachmann verloren. Müllers Sekretärin zeigte sich besorgt angesichts dieser „ganz unmenschlichen Anstrengungen und Aufregungen, die unablässlich auf ihn [Müller] einstürmen":

> „In den letzten Tagen finde ich ihn allerdings bedenklich matt. Das unliebsame Schwitzen macht sich auch wieder etwas bemerkbar. ... Er selbst behauptet aber, sich bis auf eine gewisse Ermüdung ganz wohl zu fühlen. Bei der politischen Konstellation muss er ja aber auch noch eine ganze Menge über sich ergehen lassen."¹⁰⁰⁰

Das Ende der letzten parlamentarisch getragenen Regierung der Weimarer Republik kam schließlich nicht mit einem Knall, sondern wie ein Ermüdungsbruch. Während Innenminister Severing (SPD) in der letzten Kabinettssitzung am 27. März der Einzige war, der es angelegentlich der Kontroverse über die Beiträge zur Arbeitslosenversicherung auf eine offene Auseinandersetzung im Reichstag ankommen lassen und damit riskieren

---

997 Müller an Zondek 24.12.1929, zit. n. Zondek, Auf festem Fuße, S. 146.
998 Hermann Müller: Brief an Hermann Zondek, 24.12.1929, AsD Bonn, 1/HMAG, 00049–599.
999 Vgl. Winkler, Weimar, S. 356ff.
1000 Felicia Fuss: Brief an Prof. Willy Klug, 28.2.1930, AsD Bonn, 1/HMAG, 00041–230.

wollte, „in offener Feldschlacht [zu] fallen"[1001], stellte Müller nach kurzer Beratung fest, dass der Regierung aufgrund der mangelnden Unterstützung durch die Koalitionsfraktionen nur noch der Rücktritt blieb.[1002]

Mit dem Fortfall des Regierungsamtes ging für Müller jedoch keine spürbare Entlastung einher. Im Vorfeld der Reichstagswahlen 1930 hielt er sich nochmals kurz auf der Bühlerhöhe auf und erschien Dr. Stroomann dabei

> „sehr abgearbeitet, müde, krank. Ich mahnte, daß die Zeit zur Operation überschritten sei. Er erwiderte, sofort nach der überstandenen Wahlkampagne würde er zu Enderlen nach Heidelberg gehen. In diesen Wochen könne er nicht fehlen – und wenn es nicht gut für ihn ausginge. Er empfinde das als seine unumstößliche Pflicht. Auf dieser Wahlreise wurde er immer elender."[1003]

Der Schock der Septemberwahlen 1930 löste bei der Sozialdemokratie ein Umdenken aus. Hatte sie zuvor die auf Notverordnungen gestützte Regierung Brüning bekämpft, ging sie nun zu einer Tolerierungspolitik über, um im Gegenzug Otto Brauns preußisches Kabinett im Amt zu halten. Brüning selbst hat Müllers Anteil an diesem fragilen politischen Gebilde festgehalten:

> „Hermann Müller, wie immer bereit, positiv mitzuarbeiten, sah in ... den letzten Wochen seines Lebens klarer als ich. ... Er rettete [1930/31] die Regierung für das nächste Jahr. Die Verhandlungen fielen ihm schon sehr schwer. Er mußte dauernd ein Stahlkorsett tragen. Gleich nach Abschluß der letzten Kompromisse befiel ihn ein neuer, schwerer Anfall."[1004]

Die zu lange aufgeschobene Operation der Galle sollte sich als folgenschwer erweisen. Zur akuten Entzündung der Galle trat eine der Lungen.[1005] Hermann Zondek

> „behandelte ihn zusammen mit den Professoren Ferdinand Sauerbruch und Moritz Borchardt. Er mußte sich zum zweiten Mal einer Operation unterziehen, aber sie rettete ihn nicht. Von den Gallengängen ausgehend, entwickelte sich eine

---

1001 Ministerbesprechung vom 27. März 1930, 17 und 19 Uhr im Reichstag, Akten der Reichskanzlei, Weimarer Republik. Das Kabinett Müller II, Bd. 2, Dokument Nr. 489, S. 1608.
1002 Vgl. ebd. „Das Reichskabinett habe in schwierigsten Situationen mehr als einmal bewiesen, daß es sich zu einigen verstehe, auch wenn die Fraktionen des Reichstags eine Einigung nicht erreicht hätten."
1003 Stroomann, Aus meinem Notizbuch, S. 140f.
1004 Heinrich Brüning: Memoiren 1918–1934, Stuttgart 1970, S. 260.
1005 Vgl. Hoffend, Mut, S. 86.

Sepsis, und da wir ja in jener Zeit noch nicht über Antibiotika verfügten, führte sie zum Tode."¹⁰⁰⁶

Der Verlust, den der Tod Müllers am 20. März 1931 für die deutsche Demokratie bedeutete, mag nicht ganz so schwer gewogen haben wie bei Stresemann zwei Jahre zuvor. Für die Sozialdemokratie jedoch war er von großer Symbolik, wie Müllers Nachfolger Brüning schilderte:

> „Der Aufmarsch der Berliner Sozialdemokraten für das Leichenbegräbnis war gewaltig. ... Wie die anderen fühlte auch ich in diesem Augenblick, daß eine Welt versank."¹⁰⁰⁷

Es ist wohl die paradoxe Fügung der Laufbahn Hermann Müllers, dass er einerseits mit Weimars berühmten Opfern, Ebert und Stresemann eines teilt: „das tragische Geschick, in der Blüte ihrer Jahre vom Schauplatz ihrer Arbeit abgerufen zu werden"¹⁰⁰⁸, andererseits aber noch mehr als jene den Gegenstand meiner Untersuchung par excellence verkörpert: wie sein Parteifreund Otto Braun mit leichter Missbilligung feststellte, war „der Kanzler Müller ein kranker Mann", dessen krankheitsbedingte Abwesenheit dazu führte, dass „im Reiche die Zügel schlafften."¹⁰⁰⁹ Eine straffere Führung, verbunden mit größerem Machtwillen, hätte zu völlig anderen Weichenstellungen führen können; Hindenburg hatte 1929 mit dem Gedanken gespielt, Müller die Vollmachten des Notverordnungsparagraphen zur Verfügung zu stellen, wie er es schließlich bei Brüning getan hat.¹⁰¹⁰ Unter diesem Umständen wäre – verfassungskonform und nur noch pro forma mit einer parlamentarischen Mehrheit ausgestattet – eine viel effizientere, weil an den quertreibenden Fraktionen vorbeilaufende Regierungsarbeit möglich gewesen.

Es ist das besondere Verhängnis Müllers und der Großen Koalition, dass das unglückliche Faktum seiner Krankheit ausgerechnet mit der erneuten

---

1006 Zondek, Auf festem Fuße, S. 146.
1007 Brüning, Memoiren, S. 260–261.
1008 Heinrich Brüning, Gedenkrede für Hermann Müller, Reichstagssitzung v. 21.3.1931, Verhandlungen des Reichstags, V. Wahlperiode, Stenographische Berichte Bd. 445, S. 2065.
1009 Braun, Von Weimar, S. 287f.
1010 Vgl. Herbert Hömig: Brüning. Kanzler in der Krise der Weimarer Republik, Paderborn 2000, S. 147.

schweren Krise zusammenfiel, die über die Weimarer Republik mit dem Eintreten der Weltwirtschaftskrise hereinbrach. Ein politischer Faktor ist sie daher allemal gewesen.

4.8 „Politik erfordert ein sensitives Nervensystem" – der Fall Heinrich Brüning

Die letzte Fallstudie soll einem Politiker gewidmet sein, bei dessen zeitgenössischer öffentlicher Charakterisierung weniger die körperliche als vielmehr die seelische Verfassung im Blickfeld gestanden hat: Heinrich Brüning.[1011] Der Westfale und Zentrumsabgeordnete war mit 44 Lebensjahren bei Amtsantritt ein recht junger Kanzler, ebenso wie die bereits erwähnten Fälle allesamt unter fünfzig waren, als sie ihr Amt aufnahmen. Die „kranken Männer" waren also keinesfalls alte Männer.[1012] Brünings zweijährige Kanzlerschaft ist häufig ausgehend von dem sozialgeschichtlichen Primat der Wirtschafts- und Finanzpolitik interpretiert worden. Doch ist der „Amoklauf des ‚deutschen Staatsmanns' Heinrich Brüning"[1013] nicht ohne Rückgriff auf dessen Biographie erklärbar.

1011 Obwohl noch zu Brünings Lebzeiten ein enormes Interesse der Geschichtswissenschaft an dessen Kanzlerschaft vorlag, das durch die posthum erschienenen Memoiren noch gesteigert wurde, ist eine umfassende Biographie Brünings erst mit einem 2000 bzw. 2005 erschienenen, zweibändigen Werk von Herbert Hömig vorgelegt worden. Es ist bemerkenswert, dass erst eine jüngere Forschung das Desiderat wissenschaftlicher Biographien einiger wichtiger Weimarer Staatsmänner behoben hat, so Walter Mühlhausens voluminöse Studie über Ebert (s.o.) oder Wolfram Pytas biographisches Psychogramm Hindenburgs (Hindenburg: Herrschaft zwischen Hohenzollern und Hitler, München 2007).
1012 Überhaupt hat die Weimarer Republik eine große Anzahl junger Regierungschefs hervorgebracht: neben Brüning waren mit Wirth (bei Amtsantritt 41), Müller (44), Luther (45), Stresemann (45), Cuno (46) und Bauer (49) mehr als die Hälfte der Weimarer Kanzler unter fünfzig. Ebert war im ersten Jahre seiner Präsidentschaft 47, Braun bei Amtsantritt als preußischer Ministerpräsident 48. Bei den Reichsministern ist das Bild ähnlich. Es ist ein Paradoxon, dass die Herrschaftsikonographie Weimars seit der Wahl Hindenburgs von diesem tatsächlich alten Mann dominiert wurde (dazu s.u.).
1013 Wehler, Gesellschaftsgeschichte IV, S. 516.

4.8.1 „Zerstörerin des Lebensglücks derjenigen, die sie üben" – Brünings Veranlagung und Politikauffassung

Die liberale *Vossische Zeitung* gab nach Bekanntwerden des Brüningschen Regierungsauftrags eine erste Einschätzung des „neuen Mannes", der aufgrund der Tatsache, dass er bisher noch kein Ministeramt innegehabt hatte, noch weithin unbekannt war:

> „Kein Phrasenmacher, vielleicht ein wenig trocken, vielleicht ein wenig zugeknöpft wie sein stets dunkler Anzug, aber erwärmt durch innere Überzeugung und wirkend durch eine charakterliche Integrität, deren Eindruck sich keiner entziehen kann. Der Einfachheit seines Charakters entspricht die Einfachheit seiner Lebensgewohnheiten. Dem Junggesellen sagen seine Freunde eine fast spartanische, um nicht zu sagen klösterliche Anspruchslosigkeit nach."[1014]

Hier wurde jemand charakterisiert, dessen Werdegang ihn von der Position eines Mitarbeiters 1919 (unter seinem Mentor Carl Sonnenschein und dann unter Adam Stegerwald) in nur wenigen Jahren zum Reichstagsabgeordneten (1924), Haushalts- und Finanzexperten des Zentrums und Fraktionschef im Reichstag (1929) werden ließ. Von Weggefährten Brünings und Historikern ist später der Versuch unternommen worden, Brünings Wesen aus seiner Herkunft und Jugend zu erklären. Zum einen hatte eine Herzmuskelentzündung, die Brüning als Siebenjähriger erlitten hatte, ihn jahrelang isoliert.[1015] Zum anderen gab es Stimmen, die suggerierten, dass die Nervenstärke, die sich Brüning als Kanzler zugutehalten sollte, auf unsicherem Fundament stand.

> „Er war in früher Jugend wie in der Mitte der achtziger Jahre gütig und streng, nicht weich, nicht hart. Freunde und Verwandte meinten, dem frühverwaisten Muttersohn sei das Aufwachsen ohne Vater und jüngere Geschwister zu einer Quelle früher Einsicht in feminine Veranlagung geworden."[1016]

Sein späterer Vertrauter und Minister Gottfried Treviranus meinte im Hinblick auf Brünings westfälische Heimat:

1014 „Der neue Mann", in: Vossische Zeitung Nr. 150 v. 29.3.1930, S. 2.
1015 Vgl. Hömig, Brüning, S. 29.
1016 Gottfried Reinhold Treviranus: Für Deutschland im Exil, Düsseldorf 1973., S. 197.

„Politik erfordert ein sensitives Nervensystem" – der Fall H. Brüning   251

„In ihm steckte ein Erbe der Schwermut der Münsteraner Kinder von 1648... Sie wußten, was Krieg und Not war. Das vergißt sich in bodenständigen Sippen auch nicht in dreihundert Jahren. Ein lautes Lachen habe ich von Brüning nur selten gehört, ein Lächeln oft genug gesehen."[1017]

Wichtig in der Psychogenese des jungen Manns Brüning sind zwei Stationen: Erstens das für damalige Zeit überdurchschnittlich lange Studium: nach einem Semester Jura studierte Brüning von 1904 bis 1911 Philosophie, Geschichte und Philologie in Straßburg. Nachdem er sich nach einem gediegenen Studium Anfang 1911 widerstrebend zum Ablegen des Staatsexamens entschlossen hatte, machte er sich am Tage der mündlichen Prüfung „fluchtartig am frühen Morgen mit der Bahn"[1018] aus dem Staub. Ein wohlmeinender Professor ließ ihn auf halbem Wege kurzerhand aus dem Zug holen, die Prüfung wurde am Nachmittag nachgeholt. Doch auch nach bestandenem Examen blieb Brüning ein Suchender und nahm ein weiteres Studium der Nationalökonomie auf, das er 1915 mit knapp dreißig Jahren abschloss. Diese starken Anzeichen einer „frühen Lebenskrise" – etwa bekannte er 1914, er „habe auch das Gefühl, daß ich unter den meisten Menschen ein Fremder bin"[1019] – stehen in Kontrast zum Selbstbild der Nervenstärke, das Brüning später von sich entworfen hat. Zweitens hat der Einsatz als Soldat im Ersten Weltkrieg Brüning entscheidend geprägt, und er hat diese Erfahrung an den Ausgangspunkt seiner Memoiren gestellt.[1020] Jene Generationserfahrung, die ihn von den nur wenig älteren Amtskollegen unterschied, brachte er nach Kriegsende programmatisch in Anschlag:

„Die Zeit braucht ein hartes, willensstarkes und vor allem unkompliziertes Geschlecht [...] Ich vertraue darauf, daß die Generation der Kriegsteilnehmer alle Vorbedingungen in sich trägt, dieses starke und harte Geschlecht zu werden."[1021]

1017 Ebd., S. 196. Zur Mentalitätsgeschichte Westfalens vertiefend auch Willem Wolpers-Brakensiek: Katholisches Westfalen: Heilswelten deutschen Seins, Wettringen 1903.
1018 Hömig, Brüning, S. 46.
1019 Ebd., S. 44 bzw. 48.
1020 Vgl. Heinrich Brüning, Memoiren 1918–1934, Stuttgart 1970, S. 17ff.
1021 Rede Brünings auf dem katholischen Studentenkongress in Fulda, Pfingsten 1919, zit. n. Rudolf Morsey: Brünings Kritik an der Reichsfinanzpolitik 1919–1929, in: Erich Hassinger (Hg.): Geschichte – Wirtschaft – Gesellschaft. Festschrift für Clemens Bauer. Berlin 1974, S. 364; vgl. auch Hömig, Brüning, S. 70 und 72.

Die Forderung dieses „Werdens" stellte Brüning von nun, da er sich für eine politische Karriere entschloss, auch an sich selbst. Überzeugt, dass es „zu jeder Stunde Männer geben [müsse], die bereit sind, die Selbstentäußerung bis zum Äußeren zu treiben"[1022], war damit offenbar auch ein äußerlicher Wandel verbunden:

> „Krieg, Beruf, Politik machen aus einem feinsinnigen intellektuellen Ästheten ein Staatsmann von rücksichtsloser Energie gegen sich und Andere, sie befähigen einen erst langsam sich stählenden Körper zu Anstrengungen, unter denen er ohne seinen ungeheuer geschulten Willen zusammenbrechen würde."[1023]

Diese Diskrepanz ist einem Beobachter wie Theodor Heuss nicht entgangen; für ihn „wirkte ... Brüning in Gesichtszügen und straffer Haltung entschlossener, als er, bei vielem behutsamen Überlegen, tatsächlich gewesen ist."[1024] So musste sich Brüning diese auferlegte Selbstdisziplinierung immer wieder aufs Neue abringen, sie war eine tägliche Herausforderung seiner Willenskraft.

> „Sein Wille ist es, was ihn wirklich über den Durchschnitt stellt... An Geist, an Temperament, an Frische und Vitalität mögen ihn viele übertreffen. Keiner der Politiker, die um die deutsche Zukunft kämpfen, ist ihm an Härte des Willens überlegen. Dieser Wille ist kaum ursprünglich in ihn gepflanzt, er muß täglich neu erkämpft werden, weil er als notwendig erkannt ist. Auf Selbstzucht gründet sich das starke Ethos der Persönlichkeit Brünings. In dieser Zucht hat er seine ursprüngliche Feinnervigkeit nicht verloren, so daß ein Arzt einmal sagen konnte, er kenne keinen Menschen mit so viel Antennen wie Brüning."[1025]

1022 Zit. n. Hömig, Brüning, S. 685.
1023 Rüdiger Robert Beer: Heinrich Brüning, Berlin 1931, S. 62.
1024 Theodor Heuss: Erinnerungen 1905–1933, Tübingen 1963, S. 391. Auch der Brünings Kabinett angehörende Lutz Schwerin von Krosigk erinnerte sich an „den federnden Gang des straffen, mittelgroßen Mannes", dem man „an[sah], daß er Soldat gewesen war"; Lutz Graf Schwerin von Krosigk: Es geschah in Deutschland. Menschenbilder unseres Jahrhunderts, Tübingen 1951, S. 131.
1025 Beer, Brüning, S. 62f.

„Politik erfordert ein sensitives Nervensystem" – der Fall H. Brüning 253

Abb. 5 „Der Mann mit dem hageren, blassen Gelehrtengesicht, dem man nicht ansah, was ihn bewegte..."[1026]

Den tiefsten Einblick in das aus diesem Kampf entspringende Politikverständnis Brünings vermittelt eine Aussage seiner selbst:

„Politik ist die Zerstörerin des Lebensglückes derjenigen, die sie üben. Politik ist fast immer gepaart mit melancholischem Temperament und schweren, mühevoll überstandenen Lebens- und Jugendschicksalen. Politik erfordert von ihren Jüngern die Meisterung jeden Nerves und jeder Regung zu jeder Stunde und an jedem Orte. Politik erfordert ein sensitives Nervensystem, das kommende Dinge nach ihrer trübsten Seite hin voraussieht. Der wahre Politiker muß den sofortigen Zwang in

---

1026 Schwerin von Krosigk, Menschenbilder, S. 131. Foto: Bundesarchiv, Bild 119–2600.

sich fühlen, heilende Mittel, vorbeugende Maßnahmen durch intensivste Kenntnisse und umfassendste Lebens- und Welterfahrung zu erfinden."[1027]

Wenngleich allgemein gesprochen, ist aus dieser Stellungnahme der biographische Gehalt leicht ablesbar. Die Stilisierung des eigenen Opfers und der psychischen Prädisposition verweist auf die Rolle, die Brüning im öffentlichen Diskurs spielen wollte. Nicht ganz im Einklang mit dem Bild des Zurückhaltenden, quasi Enigmatischen, war Brüning mehr als andere Akteure des demokratischen Lagers, hierbei eher Stresemann ähnlich, darauf aus, sein öffentliches Image zu beeinflussen.[1028] Zu diesem Bild zählte auch ein „in der Askese dem Habitus des Priesters angenähertes Aussehen"[1029], eine Schilderung, die er sicher nicht mit Unmut zur Kenntnis nahm. Tief katholisch (wenngleich aufgrund der späten Geburt und der nivellierenden Kriegserfahrung nicht mehr so sehr im sozialmoralischen Milieu des Katholizismus verwurzelt wie ältere Zentrumsmänner)[1030], hatte er noch nach dem Kriege dem Gedanken nicht ferngestanden, wie sein älterer Bruder Priester zu werden.[1031] Golo Mann hat diesen Zug später so beschrieben:

„Fromm wohl, aber von einer transzendentalen, das politische Treiben der Menschen keineswegs umfassenden Frömmigkeit."[1032]

Damit einher ging eine außergewöhnliche Introvertiertheit. Selbst der ihm zugetane „derbfröhliche" Kapitänleutnant Treviranus, in dem Brüning „eine Ergänzung seiner sensitiven und komplizierten Natur fand"[1033],

„konnte keinen Zutritt erwarten zum inneren Sanktum, das sein [Brünings] eigenes geheimes Leben führen mußte wie jeder Mensch nach dem Gesetz, unter dem er ins Leben trat."[1034]

1027 In einem Aufsatz von 1923; zit. n. Alphons Nobel: Brüning, Leipzig ²1932, S. 87.
1028 Vgl. dazu Lange, Genies im Reichstag, 187–191.
1029 Beer, Brüning, S. 64.
1030 Vgl. Winkler, Weimar, S. 374f.
1031 Vgl. Hömig, Brüning, S. 67.
1032 Golo Mann: Ein deutscher Politiker vom besten Kaliber, in: Die Zeit, Nr. 42, 11.10.1974, S. 20f.
1033 Schwerin v. Krosigk, Menschenbilder, S. 122.
1034 Treviranus, Für Deutschland, S. 201.

Eine bereits 1931 erschienene Biographie ging ebenfalls auf diesen Zug Brünings ein:

> „Ist diese Art, alles innerlich abzumachen, jeden Ärger in sich hineinzufressen, nicht außerordentlich aufreibend? ... Muß ein Mensch von solchen Gewohnheiten bei dem großen Kraftverbrauch, den sein Amt bedeutet, nicht gefährlich vereinsamen? Hätte er es nicht viel leichter, ... wenn er mit der Vitalität eines Stresemann oder Wirth einmal auf den Tisch hauen und mit vollem Temperament aus sich herausgehen könnte?"[1035]

Mit Heinrich Brüning trat im März 1930 nicht nur ein neuer Politikertypus an, sondern bald war auch klar, dass seine Regierungspraxis eine andere werden würde. Mit der Zusammensetzung des Kabinetts und dem Regierungsprogramm wurde offenbar, dass ein Rechtsruck eingetreten war; Brüning war Hindenburgs Wunschkandidat gewesen. Zu den wachsenden finanzpolitischen Schwierigkeiten trat wiederum das Feilschen um eine Parlamentsmehrheit, denn die erhoffte Mitarbeit der Deutschnationalen erwies sich aufgrund des sich bereits abzeichnenden Obstruktionskurses Hugenbergs als nicht verlässlich. Direkt nach Brünings Regierungserklärung reichte die SPD einen Misstrauensantrag ein, der nur mit knapper Mehrheit abgewehrt wurde. Brüning, der Unterstützung Hindenburgs gewiss, hatte keine Skrupel, gestützt auf das präsidiale Notverordnungsrecht des Artikels 48 der Reichsverfassung auf dem Verordnungswege zu regieren. Nach einer Abstimmungsniederlage im Juli 1930 war der Zeitpunkt dafür gekommen. Brüning erklärte im Reichstag, dass „die Reichsregierung auf die Fortführung der Behandlung ... keinen Wert mehr legt."[1036] Mit dieser recht brüsken Verabschiedung brach das offene Präsidialregime an, das die letzten Jahre der Weimarer Republik kennzeichnete.[1037] Als zwei Tage später eine Reichstagsmehrheit verfassungsgemäß die Auflösung der nun auf dem Verordnungswege beschlossenen Gesetze forderte, löste Brüning, wiederum mit präsidialer Vollmacht, das Parlament auf. Die im September stattfindenden Neuwahlen ergaben einen erdrutschartigen Zugewinn der

---

1035 Beer, Brüning, S. 67.
1036 Protokoll der Reichstagssitzung vom 16.7.1930, Stenographische Berichte, in: Verhandlungen des Deutschen Reichstags, IV. Wahlperiode, Bd. 428 (1930), S. 6407.
1037 Vgl. Winkler, Weimar, S. 381; Heiber, Republik, S. 225.

NSDAP und verschärften schockartig die politische Krise Weimars um ein Vielfaches. Ironischerweise brachten sie Brüning und die Sozialdemokratie wieder zusammen, da seine Regierung einerseits nun auf die Tolerierung aller Maßnahmen und Verordnungen durch die SPD angewiesen war, wozu jene nur deshalb bereit war, weil sie im Gegenzug die Stützung der preußischen Regierung Braun erreichte, die wiederum auf das Brüning treu ergebene Zentrum angewiesen war. Die Anomalie, dass die Regierungsform nun sogar mehr als zuvor zwar aparlamentarisch (was sich im rapiden Rückgang von Reichstagssitzungen ausdrückte)[1038], aber nicht antidemokratisch war, gibt bis heute Anlass zu Kontroversen über Brünings Regierung. Auf die Einzelheiten der hochumstrittenen Deflations- und Austeritätspolitik in der wirtschaftlich problematischsten Lage der gesamten Zwischenkriegszeit[1039] kann hier nicht weiter eingegangen werden. Stattdessen können, die strukturellen Bedingungen von Politik durchaus nicht vernachlässigend, viele der Verlaufsbedingungen der „totalen Krise" (Peukert) auch im Rückschluss auf die Person Heinrich Brünings erklärt werden, die in Zeiten zunehmend autoritären Regierungsstils und der Ausschaltung des Parlaments ein größerer Faktor war als zu Zeiten parlamentarisch gestützter Herrschaft, in denen der Kabinettschef mehr als primus inter pares agierte. Gerhard Schulz hat im Hinblick auf die Regierungspraxis, die sich in immer kleinere Zirkel zurückzog, Brünings Tendenz zu administrativem Klein-Klein und seinem Mangel an politischem Weitblick konstatiert, dass sich eingedenk der „teilweise eindrucksvollen Reden des Kanzlers ... Fragen ergeben, die sowohl auf die politische Situation als auch auf die Persönlichkeit verweisen."[1040] Daher ist aller Stilisierungen und Codierungen[1041] zum Trotz m. E. die Folgerung zulässig, dass Brüning die Entbehrungen, die, wie gezeigt, sein Leben und von Beginn an seine politische Karriere geprägt hatten, einer zusehends verelendenden Bevölkerung auferlegen zu können meinte. Die dementsprechende Rhetorik spricht dafür, etwa wenn von „Einsetzung der

---

1038 Vgl. Büttner, Weimar, S. 422.
1039 Vgl. Knortz, Wirtschaftsgeschichte, S. 200–266; Büttner, Weimar, S. 462f.; Wehler, Gesellschaftsgeschichte IV, S. 516–530.
1040 Gerhard Schulz: Von Brüning zu Hitler. Zwischen Demokratie und Diktatur, Bd. 3, Berlin 1992, S. 871f.
1041 Vgl. Lange, Genies im Reichstag, S. 187 u. 191.

letzten Kräfte und Reserven aller Bevölkerungskreise"[1042] die Rede war. Noch in seiner letzten Reichstagsrede äußerte er die Erwartung, dass „das deutsche Volk die Nerven behält, [und] das Letzte darangesetzt wird, um durch Zusammenfassung der dem Volke zur Verfügung stehenden Kräfte in den nächsten Monaten das Höchste zu leisten."[1043] An einer Fortführung dieser nervenanspannenden Therapie sollte Brüning schließlich die Logik der von ihm selbst initiierten antiparlamentarischen Wende und die „Dialektik von autoritärer Politik und ,Machtzerfall'"[1044] hindern. Die jungkonservative *Tat* kritisierte 1931: „Der Kanzler ist nicht robust. ... Ihm fehlt die Robustheit der großen Führung."[1045] So musste der vermeintlich so nervenstarke Kanzler, dessen „Nerven kaum so eisern wie der Wille, der ihnen eine Reaktion verbietet"[1046] waren, dieselbe immerwährende Selbsttüchtigung auch äußerlich walten lassen. Auf dem Höhepunkt der Krise „gehörte eine eiserne Gesundheit dazu, nicht auf der Strecke zu bleiben. Brüning hatte eine zarte Gesundheit, aber in solchen Augenblicken siegte das Herz."[1047] Wie viel Brüning sich jedoch zum Teil abverlangte, gestand er später ein:

> „Jeder hatte das Gefühl: Von dieser Rede [am 13.10.1931] hängt Sein oder Nichtsein ab. Verteidigung bedeutete Niederlage. ... Es war mir physisch schwer, die Rede durchzuhalten. Es gelang. [...] Als ich um elf Uhr aus dem Reichstag nach Hause ging, hatte ich zwar das Gefühl, daß der Reichstag nunmehr keinen Kampf mehr gegen mich wagen würde, aber die vielen Monate täglichen Ringens machten sich bemerkbar. Ich war noch nie in meinem Leben körperlich so erschöpft gewesen."[1048]

Brünings Regierung hatte die schwere Bankenkrise des Jahres 1931 ebenso wie viele andere Teilkrisen zwar überwunden, aber damit – in der Rückschau – ihren Zenit überschritten. Dennoch wurde bis zum Mai 1932 nicht

---

1042 Zit. n. Büttner, Weimar, S. 429.
1043 Protokoll der Reichstagssitzung vom 11.5.1932, Stenographische Berichte, in: Verhandlungen des Deutschen Reichstags, IV. Wahlperiode, Bd. 446 (1932), S. 2597.
1044 Peukert, Weimarer Republik, S. 257.
1045 Der Kanzler Brüning, in: Die Tat 23 (Nov. 1931), H. 8, S. 667.
1046 Beer, Brüning, S. 69.
1047 Schwerin v. Krosigk, Menschenbilder, S. 134.
1048 Heinrich Brüning: Memoiren 1918–1934, Stuttgart 1970, S. 428–429.

klar, dass Hindenburg das Vertrauen in „seinen" Kanzler verloren hatte. Die Gründe dafür sind in dem wachsenden Druck einer rechtsstehenden „Kamarilla" im Umfeld Hindenburgs und nicht zuletzt dem Einfluss des Generals von Schleicher ausgemacht worden, die eine endgültige Abkehr vom Tolerierungsregime und einen Übergang zum offen autoritären Staat anstrebten.[1049] Doch trugen die Erfolge, die Brüning auf außenpolitischem Gebiet errang und die ein Ende der Reparationen nach der Konferenz von Lausanne im Juni in Aussicht stellten, noch einmal zu seiner Festigung bei. Anfang Mai 1932 jedenfalls war nicht abzusehen, dass er am Monatsende nicht mehr im Amt sein sollte. Ich möchte daher an dieser Stelle eine andere Nuancierung in der Interpretation des Sturzes Brünings anregen, die weniger mit den Ränkespielen Schleichers und anderer, sondern mit der Reichstagssitzung vom 10. bzw. 11. Mai zusammenhängt.

4.8.2 „Ausgerechnet an diesem Tage" – von Furunkeln und Zahnschmerzen

Brüning hatte bei Hindenburg nach dessen Drängen auf einen innenpolitischen Kurswechsel Ende April nochmals Zeit gewonnen. Seine Erfolge in Bezug auf die Reparationsverhandlungen hatte Hindenburg sogar anerkennend kommentiert: „Es ist erstaunlich, was der kleine Brüning in Genf erreicht hat."[1050] Als nächste wichtige Etappe stand für den 9. bis 12. Mai neben der ersten Lesung des Schuldentilgungsgesetzes eine allgemeine politische Aussprache im Reichstag an.

Am ersten Sitzungstag sprach für die Regierung nur Finanzminister Dietrich über Etatfragen. Brüning beschreibt, wie er nach der Sitzung (die lt. Protokoll um halb sieben abends geschlossen wurde) zu Hindenburg gerufen wurde und diesen nur mit einer Rücktrittsdrohung von weiteren Forderungen, etwa nach einer Umbildung der Regierung zu stellen, abgehalten habe:

1049 Vgl. Winkler, Weimar, S. 462ff; Büttner, Weimar, S. 459ff.; Werner Conze: Zum Sturz Brünings, in: Vierteljahreshefte für Zeitgeschichte 1 (1953) 3, S. 261–288.
1050 Brüning, Memoiren, S. 567; vgl. Büttner, Weimar, S. 458.

"Ich erklärte dem Reichspräsidenten, er müsse selber wissen, was er tue, ich bitte um meine augenblickliche Verabschiedung... Das saß. Der Reichspräsident wurde verwirrt und erklärte mir, er gäbe seine Absicht auf. Als ich zum Reichstag zurückfuhr, fieberte ich stark. Ich dachte, es sei eine Folge der Aufregung. Nach einer Stunde merkte ich, daß ich eine schwere Wurzelentzündung hatte. Die Schmerzen steigerten sich. Am Abend spät mußte ich noch zum Arzt, der den Zahn noch in der Nacht entfernte. Am nächsten Tage waren von den Einspritzungen die Lippenmuskeln noch schwach, und so passierte das Unglück, daß ich ausgerechnet an diesem Tage in der höchsten politischen Spannung selbst nicht reden konnte. Ich mußte an diesem Morgen noch zwei Stunden zum Zahnarzt zurück und mußte daher Groener alleine reden lassen."[1051]

Offenbar hatte Brüning also vorgehabt, tags darauf in die Aussprache im Reichstag einzugreifen. Nun fiel diese Verantwortung Wilhelm Groener zu. Dieser, seit 1928 Reichswehrminister und seit 1931 kommissarisch auch mit der Führung des Innenministeriums betraut, hatte 1918 als letzter kaiserlicher Generalquartiermeister im Zuge seines historischen Pakts mit Friedrich Ebert einen einigermaßen geordneten Ablauf der Machtübergabe gewährleistet. Mit dem Eintritt in das Kabinett Müller hatte er seine Republiktreue endgültig unter Beweis gestellt – und war dadurch bei der radikalen Rechten umso mehr verhasst. Maßlos gesteigert wurde dies noch durch das im April erfolgte Verbot von SA und SS, um das es in der Reichstagssitzung ebenfalls gehen sollte. Am 9. Mai hatte Groener Brüning noch mitgeteilt, dass er „an diesem Tage nicht zu der Sitzung erscheinen" könnte, da er

„eine schwere Furunkulose an der Stirne und hohes Fieber habe, fügte aber hinzu, auch wenn er noch so krank sei, würde er am nächsten Tage zu der politischen Aussprache kommen."[1052]

Nun wurde er im Reichstag von Hermann Göring scharf und polemisch angegangen. Mit dem SA-Verbot und dem gleichzeitigen Schutz des republikanischen Reichsbanners habe Groener die „Zerstörung des Wehrwillens"[1053] in Kauf genommen. Brüning zufolge war Göring überdies „für seine Rede vom Reichswehrministerium ein intimer und geheimer Briefwechsel zur

---

1051 Brüning, Memoiren, S. 586f.
1052 Ebd., S. 585.
1053 Rede Hermann Görings; Protokoll der Reichstagssitzung vom 11.5.1932, Stenographische Berichte, in: Verhandlungen des Deutschen Reichstags, V. Wahlperiode, Bd. 446 (1932), S. 2541.

Verfügung gestellt" worden. Diese Indiskretion (die Brüning auf den Verrat Schleichers zurückführte) sollte Groeners Wut noch verstärken.

„In dieser Erregung, mit rasenden Schmerzen vermochte der arme Groener keinen Hieb abzuwehren. ... Mit schwerem Furunkel an der Stirne, verbundenem Kopf und hohem Fieber gab [er] nicht die vorbereitete Erklärung ab. Er war [wegen Görings Rede] derartig erregt, daß er nach Luft schnappte und kaum Worte finden konnte. Er, der sonst ruhigste von allen."[1054]

Selbst die zweifellos gestrafften stenografischen Protokolle geben einen Einblick in Groeners Aufregung.

„Wenn Sie, Herr Abgeordneter Göring, davon gesprochen haben, daß der deutsche Widerstandswille zerstört werden solle, so muß ich ... das als eine unerhörte Anmaßung bezeichnen. ... Ich muß auf das ernsteste Verwahrung einlegen. Mir fehlen die Worte, Herr Göring! So weit sollten Sie mich kennen, Herr Göring, und ich verbitte mir das! Sie können mir das nicht vorwerfen. ... Das ist eine ehrliche Empörung, meine Herren!"[1055]

Zu Groeners gesundheitlicher und emotionaler Indisposition traten die erschwerten Redebedingungen. Nicht weniger als 60 Zu- und Zwischenrufe allein von nationalsozialistischer Seite verzeichnet das Protokoll, fünfmal musste der nicht souverän leitende[1056] Vizepräsident Esser (Zentrum) unterbrechen; Göring wurde zweimal zur Ordnung gerufen und hätte nach einem weiteren Zwischenruf („Die Ehre meines Führers ... steht mir höher als Ihr ganzes Parlament!")[1057] eigentlich den Hinauswurf reichlich verdient gehabt. So blieb der Eindruck eines verheerenden, völlig konfusen und unverständlichen Auftritts Groeners. Brünings Staatssekretär Pünder meinte: „Der katastrophale Eindruck der Rede ist allgemein."[1058] Gregor Strasser hatte direkt im Anschluss an Groener höhnisch gefordert, „daß die Rede des Herrn Reichswehrministers durch Schallplatten in Deutschland verbreitet

---

1054 Brüning, Memoiren, S. 587. Vgl. auch John W. Wheeler-Bennett: Hindenburg. The Wooden Titan [1936], London u. a. 1967, S. 384.
1055 Rede Wilhelm Groeners; Protokoll der Reichstagssitzung vom 11.5.1932, Stenographische Berichte, in: Verhandlungen des Deutschen Reichstags, V. Wahlperiode, Bd. 446 (1932), S. 2545 u. 2550.
1056 Dieses von Pünder gefällte Urteil wird bereits bei der Durchsicht des stenografischen Protokolls offenbar. Vgl. Pünder, Politik, S. 120.
1057 Protokoll der Reichstagssitzung v. 11.5.1932, S. 2547.
1058 Zit. n. Winkler, Weimar, S. 464.

wird"[1059] und damit einen solchen Tumult ausgelöst, dass die Sitzung abgebrochen werden musste. Brüning, der bei Görings Rede noch anwesend gewesen war[1060], war während Groeners Untergang beim Zahnarzt, wie im Übrigen auch Pünders „Tageszettel" bestätigen.[1061] Im Rückblick meinte er:

> „Seine [=Groeners] Gedanken ... konnten erst nachträglich im stenographischen Protokoll festgestellt werden. Er redete wie einer, der in den letzten Zügen liegt. Politisch war er tot nach dieser Rede."[1062]

Abgeordnete der Koalitionsfraktionen drängten Brüning unmittelbar danach, Groener zu entlassen. Schleicher stellte das Ultimatum, dass „wenn Groener jetzt nicht abgehe, würden er, Schleicher, und die übrigen Spitzen des Reichswehrministeriums sofort ihren Abschied einreichen."[1063] Joseph Goebbels notierte in seinem Tagebuch: „Groener total unfähig. Das Haus bebt vor Lachen. Erledigter Mann! Sein Grabgesang. Wird von uns vollkommen zugedeckt. Tot."[1064] Schleicher sollte in den folgenden Tagen die treibende Kraft sein, die auf Groeners sofortige Entlassung drängte.[1065] Brüning versuchte – nachdem er angesichts der noch wirkenden Betäubung davon abgehalten worden war, sofort zu sprechen[1066] – tags darauf zu retten was zu retten war. „Ich hatte große Mühe, noch einen Funken Hoffnung wachzuhalten. Nun kam alles auf meine Rede ... an."[1067] In einer langen, kämpferischen Ansprache beschwor er wiederholt das Durchhaltevermögen sowohl des Parlaments als auch des deutschen Volkes – „nur nicht in den letzten fünf Minuten weich werden!". Dabei hob er hervor, er bliebe

---

1059 Protokoll der Reichstagssitzung v. 11.5.1932, S. 2550.
1060 Das Protokoll vermerkt seinen Zwischenruf; ebd., S. 2539.
1061 Tageszettel für den 9. und 10. Mai 1932; zit. b. Müller, „Brüning-Papers", S. 220.
1062 Brüning, Memoiren, S. 587.
1063 Winkler, Weimar, S. 464.
1064 Goebbels, Tagebücher, T. I, Bd. 2/II (Juni 1931-Sept. 1932), S. 278.
1065 Der mit Brüning befreundete Generalstabsoffizier Friedrich Wilhelm Willisen, der als Einziger noch den Einfluss gehabt hätte, Schleicher zu beeinflussen, war zu dieser Zeit außerdem bereits schwer krebskrank. Vgl. Hömig, Brüning, S. 541.
1066 Vgl. Hömig, Brüning, S. 541.
1067 Brüning, Memoiren, S. 587.

trotz aller Anwürfe der Opposition „vollkommen kühl"[1068] – ein weiterer Nachweis seiner Nervenertüchtigungsrhetorik. Brünings Rede endete mit einem berühmt gewordenen, doch vielfach inkorrekt zitierten Ausspruch, bei dem häufig übersehen wird, dass er sich mehr auf seine Person als seine Politik bezog:

> „Es spielt auch gar keine Rolle, was Sie über mich im Lande ... verbreiten; es läßt mich absolut kühl. Wenn ich mich dadurch beeindrucken ließe, dann würde ich den schwersten politischen Fehler machen, den zu machen irgend jemand im Augenblick in der Lage wäre: ich würde dann die Ruhe verlieren, die, meine Damen und Herren, an den *letzten hundert Metern vor dem Ziele* das absolut Wichtigste ist."[1069]

Das Bild von den „hundert Metern vor dem Ziel" haben für Brünings Nachwirken sowohl in der Selbstdarstellung als auch Fremddeutung eine enorme Rolle gespielt, konnten geneigte Interpreten doch hieraus ableiten, dass Brüning durch seinen Sturz um die verdienten Früchte seiner entbehrungsreichen Arbeit gebracht worden war. Dies verkennt, dass Brünings Politik dementgegen, wie zu Recht festgestellt worden ist, keineswegs kurz vor einem finalen Erfolg stand.[1070] Es darf bezweifelt werden, dass er selbst einen klar umrissenen Masterplan hatte und nicht „letztlich bloß Getriebener war, wo er vorgab Treibender zu sein."[1071] Abgesehen davon konnte der Einsatz des Kanzlers den Eindruck von Groeners Rede zudem nicht wiedergutmachen, und mit dessen bevorstehenden Rücktritt war allgemein klar, dass die letzte Stunde des Kabinetts geschlagen hatte. Als Brüning am 29. Mai von Hindenburg nach dessen Rückkehr aus dem Urlaub in Neudeck empfangen wurde, erklärte dieser ihm, die Regierung „muß weg, weil sie unpopulär ist". In „barschem, grobem Ton"[1072] wurde Brüning abserviert, und als er am 31. Mai wiederum bei Hindenburg erschien, um offiziell die Demission des Kabinetts zu überbringen, wurde er bereits nach wenigen

---

1068 Rede Brünings, Protokoll der Reichstagssitzung vom 12.5.1932, Stenographische Berichte, in: Verhandlungen des Deutschen Reichstags, V. Wahlperiode, Bd. 446 (1932), S. 2597.
1069 Ebd., S. 2602.
1070 Vgl. Büttner, Weimar, S. 461.
1071 Peukert, Republik, S. 256. Vgl. auch Schulz, Von Brüning zu Hitler, S. 871f.
1072 Brüning, Memoiren, S. 599.

Minuten hinauskomplimentiert.[1073] Brüning hat den Verlust des Amtes als große Erleichterung geschildert:

> „Ich genoß wieder die Worte des Odysseus: ‚Er allein aber von allen Sterblichen wählte das unscheinbarste aller Lose, das des Privatmannes, weil er nach allen Erfahrungen ...' So dachte ich mir mein Schicksal, ging um fünf Uhr ins Bett, mit der Aussicht, mich zum ersten Male seit 26 Monaten ausschlafen zu können, ohne das Gefühl, am nächsten Tage vor neuen Schwierigkeiten zu stehen."[1074]

Auch der britische Journalist John Wheeler-Bennett erinnerte sich: "Brüning went immediately to bed and slept for nearly twenty-four hours on end."[1075] Tatsächlich war das Ende seiner Kanzlerschaft und vor allem die Art und Weise, wie es gekommen war, eine traumatische Erfahrung für Brüning.[1076] Am Tag nach seiner Entlassung legte er sich „zu Bett, um nicht in der Fraktionssitzung Auskünfte über die Vorgänge geben zu müssen"[1077] – ein klares Anzeichen einer Depression. Selbst zu einer geordneten Amtsübergabe war er nicht imstande. Sein Staatssekretär Pünder schrieb in sein Tagebuch:

> „Vor zwei Stunden habe ich feierlich den neuen Reichskanzler [von Papen] in sein Amt eingeführt, nachdem Herr Dr. Brüning, der erschöpft im Bett liegt, hierzu nicht bereit und physisch und psychisch wohl auch nicht in der Lage war."[1078]

Brüning wohnte noch einige Tage in seiner Dienstwohnung und ließ sich dann klammheimlich von seinem Arzt (!) in sein neues Domizil im Hedwigskrankenhaus bringen. Hier reagierte nun auch sein Körper auf die äußeren und psychischen Anstrengungen: „Ich merkte erst jetzt die volle physische Reaktion auf die Erlebnisse."[1079] Von einem geplanten mehrmonatigen Ausscheiden aus dem politischen Geschäft nahm Brüning erst Abstand, als die Zentrumspartei, deren Führungsfigur er in den letzten Monaten der Weimarer Republik wurde, ihn dringend darum bat, die Spitzenkandidatur für die bald anstehenden Neuwahlen einzunehmen.

1073 Ebd., S. 602. Vgl. auch Hömig, Brüning, S. 563ff u. 572ff.
1074 Brüning, Memoiren, S. 603; er bezieht sich hier auf Platon, Politeia, Buch X.
1075 Wheeler-Bennett, Hindenburg, S. 395.
1076 Vgl. Hömig, Brüning, S. 589.
1077 Brüning, Memoiren, S. 610.
1078 Pünder, Politik, S. 133.
1079 Brüning, Memoiren, S. 615. Vgl. auch Wheeler-Bennett, Hindenburg, S. 429.

Brünings Frustration über seinen Sturz ist bereits von Zeitgenossen aufgenommen worden. Hindenburgs Staatssekretär, die graue Eminenz Otto Meissner verzeichnete, dass

> „Brüning, der eine empfindsame Natur war, durch [Hindenburgs] Mißtrauen ... tief verletzt war. ... Sein Fehler war, daß er zu gewissenhaft und zu skeptisch war und daß es ihm manchmal an der Kraft des Entschlusses fehlte."[1080]

Der Journalist Rüdiger Robert Beer, der 1931 die erste Brüning-Biographie verfasst hatte, meinte retrospektiv, dass die Entlassung

> „für Brüning eine überaus tiefe menschliche Enttäuschung bedeuten mußte, ist nur verständlich. ... Wir scheinen hier vor einer ähnlichen Schwäche in der realistischen Einschätzung der eigenen Situation zu stehen, wie wir sie bei der September-Wahl von 1930 festgestellt haben. Da liegt doch wohl ein gewisser Mangel an psychologischer Phantasie vor. [In] seiner unbedingten Sachlichkeit ... konnte er sich im Grunde nicht vorstellen, daß das Vernünftige sich nicht mit eigener Überzeugungskraft durchsetzte. ... Diese psychologische Schwäche kontrastiert und ergänzt sich zugleich in merkwürdiger Weise mit der Fähigkeit zu realistischer Beurteilung gegebener Situationen und voraussehbarer Entwicklungen, einem Realismus, ... der zu einer gewissen Düsterkeit neigt. ... Wie er empfindlich ist und sich leicht in sich selbst zurückzieht, wirbt er nicht mit nach außen sprühender Vitalität."[1081]

4.8.3 Fazit

Ähnlich wie Otto Braun waren Brüning, beim Ausscheiden aus dem Amt erst 47 Jahre alt, noch viele Lebensjahre vergönnt. Die Beschwernisse des Exils während der Nazizeit und die erneute große Enttäuschung darüber, dass sein Mitwirken und politisches Urteil in der jungen Bundesrepublik unter Brünings altem Rivalen Adenauer nicht sonderlich gefragt waren (im Gegensatz zu Braun, dem wenigstens das Glück widerfuhr, in seinen letzten Lebensjahren bei seiner Partei als Altvorderer hoch im Kurs zu stehen), haben zu weiterer Verbitterung beigetragen. Schon 1935 klagte er:

1080 Otto Meissner: Staatssekretär unter Ebert-Hindenburg-Hitler. Der Schicksalsweg des deutschen Volkes, wie ich ihn erlebte, Hamburg 1950, S. 229.
1081 Rüdiger Robert Beer: Rückschau nach 30 Jahren, in: Wilhelm Vernekohl (Hg.): Heinrich Brüning. Ein deutscher Staatsmann im Urteil der Zeit. Münster 1961, S. 110f. Vgl. auch Hömig, Brüning, S. 223, der von Brünings „scheinbar rationalen, letztlich harmonischen Gesellschaftsbild" spricht.

„Warum stürmte ich seit 1914 durchs Leben, immer kämpfend, fast ohne Vergnügen, oft sehr einsam, statt mich glücklich zu verheiraten und mich nicht täglich um das Schicksal meines Landes zu sorgen?"[1082]

Auch waren die fast vier Jahrzehnte, die Brüning nach seiner Kanzlerschaft noch erlebte, von häufigem Kranksein geprägt.[1083] Golo Mann nahm später eine gewissermaßen psychosomatische Deutung vor: „Übrigens ist er viel krank, zumal herzleidend; vielleicht hat das leidende Herz mit dem schweren, kummervollen Herzen zu tun."[1084]

Es ist die historische Tragik Heinrich Brünings, dass gerade er die Pandorabüchse des Notverordnungsregimes öffnete und damit zum Untergang der Weimarer Republik beitrug, verbunden mit der „Tragik, in dem Augenblicke an der Spitze eines großen Gemeinwesens zu stehen, wo die Probleme in grandioser Furchtbarkeit sich zuspitzen."[1085] Diese überaus schwierigen Handlungsbedingungen von Politik manifestierten sich überdies nicht nur inhaltlich, sondern gewissermaßen auch äußerlich, d. h. die Person des politischen Akteurs unmittelbar betreffend:

> „Der Reichskanzler nahm ein Maß an Unpopularität auf sich, wie kaum ein Staatsmann vorher. Als er durch den Osten reiste, dem er helfen wollte, flogen ihm Steine an den Wagen."[1086]

Solche physische Bedrohung und nicht selten ad personam gerichteten Invektiven („Hungerkanzler") mussten freilich bei aller Selbstertüchtigungs- und Nervenstärkerhetorik auf die empfindliche Natur Brünings zurückwirken, er

> „hatte keine Elefantenhaut. Er war verwundbar. Er nahm eine Kritik nicht leicht, ob sie von Freunden oder Gegnern kam, weil er zu viel Verantwortungsgefühl besaß, um Einwände einfach abzuschütteln."[1087]

1082 Heinrich Brüning: Briefe und Gespräche 1934–1945, hg. v. Claire Nix, Stuttgart 1974, S. 87.
1083 Vgl. Treviranus, Für Deutschland, S. 193.
1084 G. Mann, Vom besten Kaliber, S. 20f.
1085 Nobel, Brüning, S. 84.
1086 Beer, Brüning, S. 58f.
1087 Schwerin v. Krosigk, Menschenbilder, S. 139.

Brünings sensible Prädisposition schlug sich bei vor allem im psychologischen Bereich nieder – „ein tief trauriger Mensch, im Grunde, der seine Kraft zusammen nehmen muß, um etwas Besseres um sich zu verbreiten als Trauer"[1088] – und hatte wiederum auf das politische Handeln ihren Einfluss: „Ein Kanzler ohne Ausstrahlung, von vielen wegen mangelnder Entscheidungsfreudigkeit als deutscher ‚Fabius Cunctator' gescholten."[1089] Dazu trat schließlich in der Verdichtung auf die Ereignisse des 10. Mai 1932 eine unglückliche Verkettung krankheitsbedingter Abwesenheit bzw. Indisponiertheit. Im Moment, als sich erste Anzeichen für die Überwindung der schwersten äußerlichen Krise andeuteten, erlebte die Regierung Brüning eine Kulmination ihrer Führungskrise, so wie Stresemanns und Müllers gleichzeitige Abwesenheit krankheitshalber im Sommer 1929 den Niedergang der Großen Koalition beschleunigt hatte.

Es mag Brüning eingedenk seines vielbeschworenen Bildes eigener Kühle gut gefallen haben, dass sein Biograf ihn mithilfe einer medizinischen Metapher charakterisierte:

> „Er liebte ja dieses Volk. Er sah, daß es krank war und fühlte sich als Arzt, der nicht erschrecken und schon gar nicht zürnen darf, wenn der Kranke ihn im Fieber anbrüllt und anspringt. Er zwang sich zur Rücksichtslosigkeit."[1090]

Wie schon an einigen Fällen im vorherigen Teil dieser Arbeit illustriert, taucht auch hier die politische Krankheitsmetapher des Fiebers auf, mit der das politisch fehlgeleitete deutsche Volk beschrieben wird. Als „Arzt am Volke" wurde diesem hier der vermeintlich so „rücksichtslose" und nervenstarke Brüning empfohlen. So zweifelhaft das Bild – man denke an die Verwendung im nationalistischen Diskurs – ohnehin ist, so wenig war zu dieser Aufgabe Heinrich Brüning geschaffen, ein Kind des neurasthenischen Zeitalters „in diesem Jahrhundert mit sensitivem Gefühlsleben, ständig überfordert in der Beanspruchung seiner Arbeitskraft an Leib und Seele."[1091]

1088 G. Mann, Vom besten Kaliber.
1089 W. Stresemann, Wie konnte es soweit kommen, S. 33.
1090 Beer, Brüning, S. 58f.
1091 Treviranus, Für Deutschland, S. 196.

4.9 Andere Fälle

Mit den hier erwähnten Weimarer Politikern sind solche Fälle betrachtet worden, die in ihrer (auch quellenmäßig fassbaren) Komplexität einen tieferen Eindruck ermöglichten. Jenseits der ersten Reihe von Staatsmännern gab es auch eine Anzahl an demokratischen Ministern und Beamten, von denen ein durchaus ähnliches Bild entstehen kann.

Adolph Hoffmann, als „10-Gebote-Hoffmann" bekannt gewordener sozialistischer preußischer Kultusminister nach der Novemberrevolution, konnte sein ambitioniertes Programm einer Trennung von Kirche und Staat nicht weiterführen, nachdem er im Dezember 1918 an der spanischen Grippe erkrankte, als dienstunfähig ausgebootet wurde und einen Monat später zurücktrat.[1092] Wie sehr die Umstände von Regierungspolitik im Jahre 1932 zur nervlichen Anspannung beitrugen, zeigt das Beispiel des Prälaten Kaas. Als Siebenundvierzigjähriger hatte der ebenso wie Brüning einer neuen Generation von Zentrumspolitikern angehörende Kaas 1928 den Parteivorsitz übernommen und sich bald auf dem rechten Flügel der Partei profiliert. An sich einer autoritären Lösung wohl nicht abgeneigt, hat der Verlauf von Brünings Sturz und vor allem die Berufung Franz von Papens, die Kaas als Verrat an der Partei betrachtete, diesem sehr zugesetzt. Pünder zufolge war er „einem Schlaganfall nahe" und musste mehrere Tage im Bett verbringen.[1093] Seine Dienstunfähigkeit notierte auch Brüning:

> „Kaas sah eine Katastrophe kommen. Er brach körperlich völlig zusammen, nahm für die Nacht ein zu starkes Schlafmittel und kam für einige Tage in einen somnambulen Zustand, der ihn praktisch für längere Zeit unbrauchbar machte zur Arbeit. Vorübergehend hatten die Ärzte und Schwestern des Hedwigshospitals die größten Besorgnisse um ihn."[1094]

Offenbar besaß Kaas, der schon Ende 1927 eine „heftigen Attacke" auf seine Gesundheit erlitten hatte[1095], ein noch empfindlicheres Nervenkostüm als sein Parteifreund Brüning.

1092 Vgl. Eckhard Müller: „Los von der Kirche!" – Der „Zehn-Gebote-Hoffmann", in: Diesseits, Nr. 83 (Juni 2008), S. 30–33.
1093 Pünder, Politik, S. 135.
1094 Brüning, Memoiren, S. 610. Vgl. auch Hömig, Brüning, S. 581f.
1095 Vgl. Gustav Stresemann, Brief an Kaas v. 12.1.1928, in: Bernhard, Vermächtnis Bd. 3, S. 500.

Carl Severing, als preußischer Innenminister 1920–1926 verantwortlich für und in großen Teilen erfolgreich im demokratischen Umbau des Beamten- und Polizeiapparats, hatte schon 1925 als Fünfzigjähriger der gelegentlichen „Ausspannung und ... gewünschten Kräftigung meiner Gesundheit" bedurft, „ohne die aufregende Ämter nicht zu führen sind."[1096] Im Jahr darauf waren jedoch „Verleumdungen ... der Rechtspresse bald de[r] bekannte Tropfen, der das Maß der Bitterkeiten und Enttäuschungen bei mir zum Überlaufen brachte."[1097] Auch Aufenthalte in Sanatorien konnten Severings Zustand, der vor allem an chronischer Schlaflosigkeit (man beachte den metaphorischen Gehalt) litt, nicht so weit wiederherstellen, als dass der im Oktober 1926 erfolgte Rücktritt vermeidbar gewesen wäre.

> „Von der Bürde des Amtes befreit, merkte ich erst recht, in welchen Zustand der Erschöpfung ich geraten war. Bald wurde mir auch klar, welche Aufwendungen gemacht werden mussten, um mich wieder einsatzfähig zu machen."[1098]

Severing, der im Gegensatz zu Ebert oder Stresemann den Weg der Genesung den der Selbstaufgabe vorzog, konnte seine Gesundheit tatsächlich soweit wieder herstellen, dass er 1928 als starker Mann der Sozialdemokratie in das Kabinett Müller eintrat. Im Jahr 1930 kehrte er auf seinen alten Posten in Preußen zurück, den er unter den zunehmend widrigen Bedingungen des aufziehenden Bürgerkriegs bis zum Preußenschlag 1932 ausfüllte – und bei der Gelegenheit der Einzige war, der sich dem Unrecht des Staatsstreichs entgegenstellte und nur „der Gewalt wich". Doch selbst in seinen Memoiren bleibt die Erinnerung an das Zustandekommen seines gesundheitlichen Zusammenbruchs lebendig:

> „Und wenn ich darum heute Auskunft geben müßte auf die Frage, welchem Umstand ich meine schnelle Wiedergenesung zuschreiben möchte, dann dürfte ich ohne Bedenken die Befreiung von den Abwehrkämpfen des Amtes, also die *Retirade aus der Drecklinie*, als den entscheidenden angeben."[1099]

1096 Carl Severing: Mein Lebensweg. Bd. 2: Im Auf und Ab der Republik, Köln 1950, S. 62.
1097 Ebd., S. 92.
1098 Ebd., S. 98.
1099 Ebd., S. 100.

4.9.1 Kein Fall: Hindenburg

Ein aufgrund seines bereits bei Amtsantritt hohen Alters von 77 Jahren möglicher Kandidat entpuppt sich bei genauerem Hinsehen keineswegs als „kranker Mann" Weimars. Paul von Hindenburg, Symbolfigur des Weltkriegs, Präsident in der zweiten Hälfte der Weimarer Republik und bis heute kontroverse Figur der Weimar-Forschung, gab seinen ihn unter Beobachtung haltenden Ärzten bis auf kleinere Gebrechen und eine sich nach 1930 leicht verschlechternde Gesamtkonstitution keinen Anlass zur Besorgnis. Wolfram Pyta hat diesen Aspekt in seiner meisterhaften Psycho-Biographie nicht unberücksichtigt gelassen und ist zu dem Schluss gekommen, dass in seiner Zeit als Präsident „Hindenburg ernstlich krank ... nicht gewesen ist, und auch bis in den März 1934 hinein ... von solchen Heimsuchungen verschont"[1100] blieb. Auch Hindenburgs Staatssekretär Meissner betonte:

> „Ein nachträglich entstandenes Gerücht will wissen, daß der damals 84jährige Reichspräsident im September 1931 einen geistigen Zusammenbruch erlitten habe und seither nicht mehr im vollen Besitz seiner geistigen Kräfte gewesen sei. [...] Tatsächlich handelte es sich damals nicht um einen geistigen oder Nervenzusammenbruch, sondern um eine nur vorübergehende Grippeerkrankung Hindenburgs. ... Er hat sich nachher rasch wieder völlig erholt und war bis wenige Tage vor seinem Tode im Vollbesitz seiner geistigen Fähigkeiten."[1101]

Während insbesondere Brüning Zweifel an Hindenburgs mentaler Verfassung in der Endphase Weimars anmeldete, hat Pyta hervorgehoben, dass dieser mindestens bis 1933 vollauf Herr seiner Entscheidungen war und vielmehr ein klares, von keiner Krankheit getrübtes Selbst- und Machtbewusstsein an den Tag legte. Erst nach Hitlers Antritt machten sich Anzeichen eines gesundheitlichen Abbaus bemerkbar, die über das altersbedingte Normalmaß und Hindenburgs (auch trügerische) „natürliche Lethargie"[1102] hinausgingen und die erst dann den Nationalsozialisten die „Gleichschaltung" des höchsten Staatsamtes erleichterte.

1100 Wolfram Pyta: Hindenburg. Herrschaft zwischen Hohenzollern und Hitler, Berlin 2007, S. 302.
1101 Meissner, Staatssekretär, S. 213f.
1102 Andreas Dorpalen: Hindenburg and the Weimar Republic, Princeton 1964, S. 464.

4.9.2 Exkurs: Die kranken Männer Großbritanniens

Abschließend sei ein – gewissermaßen abgleichender – Seitenblick auf eine andere, weitaus gefestigtere europäische Demokratie und ihre „kranken Männer" gewagt. Das Großbritannien der Zwischenkriegszeit, von Historikern dieser Epoche jüngst als "borrowed time"[1103] oder "morbid age"[1104] beschrieben worden, war ebenfalls von politischen Akteuren geprägt, die krankheitsbedingt in einem nicht unerheblichen Ausmaß an einer kraftvollen Amtsführung gehindert wurden. Andrew Bonar Law, mit dem im Oktober 1922 erstmals nach siebzehn Jahren liberalem Regierungsvorsitz wieder ein Konservativer Premierminister wurde, hatte bereits im Vorjahr den wichtigen Posten des Leader of the House of Commons aufgrund von Bluthochdruck und eines nahenden „Zusammenbruches" aufgeben müssen:

> „The strain of the last few years has pressed very heavily on me, and, as indeed you know, I have for more than three years found it very difficult to do my work. Now I am quite worn out, and my medical advisers have warned me that my physical condition is such that unless I have an immediate and long rest an early and complete breakdown is inevitable."[1105]

Hierbei ist zu bemerken, dass die erwähnten Belastungen des politischen Geschäfts Bonar Law durchaus nicht neu gewesen sein können, war er doch lange Teil desselben gewesen und schon seit 1900 Abgeordneter. Doch die außerordentlichen Belastungen der Kriegs- und direkten Nachkriegszeit hatten – ganz ähnlich wie bei den deutschen Counterparts – auch bei einem solch erfahrenen Akteur ihre Spuren hinterlassen.

> „He began to feel that his strength was not equal to the tasks of government entrusted to him. Never a buoyant optimist, notwithstanding his proved moral courage, he took to heart the gradual running-down of the machine."[1106]

Bonar Laws Amtszeit als Premierminister, die von innerparteilichen Querelen der Tories, der Auseinandersetzung um eine Wiederaufnahme der

---

1103 Roy Hattersley: Borrowed Time. The Story of Britain between the Wars, London 2007.
1104 Richard Overy: The Morbid Age. Britain between the Wars, London 2009.
1105 Rücktrittserklärung Andrew Bonar Laws an Premierminister David Lloyd George v. 17.3.1921, zit. n. The Times v. 18.3.1921, S. 10. The Times Digital Archive [1.8.2013].
1106 Ebd.

Andere Fälle

Koalition mit Lloyd Georges Liberalen und diversen außenpolitischen Krisen geprägt war[1107], endete nach nur sieben Monaten. Der Ausbruch von Kehlkopfkrebs hatte es ihm unmöglich gemacht, im Parlament zu sprechen, und noch im Amt ging er auf eine längere Erholungsreise im Mittelmeer, während der er sich von Lord Curzon vertreten ließ.[1108] Der am 20. Mai erfolgte Rücktritt krankheitshalber stellte nichts weniger dar als eine "severe ... political crisis so long feared".[1109] Bonar Law lebte nur noch wenige Monate, er starb am 30. Oktober 1923 im Alter von 65 Jahren. Wenngleich weniger dramatisch, waren jedoch auch andere namhafte Politiker Großbritanniens gesundheitlich eingeschränkt. Der erwähnte Lord Curzon, Außenminister 1919–1924, durchlitt zeitlebens "periods of intense illness", namentlich chronische Rückenschmerzen.[1110]

> „Never a strong man, he had forced himself throughout life by sheer will-power, in spite of serious physical disabilities, to do day by day more than a strong man's work; and in the early spring of 1925, his health suddenly broke down, and after a fortnight's illness he died in London on March 20 [1925]."[1111]

Lloyd George, der starke Mann der Liberalen, stand nach dem Verlust des Amtes des Premiers 1922 zwar außerhalb der Macht, aber immer noch im Zentrum parlamentarischer Politik. Auf dem Höhepunkt der Wirtschaftskrise verhinderte eine schwere Erkrankung[1112], dass er nicht an den Verhandlungen über eine Beteiligung der Liberalen an der Koalitionsregierung eines *National Government* teilnehmen konnte.[1113] Diese Frage sollte der

---

1107 Vgl. Charles Loch Mowat: Britain between the Wars 1918–1940, London 1968, S. 157ff.
1108 Vgl. ebd., S. 162.
1109 Prime Minister's Illness, in: The Times v. 21.5.1923, S. 8. Vgl. auch The Times v. 22.5.1923, S. 12 ("The Crisis"). The Times Digital Archive [1.8.2013].
1110 Michael Streich: Lord Curzon at the Twilight of the British Empire, Suite 101, 25.3.2013; http://suite101.com/article/lord-curzon-at-the-twilight-of-the-british-empire-a381848 [1.8.13].
1111 Eintrag „George Nathaniel Curzon", Encyclopaedia Britannica, Bd. 1, London [13]1926, S. 779.
1112 Vgl. The Times v. 7.8.1931, S. 10. The Times Digital Archive [1.8.2013].
1113 Vgl. Eintrag „David Lloyd George", in: A Dictionary of Political Biography, hg. v. Dennis Kavanagh and Chris Riches, Oxford University Press 2013 [online]. (http://www.oxford-reference.com/view/10.1093/acref/9780199569137.001.0001/acref-9780199569137-e-438?rskey=edZTBU&result=459&q=) [1.8.2013].

Anlass für eine folgenschwere erneute Spaltung der Partei sein, von der sie sich jahrzehntelang nicht mehr erholen sollte; zudem erwies sich die Große Koalition ohne Mitwirkung des charismatischen Lloyd George bald als sehr instabil. Dies hatte auch mit dem körperlichen Verfall des Regierungschefs Ramsay MacDonald zu tun. Gesundheitlich angeschlagen und im Sehvermögen beeinträchtigt[1114], wurden seine Auftritte im Unterhaus von Beobachtern zudem als zusehends wirr, seine Reden als unzusammenhängend beschrieben. "MacDonald was fully aware of his deteriorating powers. His note of lachrymose self-pity became accentuated, and the note of hypochondria exacerbated and legitimised by the glaucoma for which he was treated in 1932."[1115] Einem Parlamentskollegen gestand er im selben Jahr: "To tell you the truth I am absolutely rotten… Hardly ever slept without drugs. Awful strain. … Eyes giving way. Heart giving way. Mind giving way."
Entnervt kommentierte sein Gegenüber MacDonalds Lamento:

> "A lot of stage work. Head in the hands, etc. … He wailed and wailed about the Labour Party and Conservative Party and the Press and the weather and the House of Commons. … I wondered whether to push him in the water and throw stones at him, or try to smother him with a handkerchief. What a man!"[1116]

Trotz dieser Agonie aus Krankheit und psychischer Erschöpfung hielt sich MacDonald – in Zeiten schwerster wirtschaftlicher und sozio-politischer Krisen – noch bis 1935 im höchsten Regierungsamt, bevor er dieses an den konservativen Parteiführer Stanley Baldwin weitergab. Auch Baldwin, die wohl wichtigste politische Figur der britischen Zwischenkriegszeit und zwischen 1923 und 1937 drei Mal Premier, zeigte, wenngleich machthungrig und von hohem Selbstbewusstsein, oftmals eine eigentümlich eskapistische und ängstliche Seite:

> "He never had a plan ahead of a gathering crisis; he hated coming to decisions, and to do so made him physically nervous, so that his hands would twitch. He was, in fact, a very sensitive person, behind his bovine mask. … He admitted he was a lazy man. … In a crisis he would withdraw to his sanctum; or if it was acute, go to bed."[1117]

1114 Mr. MacDonald's Withdrawal, The Times v. 7.6.1935, S. 16. The Times Digital Archive [1.8.2013].
1115 Kevin Morgan: Ramsay MacDonald, London 2006, S. 80.
1116 Robert Boothby MP, zit. n. Morgan, MacDonald, S. 80.
1117 Loch Mowat, Britain, S. 196.

Diese wenigen Beispiele zeigen, welche Parallelen zwischen den britischen und deutschen Politikern Pendants bestanden: krankheitsbedingte Schwächung der politischen Führung gerade in schwersten kritischen Momenten, psychische Ermattung, Hypochondrie, Fluchttrieb. Und so ist das Urteil der Nachwelt über diese Männer – bereits am Ende ihrer Ära wurden sie als "guilty men" verflucht – bis heute wenig schmeichelhaft, was sie wiederum von ihren deutschen Pendants unterscheidet. Während bei den einen die physische Anstrengung des Regierungsgeschäfts, die sichtlich auch an den erwähnten körperlichen Schwächen abgelesen werden konnte, in Vergessenheit geriet und diese einseitig am 1940 offenbar gewordenen Versagen des *Appeasements* gemessen wurden, erschien das Leiden der anderen aufgrund ihres Anteil an dem bereits 1933 endenden heroischen, obgleich erfolglosen Kampf gegen die nationalsozialistische Bedrohung in einem milderen Licht.

4.10 Zwischenfazit

„Es ist eine bedeutungsvolle Erfahrung, die uns das Leben immer wieder machen läßt, daß Männer in hohen Stellungen in der Regel über eine gute Gesundheit verfügen. [...] Der Aufstieg zu diesen Höhen ist nur möglich, wenn keine Krankheit ihn hemmt."[1118]

Diese 1919 geäußerte Einschätzung des bereits erwähnten Publizisten Hermann Notung widerlegend, habe ich in den vorangegangenen Fallstudien zu zeigen versucht, wie sich durch die Überschneidung dreier Faktoren krankheitsbezogene und krisenverschärfende Konstellationen ergeben haben: Erstens eine vielfach ungünstige gesundheitliche und seelische Prädisposition, zweitens die auf die derart vorbelasteten Akteure negativ wirkenden, auch aus heutiger Sicht außergewöhnlich problematischen Handlungsbedingungen und drittens die in Ereignissen oder kurzen Phasen verdichtete Wirkung von Krankheiten auf die jeweilige Situation. Mögen die Ursachen, Verläufe und Lösungsversuche zu diesen Konstellationen jeweils unterschiedlich gewesen sein, so ergibt sich doch ein Gesamtbild, das einige Konstanten enthält: die Motive von Aufopferung vs. Flucht (Brauns Ascona, Stresemanns Ägypten), die unterschiedlichen Ausprägungen von Depression sowie die vermeintlichen Auswege in Alkohol oder Askese.

1118 Notung: Die natürlichen Grundlagen, S. 15.

Analog zur vieldiskutierten Sozialmedizin und der entsprechenden Metapher des „Arztes am Volke" wurden angesichts der gehäuften schweren Erkrankung von Spitzenpolitikern medizinische Sachverhalte und das Urteil ärztlicher Fachleute zum öffentlichen Gegenstand, oftmals zum Missfallen Letzterer:

> „Ärztliche Tätigkeit ist schön und befriedigend, wenn sie in der Stille geschieht, aber nicht im Rampenlicht der öffentlichen Meinung und Kritik, denn selbstverständlich war die Presse voll von Nachrichten über die bedrohlichen Erkrankungen beider führenden Männer des Reiches. Fast stündlich mußte ich sogenannte Bulletins über das Befinden der beiden Kranken ausgeben."[1119]

Dies ist eine ganz andere Facette in der Geschichte der öffentlichen Medizin der Zwischenkriegszeit, und es wäre, was hier nicht erfolgen soll, ein interessantes Vorhaben, diesen Aspekt von Krankheitsregimes unter dem Blickwinkel einer medizinhistorisch informierten Diskursanalyse einmal gewissermaßen foucauldisch durchzudenken.

Ein kurzes Wort noch zur Rolle der Verwaltungspraxis: Natürlich hatte, etwa im Vergleich zu den Verhältnissen der Bismarckära, die Weiterentwicklung der ministerialen Verwaltung durch die Vergrößerung eines bürokratischen Apparates zu einer Veränderung von Regierungspraxis beigetragen. Doch ging diese Professionalisierung, die den Einfluss des einzelnen politischen Spitzenakteurs jedenfalls theoretisch mehr und mehr reduzierte, nicht so weit, dass sie eine spürbare Entlastung der Minister herbeiführte – und wenn es doch einmal dazu kommen sollte, schien es, wie etwa in der „politisch führungslosen" Phase des Kabinetts Müller, eher unbeabsichtigt, dass „die Koordination der deutschen Politik zunehmend Angelegenheit eines hohen Beamten wurde: des Staatssekretärs Hermann Pünder."[1120] Auch jüngere Beispiele erkrankter deutscher Politiker haben offenbart, wie viel Unruhe die Tatsache einer schweren Erkrankung führender Akteure in das Tagesgeschäft des Regierens hineinträgt. Auf die nur kurzzeitige krankheitsbedingte Abwesenheit Wolfgang Schäubles wurde mitunter mit „Ratlosigkeit" reagiert. Die Frage „Wie lange darf ein Finanzminister

---

1119 Zondek, Auf festem Fuße, S. 144.
1120 Winkler, Weimar, S. 353.

fehlen?"[1121] wird auch in der Berliner Republik gestellt, gesundheitliche Angeschlagenheit mit politischer verknüpft.[1122] Die rhetorischen Muster eines heutigen Ausscheidens eines Ministerpräsidenten aufgrund gesundheitlicher Schwäche mögen denjenigen der „kranken Männer von Weimar" sowohl in der Selbstsicht („Ich habe meine Kräfte überschätzt") als auch der Fremdbeschreibung („Ministerpräsident Platzeck hat immer auf den Ruf der Pflicht gehört und lange Krankheiten verschleppt. Jetzt geht es nicht mehr.")[1123] durchaus ähneln. Dass auch eine ausführliche Rechenschaft darüber zwar mediale Aufmerksamkeit, aber kaum überregionale und über machtpolitische Fragen hinausgehende Relevanz erlangt, liegt aber in der Festigung von wirtschaftlicher Lage, bürokratischer Verwaltung und stabilem Regierungshandeln. Auch Berlin ist eben nicht Weimar.

Die vorgestellten Fallstudien haben mir zum einen die Gelegenheit gegeben, der vermeintlich „kranken Republik" ein Gesicht zu verleihen, zum anderen, die vorherige Betrachtung der Krankheitsmetaphorik um den Aspekt der Krankheit als Nicht- bzw. Mehr-als-Metapher zu erweitern, d. h. konkrete Erscheinungen aufzuzeigen, die auf konkrete Handlungssituationen eingewirkt haben.

Das Zusammenfallen von physischer bzw. psychischer Schwäche und kritischen politischen Umständen war mehr als nur ein ungünstiger Zufall, der den demokratischen Spitzenpolitikern wiederfuhr, sondern geradezu ein Weimarer Syndrom: „Es gehörte zu dem Unstern, der über der ersten deutschen Republik waltete, daß sie in entscheidenden Situationen häufig von kranken Männern vertreten wurde."[1124] Um einmal selbst eine Metapher zu bemühen: die „kranke Republik" (und die historische Forschung

---

1121 Philip Faigle: Was der Respekt vor Schäuble gebietet, in: Die Zeit online v. 7.10.2010 (http://www.zeit.de/wirtschaft/2010-10/schaeuble-krankheit) [15.6.2013].
1122 Stefan Braun/Claus Hulverscheid/Guido Bohsem: Wie aus dem falschen Jahrhundert, in: Süddeutsche Zeitung online v. 30.4.2010 (http://www.sueddeutsche.de/politik/schaeuble-und-die-finanzkrise-wie-aus-dem-falschen-jahrhundert-1.936932) [15.6.2013]
1123 Karl Doemens: Rücktritt von Matthias Platzeck, in: Frankfurter Rundschau online v. 29.7.2013 (http://www.fr-online.de/politik/ruecktritt-von-matthias-platzeck---ich-habe-meine-kraefte-ueberschaetzt--,1472596,23857510.html) [30.7.2013].
1124 Zondek, Auf festem Fuße, S. 145.

spricht selbst noch Jahrzehnte nach 1945 von den „Geburtsfehlern" des Weimarer Systems) steckte ihre höchsten Repräsentanten geradezu an: "Not surprisingly, after fifteen years of struggle and constant personal abuse these men suffered from burnout when the state's democracy faced its greatest challenge."[1125]

1125 Orlow, Weimar Prussia II, S. 273.

5. Schlussbetrachtung

Mit dem Abstand von über fünfzig Jahren blickte ein Nebendarsteller auf der politischen Bühne der Weimarer Republik, der Sohn des Außenministers Stresemann, in seinen Erinnerungen auf jene Zeit zurück:

> „Mußte die ‚ungeliebte Republik' scheitern? Keineswegs. Wenn man bedenkt, unter welchem innen- und außenpolitischen Unstern sie geboren wurde... so erstaunt sogar die Widerstandskraft der Weimarer Republik. Der Vergleich mit einem zu früh geborenen Baby liegt nahe. Nur mühsam läßt es sich am Leben erhalten (1919–1923), gewinnt allmählich an Kraft und Stärke (1924–1930), wird von schweren Fieberanfällen heimgesucht, gerät in Lebensgefahr (1931–1932) und läßt schließlich deutliche Anzeichen einer beginnenden Erholung erkennen, so daß man den kleinen Patienten von der Intensivstation in ein normales Krankenbett überführen könnte (Ende 1932). ... Die Weimarer Republik, von schweren Kinderkrankheiten geplagt, besaß echte Überlebenschancen. ...
> [Doch] ‚verschied' die von allen Seiten, auch vom Ausland, in entscheidenden Momenten verlassene ‚ungeliebte Republik', oder, um bei unserem Gleichnis zu bleiben, dem schwerkranken, aber sich bereits auf dem Wege der Besserung befindlichen Jungpatienten wurde eine zum Tode führende Injektion verabreicht, ein neues Verhängnis in der von Tragik umwitterten deutschen Geschichte."[1126]

Diese zugleich tragische wie kuriose krankheitsmetaphorische Gesamtdeutung der Weimarer Zeit verweist, so zweifelhaft sie in der – angesichts Wolfgang Stresemanns politischer Überzeugungen freilich unbeabsichtigten – Übernahme vieler Topoi antirepublikanischer Metaphorik ist, auf ein Faktum, das in der Rede von der Krise der Weimarer Republik häufig verdeckt wird: dass die Weimarer Demokratie nicht, wie viele ihre Gegner Glauben machen wollten, krank *war*, sondern von ihnen metaphorisch so krank *gemacht* wurde wie realiter einige ihrer prominentesten Vertreter. Diese in der Konzeption der vorliegenden Arbeit angelegte, problematische Verschränkung hat auch Susan Sontag in *Illness as Metaphor* beobachtet:

> "Modern disease metaphors specify an ideal of society's well-being, analogized to physical health, that is as frequently anti-political as it is a call for a new political order."[1127]

1126 W.Stresemann, Wie konnte es soweit kommen, S. 47ff.
1127 Sontag, Illness as Metaphor, S. 76.

Krise

Mit dem Fokus auf Krankheitsmetaphern hat die vorliegende Arbeit den Versuch unternommen, einen anderen Zugang auf die vielzitierten Krisenphänomene und zuschreibungen der Zeit zu erschließen. Der eingangs erörterte und immer wieder aufgenommene Zusammenhang zwischen Krise und Krankheit spiegelte sich bei den Krankheitsmetaphern in den Momenten des Umschlags und Dezisionismus, etwa wenn Autoren den Höhepunkt einer „Krankheit" als unmittelbar bevorstehend, den Ausgang der Situation aber als ungewiss darstellten.

Zudem findet sich hier das Gegenstück zu dem von Martin Lindner diagnostizierten „Mitschwingen der medizinischen Komponente des Begriffs Krise noch bei jeder Verwendung"[1128]: In den meisten Krankheitsmetaphern schwang implizit das Bewusstsein der Krise mit. Insofern verhalten sich im Weimarer Kontext Krisenbegriff und politische Krankheitsmetaphern komplementär zueinander. Allerdings sei auch auf einige gewichtige Unterschiede verwiesen, ergibt doch z.B. im Gegensatz zum tendenziell offenen Charakter der Krisenentwürfe die Gesamtschau auf die untersuchten Krankheitsmetaphern ein deutliches negativeres Bild. Während die Krise daher potenziell für Autoren aus allen politischen Lagern anschlussfähig war, boten die Metaphern hauptsächlich den Gegnern der Republik ein rhetorisches Arsenal.

Identität

Mehrfach ist, besonders im dritten Teil, anhand konkreter Äußerungen eine identitäre Auffassung vom Staats- oder Volkskörper analysiert worden. Ausgehend davon, dass nicht wenige zeitgenössische Autoren darauf insistierten, dass das deutsche Volk nicht *wie*, sondern *als* ein Körper anzusehen sei, kann man auch in quellenkritischer Perspektive unterstellen, dass jene gedankliche Identität zwischen Sprachbild und Objekt in den meisten Fällen über Ästhetisierungen oder Zynismus hinausgingen. Beispielsweise standen die sprachlichen Eskalationen eines Edgar Julius Jung durchaus in Einklang mit dem lebensweltlichen Radikalismus des Freikorpskämpfers, politischen

---

1128 Lindner, Leben in der Krise, S. 10.

Attentäters und Politdilettanten. In dieser Perspektive gibt die Analyse der Metaphern von Fieber und Gift, von Schwindsucht, Zersetzung, Krebs, von Ärzten und Quacksalbern und nicht zuletzt von kranken Männern und politischem „Stank" einen guten Blick auf die politischen Phobien und Phantasien einer Epoche frei.

Die Nachbarschaft von identitärem Denken und metaphorischem Sprechen illustriert die abstrakte politikwissenschaftliche Feststellung, dass generell in „Schriften zur politischen Theorie ... die Analogie zwischen politischem Phänomen und Metapher dazu tendiert, zu verschwinden und sich in Identität zu verwandeln."[1129] Auf diese Weise wurde erstens der intellektuelle Vorgang der Metaphorisierung, also der Zu- und Beschreibung verschiedener politischer Phänomene mithilfe von Metaphern des Körpers und der Krankheit verdeckt und im Denken der Autoren möglicherweise auch aufgehoben. Zweitens nimmt die Konstruktion des Bildes eines staatlichen Körpers eine Naturalisierung anthropogener gesellschaftlicher Vorgänge vor, die in der Überzeugung von der Gewachsenheit (nicht Gemachtheit) des Volkskörpers noch verstärkt wird. Dieses Denken hat Theodor W. Adorno in seiner Kritik des Begriffs der dekadenten vs. gesunden Kunst bei Georg Lukács decouvriert. In Rückbezug auf Karl Marx wird hier besagte Naturalisierung als „Flucht" vor der Komplexität sozialer Zusammenhänge kritisiert:

> „Die Verantwortung wird von dem von Menschen verschuldeten Zustand zurückgeschoben in Natur oder eine nach ihrem Modell konträr ausgedachter Entartung."[1130]

Adorno macht hier deutlich, dass *gleichzeitig* mit der Figur eines naturalisiert gedachten „Körpers" auch das Gegenbild des „Entarteten", Un-Natürlichen in die Welt gelangt und in der biologistischen Idealisierung immer sofort auch ihr Gegenmodell mitgeschaffen wird: „Die Rede von Dekadenz ist vom positiven Gegenbild kraftstrotzender Natur kaum ablösbar; Naturkategorien werden auf gesellschaftlich Vermitteltes projiziert."[1131] Vor

---

1129 Rigotti, Macht, S. 211.
1130 Theodor W. Adorno: Erpreßte Versöhnung. Zu Georg Lukács: ‚Wider den mißverstandenen Realismus', in: Ders.: Noten zur Literatur, Bd. 2, Berlin 1965, S. 158.
1131 Ebd., S. 157.

diesem Hintergrund ist nach Adorno die Rede von „sozial Gesundem" bzw. Krankem zu verstehen: „Wo immer gegen Dekadenz gewettert wird, wiederholt sich jene Flucht."[1132]

Krankheitsmetaphern als antidemokratisches Diskursphänomen

Diese Erkenntnis lässt sich für die vorliegende Arbeit in doppelter Weise anwendbar machen: einerseits treten die politischen Organizismus- und Krankheitsmetaphoriken rechter Provenienz klar als Ablehnung eines mechanistischen, d. h. konstruktivistischen Gesellschafts- und Politikmodells und als Ausdruck einer Sehnsucht nach Ganzheit hervor. Hier ist der Ort, an dem krisenhafte „Erfahrungen und ihre komplexen Ursachen auf das simple Erklärungsmuster [der Krankheit, KL] reduziert"[1133] wurden. Diese Komplexitätsreduktion wurde, wie gezeigt worden ist, wiederum in mannigfaltiger Weise zur intellektuellen Dynamisierung und politischen Mobilisierung genutzt. Als Kristallisationspunkt eines "anathema to anyone who wishes to move beyond the bourgeois assumptions"[1134] war es Grundbestandteil eines nach 1918 neu entstandenen nationalkonservativen und „völkischen" Deutungsmusters. Der von Moritz Föllmer herausgearbeitete „Konnex von Nationalismus und medizinischen Deutungsmustern in der Sprache"[1135] spiegelt sich so auch bereits im quantitativen Befund der vorliegenden Arbeit wider.

Andererseits dient Adornos Kritik zur Erklärung des weitgehenden Fehlens linker, d. h. marxistisch-sozialistischer als auch liberal-rationalistischer Krankheitsbilder des Politischen, die in der – wenigstens partiellen – Anerkenntnis der „gesellschaftlichen Konstruktion der Wirklichkeit" (Berger/Luckmann) begründet lag. Wie präsent jedoch das Denken in Krankheitsmetaphern auch im demokratischen Lager war, habe ich ebenso nachgezeichnet wie die weitverbreitete Überzeugung, in einer teilweise kranken oder krankmachenden Epoche zu leben. Ob es um den ansteckenden „Berliner Stank", die „Miasmen der Schmähung", die es zu überstehen galt, oder

---

1132 Ebd., S. 158.
1133 Föllmer, Der ‚kranke Volkskörper', S. 45.
1134 Neocleous, Fate, S. 36f.
1135 Föllmer, Der ‚kranke Volkskörper', S. 46.

um die Aufgabe des Politikers ging, „heilende Mittel" zu finden – teilweise nahmen, wie gezeigt, auch die „kranken Männer" Zuflucht bei dem Gedanken, dass nicht nur sie selbst, sondern die Republik einer Therapie und eines Doktors bedurfte.

So wie es häufig zur Zeitdiagnose dieser demokratisch orientierten Politiker gehörte, festzustellen, dass „die Zeiten ... wirklich sehr unerfreulich und die Menschen erschöpft, überreizt und überlastet"[1136] seien, wurde den Metaphern der Krankheit mitunter durchaus Glauben geschenkt, wenn in Bezug auf die abträglichen, buchstäblich gesundheitsschädlichen Bedingungen von „Miasmen" oder den „Agitatoren, die auf Magen und Galle stoßen"[1137] die Rede war. Auf diese Weise haben die Deutungen jener Verlaufsbedingungen und Prozesse gewissermaßen durch die Hintertür eine Metaphorik wiedereingeführt, die mit den eingangs analysierten Metaphernwelten nicht identisch, aber doch verwandt waren. Insofern zeigte sich auch bei den Demokraten, wenngleich unter anderen Vorzeichen, ein gewisser Glaube an die Idee einer kranken Gegenwart. Wenngleich sie freilich zu ganz anderen Schlüssen kommen mussten, gingen sie mit ihren nationalistischen bzw. konservativen Gegner in Sachen Krankheitsmetaphern ein ganzes Stück Weges.

Wie ich gezeigt habe, war der intellektuelle Schritt von dem als identitär bezeichneten Denken, das vielen organizistischen Staats- und Gesellschaftsbildern zugrunde lag, zu denen der Krankheit kein großer, der aber freilich nicht auf direktem Wege in die deutsche Katastrophe von 1933 führte – was wiederum die Eigenheiten der nationalsozialistischen Metaphorik verdeutlichen. Allerdings haben die rechten Krankheitsmetaphern insofern einen Beitrag zur Verschärfung der Probleme Weimars geleistet, als

> „die Suche nach der sozialen Einheit in der Weimarer Republik nicht von vornherein falsch oder verdächtig [war]; aber man kann dennoch Punkte bezeichnen, an denen sie sich auf die abschüssige Bahn zu einer konformistisch homogenisierten sozialen Ordnung begab, in der Pluralismus und Konflikt keinen Platz mehr hatten."[1138]

1136 Pünder, Politik, S. 107.
1137 Rede Johannes Bells (Zentrum), Protokoll der Reichstagssitzung vom 10.5.1932, Stenographische Berichte, in: Verhandlungen des Deutschen Reichstags, V. Wahlperiode, Bd. 446 (1932), S. 2555.
1138 Nolte, Ordnung, S. 162.

Verengung von Handlungsoptionen

Die für die Krise geltende Tendenz einer Engführung diskursiver Alternativen lässt sich am Beispiel vieler Krankheitsmetaphern ebenfalls ablesen: Zwischen Gesundheit und Krankheit konnte es keinen Mittelweg, keine Vermittlung geben. Entsprechend wurden die Rollen von Ärzten und Kurpfuschern klar zugewiesen. So trugen politische Metaphern zur Radikalisierung von Zielvorstellungen und Machbarkeitsphantasien im politisch-gesellschaftlichen Raum bei:

> „Die Beschreibung der Gesellschaft radikalisierte sich ... bis Mitte der dreißiger Jahre in vieler Hinsicht; ältere Topoi und Erklärungen wurden aufgegriffen und vielfach ins Extreme gesteigert, zu extremen Ängsten, zu extremen Hoffnungen verdichtet. ... Es ging immer gleich um eine ‚Totallösung aller Menschheitsprobleme'"[1139]

Zwischen der zerklüfteten Weimarer Gesellschaft und ihrer politischen Sprache bestand nicht zuletzt im Hinblick auf die gesellschaftlichen Selbstentwürfe der zwanziger Jahre ein Zusammenhang:

> „Trotz dieser Fragmentierung der Gesellschaftsbilder in der Weimarer Republik, die einen sozialen Konsens schon semantisch erschweren mußte, verstrickten sich die verschiedenen sozialen Gruppen und politischen Lager in einer spezifischen ‚Sprache'..., so weit, daß schließlich keine überzeugende alternative Semantik einer pluralistischen, einer offenen Gesellschaft zur Verfügung stand."[1140]

Dieser „Verstrickung" und Polarisierung der Sprache im öffentlichen Raum haben m. E. auch die in dieser Arbeit dokumentierten Krankheitsmetaphoriken Vorschub geleistet. Betrachtet man nur die zwischen ihnen bestehenden intertextuellen Querverbindungen, zeigt sich, dass die aus Medizin, Biologie oder „Rassenhygiene" entliehenen Fachtermini sich dabei als produktiv und „kontextuell angemessen" erwiesen. In ihrer extremen Form bildeten die Krankheitsmetaphern der Weimarer Diskurse insgesamt eine der "conceptual and discursive traditions in the use of the metaphor to which the Nazis could attach their notions of a racial therapy."[1141]

1139 Ebd., S. 66.
1140 Ebd., S. 67.
1141 Musolff, Metaphor, Nation and the Holocaust, S. 74.

Eine andere Moderne

Martin Greiffenhagen hat konstatiert, dass in längerer geschichtlicher Perspektive „der Biologismus in der Philosophie und der Gesellschaftstheorie stets die Basis von reaktionären Tendenzen gewesen" ist.[1142] Die Körper- und Krankheitsanalogie der hier untersuchten Diskurse der Weimarer Republik verweisen jedoch weniger auf eine rückwärtsgewandte Denkweise als vielmehr auf ein Streben nach einer anderen Moderne, das im Gestus des Weder-Noch sowohl das Vergangene als auch das Gegenwärtige überwinden wollte. „In der Metropolenkultur der 20er Jahre wollte man Stadtplanung und Verkehr, Warenzirkulation und die Welt der damals neuen Medien mit Organismusbildern in den Griff kriegen"[1143] – und analog, wie gezeigt, mit Krankheitsbildern.

Die ebenso wie im ubiquitär verwendeten Terminus der Krise angelegte Zukunftsoffenheit verdeutlicht die zeitgebundene Spezifik der analysierten Metaphern, die erst im 1918 entstandenen Spannungsfeld von Bruch und Kontinuität ihre eigentümliche Wirkungskraft entfalten konnten, indem sie als Element von Sinnsystemen ihren Beitrag zur Ordnung der Wirklichkeit beitrugen. Gibt es "no metaphysical point to make about the history of the embattled republic"[1144], sollte unser Augenmerk der handlungsrelevanten Funktion der politischen und insbesondere Krankheitsmetaphern gelten, die sie im Wettstreit der Meinungen durch o.e. Verengung diskursiver Alternativen gewinnen konnten. Als exemplarische Rekonstruktion einer politischen Metaphorik in ihrer spezifisch modernen Ausprägung hat die vorliegende Arbeit so einen Beitrag zu einem besseren Verständnis der Weimarer Republik zu leisten versucht.

5.1 Nachsatz: Wohin mit den Krankheitsmetaphern?

Die Anwendung von Krankheitsmetaphern auf die Demokratie, ihre Institutionen und Vertreter erscheint nach 1945 als unangemessen und zynisch, ihr "encouragement to simplify what is complex an invitation to

---

1142 Greiffenhagen, Dilemma, S. 204.
1143 Scherpe, Faszination, S. 7.
1144 Ziemann, Weimar was Weimar, S. 480.

self-righteousness, if not to fanaticism."[1145] In der politischen und journalistischen Sprache sind sie verschleiernd, irreführend und im Hinblick auf die aktuelle Wiederkehr von Argumentationsformen aus Weimarer Zeiten nicht ungefährlich, auch wenn „den Vertretern der neuen Rechten heute nicht viel anderes einfällt, als ihre Alarmrufe ganz ähnlich zu verpacken und zu begründen, wie es schon ihre geistigen Väter und Großväter getan haben."[1146]

Auch in der Forschungssprache, etwa der geschichtswissenschaftlichen Disziplin sind sie unangemessen, oder mit Adorno: „Wenn es sich schon um historische Verhältnisse handelt, wären Worte wie gesund und krank überhaupt zu vermeiden."[1147] Wohin also mit den Krankheitsmetaphern? Ein Versuch zu ihrer Überwindung im öffentlichen Diskurs durch andere Metaphoriken, wie es Francesca Rigotti vorgeschlagen hat[1148], ist durchaus wünschenswert, erfordert aber kraftvolle und plastische Gegenmetaphern – gerade angesichts des anhaltenden diskursiven Reizes politischer Krankheitsmetaphern, wie die eingangs zitierten aktuellen Beispiele illustrieren.

Immer ist daher ein geschichtliches Bewusstsein vonnöten, das aus den sprachlichen Überlieferungen der Vergangenheit die Kontexte und Wirkungsgeschichten der politischen Krankheitsmetaphorik rekonstruieren kann, um daran das gewollt Provozierende, gedanklich Herausfordernde offenzulegen. Überdies kann ein historischer Vergleich im Hinblick auf Diskurse über Kontingenz von Aufschluss sein, in denen Normalität zur Ausnahme bzw. Ausnahme zur Normalität wird, oder darauf, dass „Krisensituationen die tagespolitische Realität der Kontingenz ... sind."[1149]

1145 Sontag, Illness as Metaphor, S. 85.
1146 Vgl. Liane Bednarz/Christoph Giesa: Gefährliche Bürger. Die neue Rechte greift nach der Mitte, München 2015, S. 187. Zu den historischen Parallelen vgl. ebd., S. 40ff.
1147 Adorno, Erpreßte Versöhnung, S. 159.
1148 Vgl. Rigotti, Macht, S. 212f.
1149 Raulet, Ausnahme Weimar, S. 109.

So kann schließlich

> „eine diachrone Metaphorologie... den Mythos nicht-kontingenter Weltmodelle aufdecken, indem sie zeigt, dass emphatische Metaphern zwar nicht restlos durch Begriffe ersetzt werden können, aber die konstitutiven Metaphern eines jeden Weltmodells *prinzipiell frei wählbar* sind."[1150]

Der Blick auf die Weimarer Republik, die „uns doch ein irritierendes Zerrbild unserer Alltagsnormalität entgegenhalten"[1151] mag, kann den Wert dieser freien Wahl nur steigern.

1150 Nohr, Vernunft als Therapie, S. 12. Ähnlich Rigotti, Macht, S. 209.
1151 Peukert, Weimarer Republik, S. 272.

6. Quellen- und Literaturverzeichnis

6.1 Ungedruckte Quellen

GStA – Geheimes Staatsarchiv Preußischer Kulturbesitz, Berlin-Dahlem
- I. HA, Rep. 90A Staatsministerium
- VI. HA, Nachlass Otto Braun
- VI. HA, Nachlass Adolf Grimme

IISG – Internationaal Instituut voor Sociale Geschiedenis (Internationales Institut für Sozialgeschichte), Amsterdam
- Otto Braun Papers

AsD – Archiv der sozialen Demokratie, Bonn-Bad Godesberg
- 1/HMAG 000, Nachlass Hermann Müller (-Franken)

6.2 Zeitschriften und Periodika

Deutsche Rundschau
Deutsches Volkstum
Eiserne Blätter
Rote Fahne
Sozialistische Monatshefte
Tage-Buch
Die TAT
Vorwärts
Vossische Zeitung
Die Weltbühne

6.3 Gedruckte Quellen

Für Kap. III

Bartels, Adolf: Was nun? Gedanken über Deutschlands nächste Zukunft, Zeitz 1919.

Bavink, Bernhard: Eugenik und Protestantismus, in: Günther Just (Hg.): Eugenik und Weltanschauung, Berlin 1932, S. 85–139.

Bavink, Bernhard: Organische Staatsauffassung und Eugenik, Berlin 1933.

Bell, Johannes: Rede vom 10.5.1932. Stenographische Berichte, in: Verhandlungen des Deutschen Reichstags, V. Wahlperiode, Bd. 446 (1932), S. 2551–2558.

Beyer, Otto/[Diem, Carl]: Leibesübungen und Volk. Eine Schicksalsfrage der deutschen Bevölkerungspolitik, in: Blätter für Volksgesundheit und Volkskraft, 17 (1929), S. 48–51.

Binding, Karl/Hoche, Alfred: Die Freigabe der Vernichtung lebensunwerten Lebens. Ihr Maß und ihre Form, Leipzig 1920, Ndr. Berlin 2006.

Boehm, Max Hildebert: Körperschaft und Gemeinwesen, Berlin; Leipzig 1920.

Boehm, Max Hildebert: Das eigenständige Volk. Volkstheoretische Grundlagen der Ethnopolitik und Geisteswissenschaften, Göttingen 1932.

Braun, Otto: Von Weimar zu Hitler, New York ²1940.

Bredt, Johann: Volkskörperforschung, Breslau 1930.

Brettreich, Friedrich von: Begrüßungsansprache, in: Die Erhaltung und Mehrung der deutschen Volkskraft. Vorträge und Aussprachen gehalten bei der Tagung in München am 27. und 28. Mai 1918, München 1918, S. 4–7.

Burgdörfer, Friedrich: Der Geburtenrückgang und seine Bekämpfung. Die Lebensfrage des deutschen Volkes, Berlin 1929.

Burgdörfer, Friedrich: Volk ohne Jugend. Geburtenschwund und Überalterung des deutschen Volkskörpers, Berlin 1932.

Buttersack, Felix: Wider die Minderwertigkeit. Die Vorbedingung für Deutschlands Gesundung. Skizzen zur Völker-Pathologie, Leipzig 1926.

Buttersack, Felix: Biologische Politik, in: Eiserne Blätter, 13 (1931), S. 761–763.

Dennert, Eberhard: Der Staat als lebendiger Organismus. Biologische Betrachtungen zum Aufbau der Neuzeit, Halle ²1922.

Deutsche über Deutschland. Die Stimme des unbekannten Politikers, München 1932.

Die Erhaltung und Mehrung der deutschen Volkskraft. Vorträge und Aussprachen gehalten bei der Tagung in München am 27. und 28. Mai 1918, München 1918.

Döderlein, Albert: Eröffnungs-Ansprache, in: Die Erhaltung und Mehrung der deutschen Volkskraft. Vorträge und Aussprachen gehalten bei der Tagung in München am 27. und 28. Mai 1918, München 1918, S. 9–18.

Dold, Hermann: Wie steht es um den deutschen Volkskörper?, Kiel 1931.

Duncker, Hans: Biologie des Volkskörpers, in: Bremer Beiträge zur Naturforschung; Sonderdruck (1932), S. 93–112.

Dürre, Konrad: Praktische Nationaleugenik. Ein Gebot der Stunde, in: Deutsche Rundschau 59 (1932), S. 9–13.

Everling, Friedrich: Organischer Aufbau des Dritten Reichs, München 1931.

Fischer-Defoy, Werner: Unsere Einbuße an Volkskraft und die Mittel zu ihrer Behebung, Langensalza 1920.

Frick, Wilhelm: Bevölkerungs- und Rassenpolitik, Langensalza 1933.

Gmelin, Walter: Die Verstaatlichung des Ärztestandes – eine sittliche Forderung, in: Archiv für Rassen- und Gesellschaftsbiologie, 20 (1928), S. 28–51.

Goebbels, Josef: Der Angriff. Aufsätze aus der Kampfzeit, München 1935.

Goebbels, Josef: Tagebücher, hg. v. Elke Fröhlich, 3 Teile, München 2004–2007.

Gramsci, Antonio: Gefängnishefte, Hamburg 1991.

Große Ausstellung Düsseldorf 1926 für Gesundheitspflege, soziale Fürsorge und Leibesübungen. Amtlicher Katalog, Düsseldorf ²1926.

Haeberlin, Carl: Vom Beruf des Arztes, München ²1925.

Haeberlin, Carl: Lebensgeschehen und Krankheit, Leipzig 1926.

Haeberlin, Carl: Geschlechtsnot und Seelsorge, Gotha 1927.

Hahn, Eduard: Der Staat, ein Lebewesen, München 1926.

Harmsen, Hans (Hg.): Der Weg zur Volksgesundung. Reichstagskundgebung der Arbeitsgemeinschaft für Volksgesundung am 2. Mai 1926, Berlin 1926.

Harmsen, Hans: Praktische Bevölkerungspolitik. Ein Abriß ihrer Grundlagen Ziele und Aufgaben, Berlin 1931.

Heinrich, Walter: Staat und Wirtschaft. Eine Untersuchung ihres Wesens und ihres Verhältnisses auf organischer Grundlage, in: Blätter für Deutsche Philosophie, 2 (1928/29), S. 268–290.

Helmut, Otto: Volk in Gefahr. Der Geburtenrückgang und seine Folgen für Deutschlands Zukunft, München 1933.

Hentig, Hans von: Naturwissenschaftliche Bemerkungen zur Novemberrevolution, in: Ders.: Aufsätze zur Deutschen Revolution, Berlin 1919, S. 1–6.

Hentig, Hans von: Über den Zusammenhang von kosmischen, biologischen und sozialen Krisen, Tübingen 1920.

Hertwig, Oscar: Der Staat als Organismus. Gedanken zur Entwicklung der Menschheit, Jena 1922.

Hitler, Adolf: Mein Kampf, München ^{851}1943.

Hitler, Adolf: Reden – Schriften – Anordnungen, Februar 1925 bis Januar 1933, hg. v. Institut für Zeitgeschichte, 6 Bde., München 1992–2003.

Holle, Hermann Gustav: Organische Politik. Untersuchungen über den Wert der biologischen Analogie für das staatliche Leben des deutschen Volkes, in: Politisch-Anthropologische Monatsschrift für praktische Politik 20 (1921/22), S. 398–408, 459–469.

Holle, Hermann Gustav: Allgemeine Biologie als Grundlage für Weltanschauung, Lebensführung und Politik, München 1925.

Jung, Edgar Julius: Die Herrschaft der Minderwertigen. Ihr Zerfall und ihre Ablösung, Berlin 1927.

Jung, Edgar Julius: Deutschland und die konservative Revolution, in: Deutsche über Deutschland. Die Stimme des unbekannten Politikers, München 1932, S. 369–383.

Just, Günther: Eugenik und Weltanschauung, in: Ders. (Hg.): Eugenik und Weltanschauung, Berlin 1932, S. 7–37.

Just, Günther (Hg.): Eugenik und Weltanschauung, Berlin 1932.

Kjellén, Rudolf: Grundriß zu einem System der Politik, Leipzig 1920.

Kjellén, Rudolf: Der Staat als Lebensform, Berlin ^{4}1924.

Krannhals, Paul: Das organische Weltbild. Grundlagen einer neuentstehenden deutschen Kultur, 2 Bde., München 1928.

Künkel, Fritz: Einführung in die Charakterkunde, Leipzig 1928.

Künkel, Fritz: Diskussionsbeitrag, in: Carl Schweitzer (Hg.): Krankheit und Sünde (Arzt und Seelsorger, Heft 14), Schwerin 1928, S. 59–85.

Künkel, Fritz: Vitale Dialektik. Theoretische Grundlagen der individualpsychologischen Charakterkunde, Leipzig 1929.

Künkel, Fritz: Die Rolle der seelischen Krise, in: Internationale Zeitschrift für Individualpsychologie, 8 (1930), S. 36–43.

Künkel, Fritz: Grundzüge der politischen Charakterkunde, Berlin 1931, ²1934.

Künkel, Fritz: Krisenbriefe. Die Beziehungen zwischen Wirtschaftskrise und Charakterkrise, Schwerin 1932, ⁴1933.

Künkel, Fritz: Charakter, Krisis und Weltanschauung. Die vitale Dialektik als Grundlage der angewandten Charakterkunde, Leipzig ²1935.

Lenin, Vladimir Iljič: Der Imperialismus und die Spaltung des Sozialismus (1916), in: Lenin, Werke, Bd. 23, Berlin 1957, S. 102–118.

Lenz, Fritz: Menschliche Auslese und Rassenhygiene (Eugenik), München ⁴1932.

Lettow-Vorbeck, Paul von: Heia Safari! Deutschlands Kampf in Ostafrika, Leipzig 1920.

Lotze, Reinhold: Volkstod?, Stuttgart 1932.

Luxemburg, Rosa: Frauenwahlrecht und Klassenkampf, in: Clara Zetkin: Frauenwahlrecht. Propagandaschrift zum 2. sozialdemokratischen Frauentag, Stuttgart 1912, S. 8ff.

Luxemburg, Rosa: Programm des Spartakusbundes, 30.12.1918, Teil III.

Mann, Ernst [= Gerhard Hofmann]: Die Erlösung der Menschheit vom Elend, Weimar 1922.

Mann, Ernst [= Gerhard Hofmann]: Die Wohltätigkeit als aristokratische und rassenhygienische Forderung, Weimar 1924.

Mann, Thomas: Deutsche Ansprache. Ein Appell an die Vernunft (1930), in: Hermann Kurzke (Hg.): Essays, Bd. 2, Frankfurt 1983, S. 109–125.

Mann, Thomas: Der Zauberberg [1924], Frankfurt a.M. ⁷2008, S. 677f.

Marx, Karl: Ökonomisch-philosophische Manuskripte aus dem Jahre 1844, in: Marx/Engels, Ausgewählte Werke in sechs Bänden, Bd. 1, Berlin (Ost) ⁶1977.

Medinger, Wilhelm: Die internationale Diskussion über die Krise des Parlamentarismus, Wien/Leipzig 1929.

Moeller van den Bruck, Arthur: Das dritte Reich, Hamburg ³1931.

Moses, Julius: Arbeitslosigkeit: Ein Problem der Volksgesundheit. Eine Denkschrift für Regierung und Parlamente, Berlin 1931.

Much, Hans: Körper – Seele – Geist. Ein Beitrag zum Hohenlied des Körpers, Leipzig 1931.

Muckermann, Hermann: Volkstum, Staat und Nation eugenisch gesehen, Essen 1933.

Müller, Karl Valentin: Eugenik und Sozialismus, in: Günther Just (Hg.): Eugenik und Weltanschauung, Berlin 1932, S. 141–196.

Müller, Oscar (Hg.): Krisis – ein politisches Manifest, Weimar 1932.

Niekisch, Ernst: Entscheidung, Berlin 1930.

Notung, Hermann: Die natürlichen Grundlagen deutscher Wiedergeburt. Nicht Worte, sondern Taten!, Leipzig 1919.

Notung, Hermann: Der kranke deutsche Staat und seine Genesung, Leipzig 1923.

Notung, Hermann: Wie wird der kranke deutsche Staat wieder gesund?, Halle 1928.

Olberg, Oda: Die Entartung in ihrer Kulturbedingtheit. Bemerkungen und Anregungen, München 1926.

Pels Leusden, Friedrich: Über den Wert der Arbeit für die Gesundheit und die Gesundung des menschlichen Körpers, Greifswald 1919.

Protokoll des Sozialdemokratischen Parteitags in Leipzig 1931, Berlin 1931.

Rohrbach, Paul: Deutschland! Tod oder Leben?, München 1930.

Röpke, Wilhelm: Krise und Konjunktur, Leipzig 1932.

Rosenberg, Alfred: Der Mythus des 20. Jahrhunderts. Eine Wertung der seelisch-geistigen Gestaltenkämpfe unserer Zeit [1930], München [33]1934.

Schlossmann, Arthur: Die Krise des Ärztestandes und die Sozialhygiene, Leipzig 1930.

Schmitt, Carl: Legalität und Legitimität [1932], Berlin 1968.

Schumacher, Kurt: Rede vom 23.2.1932. Stenographische Berichte, in: Verhandlungen des Deutschen Reichstags, V. Wahlperiode, Bd. 446 (1932), S. 2254–2255.

Schwarzschild, Leopold: Die letzten Jahre vor Hitler, hg. v. Valerie Schwarzschild, Hamburg 1966.

Schweitzer, Carl (Hg.): Krankheit und Sünde (Arzt und Seelsorger, H. 14), Schwerin 1928.

Solmssen, Georg: Politische Gesundung als Voraussetzung des wirtschaftlichen Wiederaufbaus, Berlin 1922.

Spann, Othmar: Die Grundentscheidungen in der Gesellschaftsphilosphie, in: Blätter für Deutsche Philosophie, 2 (1928/29), S. 221–228.

Spann, Othmar: Der wahre Staat. Vorlesungen über Abbruch und Neubau der Gesellschaft, Jena 1931.

Spengler, Oswald: Der Untergang des Abendlandes. Umrisse einer Morphologie der Weltgeschichte [1932], München ^{9}1988.

Spengler, Oswald: Der Sumpf [1924], in: Politische Schriften, München 1933, S. 187–214.

Strube, Fritz: Leibesübung und Volksgesundheit, Hannover 1925.

Tarnow, Fritz: Kapitalistische Wirtschaftsanarchie und Arbeiterklasse, in: Protokoll des Sozialdemokratischen Parteitags in Leipzig 1931, Berlin 1931, S. 32–52.

Thalheimer, August: Kritische Anmerkungen zu Tarnows Referat über ‚Kapitalistische Wirtschaftsanarchie und Arbeiterklasse', in: Arbeiterpolitik v. 14.6.1931, wieder abgedruckt und zit. n. Arbeiterpolitik 22 (1981) 1, S. 6–9.

Uexküll, Jakob von: Staatsbiologie. Anatomie, Physiologie, Pathologie des Staates, Berlin ^{1}1920/Hamburg ^{2}1933).

Welter, Erich: Dreifache Krise. Weltkrise – deutsche Krise – Politische Krise, Frankfurt a.M. 1931.

Zahn, Friedrich: Deutsche Volkswirtschaft und Bevölkerungspolitik, in: Die Erhaltung und Mehrung der deutschen Volkskraft. Vorträge und Aussprachen gehalten bei der Tagung in München am 27. und 28. Mai 1918, München 1918, S. 19–37.

Für Kap. IV

(inkl. Memoiren)

Akten der Reichskanzlei, Weimarer Republik. Das Kabinett Müller II, 2 Bde., hg. v. Martin Vogt, Boppard 1970. [http://www.bundesarchiv.de/aktenreichskanzlei/1919-1933/0000/mu2/index.html]

** [Anonymus]: Ist Otto Braun am Ende, in: Deutsche Führerbriefe, 5 (1932), S. 2–3.

Anonymus: Otto Braun, in: Das Tage-Buch, 7 (1925), S. 409–412.

Anonymus: Otto Braun unser Kandidat zur Reichspräsidentenwahl, in: Der freie Beamte, 6 (1925), S. 44–45.

Bauer, Heinrich: Stresemann. Ein deutscher Staatsmann, Berlin 1930.

Beer, Rüdiger Robert: Heinrich Brüning, Berlin 1931.

Beer, Rüdiger Robert: Rückschau nach 30 Jahren, in: Wilhelm Vernekohl (Hg.): Heinrich Brüning. Ein deutscher Staatsmann im Urteil der Zeit, Münster 1961, S. 65–119.

Bernhard, Henry (Hg.): Gustav Stresemann: Vermächtnis, Bd. 3, Berlin 1932/33.

Braun, Otto: Von Weimar zu Hitler, New York ²1940.

Brüning, Heinrich: Memoiren 1918–1934, Stuttgart 1970.

Duval, Boris: Otto Braun, roi non couronné de Prusse, in: L'Etoile Belge Nr. 83, 25.3.1932.

Hartung, Arnold (Hg.): Gustav Stresemann: Schriften, Berlin 1976.

Heuss, Theodor: Erinnerungen 1905–1933, Tübingen 1963.

Kuttner, Erich: Otto Braun, Leipzig 1932.

Meissner, Otto: Staatssekretär unter Ebert-Hindenburg-Hitler. Der Schicksalsweg des deutschen Volkes, wie ich ihn erlebte, Hamburg 1950.

Nix, Claire (Hg.): Heinrich Brüning: Briefe und Gespräche 1934–1945, Stuttgart 1974.

Nobel, Alphons: Brüning, Leipzig ²1932.

Olden, Rudolf: Stresemann, Berlin 1929.

Pünder, Hermann: Politik in der Reichskanzlei, Stuttgart 1961.

Rheinbaben, Rochus von: Stresemann. Der Mensch und der Staatsmann, Dresden 1930.

Saenger, Samuel: Der „Rote Zar" Preußens, Prager Tagblatt, 28.1.1932, S. 1.

Schwerin von Krosigk, Lutz Graf: Es geschah in Deutschland. Menschenbilder unseres Jahrhunderts, Tübingen 1951.

Severing, Carl: Mein Lebensweg. Im Auf und Ab der Republik, 2 Bde., Köln 1950.

Steffen, Hans: Otto Braun, Berlin 1932.

Stresemann, Wolfgang: Mein Vater Gustav Stresemann, Frankfurt 1985.

Stresemann, Wolfgang: Wie konnte es soweit kommen? Hitlers Aufstieg in der Erinnerung eines Zeitzeugen, Berlin 1987.

Stresemann, Wolfgang/Schmieding, Walther: Interview (Zeugen des Jahrhunderts), 1979 [http://www.gedaechtnis-der-nation.de/erleben.html].

Stroomann, Gerhard: Aus meinem roten Notizbuch. Ein Leben als Arzt auf Bühlerhöhe, Frankfurt 1960.

Treviranus, Gottfried Reinhold: Für Deutschland im Exil, Düsseldorf 1973.

Vallentin, Antonina: Stresemann. Vom Werden einer Staatsidee, München 1930.

Verhandlungen des Reichstages 1920–1933. Stenographische Berichte, Bde. 344ff., Berlin 1921ff [http://www.reichstagsprotokolle.de].

Vernekohl, Wilhelm (Hg.): Heinrich Brüning. Ein deutscher Staatsmann im Urteil der Zeit, Münster 1961.

Wendell, Hermann: Otto Braun 60 Jahre alt, Volksstimme Nr. 22, 27.1.1932.

Wolff, Theodor: Der Marsch durch zwei Jahrzehnte, Amsterdam 1936.

Zondek, Hermann: Auf festem Fuße. Erinnerungen eines jüdischen Klinikers, Stuttgart 1973.

6.4 Literatur

Ackermann, Volker: Staatsbegräbnisse in Deutschland von Wilhelm I. bis Willy Brandt, in: Etienne Francois u. a. (Hg.): Nation und Emotion, Göttingen 1995, S. 252–273.

Adorno, Theodor W.: Erpreßte Versöhnung. Zu Georg Lukács: ‚Wider den mißverstandenen Realismus', in: Ders.: Noten zur Literatur, Bd. 2, Berlin 1965.

Agamben, Giorgio: Ausnahmezustand, Frankfurt a.M. 2004.

Agamben, Giorgio: Homo Sacer. Die Souveränität der Macht und das nackte Leben, Frankfurt a.M. 2002.

Ankersmit, Frank R.: History and Tropology. The Rise and Fall of Metaphor, Berkeley 1994.

Balke, Friedrich/Wagner, Benno (Hg.): Vom Nutzen und Nachteil historischer Vergleiche. Der Fall Bonn – Weimar, Frankfurt a.M./New York 1997.

Bavaj, Riccardo: Hybris und Gleichgewicht. Weimars „antidemokratisches Denken" und Kurt Sontheimers freiheitlich-demokratische Mission, in: Zeithistorische Forschungen/Studies in Contemporary History, Online-Ausgabe, 3 (2006) H. 2, [http://www.zeithistorische-forschungen.de/16126041-Bavaj-2-2006].

Bax, Daniel: Der kranke Mann am Bosporus, in: Tageszeitung (taz), 12.6.2013 [http://www.taz.de/!118030].

Liane Bednarz/Christoph Giesa: Gefährliche Bürger. Die neue Rechte greift nach der Mitte, München 2015.

Bein, Alexander: „Der jüdische Parasit". Bemerkungen zur Semantik der Judenfrage, in: Vierteljahrshefte für Zeitgeschichte 13 (1965) 2, S. 121–149.

Berg, Manfred: Gustav Stresemann. Eine politische Karriere zwischen Reich und Republik, Göttingen 1992.

Berger, Silvia: Bakterien in Krieg und Frieden. Eine Geschichte der medizinischen Bakteriologie in Deutschland 1890–1933, Göttingen 2009.

Bernheim, Ernst: Lehrbuch der historischen Methode und der Geschichtsphilosophie, Leipzig ⁵1908.

Bessel, Richard: Why did the Weimar Republic collapse?, in: Ian Kershaw (Hg.): Weimar: Why Did German Democracy Fail?, London 1990, S. 120–152.

Birkelund, John: Gustav Stresemann. Patriot und Staatsmann, Hamburg 2003.

Black, Max: Die Metapher [1954], in: Anselm Haverkamp (Hg.): Theorie der Metapher, Darmstadt 1996, S. 31–54.

Black, Max: Mehr über die Metapher [1977], in: Anselm Haverkamp (Hg.): Theorie der Metapher, Darmstadt 1996, S. 379–414.

Blasius, Dirk: Weimars Ende. Bürgerkrieg und Politik 1930–1933, Göttingen ²2006.

Bluhm, Harald/Gebhardt, Jürgen (Hg.): Politische Ideengeschichte im 20. Jahrhundert. Konzepte und Kritik, Baden-Baden 2006.

Blumenberg, Hans: Paradigmen zu einer Metaphorologie [1960], in: Anselm Haverkamp (Hg.): Theorie der Metapher, Darmstadt 1996, S. 285–316.

Bock, Hans-Martin/Tennstedt, Florian: Raphael Friedeberg: Arzt und Anarchist in Ancona, in: Gabriella Borsano (Hg.): Monte Verità – Berg der Wahrheit, Mailand 1978, S. 38–53.

Böckenförde, Ernst-Wolfgang/van Dohrn-Rossum, Gerhard: Organ, Organisation, politischer Körper, in: Geschichtliche Grundbegriffe, IV (1978), S. 519–622.

Bödeker, Hans Erich/Bevir, Mark (Hg.): Begriffsgeschichte, Diskursgeschichte, Metapherngeschichte, Göttingen 2002.

Bohn, Sascha: Die Idee vom deutschen Ständestaat. Ständische, Berufsständische und Korporative Konzepte zwischen 1918 und 1933, Hamburg 2011.

Bollmann, Stefan: Vorwort, in: Ders. (Hg.): Patient Deutschland. Eine Therapie, Stuttgart/München 2002, S. 9–26.

Borsano, Gabriella (Hg.): Monte Verità – Berg der Wahrheit, Mailand 1978.

Bovenschen, Silvia: Soviel Körper war nie, in: Die Zeit, 14.11.1997, S. 63f.

Bracher, Karl Dietrich: Die Auflösung der Weimarer Republik. Eine Studie zum Problem des Machtverfalls, Stuttgart 1955.

Braun, Karl: Vom „Volkskörper". Deutschnationaler Denkstil und die Positionierung der Volkskunde, in: Zeitschrift für Volkskunde, 105 (2009), S. 1–27.

Braun, Stefan/Hulverscheid, Claus/Bohsem, Guido: Wie aus dem falschen Jahrhundert, in: Süddeutsche Zeitung online v. 30.4.2010 [www.sueddeutsche.de/politik/schaeuble-und-die-finanzkrise-wie-aus-dem-falschen-jahrhundert-1.936932].

Breuer, Stefan: Anatomie der Konservativen Revolution, Darmstadt 1993.

Breuer, Stefan: Die radikale Rechte in Deutschland 1871–1945. Eine politische Ideengeschichte, Stuttgart 2010.

Breuer, Stefan: Die Völkischen in Deutschland. Kaiserreich und Weimarer Republik, Darmstadt ²2010.

Briese, Olaf: „Das Jüste-milieu hat die Cholera." Metaphern und Mentalitäten im 19. Jahrhundert, in: Zeitschrift für Geschichtswissenschaft, 46 (1998), S. 120–138.

Brunner, Otto u.a. (Hg.): Geschichtliche Grundbegriffe. Historisches Lexikon zur politisch-sozialen Sprache in Deutschland, 8 Bde., Stuttgart 1972–1997.

Bryant, Thomas: Von der „Vergreisung des Volkskörpers" zum „demographischen Wandel der Gesellschaft". Geschichte und Gegenwart des deutschen Alterungsdiskurses im 20. Jahrhundert, in: Tel Aviver Jahrbuch für deutsche Geschichte, 35 (2007), S. 110–127.

Bryant, Thomas: Friedrich Burgdörfer (1890–1967) Eine diskursbiographische Studie zur deutschen Demographie im 20. Jahrhundert, Stuttgart 2010.

Bublitz, Hannelore u. a.: Der Gesellschaftskörper. Zur Neuordnung von Kultur und Geschlecht um 1900, Frankfurt a.M. 2000.

Burckhard, Jacob: Weltgeschichtliche Betrachtungen, Stuttgart 1935.

Bussche, Raimund von dem: Konservatismus in der Weimarer Republik. Die Politisierung des Unpolitischen, Heidelberg 1998.

Butler, Judith: Das Unbehagen der Geschlechter, Frankfurt a.M. 1991.

Butler, Judith: Körper von Gewicht. Die diskursiven Grenzen des Geschlechts, Frankfurt a.M. 1997.

Büttner, Ursula: Weimar. Die überforderte Republik 1918–1933, Stuttgart 2008.

Canning, Kathleen: The Politics of Symbols, Semantics, and Sentiments in the Weimar Republic, in: Central European History, 43 (2010), S. 567–580.

Canning, Kathleen u. a. (Hg.): Weimar Publics/Weimar Subjects. Rethinking the political culture of Germany in the 1920s, New York 2010.

Caruth, Cathy (Hg.): Trauma. Explorations in Memory, Baltimore 1995.

Caruth, Cathy: Unclaimed Experience: Trauma, Narrative, and History, Baltimore 1996.

Cocks, Geoffrey: Psychotherapy in the Third Reich. The Göring Institute, New Brunswick ²1997.

Conze, Susanne u. a. (Hg.): Körper macht Geschichte – Geschichte macht Körper. Körpergeschichte als Sozialgeschichte, Bielefeld 1999.

Conze, Werner: Die politischen Entscheidungen in Deutschland 1929–1933, in: Werner Conze/Hans Raupach (Hg.): Die Staats- und Wirtschaftskrise des Deutschen Reichs 1929/33, Stuttgart 1967, S. 176–252.

Conze, Werner/Raupach, Hans (Hg.): Die Staats- und Wirtschaftskrise des Deutschen Reichs 1929/33, Stuttgart 1967.

Craig, Gordon A.: The End of Prussia, Madison 1984.

Davis, Belinda u. a. (Hg.): Alltag, Erfahrung, Eigensinn. Historisch-anthropologische Erkundungen, Frankfurt a.M. 2008.

Demandt, Alexander: Metaphern für Geschichte. Sprachbilder und Gleichnisse im historisch-politischen Denken, München 1978.

Depkat, Volker: Nicht die Materialien sind das Problem, sondern die Fragen, die man ihnen stellt. Zum Quellenwert der Autobiographie für die historische Forschung, in: Thomas Rathmann/Nikolaus Wegmann (Hg.): Quelle. Zwischen Ursprung und Konstrukt. Ein Leitbegriff in der Diskussion, Berlin 2004, S. 102–117.

Depkat, Volker: Lebenswenden und Zeitenwenden. Deutsche Politiker und die Erfahrungen des 20. Jahrhunderts, München 2007.

Doemens, Karl: Rücktritt von Matthias Platzeck, in: Frankfurter Rundschau online v. 29.7.2013 (http://www.fr-online.de/politik/ruecktritt-von-matthias-platzeck---ich-habe-meine-kraefte-ueberschaetzt--,1472596,23857510.html).

Dorpalen, Andreas: Hindenburg and the Weimar Republic, Princeton 1964.

Eckart, Wolfgang U.: Die Vision vom „gesunden Volkskörper". Seuchenprophylaxe, Sozial- und Rassenhygiene in Deutschland zwischen Kaiserreich und Nationalsozialismus, in: Susanne Roeßiger/Heidrun Merk (Hg.): Hauptsache gesund! Gesundheitsaufklärung zwischen Disziplinierung und Emanzipation, Marburg 1998, S. 34–47.

Eggert, Hartmut/Schütz, Erhard/Sprengel, Peter (Hg.): Faszination des Organischen. Konjunkturen einer Kategorie der Moderne, München 1995

Erdmann, Karl Dietrich/Schulze, Hagen (Hg.): Weimar. Selbstpreisgabe einer Demokratie. Eine Bilanz heute, Düsseldorf 1984.

Eschenburg, Theodor: Die Rolle der Persönlichkeit in der Krise der Weimarer Republik: Hindenburg, Brüning, Groener, Schleicher, in: Vierteljahrshefte für Zeitgeschichte, 9 (1961), S. 1–29.

Esposito, Roberto: Bíos. Biopolitics and Philosophy, Minneapolis/London 2008.

Esposito, Roberto: Immunitas. The Protection and Negation of Life, Cambridge, MA 2011.

Etzemüller, Thomas: Ein ewigwährender Untergang. Der apokalyptische Bevölkerungsdiskurs im 20. Jahrhundert, Bielefeld 2007.

Evans, Richard J.: Das Dritte Reich. Bd. 1: Der Aufstieg, München 2005 [engl. The Coming of the Third Reich, London 2004].

Eyck, Erich: Geschichte der Weimarer Republik, Stuttgart 1956.

Faigle, Philip: Was der Respekt vor Schäuble gebietet, in: Die Zeit online v. 7.10.2010 (http://www.zeit.de/wirtschaft/2010-10/schaeuble.-krankheit).

Falcke, Eberhard: Die Krankheit zum Leben. Krankheit als Deutungsmuster individueller und sozialer Krisenerfahrung bei Nietzsche und Thomas Mann, Frankfurt a.M./New York 1992.

Fangerau, Heiner: Rassenhygiene und Öffentlichkeiten. Die Popularisierung des rassenhygienischen Werkes von Erwin Baur, Eugen Fischer und Fritz Lenz, in: Patrick Krassnitzer/Petra Overath (Hg.): Bevölkerungsfragen. Prozesse des Wissenstransfers in Deutschland und Frankreich (1870–1939), Köln 2007, S. 131–153.

Fermandois, Eduardo: Kontexte erzeugen. Zur Frage nach der Wahrheit von Metaphern, in: Deutsche Zeitschrift für Philosophie, 51 (2003), S. 427–442.

Föllmer, Moritz: Der „kranke Volkskörper". Industrie, hohe Beamte und der Diskurs der nationalen Regeneration in der Weimarer Republik, in: Geschichte und Gesellschaft, 27 (2001), S. 41–67.

Föllmer, Moritz: Which Crisis? Which Modernity? New Perspectives on Weimar Germany, in: Jochen Hung (Hg.): Beyond Glitter and Doom. The Contingency of the Weimar Republic, München 2012, S. 19–30.

Föllmer, Moritz/Graf, Rüdiger (Hg.): Die „Krise" der Weimarer Republik. Zur Kritik eines Deutungsmusters, Frankfurt a.M./New York 2005.

Föllmer, Moritz u.a.: Die Kultur der Krise in der Weimarer Republik, in: Moritz Föllmer/Rüdiger Graf (Hg.): Die „Krise" der Weimarer Republik. Zur Kritik eines Deutungsmusters, Frankfurt a.M./New York 2005, S. 9–44.

Foucault, Michel: Überwachen und Strafen. Die Geburt des Gefängnisses, Frankfurt a.M. 1994.

Foucault, Michel: In Verteidigung der Gesellschaft, Frankfurt a.M. 2001.

Foucault, Michel: Die Ordnung des Diskurses, Frankfurt a.M. 2009.

Francois, Etienne u.a. (Hg.): Nation und Emotion, Göttingen 1995.

Friedrich, Peter/Tietze, Wolfgang: Einbruch der Epidemie, Vernetzung des Untergrunds. Cholera und Typhus als Psychosemodell des modernen Massenstaates, in: kultuRRevolution, 29 (1994), S. 20–30.

Fritzsche, Klaus: Politische Romantik und Gegenrevolution. Fluchtwege aus der bürgerlichen Gesellschaft: Dass Beispiel des ‚Tat'-Kreises, Frankfurt a.M. 1976.

Fritzsche, Peter: Landscape of Danger, Landscape of Design. Crisis and Modernism in Weimar Germany, in: Thomas W. Kniesche/Stephen Brockmann (Hg.): Dancing on the Volcano. Essays on the Culture of the Weimar Republic, Columbia 1994, S. 29–46.

Fritzsche, Peter: Did Weimar Fail?, in: Journal of Modern History, 68 (1996), S. 629–656.

Fuechtner, Veronika: A City of Souls and the Soul of a City. Alfred Döblin and the Berlin Psychoanalytic Institute, in: Caroline Bainbridge u.a. (Hg.): Culture and the Unconscious, Basingstoke; New York 2007, S. 11–23.

Fuechtner, Veronika: Berlin Psychoanalytic. Psychoanalysis and Culture in Weimar Republic Germany and Beyond, Berkeley 2011.

Fulda, Bernhard: Press and Politics in the Weimar Republic, Oxford 2009.

Geulen, Christian: Plädoyer für eine Geschichte der Grundbegriffe des 20. Jahrhunderts, in: Zeithistorische Forschungen/Studies in Contemporary History 7, (2010) [http://www.zeithistorische-forschungen.de/16126041-Geulen-1-2010].

Goodman, Jordan u.a.: Making Human Bodies Useful. Historicizing Medical Experiments in the Twentieth Century, in: Ders. u.a. (Hg.): Useful Bodies. Humans in the Service of Medical Science in the Twentieth Century, Baltimore 2003, S. 1–23.

Goodman, Jordan u.a. (Hg.): Useful Bodies. Humans in the Service of Medical Science in the Twentieth Century, Baltimore 2003.

Gosepath, Stefan u.a. (Hg.): Handbuch der politischen Philosophie und Sozialphilosophie. Bd. 1, Berlin 2008.

Grab, Walter: Die jüdische Antwort auf den Zusammenbruch der deutschen Demokratie 1933, Berlin 1988.

Gradmann, Christoph: Unsichtbare Feinde. Bakteriologie und politische Sprache im deutschen Kaiserreich, in: Philip Sarasin u.a. (Hg.):

Bakteriologie und Moderne. Studien zur Biopolitik des Unsichtbaren 1870–1920, Frankfurt a.M. 2007, S. 327–353.

Graf, Rüdiger: Die Mentalisierung des Nirgendwo und die Transformation der Gesellschaft. Der theoretische Utopiediskurs in Deutschland 1900–1913, in: Wolfgang Hardtwig/Philip Cassier (Hg.): Utopie und politische Herrschaft im Europa der Zwischenkriegszeit, Bd.56, München 2003, S. 145–174.

Graf, Rüdiger: Die „Krise" im intellektuellen Zukunftsdiskurs der Weimarer Republik, in: Moritz Föllmer/Rüdiger Graf (Hg.): Die „Krise" der Weimarer Republik. Zur Kritik eines Deutungsmusters, Frankfurt a.M./New York 2005, S. 77–106.

Graf, Rüdiger: Die Zukunft der Weimarer Republik, München 2008.

Graf, Rüdiger: Either-Or: The Narrative of "Crisis" in Weimar Germany and in Historiography, in: Central European History, 43 (2010), S. 592–615.

Greiffenhagen, Martin: Das Dilemma des Konservatismus in Deutschland, München 1977.

Grunewald, Michel/Puschner, Uwe (Hg.): Krisenwahrnehmungen in Deutschland um 1900. Zeitschriften als Foren der Umbruchszeit im wilhelminischen Reich, Bern 2010.

Guldin, Rainer: Körpermetaphern. Zum Verhältnis von Politik und Medizin, Würzburg 2000.

Gumbrecht, Hans-Ulrich: 1926. Ein Jahr am Rand der Zeit, Frankfurt a.M. 2003.

Habermas, Jürgen: Legitimationsprobleme im Spätkapitalismus, Frankfurt a.M. 1973.

Haffner, Sebastian: Der Verrat – Deutschland 1918/19, Berlin 1968.

Hale, David G.: Analogy of the Body Politic, in: Dictionary of the History of Ideas. Studies of Selected Pivotal Ideas, I (1973), S. 67–70.

Hänseler, Marianne: Metaphern unter dem Mikroskop. Die epistemische Rolle von Metaphorik in den Wissenschaften und in Robert Kochs Bakteriologie, Zürich 2009.

Hardtwig, Wolfgang: Einleitung: Politische Kulturgeschichte der Zwischenkriegszeit, in: Ders. (Hg.): Politische Kulturgeschichte der Zwischenkriegszeit 1918–1939, Göttingen 2005, S. 7–22.

Hardtwig, Wolfgang (Hg.): Politische Kulturgeschichte der Zwischenkriegszeit 1918–1939, Göttingen 2005.

Hardtwig, Wolfgang/Cassier, Philip (Hg.): Utopie und politische Herrschaft im Europa der Zwischenkriegszeit, München 2003.

Hardtwig, Wolfgang/Wehler, Hans-Ulrich (Hg.): Kulturgeschichte heute, Göttingen 1996.

Harten, Hans-Christian/Neirich, Uwe/Schwerendt, Matthias: Rassenhygiene als Erziehungsideologie des Dritten Reichs. Bio-bibliographisches Handbuch, Berlin 2006.

Hartley, L.P: The Go-Between, London 1953.

Harvey, A.D: Body Politic. Political Metaphor and Political Violence, Newcastle 2007.

Hassinger, Erich (Hg.): Geschichte – Wirtschaft – Gesellschaft. Festschrift für Clemens Bauer, Berlin 1974.

Hattersley, Roy: Borrowed Time. The Story of Britain between the Wars, London 2007.

Haury, Thomas: Antisemitismus von links. Kommunistische Ideologie, Nationalismus und Antizionismus in der frühen DDR, Hamburg 2002.

Haverkamp, Anselm: Einleitung in die Theorie der Metapher, in: Ders. (Hg.): Theorie der Metapher, Darmstadt 1996, S. 1–30.

Haverkamp, Anselm (Hg.): Theorie der Metapher, Darmstadt ²1996.

Haverkamp, Anselm: Metapher. Die Ästhetik in der Rhetorik. Bilanz eines exemplarischen Begriffs, München 2007.

Heiber, Helmut: Die Republik von Weimar, München ¹¹1978.

Hein, Dieter u.a. (Hg.): Historie und Leben. Der Historiker als Wissenschaftler und Zeitgenosse, München 2006.

Hirdman, Yvonne: Crisis: The Road to Happiness?, in: Nina Witoszek/Lars Trägardh (Hg.): Culture and Crisis. The Case of Germany and Sweden, New York 2004, S. 155–169.

Hirsch, Felix: „Ich bin das Hundeleben satt". Das Ende der ersten Großen Koalition, Die Zeit Nr. 48, 23.11.1973.

Hirsch, Felix: Stresemann. Ein Lebensbild, Göttingen 1978.

Hoffend, Andrea: Mut zur Verantwortung. Hermann Müller, Mannheim 2001.

Hoffmann, Ferdinand: Thomas Mann als Philosoph der Krankheit. Versuch einer systematischen Darstellung seiner Wertphilosophie des Bionegativen, Luxemburg 1975.

Holdaway, Dom: 'L'esperienza del passato'. Situating Crisis in Italian Film History, in: Italian Studies 67 (2012) 2, S. 267–282.

Hömig, Herbert: Brüning. Kanzler in der Krise der Republik. Eine Weimarer Biographie, Paderborn 2000.

Hong, Young-Sun: The Weimar Welfare System, in: Anthony McElligott (Hg.): Weimar Germany, Oxford 2010, S. 175–206.

Hung, Jochen: Beyond Glitter and Doom. The New Paradigm of Contingency in Weimar Research, in: Ders. (Hg.): Beyond Glitter and Doom. The Contingency of the Weimar Republic, München 2012, S. 9–18.

Hung, Jochen (Hg.): Beyond Glitter and Doom. The Contingency of the Weimar Republic, München 2012.

Imbriano, Gennaro: „Krise" und „Pathogenese" in Reinhart Kosellecks Diagnose über die moderne Welt, in: Forum Interdisziplinäre Begriffsgeschichte, 2 (2013), S. 38–48.

Irmak, Kenan Holger: Der hinfällige Körper. Der Alters- und Siechendiskurs in Deutschland (1880–1960), in: Susanne Conze u. a. (Hg.): Körper macht Geschichte – Geschichte macht Körper. Körpergeschichte als Sozialgeschichte, Bielefeld 1999, S. 321–346.

Ipsen, Gunther: Die Analyse des Volkskörpers, in: Jahrbuch für Sozialwissenschaft, 11 (1960), S. 1–17.

Johach, Eva: Krebszelle und Zellenstaat. Zur medizinischen und politischen Metaphorik in Rudolf Virchows Zellularpathologie, Freiburg/Berlin 2008.

Joas, Hans/Vogt, Peter (Hg.): Begriffene Geschichte. Beiträge zum Werk Reinhart Kosellecks, Berlin 2011.

Kansteiner, Wulf: Genealogy of a Category Mistake. A Critical Intellectual History of the Cultural Trauma Metaphor, in: Rethinking History, 8 (2004), S. 193–221.

Kapczynski, Jennifer M.: The German Patient. Crisis and Recovery in Postwar Culture, Ann Arbor 2008.

Kavanagh, Dennis/Riches, Charles: David Lloyd George, in: A Dictionary of Political Biography, Oxford 2013.

Kerchner, Brigitte: Körperpolitik. Die Konstruktion des „Kinderschänders" in der Zwischenkriegszeit, in: Wolfgang Hardtwig (Hg.): Politische Kulturgeschichte der Zwischenkriegszeit 1918 – 1939, Göttingen 2005, S. 241–278.

Kermode, Frank: The Sense of an Ending [1966], Oxford 2000.

Kershaw, Ian (Hg.): Weimar: Why Did German Democracy Fail?, London 1990.

Kienitz, Sabine: Beschädigte Helden. Kriegsinvalidität und Körperbilder 1914–1923, Paderborn 2008.

Killen, Andreas: Berlin Electropolis. Shock, Nerves, and German Modernity, Berkeley 2006.

Kirmayer, Laurence T.: The Body's Insistence on Meaning. Metaphor as Presentation and Representation in Illness Experience, in: Medical Anthropology Quarterly N.S. 6 (1992) 4, S. 323–346.

Kistenmacher, Olaf: Klassenkämpfer wider Willen. Die KPD und der Antisemitismus zur Zeit der Weimarer Republik, in: Jungle World Nr. 28 v. 14. Juli 2011, Online-Ausgabe [http://jungle-world.com/artikel/2011/28/43608.html].

Klein, Teito: Frankreich: Der kranke Mann Europas, in: Focus, 26.6.2013, Online-Ausgabe. [http://www.focus.de/finanzen/news/staatsverschuldung/frankreich-der-kranke-mann-europas-wirtschaft-in-der-rezession-kommentar_5183353.html].

Klemperer, Viktor: LTI. Notizbuch eines Philologen [1947], Leipzig [18]1999.

Kluge, Alexander: Interview mit Heiner Müller, 22.10.1990 [http://muller-kluge.library.cornell.edu/de/video_record.php?f=111#description].

Kluge, Ulrich: Die Weimarer Republik, Paderborn 2006.

Kniesche, Thomas W./Brockmann, Stephen (Hg.): Dancing on the Volcano. Essays on the Culture of the Weimar Republic, Columbia 1994.

Kniesche, Thomas W./Brockmann, Stephen: Introduction: Weimar Today, in: Dies. (Hg.): Dancing on the Volcano. Essays on the Culture of the Weimar Republic, Columbia 1994, S. 1–17.

Knortz, Heike: Wirtschaftsgeschichte der Weimarer Republik, Göttingen 2010.

Knowles, Murray/Moon, Rosamund: Introducing Metaphor, London 2006.

Kohl, Katrin: Metapher, Stuttgart 2007.

Kolb, Eberhard: Die Weimarer Republik, München 1984.
Kolb, Eberhard: Gustav Stresemann, München 2003.
Kolb, Eberhard: Der Frieden von Versailles, München 2005.
Kolb, Stephan (Hg.): Fürsorge oder Vorsorge? Medizin zwischen Patientenwohl und Volksgesundheit, Frankfurt a.M. 1996.
Konersmann, Ralf (Hg.): Wörterbuch der philosophischen Metaphern, Darmstadt 2007.
Korff, Wilhelm u.a. (Hg.): Lexikon der Bioethik, Bd. 1, Gütersloh 2000.
Koschorke, Albrecht u.a.: Der fiktive Staat. Konstruktionen des politischen Körpers in der Geschichte Europas, Frankfurt a.M. 2007.
Koselleck, Reinhart: Einleitung, in: Otto Brunner u.a. (Hg.): Geschichtliche Grundbegriffe. Historisches Lexikon zur politisch-sozialen Sprache in Deutschland, Bd.1, Stuttgart 1972, S. XIII–XXVII.
Koselleck, Reinhart: Kritik und Krise. Eine Studie zur Pathogenese der bürgerlichen Welt, Frankfurt a.M. 1973.
Koselleck, Reinhart: Art. Krise I [Politik], in: Joachim Ritter/Karlfried Gründer (Hg.): Historisches Wörterbuch der Philosophie, Bd.4, Basel u.a. 1976, S. 1235–1240.
Koselleck, Reinhart: ‚Fortschritt' und ‚Niedergang' – Nachtrag zur Geschichte zweier Begriff, in: Reinhart Koselleck/Paul Widmer (Hg.): Niedergang. Studien zu einem geschichtlichen Thema, Stuttgart 1980, S. 214–230.
Koselleck, Reinhart: Art. ‚Volk', ‚Nation', ‚Nationalismus' und ‚Masse' 1914–1945, in: Otto Brunner u.a. (Hg.): Geschichtliche Grundbegriffe. Historisches Lexikon zur politisch-sozialen Sprache in Deutschland, Bd.7, Stuttgart 1993, S. 389–431.
Koselleck, Reinhart: Vorwort, in: Otto Brunner u.a. (Hg.): Geschichtliche Grundbegriffe. Historisches Lexikon zur politisch-sozialen Sprache in Deutschland, Bd. 8, Stuttgart 1997, S. V–VII.
Koselleck, Reinhart: Some Questions Concerning the Conceptual History of "Crisis", in: Nina Witoszek/Lars Trägardh (Hg.): Culture and Crisis. The Case of Germany and Sweden, New York 2004, S. 12–23.
Koselleck, Reinhart/Widmer, Paul (Hg.): Niedergang. Studien zu einem geschichtlichen Thema, Stuttgart 1980.
Koszyk, Kurt: Gustav Stresemann. Der kaisertreue Diplomat. Eine Biographie, Köln 1989.

Krassnitzer, Patrick/Overath, Petra (Hg.): Bevölkerungsfragen. Prozesse des Wissenstransfers in Deutschland und Frankreich (1870–1939), Köln 2007.

Kröner, Hans-Peter: Art. Eugenik, in: Wilhelm Korff u. a. (Hg.): Lexikon der Bioethik, Bd.1, Gütersloh 2000, S. 694–701.

Kühl, Stefan: The Nazi Connection. Eugenics, American Racism and German National Socialism, Oxford 1994.

Labisch, Alfons: Homo hygienicus. Gesundheit und Medizin in der Neuzeit, Frankfurt a.M. 1992.

Labisch, Alfons: The Social Construction of Health: From Early Modern Times to the Beginnings of the Industrialization, in: Jens Lachmund/Gunnar Stollberg (Hg.): The Social Construction of Illness. Illness and Medical Knowledge in Past and Present, Stuttgart 1992, S. 85–101.

Lachmund, Jens/Stollberg, Gunnar (Hg.): The Social Construction of Illness. Illness and Medical Knowledge in Past and Present, Stuttgart 1992.

Lakoff, George/Johnson, Mark: Leben in Metaphern. Konstruktion und Gebrauch von Sprachbildern, Heidelberg ^{4}2004.

Landwehr, Achim: Historische Diskursanalyse, Frankfurt a.M. ^{2}2009.

Landwehr, Achim/Stockhorst, Stefanie: Einführung in die Europäische Kulturgeschichte, Paderborn u. a. 2004.

Lange, Carolin Dorothée: Genies im Reichstag. Führerbilder des republikanischen Bürgertums in der Weimarer Republik, Hannover 2012.

Leisinger, Christoph: Entwicklung auf Messers Schneide, in: Neue Zürcher Zeitung, 16.3.2013, Online-Ausgabe [http://www.nzz.ch/aktuell/wirtschaft/wirtschaftsnachrichten/entwicklung-auf-messers-schneide-1.18047735].

Lerner, Paul: Hysterical Men. War, Psychiatry, and the Politics of Trauma in Germany, 1890–1930, Ithaca 2003.

Lethen, Helmut: Verhaltenslehre der Kälte. Lebensversuche zwischen den Kriegen, Frankfurt 1994.

Lévy, Alfred/Mackenthun, Gerald (Hg.): Gestalten um Alfred Adler. Pioniere der Individualpsychologie, Würzburg 2002.

Lieberman, Ben: Testing Peukert's Paradigm. The "Crisis of Classical Modernity" in the "New Frankfurt," 1925–1930, in: German Studies Review, 17 (1994), S. 287–303.

Lindner, Martin: Leben in der Krise. Zeitromane der Neuen Sachlichkeit und die intellektuelle Mentalität der klassischen Moderne : mit einer exemplarischen Analyse des Romanwerks von Arnolt Bronnen, Ernst Glaeser, Ernst von Salomon und Ernst Erich Noth, Stuttgart 1994.

Loch Mowat, Charles: Britain between the Wars 1918–1940, London 1968.

Lockot, Regine: Erinnern und Durcharbeiten. Zur Geschichte der Psychoanalyse und Psychotherapie im Nationalsozialismus, Frankfurt a.M./Berlin 1985.

Loewenberg, Peter: Decoding the Past. The Psychohistorical Approach, New Brunswick; London 1996.

Lorenz, Maren: Leibhaftige Vergangenheit. Einführung in die Körpergeschichte, Tübingen 2000.

Lösch, Niels: Zur Biologisierung rechtsintellektuellen Denkens in der Weimarer Republik, in: Wolfgang Bialas/Georg G. Iggers (Hg.): Intellektuelle in der Weimarer Republik, Frankfurt a.M. 1997, S. 331–348.

Löwenstein, Hubertus zu: Stresemann. Das deutsche Schicksal im Spiegel seines Lebens, Frankfurt a.M. 1952.

Lüdemann, Susanne: Metaphern der Gesellschaft. Studien zum soziologischen und politischen Imaginären, München 2004.

Lüdemann, Susanne: Körper, Organismus, in: Ralf Konersmann (Hg.): Wörterbuch der philosophischen Metaphern, Darmstadt 2007, S. 168–182.

Lutterbeck, Klaus-Gerd: Methodologische Reflexionen über eine politische Ideengeschichte administrativer Praxis, in: Jahrbuch für Europäische Verwaltungsgeschichte 15, (2003), S. 337–367.

Mackensen, Rainer/Reulecke, Jürgen (Hg.): Das Konstrukt „Bevölkerung" vor, im und nach dem „Dritten Reich", Wiesbaden ¹2005.

Mackenzie, Michael: Maschinenmenschen, Athleten und die Krise des Körpers in der Weimarer Republik, in: Moritz Föllmer/Rüdiger Graf (Hg.): Die „Krise" der Weimarer Republik. Zur Kritik eines Deutungsmusters, Frankfurt a.M./New York 2005, S. 319–346.

Mann, Golo: Ein deutscher Politiker vom besten Kaliber, Die Zeit Nr. 42, 11.10.1974, S. 20–21.

Manow, Philip: Im Schatten des Königs. Die politische Anatomie demokratischer Repräsentation, Frankfurt a.M. 2008.

Marhoefer, Laurie: Degeneration, Sexual Freedom, and the Politics of the Weimar Republic, 1918–1933, in: German Studies Review, 34 (2011), S. 529–549.

Maset, Michael: Diskurs, Macht und Geschichte. Foucaults Analysetechniken und die historische Forschung, Frankfurt a.M./New York 2002.

Mauersberger, Volker: Rudolf Pechel und die „Deutsche Rundschau". Eine Studie zur konservativ-revolutionären Publizistik in der Weimarer Republik (1918–1933), Bremen 1971.

McCormick, Richard W.: Gender and Sexuality in Weimar Modernity. Film, Literature, and "New Objectivity", New York 2001.

McCullagh, C. Behan: Metaphor and Truth in History, in: Clio, 23 (1993), S. 23–49.

McElligott, Anthony (Hg.): Weimar Germany, Oxford 2010.

McElligott, Anthony: Rethinking the Weimar Paradigm. Carl Schmitt and Politics without Authority, in: Jochen Hung (Hg.): Beyond Glitter and Doom. The Contingency of the Weimar Republic, München 2012, S. 87–104.

Mehring, Reinhard: Begriffssoziologie, Begriffsgeschichte, Begriffspolitik. Zur Form der Ideengeschichtsschreibung nach Carl Schmitt und Reinhart Koselleck, in: Harald Bluhm/Jürgen Gebhardt (Hg.): Politische Ideengeschichte im 20. Jahrhundert. Konzepte und Kritik, Baden-Baden 2006, S. 31–50.

Mergel, Thomas: Parlamentarische Kultur in der Weimarer Republik. Politische Kommunikation, symbolische Politik und Öffentlichkeit im Reichstag, Düsseldorf 2002.

Mergel, Thomas (Hg.): Krisen verstehen. Historische und kulturwissenschaftliche Annäherungen, Frankfurt a.M./New York 2012.

Merlo, Francesco: La peggiore delle metafore, La Repubblica, 10.5.2011, Online-Ausgabe (http://www.repubblica.it/politica/2011/05/10/news/la_peggiore_delle_ metafore-16027843/).

Michl, Susanne: Im Dienste des „Volkskörpers". Deutsche und französische Ärzte im Ersten Weltkrieg, Göttingen 2007.

Möller, Horst: Die Weimarer Republik. Eine unvollendete Demokratie, München 1985.

Mohler, Armin: Die Konservative Revolution in Deutschland 1918–1932. Ein Handbuch, Darmstadt ³1989.

Mommsen, Hans: Die verspielte Freiheit. Der Weg der Republik von Weimar in den Untergang 1918 bis 1933, Berlin 1990.

Morgan, Kevin: Ramsay MacDonald, London 2006.

Morsey, Rudolf: Brünings Kritik an der Reichsfinanzpolitik 1919–1929, in: Erich Hassinger (Hg.): Geschichte – Wirtschaft – Gesellschaft. Festschrift für Clemens Bauer, Berlin 1974, S. 359–374.

Mühlhausen, Walter: Friedrich Ebert 1871–1925. Reichspräsident der Weimarer Republik, Bonn 2006.

Mülherr, Silke: Krisenkontinent – Der neue kranke Mann in Europa ist die EU selbst, in: Die Welt, 14.5.2013 [http://www.welt.de/wirtschaft/ article 116167232/Der-neue-kranke-Mann-in-Europa-ist-die-EU-selbst.html].

Müller, Cornelia: Metaphors Dead and Alive, Sleeping and Waking. A Dynamic View, Chicago 2008.

Müller, Eckhard: „Los von der Kirche!" – Der „Zehn-Gebote-Hoffmann", in: Diesseits, 83 (2008), S. 30–33.

Müller, Frank: Die "Brüning-Papers". Der letzte Zentrumskanzlers im Spiegel seiner Selbstzeugnisse, Frankfurt a.M. 1993.

Mulsow, Martin/Mahler, Andreas (Hg.): Die Cambridge School der politischen Ideengeschichte, Berlin 2010.

Musolff, Andreas: Metaphor and Conceptual Evolution, in: metaphorik. de 7, (2004), S. 55–75.

Musolff, Andreas: Metaphor, Nation and the Holocaust. The Concept of the Body Politic, New York; London 2010.

N.N.: Sprachbilder schüren Massenmordfantasien. Das Vernichtungslager wird zur „Sanierungsanstalt" für den „Volkskörper" 2010. [http:// www.3sat.de/page/?source=/scobel/144481/index.html].

N.N.: „Deutschland ist starke Frau Europas", in: Frankfurter Rundschau, 10.9.2012. [http://www.fr-online.de/arbeit---soziales/altkanzler-schroeder-zur-agenda-2010--deutschland-ist-starke-frau-europas-, 1473632,17215806.html].

Neocleous, Mark: The Fate of the Body Politic, in: Radical Philosophy, 108 (2001), S. 29–38.

Neocleous, Mark: Imagining the State, Maidenhead 2003.

Neumann, Boaz: The Phenomenology of the German People's Body (Volkskörper) and the Extermination of the Jewish Body, in: New German Critique, 36 (2009), S. 149–181.

Nixon, Simon: Großbritannien ist der neue kranke Mann Europas, in: Die Welt, 11.12.2012. [http://www.welt.de/wall-street-journal/article111939589/Grossbritannien-ist-der-neue-kranke-Mann-Europas.html].

Nohr, Olaf: Vernunft als Therapie und Krankheit, in: Forum Interdisziplinäre Begriffsgeschichte, 2 (2013), S. 8–20.

Nolte, Paul: Die Ordnung der deutschen Gesellschaft. Selbstentwurf und Selbstbeschreibung im 20. Jahrhundert, München 2000.

Orlow, Dietrich: Weimar Prussia I. 1918–1925 Unlikely Rock of Democracy, Pittsburgh 1986.

Orlow, Dietrich: Weimar Prussia II. 1925–1933 The Illusion of Strength, Pittsburgh 1991.

Ortega y Gasset, José: Das Wesen geschichtlicher Krisen, Stuttgart 1951.

Otis, Laura: Going with your Gut: some Thoughts on Language and the Body, in: The Lancet, 372 (2008), S. 798–799.

Overy, Richard: The Morbid Age. Britain Between the Wars, London 2009.

Dietmar Peil: Untersuchungen zur Staats- und Herrschaftsmetaphorik in literarischen Zeugnissen von der Antike bis zur Gegenwart, Münster 1983.

Petermann, Heike: „Diese Bezeichnung kann nicht als glücklich bezeichnet werden." Ein Beitrag zum Verständnis von „Eugenik" und „Rassenhygiene" bei Biologen und Medizinern Anfang des 20. Jahrhunderts, in: Rainer Mackensen/Jürgen Reulecke (Hg.): Das Konstrukt „Bevölkerung" vor, im und nach dem „Dritten Reich", Wiesbaden 2005, S. 433–475.

Peukert, Detlev J. K.: Die Weimarer Republik. Krisenjahre der Klassischen Moderne, Frankfurt a.M. 1987.

Planert, Ute: Der dreifache Körper des Volkes: Sexualität, Biopolitik und die Wissenschaften vom Leben, in: Geschichte und Gesellschaft, 26 (2000), S. 539–576.

Pyta, Wolfram: Hindenburg. Herrschaft zwischen Hohenzollern und Hitler, Berlin 2007.

Radkau, Joachim: Das Zeitalter der Nervosität. Deutschland zwischen Bismarck und Hitler, München 1998.

Rasmussen, Claire/Brown, Michael: The Body Politic as Spatial Metaphor, in: Citizenship Studies, 9 (2005), S. 469–484.

Raulet, Gérard: „Ausnahme Weimar". Das Janusgesicht der Moderne, in: Friedrich Balke/Benno Wagner (Hg.): Vom Nutzen und Nachteil historischer Vergleiche. Der Fall Bonn – Weimar, Frankfurt a.M./New York 1997, S. 81–109.

Reichardt, Sven: Gewalt, Körper, Politik. Paradoxien in der deutschen Kulturgeschichte der Zwischenkriegszeit, in: Wolfgang Hardtwig (Hg.): Politische Kulturgeschichte der Zwischenkriegszeit 1918–1939, Göttingen 2005.

Reichardt, Sven: Klaus Theweleits ‚Männerphantasien' – ein Erfolgsbuch der 1970er-Jahre, in: Zeithistorische Forschungen 3 (2006), S. 1–15.

Reynolds, Andrew: Ernst Haeckel and the Theory of the Cell State. Remarks on the History of a Bio-Political Metaphor, in: History of Science, 46 (2008), S. 123–152.

Richter, Melvin: Begriffsgeschichte and the History of Ideas, in: Journal of the History of Ideas 48, (1987), S. 247–263.

Richter, Melvin/Richter, Michaela W.: Introduction: Translation of Reinhart Koselleck's "Krise" in Geschichtliche Grundbegriffe, in: Journal of the History of Ideas 67, (2006), S. 343–356.

Ricoeur, Paul: The Rule of Metaphor. The Creation of Meaning in Language, London 2003.

Riecker, Joachim: Hitlers 9. November. Wie der Erste Weltkrieg zum Holocaust führte, Berlin 2009.

Rigotti, Francesca: Der Chirurg des Staates. Zur politischen Metaphorik Mussolinis, in: Politische Vierteljahrsschrift, 28 (1987), S. 280–292.

Rigotti, Francesca: Die Macht und die Metaphern. Über die sprachlichen Bilder der Politik, Frankfurt a.M./New York 1994.

Riha, Ortrun (Hg.): Die Freigabe der Vernichtung lebensunwerten Lebens. Beiträge des Symposiums über Karl Binding und Alfred Hoche am 2. Dezember 2004 in Leipzig, Aachen 2005.

Ritter, Joachim/Gründer, Karlfried (Hg.): Historisches Wörterbuch der Philosophie Bd. 4, Basel u.a. 1976.

Roeßiger, Susanne/Merk, Heidrun (Hg.): Hauptsache gesund! Gesundheitsaufklärung zwischen Disziplinierung und Emanzipation, Marburg 1998.

Ronzheimer, Paul: „Die Drachme wäre eine Katastrophe für uns". Interview mit Antonis Samaras, in: Bild Online, 22.8.2012 [http://www.bild.de/politik/ausland/ antonis-samaras/griechenlands-premier-ueber-schulden-sparen-und-euroausstieg-25779000.bild.html].

Rossol, Nadine: Performing the Nation in Interwar Germany: Sport, Spectacle and Political Symbolism, 1926–36, Basingstoke 2010.

Rossol, Nadine: Visualizing the Republic. State Representation and Public Ritual in Weimar Germany, in: John Alexander Williams (Hg.): Weimar Culture Revisited, New York, NY 2011, S. 139–159.

Rüsen, Jörn: Zerbrechende Zeit. Über den Sinn der Geschichte, Köln u. a. 2001.

Rutschky, Katharina: Im kranken Volkskörper steckt eine verletzte Seele, Welt Online, 26.3.2006. [http://www.welt.de/print-wams/article140218/Im-kranken-Volkskoerper-steckt-eine-verletzte-Seele.html].

Saldern, Adelheid von: Der Zwickel-Erlass von 1932 oder: Die „Nacktheit der deutschen Seele", in: Belinda Davis u. a. (Hg.): Alltag, Erfahrung, Eigensinn. Historisch-anthropologische Erkundungen, Frankfurt a.M. 2008, S. 169–187.

Sabrow, Martin: Die Zeit der Zeitgeschichte, Göttingen 2012.

Sarasin, Philipp: Subjekte, Diskurse, Körper. Überlegungen zu einer diskursanalytischen Körpergeschichte, in: Wolfgang Hardtwig/Hans-Ulrich Wehler (Hg.): Kulturgeschichte heute, Bd.16, Göttingen 1996, S. 131–164.

Sarasin, Philipp: Geschichtswissenschaft und Diskursanalyse, Frankfurt a.M. 2003.

Sarasin, Phillipp/Berger, Silvia/Hänseler, Marianne/Spörri, Myriam (Hg.): Bakteriologie und Moderne. Studien zur Biopolitik des Unsichtbaren 1870–1920, Frankfurt a.M. 2007.

Sarasin, Philipp: Rezension zu Eva Johach, Krebszelle und Zellenstaat, in: Berichte zur Wissenschaftsgeschichte, 33 (2010), S. 332–333.

Sattar, Majid: Unreformierbarkeit, in: Frankfurter Allgemeine Zeitung, 1.4.2002. [http://www.faz.net/aktuell/politik/faz-net-debatte-unreformierbarkeit-151836.html]

Saunders, Thomas J.: Weimar Germany. Crisis as Normalcy – Trauma as Condition, in: Neue Politische Literatur, 45 (2000), S. 208–226.

Schäfer, Rieke: Political Metaphors and Conceptual Change. Vortrag auf der Tagung "Conceptual Change in History", Helsinki 5.-21.8.2010.

Scherpe, Klaus R.: Zur Faszination des Organischen. Eine Vorbemerkung, in: Hartmut Eggert/Erhard Schütz/Peter Sprengel (Hg.): Faszination des Organischen. Konjunkturen einer Kategorie der Moderne, München 1995, S. 7–11.

Schieritz, Mark: Der Boulevardprofessor, in: Financial Times Deutschland, 31.3.2007 [http://www.ftd.de/politik/europa/:der-boulevardprofessor/180714.html].

Schivelbusch, Wolfgang: Die Kultur der Niederlage, Berlin 2001.

Schlögel, Karl: Im Raume lesen wir die Zeit. Über Zivilisationsgeschichte und Geopolitik, München 2004.

Schmitz-Berning, Cornelia: Vokabular des Nationalsozialismus, Berlin 1998.

Schmuhl, Hans-Walter: Rassenhygiene, Nationalsozialismus, Euthanasie. Von der Verhütung zur Vernichtung ‚lebensunwerten Lebens', 1890–1945, Göttingen ²1992.

Schmuhl, Hans-Walter: Grenzüberschreitungen. Das Kaiser-Wilhelm-Institut für Anthropologie, menschliche Erblehre und Eugenik 1927–1945, Göttingen 2005.

Schober, Volker: Der junge Kurt Schumacher 1895–1933, Berlin 2000.

Schönpflug, Ute: Art. Krise III [Psychologie], in: Joachim Ritter/Karlfried Gründer (Hg.): Historisches Wörterbuch der Philosophie, Bd. 4, Basel u. a. 1976, S. 1242–1245.

Schulz, Gerhard: Von Brüning zu Hitler. Zwischen Demokratie und Diktatur, 3 Bde., Berlin 1992.

Schulze, Hagen: Otto Braun oder Preußens demokratische Sendung. Eine Biographie, Berlin 1977.

Schulze, Hagen: Weimar. Deutschland 1917–1933, Berlin 1982.

Schulze, Hagen: Das Scheitern der Weimarer Republik als Problem der Forschung, in: Karl Dietrich Erdmann/Hagen Schulze (Hg.): Weimar. Selbstpreisgabe einer Demokratie. Eine Bilanz heute, Düsseldorf 1984, S. 23–41.

Schulze, Hagen: Weimars Scheitern erklären, in: Dieter Hein u. a. (Hg.): Historie und Leben. Der Historiker als Wissenschaftler und Zeitgenosse, München 2006, S. 561–572.

Schumann, Dirk: Political Violence in the Weimar Republic, 1918–1933. Fight for the Streets and Fear of Civil War, New York 2009.

Schwab, Andreas: Monte Verità/Sanatorium der Sehnsucht, Zürich 2003.

Schwartz, Michael: Konfessionelle Milieus und Weimarer Eugenik, in: Historische Zeitschrift, 261 (1995), S. 403–448.

Seidl, Claudius: Die griechische Fiktion, in: Frankfurter Allgemeine Zeitung, 5.7.2015. [http://www.faz.net/aktuell/feuilleton/debatten/europa-die-griechische-fiktion-13684581.html]

Siebenhüner, Sabine: Fritz Künkels Beitrag zur individualpsychologischen Neurosenlehre, in: Alfred Lévy/Gerald Mackenthun (Hg.): Gestalten um Alfred Adler. Pioniere der Individualpsychologie, Würzburg 2002, S. 133–155.

Sinn, Hans-Werner: Der kranke Mann Europas. Diagnose und Therapie der deutschen Krankheit, in: Internationale Politik, 59 (2004), S. 25–34.

Sinn, Hans-Werner: „1929 traf es die Juden – heute die Manager", in: Tagesspiegel, 27.10.2008 [http://www.tagesspiegel.de/wirtschaft/finanz/hans-werner-sinn-1929-traf-es-die-juden-heute-die-manager/1357144.html].

Sontag, Susan: Illness as Metaphor, New York 1978.

Sonnabend, Gaby: Darüber lacht die Republik. Friedrich Ebert und „seine" Reichskanzler in der Karikatur, Heidelberg 2010.

Sontheimer, Kurt: Der Tatkreis, in: Vierteljahrshefte für Zeitgeschichte, 7 (1959) 3, S. 229–260.

Sontheimer, Kurt: Antidemokratisches Denken in der Weimarer Republik. Die politischen Ideen des deutschen Nationalismus zwischen 1918 und 1933, München 1962, ^{4}1994.

Stibbe, Matthew: Germany, 1914–1933. Politics, Society and Culture, Harlow 2010.

Stoff, Heiko: Ewige Jugend. Konzepte der Verjüngung vom späten 19. Jahrhundert bis ins Dritte Reich, Köln 2004.

Stollberg-Rilinger, Barbara: Der Staat als Maschine. Zur politischen Metaphorik des absoluten Fürstenstaats, Berlin 1986.

Stresemann, Wolfgang: Wie konnte es soweit kommen? Hitlers Aufstieg in der Erinnerung eines Zeitzeugen, Berlin 1987.

Strowick, Elisabeth: Poetologie der Ansteckung und bakteriologische Reinkultur. Infektiöses Material bei Thomas Bernhard, Thomas Mann und Robert Koch, in: Dies./Tanja Nusser (Hg.): Krankheit und Geschlecht. Diskursive Affären zwischen Literatur und Medizin, Würzburg 2002, S. 57–75.

Struve, Walter: Elites Against Democracy. Leadership Ideals in Bourgeois Political Thought in Germany, 1890–1933, Princeton 1973.

Stullich, Heiko: Parasiten, eine Begriffsgeschichte, in: Forum Interdisziplinäre Begriffsgeschichte 2 (2013) 1, S. 21–29.

Theweleit, Klaus: Männerphantasien 1+2, München/Zürich 2000.

Tsouyopoulos, Nelly: Art. Krise II [Medizin], in: Joachim Ritter/Karlfried Gründer (Hg.): Historisches Wörterbuch der Philosophie, Bd. 4, Basel u. a. 1976, S. 1240–1242.

Ulbricht, Justus H.: „Französische Krankheit" oder: Politische Gefahren am „deutschen Volkskörper". Diskurse über die Krankheit der Epoche im weltanschaulichen Schrifttum des Wilhelminismus, in: Wissenschaftliche Zeitschrift der TU Dresden, 47 (1998), S. 59–64.

Ullrich, Sebastian: Der Weimar-Komplex. Das Scheitern der ersten deutschen Demokratie und die politische Kultur der frühen Bundesrepublik, Göttingen 2009.

Usborne, Cornelie: Frauenkörper – Volkskörper. Geburtenkontrolle und Bevölkerungspolitik in der Weimarer Republik, Münster 1994.

Valentin, Veit: Deutsche Geschichte, Bd. 2, München 1960.

Vance Staiano, Kathryn: The Semiotic Perspective, in: Jens Lachmund/Gunnar Stollberg (Hg.): The Social Construction of Illness. Illness and Medical Knowledge in Past and Present, Stuttgart 1992, S. 173–180.

Florence Vienne: Der prognostizierte Volkstod. Friedrich Burgdörfer, Robert René Kuczynski und die Entwicklung demographischer Methoden vor und nach 1933, in: Michael Fahlbusch/Ingo Haar (Hg.): Völkische Wissenschaften und Politikberatung im 20. Jahrhundert, Paderborn u. a. 2010, S. 251–272.

Vierhaus, Rudolf: Auswirkungen der Krise um 1930 in Deutschland. Beiträge zu einer historisch-psychologischen Analyse, in: Werner Conze/Hans

Raupach (Hg.): Die Staats- und Wirtschaftskrise des Deutschen Reichs 1929/33, Stuttgart 1967, S. 155–175.

Vogt, Jochen: The Weimar Republic as the "Heritage of our Time", in: Thomas W. Kniesche/Stephen Brockmann (Hg.): Dancing on the Volcano. Essays on the Culture of the Weimar Republic, Columbia 1994, S. 21–28.

Vondung, Klaus: Die Apokalypse in Deutschland, München 1988.

Wagner, Peter: Art. Politische Metaphern, in: Stefan Gosepath u. a. (Hg.): Handbuch der politischen Philosophie und Sozialphilosophie. Bd. 1, Berlin 2008, S. 815–818.

Walter, Franz: Zielloses Missvergnügen. Über das Elend deutscher Politik, in: Internationale Politik, 59 (2004), S. 11–24.

Walter, Franz: Wie der Mythos Preußen zerschlagen wurde. Putsch am 20. Juli 1932, Spiegel Online, 19.7.2007.

Wehler, Hans-Ulrich: Deutsche Gesellschaftsgeschichte, Vierter Band. Vom Beginn des Ersten Weltkriegs bis zur Gründung der beiden deutschen Staaten 1914–1949, München 2003; Fünfter Band. Bundesrepublik und DDR, München 2008.

Weindling, Paul: Health, Race and German Politics between National Unification and Nazism, 1870–1945, Cambridge ^{2}1993.

Weindling, Paul: Epidemics and genocide in Eastern Europe 1890–1945, Oxford 2003.

Weindling, Paul: Ansteckungsherde. Die deutsche Bakteriologie als wissenschaftlicher Rassismus, in: Philip Sarasin u. a. (Hg.): Bakteriologie und Moderne. Studien zur Biopolitik des Unsichtbaren 1870–1920, Frankfurt a.M. 2007, S. 354–374.

Weingart, Peter u. a.: Rasse, Blut und Gene. Geschichte der Eugenik und Rassenhygiene in Deutschland, Frankfurt a.M. 1988.

Weipert, Matthias: „Mehrung der Volkskraft": die Debatte über Bevölkerung, Modernisierung und Nation 1890–1933, Paderborn 2006.

Wheeler-Bennett, John W.: Hindenburg. The Wooden Titan, London u. a. 1967.

Winkler, Heinrich August: Weimar 1918–1933. Die Geschichte der ersten deutschen Demokratie, München 1998.

Wirsching, Andreas: Die Weimarer Republik. Politik und Gesellschaft, München 2000.

Witoszek, Nina/Trägardh, Lars (Hg.): Culture and Crisis. The Case of Germany and Sweden, New York 2004.

Witoszek, Nina/Trägardh, Lars: Introduction, in: Dies. (Hg.): Culture and Crisis. The Case of Germany and Sweden, New York 2004, S. 1–11.

Wizisla, Erdmut: Benjamin und Brecht. Die Geschichte einer Freundschaft, Frankfurt a.M. 2004.

Woelk, Wolfgang/Vögele, Jörg: Einleitung, in: Dies. (Hg.): Geschichte der Gesundheitspolitik in Deutschland. Von der Weimarer Republik bis in die Frühgeschichte der „doppelten Staatsgründung", Berlin 2002, S. 11–50.

Woelk, Wolfgang/Vögele, Jörg (Hg.): Geschichte der Gesundheitspolitik in Deutschland. Von der Weimarer Republik bis in die Frühgeschichte der „doppelten Staatsgründung", Berlin 2002.

Zehnpfennig, Barbara: Hitlers Mein Kampf. Eine Interpretation, München 2000.

Ziemann, Benjamin: Weimar was Weimar. Politics, Culture and the Emplotment of the German Republic, in: German History, 28 (2010), S. 542–571.

7. Personenverzeichnis

B

Bavink, Bernhard 83, 84
Bell, Johannes 152
Beyer, Otto 77
Binding, Karl 80, 85, 122
Boehm, Max Hildebert 118, 119, 120, 128
Braun, Otto 57, 154, 155, 179, 180, 211, 212, 213, 216, 217, 218, 219, 220, 221, 222, 223, 224, 225, 226, 227, 228, 229, 230, 231, 232, 233, 234, 235, 236, 237, 243, 248, 249, 256, 264, 273, 275, 287
Brüning, Heinrich 10, 18, 127, 159, 160, 161, 177, 178, 180, 223, 236, 247, 248, 249, 250, 251, 252, 253, 254, 255, 256, 257, 258, 259, 260, 261, 262, 263, 264, 265, 266, 267, 269
Burgdörfer, Friedrich 5, 88

D

Dennert, Eberhard 100, 101, 102, 103
Duncker, Hans 99

E

Ebert, Friedrich 52, 179, 180, 211, 212, 213, 214, 215, 216, 248, 249, 259, 264, 268
Everling, Friedrich 150

F

Fried, Ferdinand 54, 131, 132, 133, 134, 135, 145

G

Gmelin, Walter 69
Goebbels, Josef 52, 153, 164, 165, 166, 167, 169, 198, 206, 261
Göring, Hermann 181, 259, 260, 261
Groener, Wilhelm 177, 259, 260, 261, 262

H

Haeberlin, Carl 75, 76
Haeckel, Ernst 64, 65, 66, 95
Hahn, Eduard 70, 71, 72, 73, 74, 95
Heinrich, Walter 143
Hellpach, Willy 151
Hentig, Hans von 136, 137
Hertwig, Oscar 67, 95, 96, 97, 98, 99
Hindenburg, Paul von 177, 206, 225, 230, 248, 249, 255, 258, 262, 264, 269
Hitler, Adolf 89, 110, 120, 146, 147, 155, 166, 167, 168, 169, 170, 171, 172, 181, 209, 213, 217, 224, 249, 256, 262, 264, 269
Hoche, Alfred 80, 85, 122
Hoffmann, Adolph 267
Holle, Hermann Gustav 103, 104

J

Jung, Edgar Julius 116, 120, 121, 122, 123, 124, 125, 127, 128, 278
Just, Günther 82, 83, 84

K

Kaas, Ludwig 267
Kaminski, Hanns-Erich 146

Kjellén, Rudolf 113, 114, 151
Koch, Robert 52, 62, 65, 66
Krannhals, Paul 138, 139
Künkel, Fritz 26, 90, 91, 92, 93, 94

L

Lagarde, Paul de 66, 122
Lenin, Vladimir I. 162
Lenz, Fritz 78, 79, 84, 99
Lettow-Vorbeck, Paul von 136
Luxemburg, Rosa 162, 163

M

Mann, Ernst 85
Mann, Thomas 52, 149, 181, 182, 210
Marx, Karl 97, 155, 156, 279
Medinger, Wilhelm von 150, 151
Meissner, Otto 264, 269
Moeller van den Bruck, Arthur 113, 116, 117, 118, 120
Moses, Julius 75, 82
Much, Hans 74
Muckermann, Hermann 83
Müller, Hermann 180, 194, 197, 201, 206, 215, 233, 238, 239, 240, 242, 243, 244, 245, 246, 247, 248, 259, 266

N

Niekisch, Ernst 125, 126, 127, 128
Notung, Hermann 139, 140, 141, 142, 273

P

Pechel, Rudolf 105, 121, 129
Pels Leusden, Friedrich 74
Ploetz, Alfred 79

Pünder, Hermann 205, 244, 260, 263, 267, 274, 281

R

Rohrbach, Paul 138
Röpke, Wilhelm 144
Rosenberg, Alfred 20, 166, 167

S

Schleicher, Kurt von 177, 258, 261
Schlossmann, Arthur 68, 111
Schoeps, Hans-Joachim 170
Schumacher, Kurt 153, 154, 155, 232
Schwarzschild, Leopold 147, 148, 149, 154
Severing, Carl 153, 155, 222, 224, 246, 268
Solmssen, Georg 143
Spann, Othmar 115, 116, 143
Spengler, Oswald 113, 116, 117, 121
Stapel, Wilhelm 129, 130
Strasser, Gregor 260
Stresemann, Gustav 149, 152, 179, 180, 181, 182, 183, 184, 185, 186, 187, 188, 189, 190, 191, 192, 193, 194, 195, 196, 197, 198, 199, 200, 201, 202, 203, 204, 205, 206, 207, 208, 209, 210, 215, 216, 239, 242, 243, 245, 248, 249, 254, 255, 266, 267, 268, 273, 277
Strube, Fritz 76, 77

T

Tarnow, Fritz 156, 157, 158, 159, 160, 161
Thalheimer, August 161

Traub, Gottfried 130
Treviranus, Gottfried Reinhold 250, 254, 265, 266
Tucholsky, Kurt 146

U

Uexküll, Jakob von 105, 106, 107, 108, 109, 110
Ulbricht, Walter 163

V

Virchow, Rudolf 62, 65, 66

W

Welter, Erich 144
Wirth, Josef 151, 249, 255

Z

Zehrer, Hans 17, 129, 131, 134, 135

www.ingramcontent.com/pod-product-compliance
Ingram Content Group UK Ltd.
Pitfield, Milton Keynes, MK11 3LW, UK
UKHW041924210426
5322IPUK00002B/45